S. W. JEMELJANOW

Automatische Regelsysteme mit veränderlicher Struktur

ELEKTRONISCHES RECHNEN UND REGELN

Herausgegeben von

Prof. Dr. HANS FRÜHAUF · Prof. Dr. WILHELM KÄMMERER
Prof. Dr. KURT SCHRÖDER · Prof. Dr. HELMUT THIELE
Prof. Dr. HORST VÖLZ

Sonderband 16

AUTOMATISCHE REGELSYSTEME MIT VERÄNDERLICHER STRUKTUR

von

S. W. JEMELJANOW

AKADEMIE-VERLAG · BERLIN
1971

S. W. JEMELJANOW

AUTOMATISCHE REGELSYSTEME MIT VERÄNDERLICHER STRUKTUR

Mit 141 Abbildungen

AKADEMIE-VERLAG · BERLIN
1971

С. В. Емельянов
Системы автоматического управления с переменной структурой

Erschienen im Verlag Nauka, Moskau

Übersetzung aus dem Russischen: Dr. F. Kappel, Graz

Erschienen im Akademie-Verlag GmbH, 108 Berlin, Leipziger Straße 3—4

Lizenznummer: 202 · 100/421/71
Offsetdruck: VEB Druckerei „Thomas Müntzer", 582 Bad Langensalza
Bestellnummer: 5821 · ES 19 B 4, 20 K 2

Inhalt

Kapitel 4

Nichtlineare Strecken

Kapitel 5

Adaptive Systeme mit veränderlicher Struktur

Kapitel 6

Unvollständige Information über den Systemzustand

Kapitel 7

Das Prinzip der veränderlichen Struktur zur Gewinnung von Information über den Regelvorgang

Kapitel 8

Zur technischen Realisierung von Steuerungsgesetzen

Vorwort

Die ständig wachsenden Forderungen an die Genauigkeit selbsttätiger Steuerungen, die Kompliziertheit automatischer Systeme und deren über weite Bereiche veränderliches Verhalten zwingen Wissenschaftler und Ingenieure, neue Methoden und Wege für die Konstruktion von Regelsystemen aufzusuchen. Häufig zeigt es sich deutlich, daß die klassischen Methoden der Synthese nicht die gewünschten Ergebnisse liefern können. Deshalb verlangt die Praxis immer dringender, sich bei der Projektierung automatischer Systeme nicht nur auf die Berücksichtigung jener Nichtlinearitäten zu beschränken, welche von vornherein im System oder in einem einzelnen Element des Systems vorhanden sind, sondern sie verlangt auch, die Lösung der Aufgabe durch Synthese wesentlich nichtlinearer Regelgesetze zu suchen. Der Untersuchung einer der Klassen nichtlinearer Systeme, der Klasse der automatischen Regelsysteme mit veränderlicher Struktur, ist das vorliegende Buch gewidmet. Das Interesse, welches diesen Systemen von Wissenschaftlern und Verfahrenstechnikern gezeigt wird, kommt nicht von ungefähr. Die Systeme mit veränderlicher Struktur sind durch eine ganze Reihe nützlicher Eigenschaften, darunter auch durch Einfachheit in der konstruktiven Ausführung, ausgezeichnet, wodurch sie ein wirksames Mittel zur Lösung vieler praktischer Aufgaben darstellen.

Derzeit ist eine große Anzahl von Arbeiten, in welchen die Eigenschaften von Systemen mit veränderlicher Struktur untersucht werden, in der Zeitschriftenliteratur veröffentlicht. Darunter nehmen die Arbeiten der Swerdlowsker Mathematikergruppe unter Führung von Prof. E.A. Barbašin einen wichtigen Platz ein. Von den außerhalb der Sowjet-Union erschienenen Publikationen sind die Arbeiten von I. Flügge-Lotz, C. Bigot und A. Fossard hervorzuheben. In den letzten Jahren war das wissenschaftliche Interesse des Autors und seiner Mitarbeiter auf die Ausarbeitung der Theorie und der Konstruktionsprinzipien dieser Klasse von Systemen konzentriert. Die sehr allgemeinen Ergebnisse dieser Untersuchungen, welche am Institut für Avtomatika i Telemechanika erhalten wurden, sind in den Arbeiten des Autors und seiner Mitarbeiter V.I. Utkin, V.A. Taran und N.E.Kostyleva wiedergegeben. Von M.A.Bermant, V.S.Viktorova, E.N.Dubrovskij, V.B.Ezerov und A.V.Kortnev wurden wichtige Beiträge geleistet.

Der praktischen Verwertung der für Systeme mit veränderlicher Struktur entwickelten Methoden ist in höchstem Maße die große Uneinheitlichkeit der gegenwärtig publizierten Ergebnisse hinderlich. Es hat sich daher die Notwendigkeit zur Systematisierung und Zusammenfassung der angesammelten Resultate ergeben. Dieses Buch stellt einen ersten in dieser Richtung unternommenen Versuch dar. Sein Ziel ist es, den Leser in die als Grundlage zur Konstruktion von Systemen mit veränderlicher Struktur dienenden Ideen und Prinzipien einzuführen und die Möglichkeiten dieser Systeme zur Lösung verschiedener regeltechnischer Aufgaben an Hand von Beispielen für Systeme zweiter Ordnung aufzuzeigen. Der Autor erhebt dabei keinen Anspruch auf vollständige Darstellung der Theorie. Gleichzeitig glaubt der Autor, daß es zweckmäßig ist, für den Leser, welcher dieses oder jenes Problem näher kennenlernen will, einige Berichte referierenden Charakters zu geben. Ferner findet man eine ziemlich vollständige Literaturübersicht für Systeme mit veränderlicher Struktur.

Zum Schluß hält es der Autor für seine angenehme Pflicht, Akademiemitglied B.N.Petrov, unter dessen Führung und durch dessen Initiative es ihm möglich war, die Arbeit über Systeme mit veränderlicher Struktur zu beginnen, seinen herzlichen Dank auszusprechen. Mit großer Dankbarkeit möchte er die nutzbringenden Besprechungen und Unterhaltungen mit Prof. Ja.Z. Cypkin hervorheben, deren Bedeutung kaum überschätzt werden kann. Der Autor ist den Kandidaten der technischen Wissenschaften V.I.Utkin und N.E.Kostyleva für deren große und aufopferungsvolle Hilfe während der gesamten Vorbereitungszeit für die Drucklegung des Buches und ebenso dem Doktor der technischen Wissenschaften R.A.Poluektov für dessen kritische Bemerkungen, welche er bei der Durchsicht des Manuskriptes machte, zutiefst dankbar. Er möchte auch Worte des Dankes an L.R.Govorova richten, welche die schwierige Arbeit der Anfertigung des Manuskriptes vorzüglich ausgeführt hat.

S. Emel̆janov

Kapitel 1

Einleitung

§ 1. Aufgaben der automatischen Regelung

Die weitreichende Anwendung der Automatisierung in allen Bereichen praktischer Tätigkeit, welche man derzeit feststellen kann, und die deutlich sichtbare Tendenz zu immer komplizierteren Objekten und immer schwierigeren Aufgaben der selbsttätigen Regelung führten zu einer stürmischen Entwicklung der Regelungstechnik. Der Übergang zu leistungsfähigeren technologischen Verfahren, der Einsatz vollkommenerer Maschinen und Apparate, das Bestreben, die Wirksamkeit der verwendeten Produktionsmittel maximal zu gestalten, die Produktivität zu vergrößern, die Qualität der Produktion zu verbessern, den wirtschaftlichen Einsatz der elektrischen Energie und wertvoller Rohstoffe zu sichern usw. zwingen zur Suche nach neuen regeltechnischen Prinzipien und verlangen den Einsatz neuer Systemtypen.

Trotz der großen Mannigfaltigkeit in den dynamischen Eigenschaften der Objekte und Prozesse, welche der Automatisierung unterworfen werden, und der großen Unterschiede in den Forderungen, welche man an automatische Regelsysteme stellt, kann man im wesentlichen zwei Hauptaufgaben der Regelungstechnik formulieren: Erstens, eine oder mehrere Regelgrößen auf einem vorgeschriebenen Wert zu halten - Aufgabe der Stabilisierung - und zweitens, die Änderung von Regelgrößen in Übereinstimmung mit gegebenen Vorschriften - Aufgabe der Nachführung. Im folgenden werden wir nur Probleme in Verbindung mit der Konstruktion von stabilisierenden und nachführenden Systemen betrachten. Aufgaben, Regelgrößen konstant zu halten oder in vorgegebener Richtung zu verändern, sind in der regeltechnischen Praxis alltäglich. So ist es z. B. bei Systemen zur Elektrizitätsversorgung erforderlich, die vorgegebene Klemmspannung des Generators mit größter Genauigkeit aufrecht zu halten, d. h. es ist die Aufgabe der Stabilisierung zu lösen. Ein System, welches ein Flugzeug auf ein vorgegebenes Ziel führt, wobei sich dessen räumliche Koordinaten stetig in Abhängigkeit von der auf das Ziel bezogenen Lage ändern müssen, stellt ein Beispiel für ein Folgesystem dar.

Der Bau von stabilisierenden und nachführenden Systemen höchster Güte stößt auf beträchtliche Schwierigkeiten, wenn auf die Regelstrekke im voraus nicht übersehbare und kontrollierbare Störungen einwirken. So tritt im System zur Stabilisierung der Generatorspannung die Belastungsänderung des Generators als eine solche Störung auf, während für den Fall der Kursregelung eines Flugzeuges Windkräfte einen störenden Einfluß ausüben. Diese Störungen bewirken Abweichungen der Regelgrößen von den vorgegebenen Werten, und ihre Vernachlässigung beim Entwurf des Reglers kann die Ursache für ein unbefriedigendes Arbeiten des Regelsystems sein. Große Schwierigkeiten bei der Konstruktion von stabilisierenden oder nachführenden Systemen ergeben sich auch in jenen Fällen, wo sich das Verhalten der Strecke während des Arbeitsvorganges und je nach dem Produkt des Verfahrens innerhalb weiter Grenzen ändert. Der Regler soll ja ein normales Funktionieren des Systems für gegebene Charakteristiken der Regelstrecke gewährleisten. Wenn sich jedoch diese Charakteristiken verändern, kann das Arbeiten des Systems schlechter werden, und die Abweichung der Regelgrößen von den geforderten Werten wird unzulässig groß. Derartige Folgen treten vielfach dann auf, wenn Wechselwirkungen zwischen einzelnen Kreisen eines komplexen Systems nicht berücksichtigt werden, Elemente mit Totzeit oder wesentlich nichtlineare Glieder vorhanden sind und dergleichen mehr. Diese bei weitem nicht vollständige Aufzählung der Probleme, welche bei der Konstruktion eines stabilisierenden oder nachführenden Systems auftreten, zeigt, mit welchen Schwierigkeiten man sich dabei auseinandersetzen muß.

Gegenwärtig sind die Theorie und die Prinzipien für den Bau linearer Regler, welche die Steuerung einer Strecke von höchster Güte unter schwierigen Arbeitsbedingungen gewährleisten, gut ausgearbeitet.

Wir werden kurz die vorhandenen Methoden zur Konstruktion von stabilisierenden und nachführenden Systemen betrachten und die Besonderheiten bei ihrer Anwendung aufzeigen. Bekanntlich ist das Hauptproblem beim Bau eines Regelsystems die Wahl der Systemelemente, der Wechselwirkungen zwischen diesen, der Informationsquellen usw., d.h. mit anderen Worten, die zweckmäßige Wahl der Systemstruktur. Der strukturelle Zugang für die Synthese von Systemen erweist sich in vielen Fällen als äußerst nutzbringend, weil man dadurch recht anschaulich die Art des Reglereinflusses, die Notwendigkeit verschiedener Rückführungen bzw. wechselseitiger Koppelungen herausarbeiten kann. Außerdem läßt sich die physikalische Natur jener Vorgänge aufdecken, welche den verschiedenen Konstruktionsverfahren zugrundeliegen. Von diesem Zugang wird daher bei der Darstellung des Stoffes in diesem Buch weitgehend Gebrauch gemacht. Was ist nun aber diese Struktur eines automatischen Regelsystems?

Als Struktur eines automatischen Regelsystems bezeichnen wir die Gesamtheit der in genau festgelegter Art und Weise verbundenen funktionellen Elemente des Systems. Diese bewirken die notwendigen Informationsumwandlungen. Unter Verbindungen verstehen wir die Kanäle zur Übertragung von Informationen. Wir werden davon sprechen, daß ein Regelsystem diese oder jene Struktur besitzt, bzw. wir werden verlangen, daß das System diese oder jene Elemente enthält, verbunden in dieser oder jener Art.

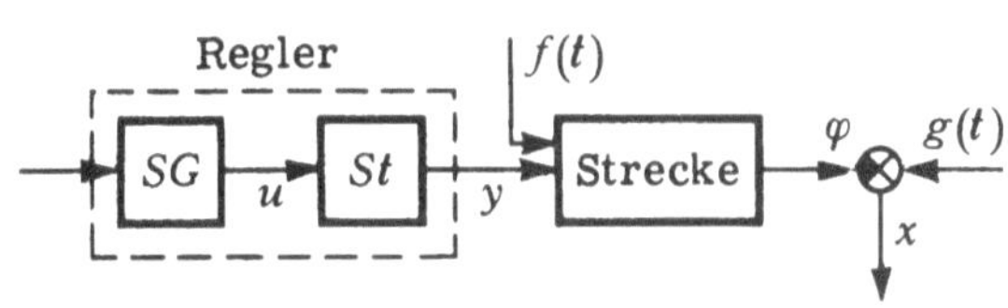

Abb. 1.1

Durch das Blockschaltbild, welches mehr oder weniger detailliert ausgearbeitet sein kann, wird die Struktur des Systems graphisch dargestellt. Ein sehr allgemeines Schaltbild für ein automatisches Regelsystem sieht man in Abb. 1.1 . Die Regelstrecke und der Regler bilden die Hauptelemente des Systems. An Hand des Blockschaltbildes können die oben dargestellten Aufgaben des Regelungstechnik folgendermaßen formuliert werden: Es ist mit vorgegebener Genauigkeit die Ausgangsgröße (Regelgröße) φ der Regelstrecke automatisch auf einen gegebenen Wert g = const zu halten - Aufgabe der Stabilisierung - , bzw. es ist die Regelgröße und eine Eingangsgröße, die Führungsgröße, welche durch eine Zeitfunktion $g(t)$ dargestellt wird, automatisch gleich zu halten - Aufgabe der Nachführung. Dabei können auf die Regelstrecke äußere Störungen einwirken, welche durch eine Zeitfunktion $f(t)$ beschrieben werden. Mit x wird die Differenz zwischen dem Sollwert g und der Ausgangsgröße φ bezeichnet, daher Regelabweichung oder Fehlersignal genannt. In beiden Fällen ist es das Ziel der Regelung, mit entsprechender Genauigkeit das Fehlersignal x auf dem Wert Null zu halten. Dieses Ziel wird mittels des auf die

Regelstrecke einwirkenden Reglers erreicht, welcher gewöhnlich aus dem Stellglied (St) und dem Steuerglied (SG) besteht. Im Steuerglied wird auf Grund von Information über den Zustand des Systems, der Führungsgröße g und der äußeren Einflüsse, wenn diese der Messung zugänglich sind, die Steuergröße u gebildet. Diese Größe gelangt in den Eingang des Stellgliedes, dessen Ausgangsgröße y direkt auf die Regelstrecke einwirkt, um sicherzustellen, daß die Ausgangskoordinate φ mit der Führungsgröße g übereinstimmt.

Gewöhnlich ist das Stellglied eine mechanische, elektromechanische, hydraulische oder pneumatische Vorrichtung von großer Leistungsfähigkeit, deren dynamische Eigenschaften meist nicht veränderlich sind. Im Zusammenhang damit ist es manchesmal zweckmäßig, die Regelstrecke, deren dynamische Eingenschaften meist auch nicht unmittelbar geändert werden können, und das Stellglied zum invariablen Teil des Regelsystems zusammenzufassen (Abb. 1.2).

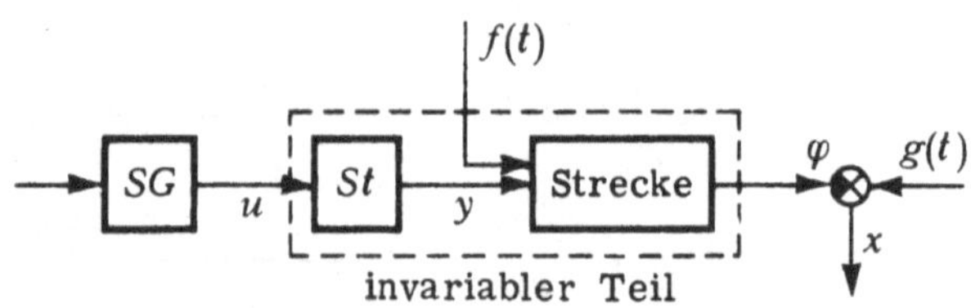

Abb. 1.2

Wir weisen noch darauf hin, daß in einer Reihe von Fällen die Funktionen von Stell- und Steuerglied zusammenfallen können und es daher nicht möglich ist, den Regler in Form von zwei Blöcken darzustellen. Ein solches Regelsystem hat eine Gestalt wie in Abb. 1.3.

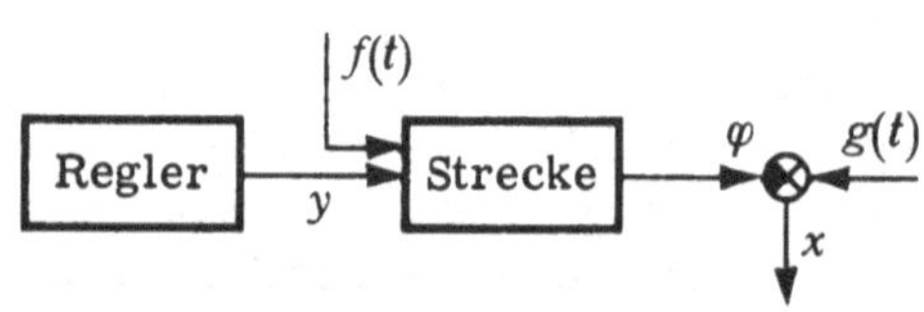

Abb. 1.3

Wir werden jetzt unmittelbar zur Beschreibung von Konstruktionsverfahren für automatische Regelsysteme übergehen. Da wir die Blockschaltbilder in hinreichend allgemeiner Form eingeführt haben, reduziert sich diese Aufgabe auf die Ermittlung der notwendigen Information über den Zustand des Systems und auf die Bildung der Steuergröße u aus dieser Information. Wir nehmen an, daß die Bewegung der Regelstrecke durch die lineare Differentialgleichung

(1.1)
$$a'_{q+1}(t)\varphi^{(q)} + \ldots + a'_2(t)\dot{\varphi} + a'_1(t)\varphi = b'_{s+1}(t)y^{(s)} + \ldots$$
$$\ldots + b'_2(t)\dot{y} + b'_1(t)y + b'_{s+1}(t)f^{(s)} + \ldots + b'_2(t)\dot{f} + b'_1(t)f$$

beschrieben wird und jene des Stellgliedes durch die lineare Differentialgleichung

(1.2)
$$a''_{p+1}y^{(p)} + \ldots + a''_2\dot{y} + a''_1 y = b''_{r+1}u^{(r)} + \ldots + b''_2\dot{u} + b''_1 u.$$

In (1.1) und (1.2) sind $a'_i(t)$, $b'_i(t)$ die konstanten oder veränderlichen Parameter der Strecke, $a'_{q+1}(t) \neq 0$, a''_i, b''_i die Parameter des Stellgliedes, welche meist konstant sind, $a''_{p+1} \neq 0$, und s, q, r, p ganze Zahlen, für welche aus Gründen der physikalischen Realisierbarkeit $s \leqslant q$, $r \leqslant p$ gilt.

Die Gleichung des vergleichenden Gliedes hat die Gestalt

(1.3)
$$x = g - \varphi.$$

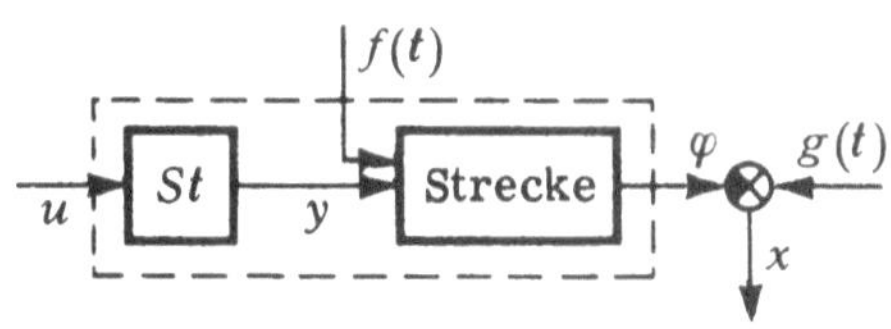

Abb. 1.4

Nach Elimination der Variablen y und φ kann man die Bewegungsgleichung des invariablen Teiles des automatischen Regelsystems für das Fehlersignal x hinschreiben, wenn äußere Störungen f, die Führungsgröße g und die Steuergröße u, welche alle auf den invariablen Teil des automatischen Regelsystems einwirken (Abb. 1.4), vorhanden sind:

(1.4)
$$x^{(n)} + a_n(t)x^{(n-1)} + \ldots + a_2(t)\dot{x} + a_1 x =$$
$$= g^{(n)} + a_n(t)g^{(n-1)} + \ldots + a_2(t)\dot{g} + a_1(t)g +$$
$$+ c_{h+1}(t)f^{(h)} + c_h(t)f^{(h-1)} + \ldots + c_2(t)\dot{f} + c_1(t)f -$$
$$- b_{m+1}(t)u^{(m)} - b_m(t)u^{(m-1)} - \ldots - b_2(t)\dot{u} - b_1(t)u.$$

Dabei ist $n = p + q$, $m = r + s$, $h = s + p$. Die Koeffizienten $a_i(t)$, $b_i(t)$ und $c_i(t)$ hängen von den Größen a'_i, a''_i, b'_i, b''_i und deren Ableitungen ab.

Damit die weitere Darstellung einfacher wird, werden wir voraussetzen, daß sich die Koeffizienten $a_i(t)$, $b_i(t)$, $c_i(t)$ derart langsam ändern daß man sie während des Ablaufes der Regelvorganges als konstant ansehen kann. Durch Anwendung der Laplace-Transformation auf (1.4) erhalten wir

(1.5)
$$A(p)x(p) = A(p)g(p) + C(p)f(p) - B(p)u(p).$$

Hier ist p der Laplaceschen Differentialoperator; $A(p)$, $B(p)$, $C(p)$ sind Polynome in p mit konstanten Koeffizienten:

$$(1.6)\quad \begin{cases} A(p) = p^n + a_n p^{n-1} + \ldots + a_2 p + a_1, \\ B(p) = b_{m+1} p^m + b_m p^{m-1} + \ldots + b_2 p + b_1, \\ C(p) = c_{h+1} p^h + c_h p^{h-1} + \ldots + c_2 p + c_1. \end{cases}$$

Die Lösung von Gleichung (1.5) charakterisiert die dynamischen Eigenschaften des betrachteten Systems vollständig und daher auch alle qualitativen Merkmale des Regelvorganges. Durch die Arbeitsbedingungen wird das Ausmaß der verfügbaren Information über das System bestimmt (diese besteht z.B. aus dem Fehler x und dessen Ableitungen, aus der Führungsgröße g und fallweise auch aus der äußeren Störgröße f). Indem man die vorhandene Information auswertet, muß man die Steuergröße u derart bilden, daß das Fehlersignal mit entsprechender Genauigkeit auf Null gehalten wird und sich das dynamische Verhalten des automatischen Regelsystems möglichst rasch dem gewünschten Verhalten angleicht. Das zur Bildung der Steuergröße u verwendete Verfahren legt auch die Struktur des automatischen Regelsystems fest.

Wir werden im folgenden die wichtigsten Methoden zur Bildung der Steuergröße betrachten.

Zuerst wenden wir uns dem für die Konstruktion eines stabilisierenden Systems einfachsten Fall zu, wo äußere Einflüsse auf das System fehlen, d.h. $f \equiv 0$ und $g \equiv 0$ gilt, und die Bewegung des Systems durch nichtverschwindende Anfangsbedingungen verursacht wird. Wenn in diesem Fall die freie Bewegung des invariablen Teiles, welche völlig durch die Wurzeln der charakteristischen Gleichung $A(p) = 0$ bestimmt ist, alle an die Dynamik des Systems gestellten Forderungen erfüllt, kann die Fehlergröße auch ohne Steuereinwirkung Null werden. Öfter jedoch wird das System diese Forderungen nicht erfüllen. Die eigentliche Aufgabe besteht dann in der Auswahl einer Steuerung, welche die charakteristische Gleichung der Regelstrecke entsprechend verändert. Davon hängt es gerade ab, ob ein Regelsystem mit instabiler Regelstrecke stabil ist, der Regelvorgang schneller abläuft, Schwingungsvorgänge vermieden werden können usw. Aus dem Gesagten folgt, daß eine der möglichen Methoden zur Realisierung der Steuerung in Fall $f \equiv 0$ und $g \equiv 0$ darin besteht, die Funktion u in Form einer Linearkombination aus Fehlergröße und einer beschränkten Anzahl ihrer Ableitungen zu bilden:

$$(1.7)\quad u = \alpha_{x_{l+1}} x^{(l)} + \alpha_{x_l} x^{(l-1)} + \ldots + \alpha_{x_2} \dot{x} + \alpha_{x_1} x,$$

wobei α_{x_l} konstante Größen sind und l eine ganze Zahl ist, bzw. in Operatorform:

$$(1.8) \qquad \begin{cases} u = A_x(p)\,x, \\ A_x(p) = \alpha_{x_{l+1}} p^l + \ldots + \alpha_{x_1}. \end{cases}$$

Dieses Prinzip zur Bildung der Steuergröße wird Prinzip der Regelung mittels Regelabweichung genannt, weil als Information über den Zustand des Vorganges die Abweichung der Regelgröße vom Sollwert benutzt wird. Das System selbst, welches nach diesem Prinzip konstruiert ist, heißt geschlossenes System oder System mit Rückführung. Die Bewegungsgleichung des geschlossenen Systems hat wegen (1.5) und (1.8) die Gestalt

$$(1.9) \qquad x^{(n)} + \bar{a}_n x^{(n-1)} + \ldots + \bar{a}_2 \dot{x} + \bar{a}_1 x = 0.$$

In (1.9) hängen die Koeffizienten $\bar{a}_i$ des charakteristischen Polynoms $\bar{A}(p)$ des geschlossenen Systems,

$$(1.10) \qquad \bar{A}(p) = A(p) + A_x(p)\,B(p),$$

linear von a_i, b_i, α_{x_l} ab. Die Rückführung bewirkt, daß das Bewegungsgesetz für die Regelgröße vollständig durch das charakteristische Polynom (1.10) des geschlossenen Systems bestimmt wird und nicht wie vorher durch $A(p)$. Es ist klar, daß man mit Hilfe der α_{x_l} die Lage der Wurzeln der charakteristischen Gleichung $\bar{A}(p) = 0$ in der komplexen Ebene beeinflussen kann. Will man Stabilität erhalten, müssen die Koeffizienten so gewählt werden, daß alle Wurzeln links von der imaginären Achse liegen. Von der Stabilität des Regelsystems abgesehen, bestehen noch weitere Forderungen an den Ablauf des Regelvorganges. Daher muß die Wahl der Koeffizienten α_{x_l} auch unter Berücksichtigung irgendwelcher Kriterien für die Güte des Systems erfolgen.

Die oben durchgeführten Überlegungen gestatteten es, ausgehend von den Eigenschaften der Differentialgleichung für die Bewegung der Regelstrecke die Steuergröße u zu ermitteln. Diese Überlegungen berührten jedoch nicht die Frage nach der Realisierung dieser Steuerung im Hinblick auf die benötigten funktionellen Systemelemente und die Verbindungen zwischen diesen, d.h. sie gingen nicht auf die Frage nach der Struktur des Systems ein. Wir werden daher jetzt die speziellen Eigenheiten der verschiedenen strukturellen Realisierungen der hier gewählten Steuerung betrachten. Eine Lösung, welche sich ganz von selbst aufdrängt, besteht darin, daß man das Fehlersignal

x mißt, davon die Ableitungen bis zur l-ten Ordnung bildet, diese Signale nach Multiplikation mit den entsprechenden Koeffizienten summiert und die erhaltene Summe in den Eingang des Stellgliedes gibt. Als Ergebnis werden wir eine Struktur erhalten, wie sie in Abb. 1.5 dargestellt ist. Die Besonderheiten, welche sich beim Bau einer solchen Struktur ergeben, werden wir an Hand eines sehr einfachen Beispieles zweiter Ordnung erläutern.

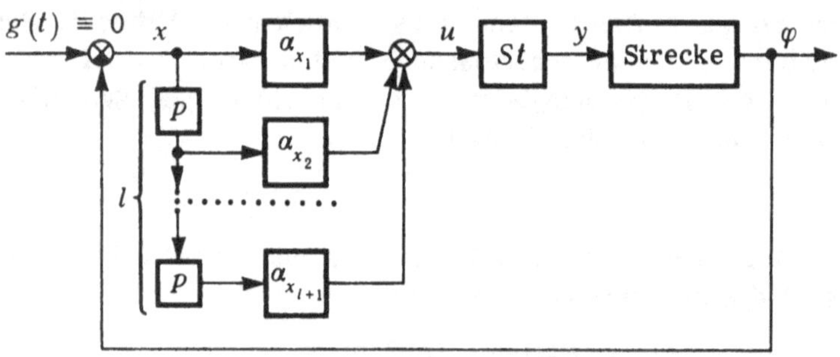

Abb. 1.5

Wir nehmen an, daß die Regelstrecke und das Stellglied Glieder erster Ordnung sind und durch die Gleichungen

(1.11) $a_2'\dot{x} + a_1'x = -y$

bzw.

(1.12) $a_2''\dot{y} + a_1''y = u$

beschrieben werden. Für die Steuerung

(1.13) $u = \alpha_{x_2}\dot{x} + \alpha_{x_1}x$

hat die Gleichung des geschlossenen Systems, in Übereinstimmung mit (1.11) - (1.13), die Gestalt

(1.14) $\ddot{x} + \bar{a}_2\dot{x} + \bar{a}_1 x = 0$

mit

$$\bar{a}_1 = \frac{1}{a_2'a_2''}(a_1'a_1'' + \alpha_{x_1}), \qquad \bar{a}_2 = \frac{1}{a_2'a_2''}(a_1'a_2'' + a_2'a_1'' + \alpha_{x_2}).$$

Für dieses System ist die Struktur in der zu Abb. 1.5 analogen Abb. 1.6 dargestellt.

Wie schon oben festgestellt wurde, werden die verlangten dynamischen Eigenschaften des Systems durch entsprechende Wahl der Koeffizienten α_{x_1}, α_{x_2} erreicht. Wir werden daher untersuchen, auf welche Weise jede dieser Größen auf den Ablauf des Regelvorganges einwirkt.

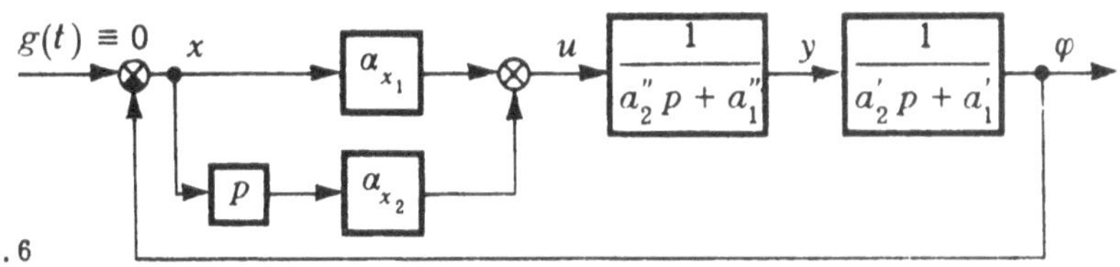

Abb. 1.6

Direkt aus der charakteristischen Gleichung des Systems folgt, daß eine Vergrößerung von a_{x_1}, des Einflußkoeffizienten des Fehlersignales x, zu oszillierendem Verhalten führt und daher zur Verschlechterung des Regelvorganges. Um dies zu vermeiden, muß man den Einflußkoeffizienen der Ableitung a_{x_2} vergrößern. Jedoch führt eine zu starke Vergrößerung von a_{x_2} zu übermäßiger Empfindlichkeit des Regelvorganges. Es ist daher nicht einmal für diese sehr einfache Struktur (Abb. 1.6) erlaubt, die Koeffizienten a_{x_1} und a_{x_2} unabhängig voneinander zu wählen. Bei Systemen höherer Ordnung führt eine Vergrößerung des Einflußkoeffizienten für den Fehler immer zu Instabilität. Ebenso werden die erforderliche Wirkgeschwindigkeit und andere qualitativen Eingenschaften des Regelvorganges bei linearen Systemen (Abb. 1.5) meist durch gleichzeitige Vergrößerung des Einflusses für das Fehlersignal und dessen Ableitungen erreicht. Gleichzeitig muß man jedoch beachten, daß eine Vergrößerung des Einflusses der Ableitungen zur Verstärkung von hochfrequenten Störungen führt, welche sehr häufig im Hauptsignal enthalten sind. Wenn im System eine irgendwie geartete Beschränkung für die Stellgröße existiert, kann das automatische Regelsystem ebenfalls seine Stabilität verlieren.

Man muß auch darauf hinweisen, daß die Realisierung der Struktur aus Abb. 1.5 zwangsläufig mit dem Vorhandensein differenzierender Elemente verbunden ist, deren Konstruktion ein schwieriges technisches Problem darstellt. Jedoch kann man dies in einer Reihe von Fällen vermeiden, wenn es möglich ist, irgendwelche innere Koordinaten des Systems zu messen. Wenn z. B. die Ausgangsgröße y des Stellgliedes gemessen werden kann, läßt sich die Funktion u für den Regelvorgang (1.11), (1.12) in der Gestalt

(1.15) $$u = a^*_{x_1} x + a_y y$$

mit Konstanten $a^*_{x_1}$ und a_y bilden.

Wegen (1.11) und (1.15) erhalten wir dann die Steuerung als Summe der Fehlergröße und ihrer Ableitung:

(1.16) $$u = a_{x_2} \dot{x} + a_{x_1} x$$

mit

$$\alpha_{x_2} = -\alpha_y a_2', \quad \alpha_{x_1} = \alpha_{x_1}^* - \alpha_y a_1'.$$

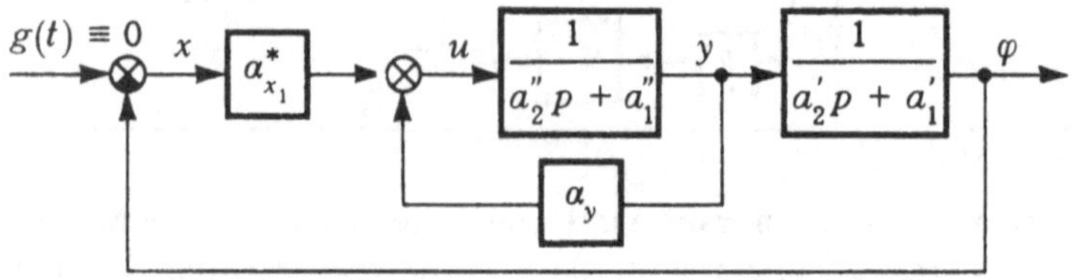

Abb. 1.7

Wir kommen damit zu der in Abb. 1.7 dargestellten Struktur, welche im Hinblick auf ihre Beschreibung durch eine Differentialgleichung der Struktur aus Abb. 1.6 äquivalent ist, jedoch zu ihrer Realisierung keine differenzierenden Vorrichtungen benötigt. Die Wahl der Koeffizienten $\alpha_{x_1}^*$ und α_y muß ebenso wie bei den Größen α_{x_1} und α_{x_2} der vorhergehenden Struktur (Abb. 1.6) in enger gegenseitiger Abhängigkeit erfolgen.

Wir wenden uns jetzt den Besonderheiten bei der Konstruktion linearer Strukturen in jenem Fall zu, wo sich die dynamischen Eigenschaften der Strecke von Vorgang zu Vorgang ändern. Wie wir gesehen haben, sorgt die richtige Wahl der Einflußkoeffizienten für den Fehler und dessen Ableitungen eigentlich für die gewünschte Form der charakteristischen Gleichung des Systems. Ist die Aufgabe gestellt, die Charakteristik des Regelvorganges unverändert beizubehalten, wenn sich die Parameter der Regelstrecke ändern, muß natürlich auch die charakteristische Gleichung für Parameterwerte aus einem bestimmten Bereich unverändert bleiben. Aus der Forderung an die Koeffizienten $\bar{a}_i$ in (1.9), konstant zu sein, folgt wegen (1.8), (1.10), daß die Größen $\alpha_{x_1}, \ldots, \alpha_{x_{l+1}}$ nicht mehr Konstante sind, sondern Funktionen der Parameter der Regelstrecke. Klarerweise wirkt sich dies auch auf die Struktur des Systems aus. Sie muß funktionelle Elemente enthalten, welche die Parameter der Regelstrecke messen, die erforderlichen Werte der Koeffizienten für das Steuerungsgesetz berechnen und die Einflußkoeffizienten im Steuerglied verändern. Die Hauptschwierigkeiten bei der Realisierung eines solchen selbstanpassenden Systems liegen in der Kompliziertheit der gerätetechnischen Lösungen und in der Notwendigkeit, die veränderlichen Parameter der Regelstrecke zu messen.

Wir werden uns noch einem Verfahren zur Konstruktion einer linearen Struktur widmen, für welche sich die dynamischen Eigenschaften des geschlossenen Systems nur unwesentlich ändern, wenn die Parameter der Regelstrecke innerhalb weiter Grenzen variieren. Dieses Verfahren beruht auf der Vergrößerung des Verstärkungskoeffizienten für das offene System. Im vorliegenden Fall hat das Blockschaltbild des Systems eine Gestalt wie in Abb. 1.8, und seine Bewegung wird durch die Gleichung

$$(1.17) \qquad \ddot{x}+\left(a_2^*+k\frac{a_{x_2}}{a_2' a_2''}\right)\dot{x}+\left(a_1^*+k\frac{a_{x_1}}{a_2' a_2''}\right)x=0$$

beschrieben. Dabei hängen die Koeffizienten a_1^*, a_2^* von den Parametern der Regelstrecke und des Stellgliedes ab, während k konstant ist.

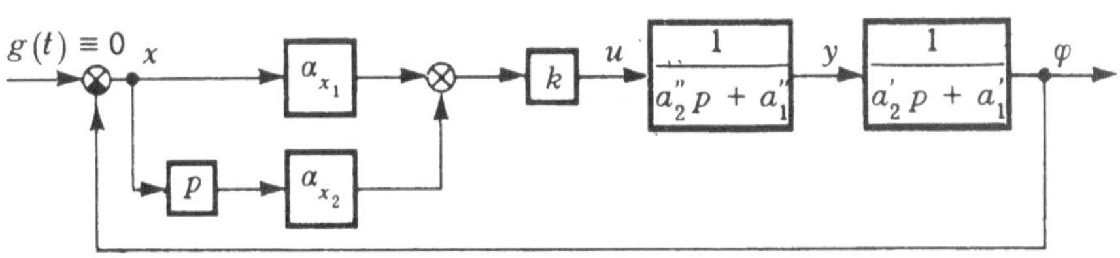

Abb. 1.8

Wie in der Arbeit von M.V.Meerov [69] gezeigt wird, nähert sich die Lösung der Gleichung (1.17) für unbeschränkte Werte des Koeffizienten k der Lösung der Gleichung

$$(1.18) \qquad a_{x_2}\dot{x}+a_{x_1}x=0,$$

welche nicht von den Parametern der Regelstrecke abhängt. Bei dem angegebenen Verfahren wird der durch die nichtstationäre Charakteristik hervorgerufene Einfluß kompensiert. Es ist anwendbar, wenn die Koeffizienten a_1^* und a_2^* in einem beschränkten Bereich beliebig variieren. Den Effekt, welcher durch die Einführung eines Gliedes mit unendlich großem Verstärkungsfaktor hervorgerufen wird, kann man in Relaissystemen erreichen, wenn Bewegungen mit unendlich großer Schaltfrequenz des Relais möglich sind [89].

Wir weisen darauf hin, daß zur Realisierung der in Abb. 1.8 dargestellten Struktur differenzierende Bauelemente benötigt werden. Bekanntlich sind alle realen differenzierenden Elemente wegen der ihnen innewohnenden Trägheit fehlerhaft. Die Ergebnisse aus [69] zeigen, daß bei Berücksichtigung dieser Trägheiten eine Vergrößerung des Koeffizienten k unvermeidlich zum Verlust der Stabilität führt.

Daher kann man den Verstärkungsfaktor des offenen Systems nur so lange vergrößern, bis sich nicht mehr vernachlässigbare Trägheiten der Differentiatoren oder anderer funktioneller Elemente bemerkbar machen. Außerdem muß man bei dieser Methode immer darauf achten, ob Schranken für Systemkoordinaten vorhanden sind. Wie bereits oben festgestellt wurde, können in diesem Falle hochfrequente Störungen, welche immer im Hauptsignal enthalten sind, ebenfalls zum Verlust der Stabilität führen, wenn die Einflußkoeffizienten für die Ableitungen vergrößert werden.

Alle bisher betrachteten Methoden zur Strukturbildung beruhten auf dem Prinzip der Regelung mittels Fehlerabweichung und betrafen Systeme im freien Bewegungszustand. Mit anderen Worten, es wurde angenommen, daß äußere Störungen und die Führungsgröße fehlen und daß die Steuerfunktion mit Hilfe von Information über die Abweichung verschiedener Systemgrößen gebildet wird. Jedoch sind in der Praxis Systeme sehr selten, für welche man störende Einflüsse vernachlässigen kann. Außerdem muß man gerade wegen äußerer Störungen, welche in nicht vorherzusehender Weise auftreten, bei einer Reihe von Produktionsprozessen automatische Regeleinrichtungen verwenden. Im Zusammenhang damit erhebt sich die Frage, inwiefern Regelsysteme mittels Fehlerabweichung verwendet werden können, wenn äußere Einflüsse in nicht zu vernachlässigender Weise auf den Ablauf des Regelvorganges einwirken. Auch muß man untersuchen, welche speziellen Eigenheiten diese Systeme dabei besitzen.

In einem Regelsystem mittels Abweichung, welches durch die Gleichung (1.5) für den Fall $g(t) \neq 0$ und $f(t) \neq 0$ beschrieben wird, sei das Steuerglied eine Zusammenfassung linearer Glieder, welche Differentiationen, Integrationen, Summenbildungen usw. ausführen. Wir wollen weiter annehmen, daß in den Eingang des Steuergliedes Information über die Abweichung der Regelgröße vom Sollwert gelangt. Dann kann die Steuerfunktion u folgendermaßen in Operatorform dargestellt werden:

$$u(p) = k \frac{P(p)}{Q(p)} x(p), \tag{1.19}$$

wobei k ein konstanter Koeffizient ist und $P(p)$ und $Q(p)$ gewisse Polynome in p sind.

Aus (1.5) und (1.19) erhalten wir die Bewegungsgleichung des geschlossenen Regelsystems:

$$(1.20) \qquad [A(p)Q(p)+kB(p)P(p)]x(p) = \\ = A(p)Q(p)g(p)+C(p)Q(p)f(p).$$

Die Aufgabe der Steuerung besteht darin, einen Operator für das Steuerglied (bzw. $P(p)$, $Q(p)$ und k) auszuwählen, für welchen der gewünschte Charakter der freien Bewegung des Systems gesichert ist und welcher die Auswirkungen äußerer Einflüsse auf die Fehlergröße möglichst rasch vermindert. Der erste Teil der Aufgabe wurde bereits behandelt. Wir gehen jetzt auf Methoden ein, welche es gestatten, den erzwungenen Anteil der Lösung von Differentialgleichung (1.20) zu verringern. Diesen Methoden liegt die Tatsache zugrunde, daß der erzwungene Anteil hinreichend klein gemacht werden kann oder verschwindet, wenn die rechte Seite von Gleichung (1.20) hinreichend klein oder Null ist.

Eines der möglichen Verfahren, welches diesen Gedanken verwendet, besteht in der Vergrößerung des Verstärkungsfaktors für das offene System. Wir schreiben Gleichung (1.20) in der Form

$$(1.21) \qquad \bar{A}(p)x(p) = \frac{1}{k}F(p)$$

mit

$$\bar{A}(p) = \frac{1}{k}A(p)Q(p)+B(p)P(p),$$

$$F(p) = A(p)Q(p)g(p)+C(p)Q(p)f(p).$$

Offensichtlich strebt die rechte Seite in Gleichung (1.21) bei Vergrößerung des Verstärkungsfaktors k nach Null, und die allgemeine Lösung dieser Gleichung nähert sich der Lösung der entsprechenden homogenen Gleichung. Es ist jedoch zu beachten, daß vom Wert des Koeffizienten k nicht nur die erzwungene, sondern auch die freie Bewegung des Systems abhängt und daher bei der Wahl des Verstärkungsfaktors k immer die Frage nach der Stabilität des automatischen Regelsystems berücksichtigt werden muß. Wie schon oben erwähnt wurde, wirken sich hochfrequente Störungen, Beschränkungen für Systemkoordinaten und die Tatsache, daß differenzierende Vorrichtungen nie ideal arbeiten, gerade bei großen Verstärkungsfaktoren auf die Stabilität in nicht mehr zu vernachlässigender Art aus. Daher ist dieses Prinzip nur in jenen Fällen anwendbar, wo es gelingt, zwischen der verlangten Genauigkeit und der Stabilität des Systems einen zufriedenstellenden Kompromiß zu schließen.

Die Aufgabe der automatischen Regelung wird sehr viel einfacher, wenn die Gestalt der auf das System einwirkenden äußeren Einflüsse im vorhinein bekannt ist. In diesem Falle kann bei Regelsystemen mittels Abweichung ihr Einfluß aufgehoben werden, indem man die Methode der $K(D)$-Transformation verwendet und nicht von einer Vergrößerung des Verstärkungsfaktors für das offene System Gebrauch macht. Wir werden die Reihenfolge der Operationen bei der Auswahl einer Steuerung (1.19) angeben, welche für äußere Einflüsse von bekannter Gestalt den erzwungenen Anteil der Lösung von Differentialgleichung (1.20) unterdrückt. Zuerst werden für die Funktionen $g(t)$ und $f(t)$ Operatoren als $K_g(D)$- und $K_f(D)$-Transformierte derart angegeben ($D=d/dt$ ist der Differentialoperator), daß $K_g(D)g(t)\equiv 0$ und $K_f(D)f(t)\equiv 0$ für $K_g(D)\not\equiv 0$ und $K_f(D)\not\equiv 0$ gilt *). Z. B. ist für $\sum_{i=0}^{n-1} a_i t^i$ (a_i = const) $K(D)=D^n$ eine $K(D)$-Transformierte, für $\sin \omega t$ (ω = const) $K(D)=D^2+\omega^2$, für $e^{\lambda t}$ (λ = const) $K(D)=D-\lambda$ usw.

Dann wird der Operator für das Steuerglied derart gewählt, daß das Polynom $Q(p)$ in (1.19) $K_g(p)$ und $K_f(p)$ als Faktoren enthält, d. h. es gilt

$$(1.22) \qquad Q(p)=K_g(p)K_f(p)Q'(p),$$

wobei $Q'(p)$ ein Polynom in p ist.

Wenn $K_g(p)$ und $K_f(p)$ zusammenfallen, muß $Q(p)$ von der Gestalt

$$(1.23) \qquad Q(p)=K(p)Q'(p)$$

sein mit $\quad K(p)=K_g(p)=K_f(p).$

Man überzeugt sich leicht davon, daß die Bewegung des Systems bei der Steuerung (1.19), (1.22) oder (1.23) durch eine homogene Differentialgleichung beschrieben wird. Denn Gleichung (1.20) nimmt unter Berücksichtigung von (1.22) im Urbildbereich die Form

$$(1.24) \qquad \begin{aligned}&[A(D)Q(D)+KB(D)P(D)]x=\\&=K_f(D)Q'(D)[K_g(D)g(t)]+K_g(D)Q'(D)[K_f(D)f(t)]\end{aligned}$$

an.

Auf Grund der Definition der $K(D)$-Transformation ist die rechte Seite in (1.24) identisch Null. Dies bedeutet, daß die Fehlergröße nicht von den äußeren Einflüssen abhängt. Durch den Regelvorgang wird die Differenz zwischen Regelgröße und Führungsgröße nach Abklingen des freien Anteiles der Bewegung zum Verschwinden gebracht.

---

*) Die Methode der $K(D)$-Transformation wird in [65] beschrieben.

In der Praxis hat die $K(D)$-Transformation nur in Verbindung mit einer Erhöhung der Ordnung des Astatismus des Systems verbreitete Anwendung gefunden. Wir erläutern den Grundgedanken dieser Methode und die Besonderheiten bei ihrer strukturellen Realisierung an einem sehr einfachen Beispiel. Die Bewegung des invariablen Teiles des Systems werde durch die Gleichung

$$a_2\dot{x} + a_1 x = a_2\dot{g}(t) + a_1 g(t) + f(t) - u \tag{1.25}$$

beschrieben.

Wir setzen konstante äußere Einflüsse $g(t) = g_0$, $f(t) = f_0$, g_0, $f_0 = \mathrm{const}$, voraus. Die Steuergröße u wählen wir in Übereinstimmung mit dem gerade beschriebenen Verfahren. Die $K(D)$-Transformierten der Funktionen $g(t)$ und $f(t)$ fallen zusammen, $K_g(D) = K_f(D) = D$. Dann folgt aus (1.19) und (1.23), daß das Steuerglied neben anderen funktionellen Elementen ein integrierendes Glied enthalten muß und daß die kleinste mögliche Ordnung für das System Zwei ist. Für die freie Bewegung kann man die erforderliche Güte des Regelvorganges für ein System zweiter Ordnung immer erreichen, wenn man die Steuergröße aus dem Fehler und seiner Ableitung mit entsprechenden Koeffizienten bildet. Daraus folgt, daß die Steuerung u für das vorliegende Beispiel die Gestalt

$$u = \frac{\alpha_{x_2} p + \alpha_{x_1}}{p}\, x \tag{1.26}$$

haben muß und die Bewegung des geschlossenen Systems durch die Gleichung

$$\ddot{x} + \frac{1}{a_2}(a_1 + \alpha_{x_2})\,\dot{x} + \frac{1}{a_2}\,\alpha_{x_1} x = 0 \tag{1.27}$$

beschrieben wird. Wie schon in den vorhergehenden Fällen werden wir auch hier die wichtigsten Verfahren zur Bildung der Steuerung (1.26) angeben. Diese Verfahren bestimmen auch die Struktur des automatischen Regelsystems.

Abb. 1.9

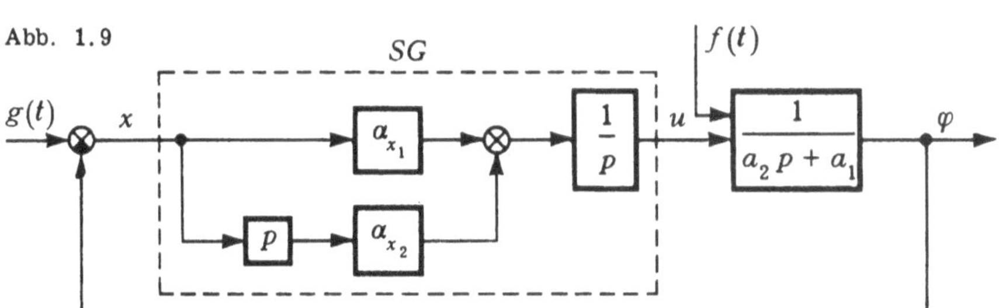

In Abb. 1.9 ist die Struktur eines Systems dargestellt, durch welches die Steuerung (1.26) realisiert wird. Die Fehlergröße x und ihre Ableitung, welche mit Hilfe eines differenzierenden Elementes gewonnen wird, werden summiert und kommen in den Eingang eines integrierenden Gliedes, dessen Ausgangsgröße die gewünschte Steuerung u ist. Ein besonderes Merkmal dieser Struktur ist das Vorhandensein von integrierenden und differenzierenden Elementen. Man kann jedoch eine für die praktische Anwendung einfachere Struktur angeben, welche in Abb. 1.10 dargestellt ist. Das Steuerglied dieser Struktur verwirklicht bei genau derselben Information ebenfalls das Steuerungsgesetz (1.26). Wie Abb. 1.10 zeigt, enthält jedoch das Steuerglied keinen Differentiator. Beide Strukturen sind astatisch von erster Ordnung, weil sie für äußere Einflüsse in Form von Sprungfunktionen garantieren, daß der Fehler Null wird.

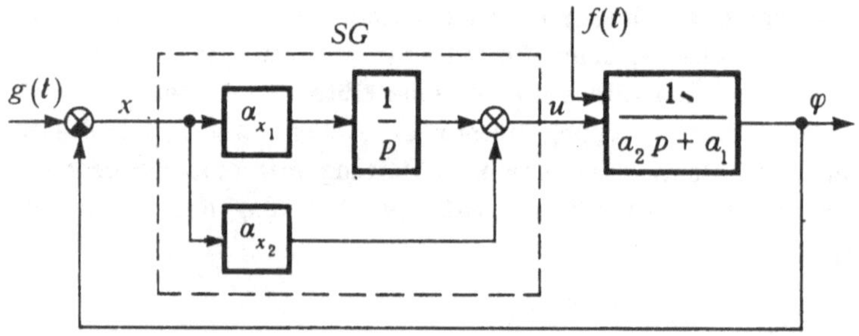

Abb. 1.10

Wenn jedoch in unserem Beispiel die äußeren Einflüsse nicht als konstant angenommen werden können, sie aber durch Polynome endlichen Grades in t approximiert werden, muß man zusätzliche integrierende Glieder einführen, um einen Astatismus von höherer Ordnung zu erzeugen. Dieser Weg kann schließlich zu Systemen führen, welche für die Praxis unzulässig kompliziert sind. In jenen Fällen, wo die äußeren Einflüsse nicht mit hinreichender Genauigkeit durch Polynome dargestellt werden können oder ihr zeitliches Verhalten im voraus nicht bekannt ist, erweist sich im allgemeinen eine Erhöhung der Ordnung des Astatismus als wenig wirksam.

Mit der Methode $K(D)$-Transformation beenden wir die Betrachtung von Prinzipien für den Bau von Regelsystemen mittels Fehlerabweichung. Zur Lösung der Aufgabe der Stabilisation und der Nachführung kann man einen völlig anderen Zugang angeben. Dabei werden die auf das System einwirkenden Einflüsse gemessen, wenn dies bei den Arbeitsbedingungen für das System möglich ist. Es handelt sich um das sogenannte Kompensationsprinzip, bei welchem die Steuergröße auf Grund von Information über die äußeren Einflüsse gebildet wird. Der Grundgedanke dieses Prinzips läßt sich sehr anschaulich erläutern, wenn man unmittelbar von der strukturellen Darstellung eines derartigen Systems ausgeht (Abb. 1.11).

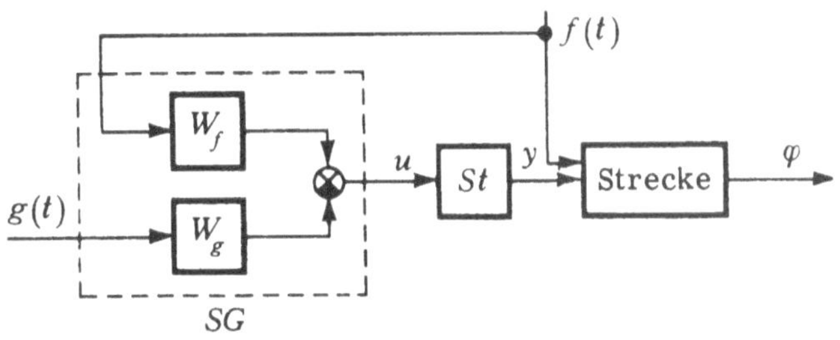

Abb. 1.11

Für das hier dargestellte System besteht die Aufgabe, die Struktur des Steuergliedes, welches Information über die Größe der äußeren Einflüsse g und f besitzt, so auszuwählen, daß eine Steuerung u gebildet wird, welche den Einfluß der Störung f aufhebt und die Führungsgröße g durch die Regelgröße φ reproduziert.

Wir nehmen an, daß das Steuerglied zwei lineare Glieder mit den Übertragungsfunktionen $W_f(p)$ und $W_g(p)$ enthält, in deren Eingang die entsprechenden Signale f bzw. g gelangen. Die Steuergröße u ist die Summe der Ausgangssignale dieser zwei Glieder. $W_f(p)$ und $W_g(p)$ müssen entsprechend der Aufgabenstellung derart ausgewählt werden, daß die Übertragungsfunktion für die Störung f zur Regelgröße φ Null bzw. für die Führungsgröße g zu φ Eins ist. Aus dem Blockschaltbild folgen sofort die Beziehungen

$$\frac{\varphi(p)}{f(p)} = (W_f(p)\, W_{St}(p) + 1)\, W_S(p), \tag{1.28}$$

$$\frac{\varphi(p)}{g(p)} = W_g(p)\, W_{St}(p)\, W_S(p), \tag{1.29}$$

wobei $W_{St}(p)$ und $W_S(p)$ die Übertragungsfunktionen des Stellgliedes und der Regelstrecke sind.

Aus (1.28) folgt, daß die Größe φ von f unabhängig ist, wenn

$$W_f(p) = -\frac{1}{W_{St}(p)} \tag{1.30}$$

gilt.

Die physikalische Bedeutung der erhaltenen Beziehung ist vollkommen klar. Die Störung f beeinflußt die Regelstrecke über zwei Kanäle: erstens direkt und zweitens über das Glied $W_f(p)$ und das Stellglied, welche in Serie geschaltet sind. Wenn die Bedingung (1.30) erfüllt ist, wird die Summe dieser zwei Einflüsse Null. Als Ergebnis erreicht man eine Kompensation der äußeren Störung, daher auch die Bezeichnung Kompensationsprinzip für diese Methode. In der Literatur wird dieses Prinzip auch manchmal Regelung mittels Störung oder Regelung über den offenen Kreis genannt.

Die Reproduktion der Führungsgröße durch die Größe φ ist gesichert, wenn die Bedingung

$$(1.31) \qquad W_g(p) = \frac{1}{W_{St}(p)\, W_S(p)}$$

erfüllt ist.

Wir sehen, daß bei Anwendung des Kompensationsprinzipes immer die Stabilität der freien Bewegung gesichert sein muß. Das beschriebene Verfahren verliert nämlich seinen Sinn, wenn die Regelstrecke oder eines der Glieder $W_g(p)$, $W_f(p)$ instabil ist. In diesem Falle kann eine Kombination der zwei Prinzipien - Regelung mittels Fehlerabweichung bzw. mittels Störung - sehr wirksam sein. Die Struktur eines auf diese Weise konstruierten Systems, bei dem in den Eingang des Steuergliedes Information sowohl über die äußeren Einflüsse als auch über die Fehlergröße gelangt, ist in Abb. 1.12 dargestellt. Systeme, in denen zusammen mit dem Kompensationsprinzip gleichzeitig das Rückkoppelungsprinzip zur Anwendung kommt, heißen kombinierte Systeme.

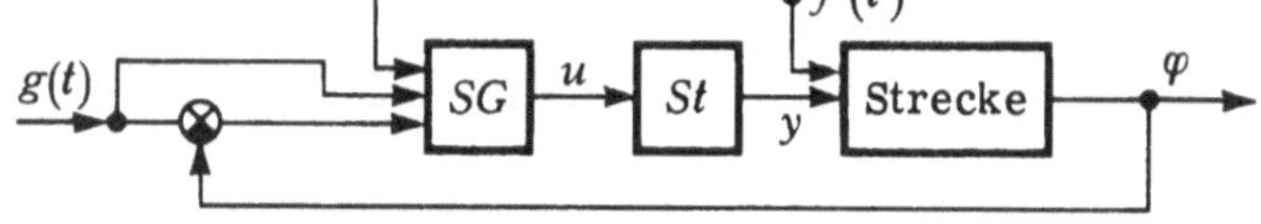

Abb. 1.12

Bei Stabilität der freien Bewegung im System ermöglicht jedenfalls das Kompensationsprinzip die Reproduktion der Führungsgröße durch die Regelgröße bei Vorhandensein von auf die Regelstrecke einwirkenden äußeren Störungen. Dabei muß es möglich sein, die äußeren Einflüsse zu messen. Außerdem müssen die Übertragungsfunktionen der Regelstrecke und des Stellgliedes genau bekannt sein und die technischen Möglichkeiten zur Realisierung von funktionellen Elementen mit den Übertragungsfunktionen $W_g(p)$ bzw. $W_f(p)$ bestehen.

Das Anwendungsgebiet der Regelung über den offenen Kreis ist viel enger als jenes des Rückkoppelungsprinzipes. Dies liegt in erster Linie daran, daß auf die Regelstrecke unvorhergesehene Störungen einwirken können, welche einer direkten Messung nicht zugänglich sind. Will man die Störungen indirekt messen und diese Information für die Konstruktion eines Systems verwenden, führt dies gewöhnlich zu unendlich großen Verstärkungskoeffizienten. Davon überzeugt man sich leicht, wenn man die Struktur in Abb. 1.11 betrachtet. Der Einfachheit halber nehmen wir $g(t) \equiv 0$ an. Wenn der Operator für die Regelstrecke bekannt ist, kann man die Störgröße erhalten, indem man φ und y mißt:

$$f(p) = \frac{1}{W_S(p)} \varphi(p) - y(p). \tag{1.32}$$

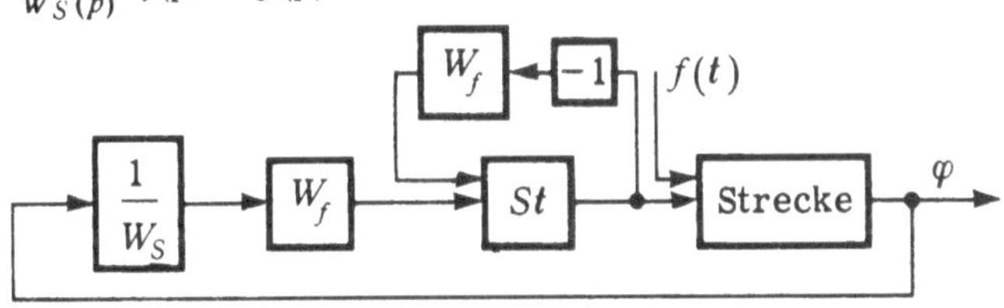

Abb. 1.13

Gibt man in den Eingang des Steuergliedes die nach (1.32) berechnete Größe f, kommt man zu der in Abb. 1.13 angegebenen Struktur. Wir betrachten nun die Übertragungsfunktion $W_{St}(p)$ des Stellgliedes bei Berücksichtigung der lokalen Rückführung:

$$W'_{St}(p) = \frac{W_{St}(p)}{1 + W_f(p)\, W_{St}(p)}. \tag{1.33}$$

Wegen (1.30) und (1.33) ist

$$W'_{St}(p) = \frac{W_{St}(p)}{1 + \left(-\frac{1}{W_{St}(p)}\right) W_{St}(p)} = \infty.$$

Der Versuch, ohne direkte Messung der Störung auszukommen, führt daher zu Regelsystemen mittels Fehlerabweichung mit großen Übertragungskoeffizienten. Diese Systeme wurden bereits ausführlich betrachtet. Ein weiterer Grund, welcher zur Einschränkung des Anwendungsgebietes für das Kompensationsprinzip führt, besteht darin, daß es bei dessen Realisierung nötig sein kann, ziemlich große Werte der Störung zu messen. Dadurch kann das Steuerglied, welches den kompensierenden Einfluß bildet, unzulässig kompliziert und räumlich zu groß werden. Dazu kommt noch, daß wegen des nichtstationären dynamischen Verhaltens der Regelstrecke, selbstanpassende Elemente in die Struktur aufgenommen werden müssen, weil für die Kompensation der äußeren Störungen ständig eine Gleichung exakt erfüllt sein muß.

Wir haben nun Konstruktionsverfahren, welche auf den zwei wichtigsten Regelungsprinzipien - mittels Abweichung und mittels Störung - beruhen, für stabilisierende und nachführende Systeme mit einer einzigen Regelgröße betrachtet.

Die charakteristischen Eigenschaften dieser Prinzipien wurden an Regelstrecken gezeigt, welche durch gewöhnliche lineare Differentialgleichungen beschrieben wurden. In der Praxis muß man sich jedoch oft mit Regelstrecken komplizierterer Natur befassen. Dabei besitzt natürlich jedes dieser Prinzipien in der Anwendung seine speziellen Eigenheiten.

Wir betrachten z. B. eine Regelstrecke, in der mehrere untereinander in Verbindung stehende Größen geregelt werden müssen. Wenn man die Verbindungen zwischen den Regelgrößen nicht in Betracht zieht und versucht, den erforderlichen Regelprozeß für jede dieser Größen unabhängig durchzuführen, kann sich wegen der nicht berücksichtigten gegenseitigen Einflüsse der einzelnen Regelkreise aufeinander das Arbeiten des Systems sehr verschlechtern bzw. es kann sogar zu Instabilität kommen. Ein möglicher Weg zur Lösung des Regelungsproblemes für mehrfach zusammenhängende Regelstrecken besteht darin, die Bewegungen jedes Kreises unabhängig von den Bewegungen der anderen zu machen. Wir betrachten ein Regelsystem mit zwei Regelgrößen φ_1 und φ_2 (Abb. 1.14) und nehmen an, daß die mehrfach zusammenhängende Regelstrecke in Gestalt zweier Glieder S_1 und S_2 mit den Ausgangsgrößen φ_1 und φ_2 dargestellt werden kann. Diese Größen gelangen über die Operatoren W_{12} und W_{21} in den Eingang von S_2 bzw. S_1. Die Steuerkreise für beide Größen φ_1 und φ_2 enthalten Steuer- und Stellglieder. Nach wie vor besteht die Aufgabe darin, die Differenzen x_1 und x_2 zwischen der Regelgröße φ_1 bzw. φ_2 und der Führungsgröße $g_1(t)$ bzw. $g_2(t)$ zum Verschwinden zu bringen, wenn äußere Störungen $f_1(t)$ und $f_2(t)$ auf die Regelstrecke einwirken. Die Regelgrößen φ_1 und φ_2 kann man als voneinander unabhängig ansehen, wenn die Einflußgrößen z_{12} und z_{21} als äußere Störungen aufgefaßt werden. Falls z_{12} und z_{21} nicht gemessen werden können, ist das Prinzip der Regelung mittels Abweichung zu verwenden und der Einfluß der wechselseitigen Koppelungen auf die Dynamik der einzelnen Kreise möglichst zu verringern. Wenn Information über die Größen z_{12} und z_{21} vorhanden ist, kann man Unabhängigkeit bzw.

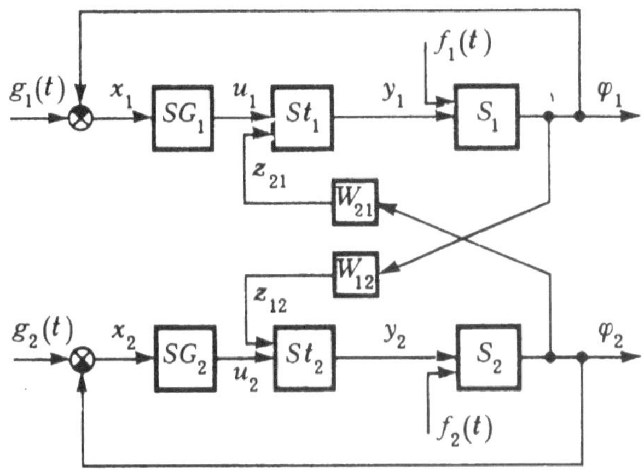

Abb. 1.14

Autonomie für die Regelgrößen erreichen, wenn man das Kompensationsprinzip (oder Prinzipien der kombinierten Regelung) benützt. Meistens können jedoch nicht die Größen z_{12} und z_{21} gemessen werden, sondern nur die Größen φ_1 und φ_2. Für die Anwendung des Kompensationsprinzipes muß man dann die Operatoren, welche die Wechselwirkungen beschreiben, genau kennen.

In mehrfach zusammenhängenden Regelsystemen muß man aber nicht immer nach Autonomie streben. In vielen Fällen wird bei der Automatisierung die größte Wirksamkeit erreicht, wenn sich zwischen den Regelgrößen Koppelungen von gewünschter Art herausbilden. Dazu muß man in die Struktur des Systems durch Meßglieder oder durch Steuerkreise bestimmte wechselseitige Koppelungen künstlich einführen, um dadurch die erforderlichen Abhängigkeiten zwischen den Regelgrößen herzustellen. Die Verwendung linearer Steuerglieder in mehrfach zusammenhängenden Regelsystemen trifft auf beträchtliche Schwierigkeiten, wenn sich das Verhalten der Regelstrecke und daher auch jenes der Koppelungen zwischen den Regelgrößen in nicht vorherzusehender Art ändert. Bei unveränderlichem linearen Steuerungsgesetz können sich dabei die qualitativen Eigenschaften des Regelvorganges sehr verschlechtern.

Die automatische Regelung wird bedeutend schwieriger, wenn die Regelstrecke ein Element mit reiner Totzeit enthält. In diesem Fall zeigt sich auch am deutlichsten der Widerspruch in den Forderungen nach Genauigkeit und nach Stabilität. Das Bestreben, die Genauigkeit zu erhöhen, erfordert eine Vergrößerung des Übertragungsfaktors für das offene System. Andererseits führt in einem linearen Totzeitsystem ein unbeschränkter Verstärkungsfaktor zu Instabilität. So schneidet z.B. in einem linearen Totzeitsystem mit konstanten Parametern die Ortskurve des Frequenzganges immer die reelle Achse im Intervall $(-\infty, 0)$. Daher wird bei Vergrößerung des Übertragungskoeffizienten die Ortskurve des Frequenzganges den Punkt $(-1, 0)$ umfassen, d.h. das System wird instabil. Dieser Gegensatz kann die Anwendung linearer Regler bei Regelstrecken mit Totzeit wesentlich einschränken

Wir gehen jetzt auf Probleme ein, welche sich bei der Konstruktion linearer Steuerglieder für die Steuerung nichtlinearer Prozesse ergeben. Es wird der sehr einfache Fall eines nichtlinearen Systems betrachtet, welches durch die Gleichung

$$x^{(n)} = f(x, \ldots, x^{(n-1)}, t) + u \tag{1.34}$$

beschrieben wird, wobei f eine nach allen Argumenten stetig differenzierbare Funktion ist mit $f(0, \ldots, 0, t) \equiv 0$.

Wir setzen voraus, daß die Steuergröße u als Linearkombination der Systemgrößen dargestellt werden kann:

$$u = \sum_{i=0}^{n-1} c_i x^{(i)}, \qquad c_i = \text{const.} \tag{1.35}$$

Um die Möglichkeiten dieser Steuerung zu untersuchen, entwickeln wir die Funktion $f(x, \ldots, x^{(n-1)}, t)$ in eine MacLaurinsche Reihe nach den Koordinaten $x, \dot{x}, \ldots, x^{(n-1)}$ und schreiben die Gleichung (1.34) in der Gestalt

$$x^{(n)} = \sum_{i=0}^{n-1} \left[\frac{\partial f}{\partial x^{(i)}} (\theta x, \theta \dot{x}, \ldots, \theta x^{(n-1)}, t) + c_i \right] x^{(i)}, \tag{1.36}$$

$$0 \leqslant \theta \leqslant 1.$$

Wenn die partiellen Ableitungen $\frac{\partial f}{\partial x^{(i)}} (\theta x, \theta \dot{x}, \ldots, \theta x^{(n-1)}, t)$ $(i = 0, \ldots, n-1)$ aus (1.36) beschränkte Funktionen in allen Variablen sind, kann man System (1.34) wie ein lineares mit veränderlichen Parametern, welche in einem bestimmten Bereich variieren, untersuchen. Alle Besonderheiten, welche mit der Auswahl und Realisierung einer linearen Steuerung in diesem Fall verbunden sind, wurden schon weiter oben dargestellt.

Wenn die partiellen Ableitungen $\frac{\partial f}{\partial x^{(i)}} (\theta x, \theta \dot{x}, \ldots, \theta x^{(n-1)}, t)$ $(i = 0, \ldots, n-1)$ stetige, jedoch nicht beschränkte Funktionen in den Variablen $x, \dot{x}, \ldots$:

..., $x^{(n-1)}$ sind, dann kann mit linearen Steuerungen die Stabilität solcher Systeme immer nur für ein beschränktes Gebiet der Anfangswerte gewährleistet werden. Mit dieser Tatsache muß man sich bei der Konstruktion von Reglern für eine Reihe von Produktionsprozessen der chemischen und metallurgischen Industrie auseinandersetzen. Dies führt in diesem Fall auch dazu, daß man durch den Einsatz linearer Regler nicht den besten ökonomischen Effekt erzielen kann. Das wichtigste Problem bei der Regelung solcher Prozesse ist mit der maximal möglichen Vergrößerung des Stabilitätsgebietes für die Anfangswerte verbunden.

Bei vielen Aufgaben kommen zu den Forderungen an den Verlauf der Regelgröße noch eine Reihe von Bedingungen an das Verhalten anderer Systemgrößen hinzu. Oft sind diese Bedingungen für die Wahl der Steuergeräte entscheidend. So darf z. B. mit Rücksicht auf die Festigkeit der Konstruktion der Belastungsfaktor bei Flugapparaten einen festgesetzten Wert nicht übersteigen. Ein weiteres Beispiel wird durch ein System zur Stabilisierung der Temperatur eines thermochemischen Prozesses geliefert, bei dem der Luftverbrauch nicht nur die Temperatur sondern auch die Qualität des Produktionsergebnisses beeinflußt. Bei diesem Prozeß soll die Stellgröße nicht ihren stationären Wert überschreiten. Um diese zusätzlichen Forderungen zu erfüllen, muß man, falls lineare Regler verwendet werden, die dynamischen Eigenschaften des Übergangsprozesses bezüglich der Regelgröße verschlechtern.

Die in diesem Paragraphen im Zusammenhang mit der Anwendung linearer Regler betrachteten Probleme gestatten es, die wichtigsten Aufgaben anzugeben, für deren Lösung man neue Methoden der Regelung aus der Klasse der nichtlinearen automatischen Regelsysteme suchen muß. Wir wollen diese Aufgaben aufzählen.

Die Grundidee bei der Wahl der Steuergröße im Falle der freien Bewegung einer linearen Regelstrecke mit konstanten Parametern besteht darin, die charakteristische Gleichung des invariablen Teiles des Systems entsprechend zu modifizieren, um die erforderliche Lage der Wurzeln in der linken Halbebene zu erreichen. In struktureller Hinsicht führt dies häufig zu großen Einflußwerten sowohl für das Fehlersignal als auch für dessen Ableitungen, welche dem Eingang des Stellgliedes zugeführt werden. Hieraus ergibt sich die Aufgabe, Systeme zu konstruieren, für welche allein eine Vergrößerung des Einflußkoeffizienten für die Fehlergröße nicht zum Verlust der Stabilität führt.

Eine Steuerung höchster Güte von nichtstationären Regelstrecken mittels linearer Regler im Falle stetig wirkender Störungen ist sehr schwierig, wenn die veränderlichen Parameter der Regelstrecke und die äußeren Störungen nicht gemessen werden können. Hier entsteht die Aufgabe, Systeme zu bauen, in welchen es bei beschränkten Einflußkoeffizienten für verschiedene seiner Koordinaten gelingt, die Reproduktion der Führungsgröße durch die Regelgröße sicherzustellen, ohne Informationen über die Störungen und die in weiten Bereichen variierenden Parameter der Regelstrecke zu verwenden.

Will man den gewünschten Charakter (darunter auch Autonomie) der Koppelungen in einem mehrfach zusammenhängenden Regelsystem sicherstellen, stößt man gewöhnlich auf Schwierigkeiten, wenn Informationen über die Operatoren der wechselseitigen Koppelungen fehlen. Eine der wichtigsten Aufgaben aus diesem Gebiet der Regelungstechnik besteht darin, Systeme zu konstruieren, in welchen mit Hilfe beschränkter Einflußkoeffizienten die gewünschten Abhängigkeiten zwischen den verschiedenen Regelgrößen des Systems erreicht werden, wenn die erwähnte Information fehlt.

Für Systeme zur Steuerung von Regelstrecken mit reiner Totzeit ist das Steuerglied so auszuwählen, daß der Einflußkoeffizient für die Fehlergröße im Vergleich zum linearen System bedeutend größer gewählt werden kann, wobei in beiden Fällen dieselbe Information verwendet wird.

Bei der Regelung von nichtlinearen Regelstrecken ist es äußerst wichtig, nach Strukturen zu suchen, welche ein hinreichend großes Stabilitätsgebiet für die Anfangswerte in der Umgebung jener Punkte garantieren, welchen Betriebszustände mit größter Leistungsfähigkeit entsprechen.

Für eine Reihe von Produktionsprozessen erlangt die Aufgabe besondere Bedeutung, Regelsysteme zu konstruieren, in welchen irgendeine Koordinate während des Regelvorganges entweder einen fest vorgegebenen oder den eigenen stationären Wert nicht überschreiten soll. Mit dem zweiten Problem muß man sich auseinandersetzen, wenn man minimale Änderungen der Stellgröße erreichen will. In beiden Fällen liegt die Schwierigkeit der Regelung darin, daß man neben den Forderungen an das Bewegungsgesetz für die Regelgröße gleichzeitig zusätzliche Bedingungen, welche irgendeiner anderen Größe auferlegt sind, erfüllen muß.

Alle aufgezählten Probleme sind derzeit von großer Aktualität, weil sie immer häufiger in den verschiedenen Gebieten der Regelungstechnik auftreten. Daher besteht eine zentrale Aufgabe der Theorie und Praxis automatischer Regelung darin, diese Probleme erfolgreich unter einfachen Voraussetzungen und mittels zuverlässiger technischer Realisierungen zu lösen.

§ 2. Der Begriff der veränderlichen Struktur

Der kurze Überblick über die Hauptaufgaben, welchen man in der Regelungstechnik begegnet, befaßte sich mit der Konstruktion von Reglern mit fester Struktur. Mit anderen Worten, die Wahl der Systemstruktur erfolgte unter der Annahme, daß sämtliche funktionellen Elemente und alle zwischen diesen bestehenden Verbindungen ein für allemal unverändert bleiben. Jedoch ist dies für den Entwurf von Regelsystemen nicht unbedingt notwendig. Man kann bei der Synthese des Steuergliedes von vorneherein funktionelle Elemente vorsehen, welche während des Regelvorganges das Vorzeichen der Rückführung ändern, die Einflußkoeffizienten für verschiedene Größen sprunghaft variieren usw., d.h. welche die Systemstruktur verändern. Das System besitzt dann in Abhängigkeit von dem gewählten Algorithmus und der vorliegenden Information die entsprechende Struktur. Es ist zu erwarten, daß man die nützlichen Eigenschaften dieser Strukturen verbinden kann und daß es vielleicht möglich ist, neue Eigenschaften zu erhalten, welche in keiner der vorhandenen Strukturen aufscheinen. Es ist damit zu rechnen, daß dadurch die Wirksamkeit der Steuerung wesentlich erhöht werden kann.

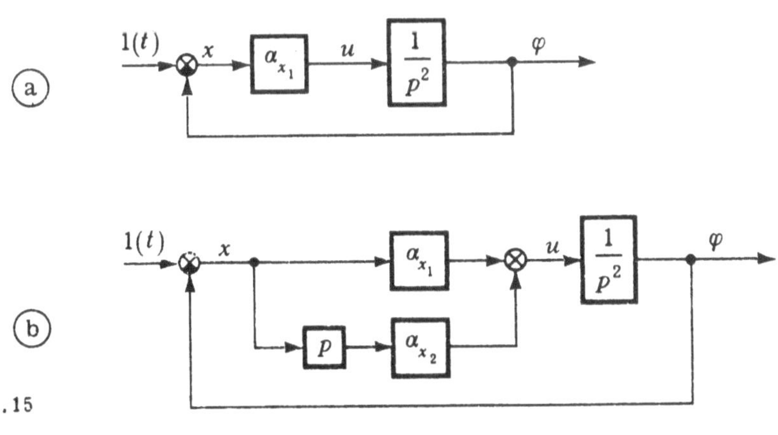

Abb. 1.15

Wir bringen ein einfaches Beispiel und nehmen dazu an, daß die zwei in Abb. 1.15, *a*, *b* dargestellten linearen Strukturen vorhanden sind. Die entsprechenden Übergangsfunktionen sind in Abb. 1.16 wiedergegeben. Im ersten Fall (Abb. 1.15, *a*) ist der Einfluß der Ableitung klein, und der Regelvorgang hat den Charakter einer ungedämpften Schwingung. Im zweiten Fall wird ein Dämpfungsfaktor eingeführt (Abb. 1.15, *b*), und der Regelvorgang verläuft aperiodisch. Es sei die Aufgabe gestellt, einen Regelvorgang mit größerer Wirkgeschwindigkeit als jenen aus Abb. 1.16, *b*, aber ohne Übersteuerung, zu gewinnen. Man sieht sofort, daß es gelingt, den gewünschten Verlauf des Regelvorganges sicherzustellen, wenn man im Punkt *a* (Abb. 1.17) von der ersten zur zweiten Struktur übergeht. Dieses Ergebnis erhält man,

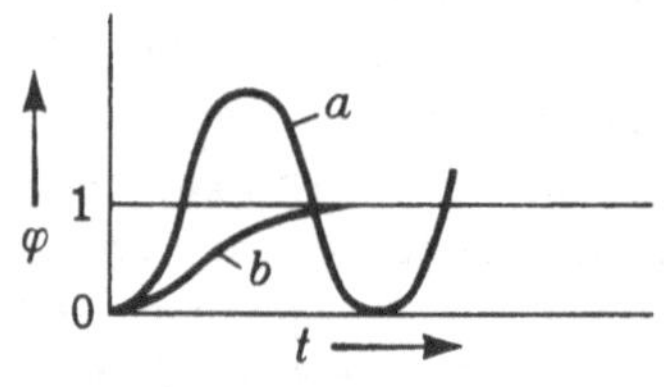

Abb. 1.16

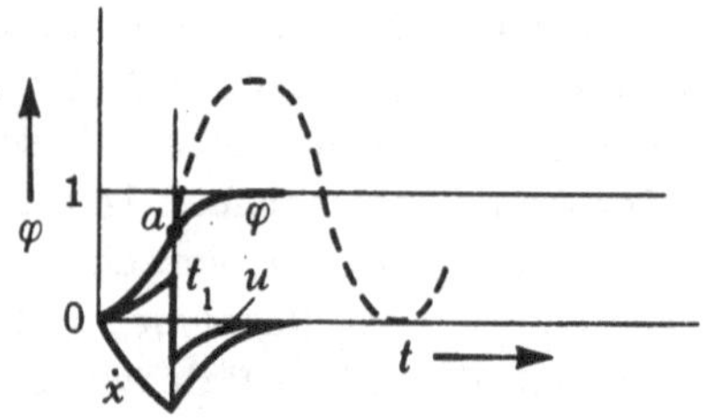

Abb. 1.17

weil im Intervall $[0, t_1]$ die Regelgröße rasch anwächst (Eigenschaft der ersten Struktur) und dann ein Dämpfungsfaktor eingeführt wird (Abb. 1.17), welcher die Übersteuerung verhindert (Eigenschaft der zweiten Struktur). Diese Kombination der Eigenschaften der beiden Strukturen ist möglich, wenn man im Steuerglied ein logisches Schaltelement vorsieht (SE) (Abb. 1.18), welches die sprunghafte Änderung des Einflußkoeffizienten für die Ableitung durchführt oder, was dasselbe ist, die Struktur des Systems ändert.

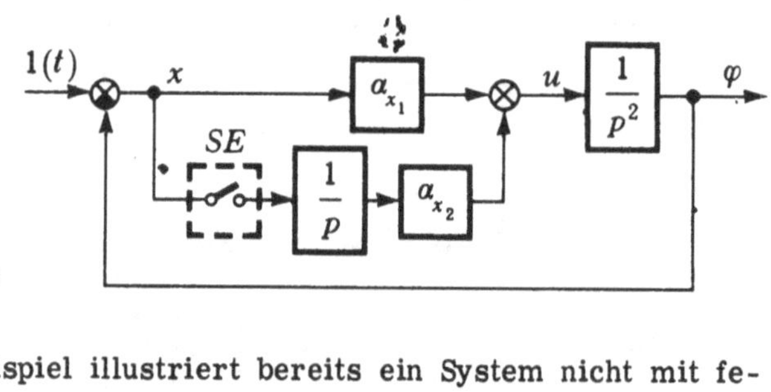

Abb. 1.18

Das vorliegende Beispiel illustriert bereits ein System nicht mit fester, sondern mit veränderlicher Struktur. Im folgenden werden wir

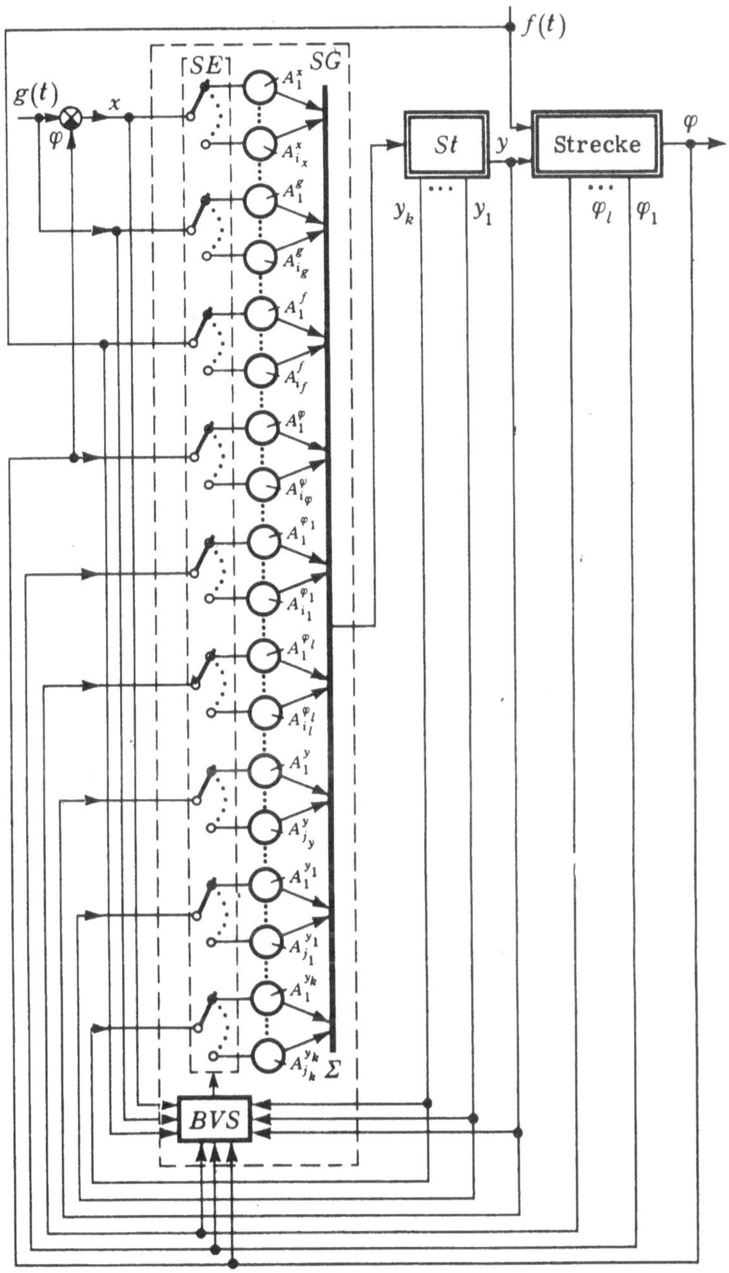

Abb. 1.19

unter Systemen mit veränderlicher Struktur (SVS) solche verstehen, in welchen die Verbindungen der funktionellen Elemente vom Zustand des Systems abhängen. In diesem Buch werden wir nur Systeme mit veränderlicher Struktur betrachten, bei denen sich allein die Struktur des Steuergliedes ändert. Das Steuerglied enthält dann Schaltelemente, welche nach vorgegebenen logischen Gesetzen verschiedene Kanäle zur Informationsübertragung unterbrechen oder wiederherstellen, wodurch sich die Struktur des Systems ändert.

In Abb. 1.19 ist ein sehr allgemeines Blockschaltbild für ein System mit veränderlicher Struktur darstellt. Je nach dem, welche Systemgrößen gemessen werden können, gelangen in den Eingang des Steuergliedes (SG) Informationen über den Wert des Fehlers x, der Ausgangsgröße y des Stellgliedes, der Führungs- und Störgröße $g(t)$ bzw. $f(t)$, über die Regelgröße φ, über die Hilfsregelgrößen $\varphi_1, \ldots, \varphi_l$ und über die Zwischengrößen $y_1, \ldots, y_k$ des Stellgliedes. Das Steuerglied enthält eine bestimmte Anzahl funktioneller Elemente, deren Operatoren in Abb. 1.19 mit A und den entsprechenden Indizes bezeichnet werden. Jede Eingangsgröße des Steuergliedes kann nur als Eingangsgröße für "seine" Elemente dienen. In Abb. 1.19 gibt der obere Index des Operators A Auskunft über die Eingangsgröße des Elementes, der untere Index bestimmt die Numerierung. Die Steuergröße u ist die Summe der Ausgangsgrößen aller Elemente. Im Steuerglied sind Schaltelemente vorhanden (SE), welche jeweils den Abschluß eines der vorgesehenen Kanäle zur Informationsübertragung bilden. Alle möglichen Kombinationen für die Stellungen der Schaltkontakte bestimmen die Gesamtheit der zur Verfügung stehenden festen Strukturen. Der Block zur Veränderung der Struktur (BVS) gibt auf Grund einer Analyse aller in das Steuerglied eingehenden Informationen den Steuerbefehl zur Veränderung der Systemstruktur. Die Synthese solcher Systeme mit veränderlicher Struktur besteht darin, die Operatoren für alle Elemente und die logischen Gesetze, nach denen sich die Struktur des Systems ändert, entsprechend zu wählen.

Stoff dieses Buches ist eine systematische Darstellung der wesentlichen Ideen und Prinzipien für die Konstruktion von Systemen mit veränderlicher Struktur. Innerhalb dieser Systemklasse werden für Regelstrecken niedriger Ordnung die wesentlichsten Aufgaben gelöst, welche im vorhergehenden Paragraphen aufgezählt wurden. Dabei stehen im Mittelpunkt Fragen, welche die Wahl der Struktur für das Steuerglied und dessen Parameter betreffen, und auch Fragen im Zusammenhang mit der Gewinnung der benötigten Information. Sehr großer Wert wird auch auf die technische Realisierung der in der Klasse der Systeme mit veränderlicher Struktur zur Anwendung kommender Steuerungsgesetze gelegt.

§ 3. Der Phasenraum für lineare Systeme. Konstruktionsprinzipien für Systeme mit veränderlicher Struktur

Bei der Untersuchung verschiedener Klassen nichtlinearer Systeme wurden in [80] weitgehend und mit großem Erfolg Methoden des Phasenraumes verwendet. Dies ist leicht einzusehen, weil man die in einem dynamischen System stattfindenden Bewegungen im Phasenraum geometrisch interpretieren kann. Die Bequemlichkeit und die Anschaulichkeit bei der Anwendung (besonders bei Systemen niedriger Ordnung) war der Grund dafür, daß der Inhalt dieses Buches in Begriffen des Phasenraumes formuliert ist. Es ist daher zweckmäßig, die Grundbegriffe dieser Methode zu erläutern.

Bekanntlich wird der Zustand eines dynamischen Systems n-ter Ordnung zu einem beliebigen Zeitpunkt völlig durch n Koordinaten bestimmt. Diese Koordinaten bestimmen einen Punkt im n-dimensionalen Raum, auf dessen Achsen die Systemgrößen aufgetragen werden. Dieser Punkt, welcher den Zustand des Systems charakterisiert, wird Bildpunkt genannt; der Raum heißt Phasenraum. Während des Bewegungsvorganges verändern sich die Systemgrößen, und der Bildpunkt beschreibt eine Kurve, welche Phasentrajektorie genannt wird. Dieser Bewegungsvorgang wird durch den Vektor der Phasengeschwindigkeit charakterisiert, welcher parallel zur Tangente an die Phasentrajektorie ist und in die Bewegungsrichtung des Bildpunktes zeigt. Die Länge dieses Vektors wird durch die Änderungsgeschwindigkeit aller Systemgrößen bestimmt. Die Bewegung des Bildpunktes längs der Phasentrajektorie kann daher als geometrische Interpretation der Bewegung im dynamischen System angesehen werden.

Zur Illustration bringen wir Phasenbilder für lineare Systeme, welche durch Gleichungen zweiter Ordnung mit konstanten Parametern beschrieben werden. Wir bestimmen auch den Zusammenhang zwischen den Koeffizienten der Gleichung und dem Charakter der Phasentrajektorien. Die Differentialgleichung

$$\ddot{x} + a_2\dot{x} + a_1 x = 0 \tag{1.37}$$

beschreibe die Bewegung eines bestimmten dynamischen Systems. Wir betrachten jenen Fall ausführlich, wo die Wurzeln λ_1 und λ_2 der entsprechenden charakteristischen Gleichung reell und negativ sind, $\lambda_1 > \lambda_2$. Die Lösung von Gleichung (1.37) hat die Gestalt

$$\left\{\begin{array}{l} x = A_1 e^{\lambda_1 t} + A_2 e^{\lambda_2 t}, \\ \dot{x} = A_1 \lambda_1 e^{\lambda_1 t} + A_2 \lambda_2 e^{\lambda_2 t}, \end{array}\right. \tag{1.38}$$

wobei A_1 und A_2 Integrationskonstante sind, welche von den Anfangswerten abhängen. Die Familie der Phasentrajektorien in der $(x, \dot{x})$-Phasenebene wird durch Gleichung (1.38) in Parameterform gegeben. Man sieht, daß für $A_2=0$ zwischen den Größen x_2 und x_1 der Zusammenhang $x_2=\lambda_1 x_1$ besteht. Die Bewegung des Bildpunktes erfolgt daher längs der Geraden I (Abb. 1.20, *a*), welche durch die Gleichung

$$x_2 - \lambda_1 x_1 = 0 \tag{1.39}$$

gegeben ist. In analoger Weise ist die Phasentrajektorie für $A_1=0$ die durch

$$x_2 - \lambda_2 x_1 = 0 \tag{1.40}$$

gegebene Gerade II. Weil $\lambda_1<0$ und $\lambda_2<0$ gilt, streben die Trajektorien gegen den Koordinatenursprung. Wegen $\lim\limits_{t\to\infty} \frac{\dot{x}}{x} = \lambda_1$ für $A_1 \neq 0$ ist die Gerade I Tangente für jede Phasentrajektorie mit Ausnahme der Geraden II. Das allgemeine Aussehen des Phasenbildes ist für den vorliegenden Fall in Abb. 1.20, *a* dargestellt. Die Phasentrajektorien bilden eine Familie von Parabeln, deren Gleichung man durch Elimination des Parameters t aus (1.38) erhalten kann. Hier und im folgenden bezeichnen Pfeile an den Phasentrajektorien die Bewegungsrichtung des Bildpunktes.

Falls die Wurzeln der charakteristischen Gleichung negativ und gleich sind, hat das Phasenbild des Systems eine Gestalt wie in Abb. 1.20, *b*. Unter den Phasentrajektorien befindet sich eine Gerade, deren Anstieg gleich der Wurzel der charakteristischen Gleichung ist. Diese Gerade ist ebenso wie im vorhergehenden Fall Tangente für alle Phasentrajektorien.

Das System ist auch stabil, wenn die Wurzeln der charakteristischen Gleichung komplex sind und negative Realteile besitzen. Als Phasentrajektorien eines solchen stabilen Systems erhält man eine Familie von in den Ursprung hineinlaufenden Spiralen (Abb. 1.20, *c*).

Das vorliegende System befindet sich für $a_2=0$, $a_1>0$ (Fall rein imaginärer Wurzeln) an der Stabilitätsgrenze. Für dieses System bewegt sich der Bildpunkt in der Phasenebene längs geschlossener Kurven,

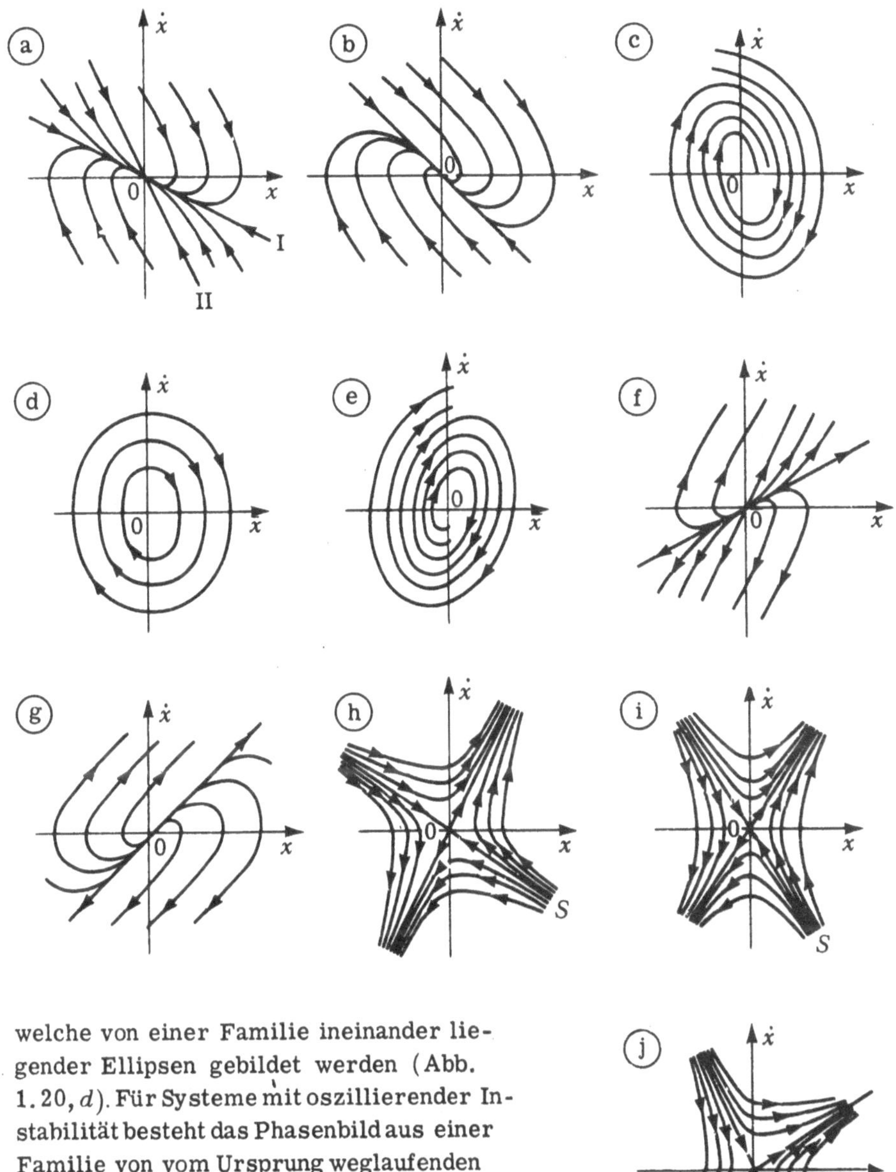

welche von einer Familie ineinander liegender Ellipsen gebildet werden (Abb. 1.20, *d*). Für Systeme mit oszillierender Instabilität besteht das Phasenbild aus einer Familie von vom Ursprung weglaufenden Spiralen (Abb. 1.20,*e*). In Abb. 1.20, *f* sind die Phasentrajektorien für ein System mit aperiodischer Instabilität dargestellt, welches sich ergibt, wenn beide Wurzeln der charakteristischen Gleichung positiv

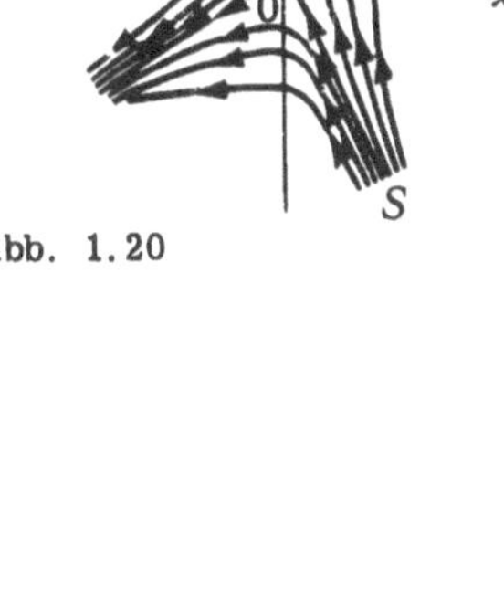

Abb. 1.20

sind. Die zwei Geraden unter den Phasentrajektorien besitzen Anstiege, welche gleich diesen Wurzeln sind. Der Fall mehrfacher Wurzeln ist in Abb. 1.20, g angegeben. Schließlich werden in den Abb. 1.20, h, i, j die Phasenbilder für Systeme dargestellt, für welche die Wurzeln der charakteristischen Gleichung verschiedene Vorzeichen haben (im ersten Fall ist die positive Wurzel größer als der Absolutbetrag der negativen Wurzel, im zweiten gleich diesem und im dritten kleiner als dieser). In allen drei Bildern gibt es unter den Phasentrajektorien zwei Gerade, deren Anstiege gleich den Wurzeln der charakteristischen Gleichung sind. Bei der Bewegung längs einer Geraden nähert sich der Bildpunkt asymptotisch dem Ursprung, während er längs der zweiten Geraden nach Unendlich strebt.

In Abb. 1.20 sind alle Bewegungsformen dargestellt, welche in dynamischen Systemen auftreten können, deren Bewegung durch die Gleichung (1.37) beschrieben wird. Von einer Analyse dieser Bilder kann man direkt auf so wichtige Eigenschaften des Übergangsprozesses schließen, wie Stabilität und Instabilität, aperiodisches oder oszillierendes Verhalten. Ferner kann man sehen wie schnell der Übergangsprozeß abläuft, ob Übersteuerung vorhanden ist usw.

Betrachtet man die Bewegung im Phasenraum, besteht die Aufgabe der Steuerung entweder darin, den Bildpunkt aus einem zulässigen Gebiet für die Anfangswerte in einen vorgegebenen Punkt (oder in ein Gebiet) überzuführen, oder sie muß dafür sorgen, daß sich der Bildpunkt längs einer vorgegebenen Trajektorie bewegt. Die Gestalt der Trajektorie, längs der der Übergang des Systems von einem Zustand in den anderen erfolgt, ermöglicht es, die dynamischen Eigenschaften des Systems zu beurteilen (Dauer des Regelvorganges, Übersteuerung, oszillierendes Verhalten, Genauigkeit usw.). Bei der Synthese mittels der Methode der Phasenebene hat man eine Steuerung auszuwählen, welche diesen Übergang längs der gewünschten Trajektorien sicherstellt. Im vorliegenden Buch werden mit Hilfe der Darstellung der Bewegung im Phasenraum Methoden für die Synthese betrachtet, bei welchen die festen Strukturen derart aufeinanderfolgen, daß es gelingt, im System die nützlichen Merkmale dieser Strukturen zu vereinigen, aber auch neue Eigenschaften zu gewinnen, welche in keiner dieser Strukturen vorhanden sind. Wir werden einige Besonderheiten von Phasenbildern linearer Strukturen betrachten und die Hauptideen skizzieren, welche der Konstruktion von Systemen mit veränderlicher Struktur zugrunde liegen.

Das lineare System werde durch die Differentialgleichung

(1.41) $$\frac{d^n x}{dt^n} + a_{n-1} \frac{d^{n-1}x}{dt^{n-1}} + \ldots + a_1 \frac{dx}{dt} + a_0 x = 0$$

beschrieben, wobei die Größen $a_0, a_1, \ldots, a_{n-1}$ konstant sind.

Wir untersuchen die Frage nach der Stabilität der verschiedenen Bewegungen dieser Systeme im Phasenraum X der Koordinaten $x, \dot{x}, \ldots$ $\ldots, x^{(n-1)}$. Wenn $\lambda_1, \lambda_2, \ldots, \lambda_n$ die Wurzeln der charakteristischen Gleichung sind *), dann gilt

(1.42) $$x^{(i)} = \sum_{j=1}^{n} A_j \lambda_j^{i-1} e^{\lambda_j t}, \qquad i = 0, \ldots, n-1,$$

wobei die A_j Integrationskonstante sind, welche von den Anfangswerten abhängen.

Offensichtlich ist die lineare Struktur stabil bzw. es strebt jede Trajektorie im Phasenraum X zum Koordinatenursprung, wenn $\operatorname{Re}\lambda_j < 0$ ($j = 1, \ldots, n$) gilt. Für das vorliegende Beispiel entsprechen diesem Fall die in Abb. 1.20, *a,b,c* dargestellten Phasenbilder.

Wir wollen auf eine sehr wichtige Besonderheit linearer Systeme in jenem Fall hinweisen, wo Instabilität auftritt, weil eine Wurzel λ_k der charakteristischen Gleichung größer als Null ist. Wenn dabei $\operatorname{Re}\lambda_j < 0$ ($j \neq k$) gilt, existiert im Phasenraum für das System eine Menge stabiler Trajektorien, d.h. solcher Trajektorien, auf denen sich der Bildpunkt asymptotisch dem Koordinatenursprung nähert. In der Tat gilt wegen (1.42) $\lim_{t\to\infty} x^{(i)} = 0$ ($i = 0, \ldots, n-1$), wenn auf Grund der Anfangswerte $A_k = 0$ gilt.

Bekanntlich**) sind für $A_k = 0$ die Koordinaten $x, \dot{x}, \ldots, x^{(n-1)}$ linear abhängig, d.h. es gibt reelle Zahlen $c_0, \ldots, c_{n-1}$ derart, daß

(1.43) $$\sum_{i=0}^{n-1} c_i x^{(i)} = 0$$

gilt.

*) Es wird vorausgesetzt, daß mehrfache Wurzeln fehlen.

**) Siehe z.B. A.G. Kuroš: "Kurs vyšej algebry", Fizmatgiz, 1963.

Für eine ausführliche Darstellung dieses Sachverhaltes siehe z.B. V.V. Nemytskii, V.V. Stepanov: "Qualitative Theory of Differential Equations", Princeton 1960 (Anm. d. Übers.).

Die Beziehung (1.43) definiert im Raum X eine Hyperebene S. Die Menge der stabilen Trajektorien für die lineare Struktur in dem Fall, wo die charakteristische Gleichung eine einzige positive Wurzel besitzt, bildet daher im Phasenraum eine Hyperebene. Wir erläutern diesen Sachverhalt am Beispiel eines Systems zweiter Ordnung, welches durch die Gleichung (1.37) beschrieben wird. Es sei in (1.38) $\lambda_1>0$, $\lambda_2<0$. Die entsprechenden Phasenbilder findet man in den Abb. 1.20, h,i,j. Für $A_1=0$ ist $\lim_{t\to\infty} x=\lim_{t\to\infty} \dot{x}=0$ und wegen (1. 38)

$$\dot{x}-\lambda_2 x=0. \quad (1.44)$$

Die durch die Gleichung (1.44) gegebene Gerade S (Abb. 1.20, h,i,j) ist gleichzeitig die Menge der stabilen Trajektorien für dieses instabile System zweiter Ordnung. Wenn sich zum Anfangszeitpunkt der Bildpunkt auf der Geraden S befindet, nähert er sich asymptotisch dem Koordinatenursprung. Gleichzeitig muß man jedoch darauf hinweisen, daß beliebig kleine Störungen, welche im System immer vorhanden sind, den Punkt von der Geraden S "herabstoßen", wodurch im System ein instabiler Bewegungsvorgang entsteht. Im folgenden werden wir Bewegungen des Bildpunktes längs Trajektorien aus einer Hyperebene entartet nennen. Diese Besonderheit linearer Systeme im Phasenraum gestattet es, eines der möglichen Prinzipien für die Konstruktion von Regelsystemen mit veränderlicher Struktur anzudeuten.

Wir setzen voraus, daß uns zwei lineare Strukturen zur Verfügung stehen, welche auch instabil sein können. Jedoch soll für eine Struktur im Phasenraum eine Hyperebene mit stabilen entarteten Bewegungen existieren. Es ist dann die Aufeinanderfolge dieser Strukturen derart auszuwählen, daß erstens jede Trajektorie im Raum X diese Hyperebene trifft und zweitens danach im System eine Struktur mit stabiler entarteter Bewegung vorhanden ist. Ein auf diese Weise konstruiertes System ist stabil für beliebige Anfangswerte. Wir betrachten als Beispiel ein System, für welches zwei feste instabile Strukturen vorhanden sind. Der ersten Struktur soll das Phasenbild aus Abb. 1.20, e entsprechen, der zweiten jenes aus Abb. 1.20, h. Es ist folgende Aufgabe gestellt: Die Aufeinanderfolge der Strukturen ist derart zu wählen, daß jede Bewegung des Systems stabil ist. Wir lösen diese Aufgabe mittels der Methode des Phasenraumes und unterteilen dazu die $(x, \dot{x})$-Phasenebene in zwei Gebiete, deren Grenzen von der Geraden S und der $\dot{x}$-Achse gebildet werden (Abb. 1.21). Wenn der Zustand des Systems derart ist, daß sich der Bildpunkt im Gebiet I befindet, dann soll seine Bewegung längs vom Koordinatenursprung weglaufender Spiralen erfolgen (das System soll die erste Struktur besitzen). In dem Gebiet *II* soll sich der Bildpunkt längs Hyperbeln bewegen (das System soll die zweite Struktur besitzen). Abb. 1.21 zeigt, daß der Bildpunkt immer auf die Gerade S trifft, welche aus den stabilen Trajektorien der zweiten Struktur besteht. Es entsteht daher bei beliebigen Anfangsbedingungen ab einem bestimmten Zeitpunkt (Zeitpunkt des Auftreffens auf S) eine stabile Bewegung. Wenn das Steuerglied den Wechsel der Struktur auf der Geraden S und der $\dot{x}$-Achse durchführt, ist offensichtlich im System aperiodische Stabilität der Bewegung gesichert. Dieses Verfahren erlaubt es, ein stabiles System zu konstruieren und dabei auf die Forderung zu verzichten, daß in beiden vorhandenen Strukturen die Wurzeln der charakteristischen Gleichung in der linken Halbebene der komplexen Ebene liegen müssen.

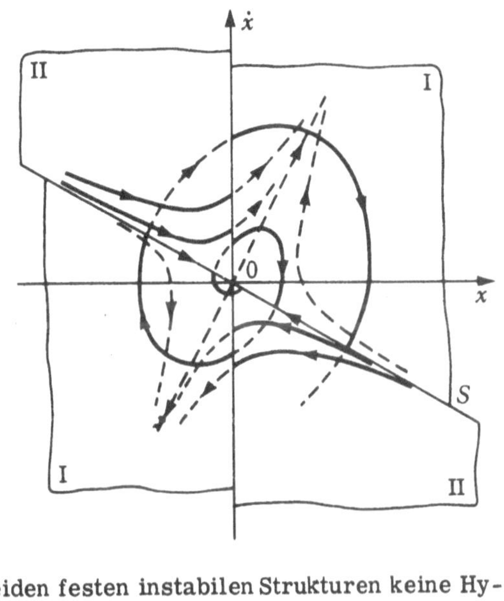

Abb. 1.21

Wenn im Phasenraum für die beiden festen instabilen Strukturen keine Hyperebene mit stabilen entarteten Bewegungen vorhanden ist, wird zweckmäßig ein anderes Verfahren als Grundlage für den Bau eines Systems mit veränderlicher Struktur benützt. Durch das "Zusammenheften" von Teilstücken instabiler Trajektorien in bestimmter Reihenfolge gelingt es schließlich, für beliebige Anfangswerte eine stabile Bewegung zu erhalten. Als Beispiel betrachten wir einen Fall, wo uns zwei lineare Strukturen, welche sich an der Stabilitätsgrenze befinden, zur Verfügung stehen. Die ihnen entsprechenden Phasenbilder sind in Abb. 1.22,*a*,*b* dargestellt. Im ersten und dritten Quadran-

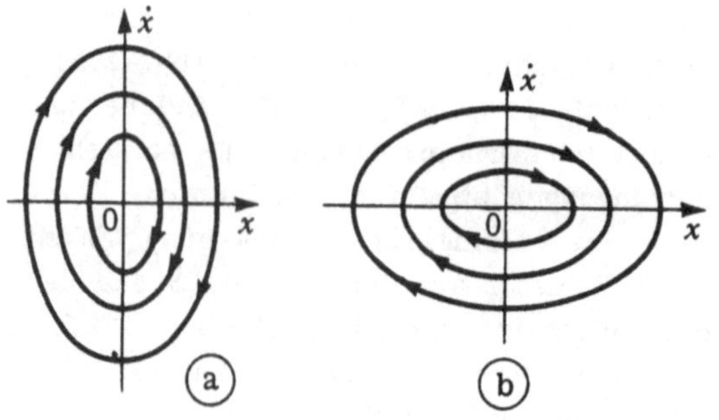

Abb. 1.22

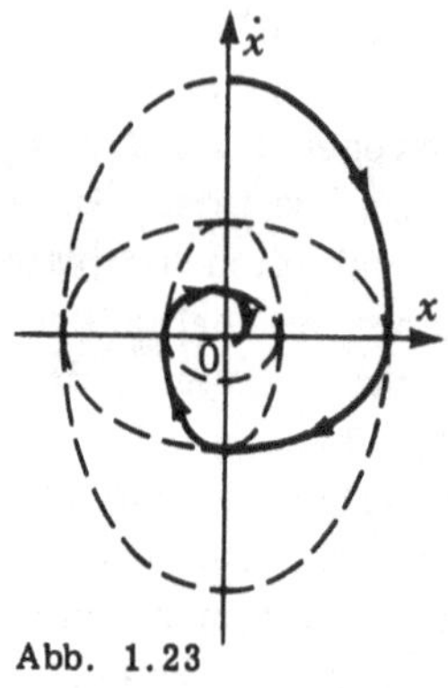

Abb. 1.23

ten der $(x, \dot{x})$ -Ebene seien die Phasentrajektorien für den Bildpunkt die Trajektorien aus Abb. 1,22,*a*, für den zweiten und vierten Quadranten seinen es die Phasentrajektorien aus Abb. 1,22,*b*. Wenn die Änderung der Struktur an den Koordinatenachsen erfolgt und das Phasenbild des Systems die in Abb. 1.23 dargestellte Gestalt besitzt, ist offensichtlich die Bewegung im System bei beliebigen Anfangswerten stabil.

Äußerst fruchtbar für die Synthese von automatischen Regelsystemen ist die Idee, entartete Bewegungen künstlich zu erzeugen. Die Grundidee dieses Verfahrens besteht in Folgendem: Im Phasenraum X ist eine bestimmte Hyperebene S gegeben, in der die Bewegung die gewünschten Eigenschaften besitzt, wobei jedoch die in S liegenden Trajektorien zu keiner der vorhandenen Strukturen gehören. Die Aufeinanderfolge der Strukturen soll derart gewählt sein, daß der Bildpunkt immer auf diese Hyperebene gelangt und sich danach längs dieser bewegt. Nach dem Auftreffen wird im System eine künstliche entartete Bewegung stattfinden, welche eine Reihe von Eigenschaften aufweisen kann, die keine der festen Strukturen besitzt. Die Idee, künstliche entartete Bewegungsvorgänge zu erzeugen, wollen wir an folgendem Beispiel illustrieren. Wie zuvor sei im System die Möglichkeit vorhanden, zwei unveränderliche lineare Strukturen zu verwenden, denen die Phasenbilder der Abb. 1.20,*d* und 1.20,*j* entsprechen. Wir setzen ferner voraus, daß die Änderung der Systemstruktur auf der $\dot{x}$ -Achse und der Geraden S^* erfolgt, welche für keine der vorhandenen Strukturen Phasentrajektorie ist (Abb. 1.24). Die $\dot{x}$ -Achse und die Gerade S^* teilen die Phasenebene in zwei Gebiete. Im Gebiet *I* bewegt sich der Bildpunkt längs Ellipsen und im Gebiet *II* längs Hyperbeln. Es ist klar, daß der Bildpunkt aus jeder Anfangslage zur

Grenzgeraden S^* gelangt. Wenn der Anstieg von S^* größer ist als der Anstieg der Geraden S, sind die Phasentrajektorien in der Umgebung der Geraden S^* entgegengesetzt orientiert (Abb. 1.24). Nach dem Auftreffen auf S^* verläßt daher der Bildpunkt diese Gerade nicht mehr, d.h. die Gerade S^* ist Phasentrajektorie. Auf diese Weise ist es möglich, die Existenz von künstlich erzeugten entarteten Bewegungen zu sichern. Die Voraussetzungen für das Entstehen solcher Bewegungen und deren Eigenschaften werden in Kapitel 2 ausführlich betrachtet.

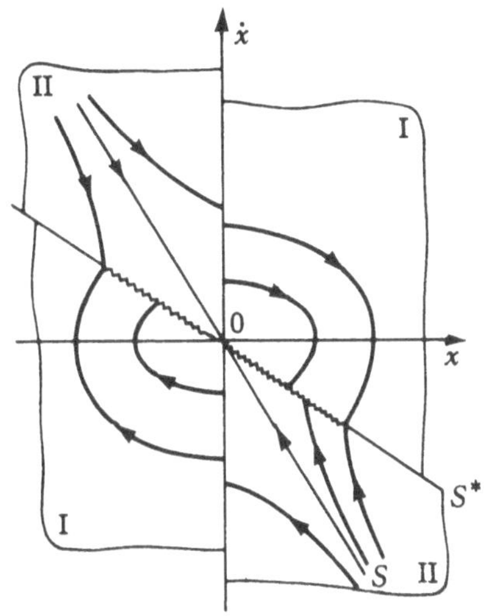

Abb. 1.24

Die im folgenden beschriebenen Verfahren werden für die Konstruktion von Systemen mit veränderlicher Struktur verwendet, welche zur Lösung der in § 1 dieses Kapitels aufgezählten regeltechnischen Aufgaben bestimmt sind.

§ 4. Literaturübersicht

Zur Zeit ist eine große Anzahl von Arbeiten erschienen, in welchen die Grundlagen der Theorie und die Konstruktionsprinzipien für automatische Regelungssysteme mit veränderlicher Struktur behandelt werden. Alle diese Arbeiten können je nach den in ihnen gelösten regeltechnischen Aufgaben in wenige Gruppen eingeteilt werden.

Der Synthese logischer Gesetze für Systeme mit veränderlicher Struktur zur Steuerung der freien Bewegung von Regelstrecken mit konstanten Parametern sind die Arbeiten [3, 5, 17, 23, 24, 31-34, 41, 42, 47, 48, 54, 61, 66-68, 70-73, 88, 98-103, 106-111] gewidmet. In diesen Arbeiten wird gezeigt, daß es eine sprunghafte Veränderung der Einflußkoeffizienten für verschiedene Größen des Systems in Abhängigkeit von dessen Zustand ermöglicht, bei entsprechender Wahl der für das automatische Regelsystem zulässigen Parameterwerte die Güte des Prozesses bedeutend zu verbessern. Eine ausführliche Untersuchung über die Parameterwahl für das Steuerglied bei sprunghaften Änderungen des Rückkoppelungsfaktors wird in den Arbeiten [31, 32, 34, 67] durchgeführt. In [54] wird das Prinzip der veränderlichen Struktur für die Konstruktion von automatischen Regelsystemen zweiter Ordnung verwendet, wenn die Übertragungskoeffizienten für die

Kanäle des Steuergliedes beschränkt sind. In den angeführten Arbeiten wird gezeigt, daß es durch Anwendung von Steuerungsgesetzen für Systeme mit veränderlicher Struktur möglich ist, die Dauer des Regelvorganges im Vergleich zu gewöhnlichen linearen Systemen zu verkürzen. Darüber hinaus kann man in einzelnen Fällen Systeme durch Einführung einer veränderlichen Struktur auch dann stabil machen, wenn das System ohne Einführung der veränderlichen Struktur strukturell instabil ist [9, 43]. Das Verhalten von Systemen mit veränderlicher Struktur beliebiger Ordnung im allgemeinen Fall wird in [43, 17] betrachtet. In [43] werden Existenzbedingungen für den Gleitzustand erhalten. Es ergeben sich zahlenmäßige Beziehungen, welche es ermöglichen, die Parameter des Steuergliedes auf Grund des bekannten Verhaltens der Regelstrecke zu bestimmen.

Die Aufgabe, einen möglichst großen Stabilitätsgrad für die Bewegung eines Systems mit konstanten Parametern im Gleitzustand sicherzustellen, wird in den Arbeiten [23, 24, 48] gelöst. Fragen nach der Dauer des Regelvorganges in einem System mit veränderlicher Struktur, in welchem nur der Rückkoppelungsfaktor umgeschaltet wird, werden in [98] behandelt.

In [5-7, 25, 26] wird die Synthese von Regelsystemen mit vorgegebenen Charakteristiken des Regelvorganges betrachtet, welche darauf beruht, daß die Dimension des Phasenraumes unter Vernachlässigung schneller Bewegungen ständig herabgesetzt wird. In [6] wird für diese Methode ein Beweis erbracht, und es werden Systeme dritter Ordnung genau untersucht. In der Arbeit [2] wird für Systeme dritter Ordnung ein Verfahren zur Stabilisierung bei Beschränkungen für die zulässigen Parameterwerte des Reglers angegeben.

In den besprochenen Arbeiten basiert die Methode der Synthese von automatischen Regelsystemen auf der Verwendung großer Übertragungskoeffizienten und ist sowohl für den Fall konstanter als auch für den Fall veränderlicher Charakteristik der Regelstrecke geeignet.

Über Frequenzgangmethoden bei der Untersuchung von Systemen mit veränderlicher Struktur kann man sich in den Arbeiten [58, 87] informieren. In diesen werden Ausdrücke für den äquivalenten komplexen Übertragungskoeffizienten in für die Konstruktion des Frequenzganges bequemer Gestalt gebracht. Die erhaltenen Ergebnisse werden durch Beispiele illustriert.

Im allgemeinen wird das Verhalten eines Systems mit veränderlicher Struktur im Gleitzustand durch die Gleichung der Schalthyperebene bestimmt und hängt nicht vom Ausgangssystem ab [36]. Daher kann man durch entsprechende Wahl der Schalthyperebene, d.h. der Hyperebene im Phasenraum der Systemgrößen, auf der der Wechsel der Struktur erfolgt, automatische Regelsysteme mit neuen Eigenschaften konstruieren.

In [15, 27, 36-38, 51, 66, 77] wird gezeigt, daß in Systemen mit veränderlicher Struktur Veränderungen in den Parametern der Regelstrecke innerhalb weiter Grenzen die Güte des Regelvorganges unwesentlich beeinflussen. In diesen Arbeiten liegt der Synthese der Steuerung die Invarianz des Gleitzustandes gegen Veränderungen der Parameter des invariablen Teiles des Systems zugrunde. Die Abstimmung des Reglers erfolgt derart, daß im System immer eine Bewegung im Gleitzustand entsteht und dann nicht mehr aufhört. Wichtig ist, daß die in

[15, 27, 36-38, 51, 66, 77] erarbeiteten Steuerungsgesetze zu ihrer Realisierung nicht die Einführung von selbsteinstellenden Elementen im Steuerkreis verlangen.

In den Arbeiten [2, 4, 25, 39, 94] werden Fragen behandelt, welche in Zusammenhang mit der Verwendung von Systemen mit veränderlicher Struktur in Fällen stehen, wo die Regelstrecke oder das Stellglied wesentlich nichtlineare Elemente enthalten (Begrenzungen, Lose, Totzone, Nichtlinearität vom Typ der Sprungfunktion usw.).

Wir gehen nun auf Arbeiten ein, in welchen die Gesetze zur Steuerung der erzwungenen Bewegung der Regelstrecke betrachtet werden [8, 10, 12, 18, 19, 28-30, 55-57, 60, 74, 76, 78, 79, 84-86, 90, 91, 95, 104, 105, 112].

In Abhängigkeit davon, ob im Regelsystem die äußeren Einflüsse gemessen werden können oder nicht, existieren zwei verschiedene Zugänge zur Lösung der Aufgabe, die Synthese von Systemen von veränderlicher Struktur von höchster Güte zu bewerkstelligen. Diesen zwei Zugängen liegt die oben formulierte Idee zugrunde, die Invarianz des Gleitzustandes gegenüber Störungen von außen und in den Parametern zu benützen.

Fragen der Synthese des Steuergliedes für Systeme unter dem Einfluß meßbarer äußerer Einflüsse sind die Arbeiten [8, 10, 28-30, 55-57, 74, 76, 79] gewidmet.

Eine beträchtliche Anzahl von Aufgaben für Folgesysteme, welche höchste Genauigkeit in der Reproduktion der Steuergröße besitzen, können unter Verwendung der in [8, 12, 55-57, 95] dargelegten Steuerungsgesetze gelöst werden. So werden z.B. in [55-57] Steuerungsgesetze angegeben, welche es gestatten, ohne statischen Fehler eine genügend weite Klasse von Steuergrößen (t^n, $e^{\beta t}$, $A \sin \omega t$, $A \cos \omega t$) zu reproduzieren. In Abhängigkeit von der Klasse der reproduzierten Funktion (Polynome, Exponentialfunktionen, harmonische Funktionen) werden Bedingungen ermittelt, welchen die Parameter des Steuergliedes genügen müssen [56, 57].

Eine wesentliche Verbesserung der statischen und dynamischen Genauigkeit bei der Nachbildung der Steuergröße kann man auch mittels kombinierter Systeme mit veränderlicher Struktur erreichen [28-30, 76]. Die in Systemen mit veränderlicher Struktur verwendete unstetige Steuerung sichert die Reproduktion der Steuergröße und die Invarianz gegen Störungen in den Parametern. Die Methodik der Synthese solcher Systeme wird ausführlich in den Arbeiten [28, 30, 76] betrachtet.

Sehr oft wirken auf die Regelstrecke nicht kontrollierbare äußere Störungen ein, und es fehlt im System die Möglichkeit, irgendwelche innere Größen zu messen. Die Aufgabe, jene Steuerung auszuwählen, welche den dynamischen Fehler bei den oben angegebenen Bedingungen zum Verschwinden bringt, wird in [60, 78, 84-86] gelöst. In diesen Arbeiten wird die vollständige Reproduzierbarkeit der Führungsgröße durch die Regelgröße bei stetig einwirkenden Störkräften sichergestellt, indem gleichzeitig die Umschaltung des Übertragungskoeffizienten für den Kanal der globalen Rückführung und der Kreise der lokalen Rückführung für das Stellglied eingeführt wird. In [86] wird die Aufgabe, die erzwungene Bewegung einer linearen Regelstrecke zu steuern, gelöst, falls sich die Parameter der Strecke in einem ziemlich weiten Bereich verändern.

Die als Grundlage für die Konstruktion von Systemen höchster Güte zur Steuerung der erzwungenen Bewegung der Regelstrecke dienende Idee der Unabhängigkeit des Gleitzustandes von Störungen der Parameter oder solchen von außen kann auch zur Synthese mehrfach zusammenhängender Systeme mit veränderlicher Struktur verwendet werden, wenn die wechselseitigen Koppelungen als äußere Störungen betrachtet werden. In [40, 75] werden Steuerungsgesetze angegeben, welche es gestatten, mehrfach zusammenhängende Systeme zu konstruieren, in welchen es ab einem bestimmten Zeitpunkt zur Autonomie der Regelgrößen kommt.

Untersuchungen über die Möglichkeit, in Regelsystemen mit reiner Totzeit die Güte des Regelvorganges zu verbessern und das Stabilitätsgebiet zu vergrößern, werden in den Arbeiten [33, 96, 97] durchgeführt.

Bei einem bedeutenden Teil der hier zitierten Arbeiten basiert die Methode zur Synthese von Systemen mit veränderlicher Struktur, welche die im Hinblick auf gewählte Kriterien gewünschten qualitativen Eigenschaften des Regelvorganges aufweisen, auf Anwendung des Gleitzustandes. Die Aufgabe der Synthese eines Systems mit veränderlicher Struktur kann man aber als gelöst betrachten, wenn erstens in jedem Punkt der Schalthyperebene die Bedingung für die Existenz des Gleitzustandes erfüllt ist und zweitens im Phasenraum der Systemgrößen der Bildpunkt bei beliebigen Anfangsbedingungen auf diese Hyperebene gelangt.

In den Arbeiten [9-12, 16, 27, 52, 53, 59] werden einige Sätze über die Stabilität der Bewegung von Systemen mit veränderlicher Struktur angegeben und bewiesen. Für Systeme beliebiger Ordnung mit konstanten und veränderlichen Parametern wird in [52] ein Existenzsatz bewiesen, welcher besagt, daß bei genügend großem Einflußkoeffizienten für das Fehlersignal jede beliebige Bewegung ab einem bestimmten Zeitpunkt in den Gleitzustand übergeht.

In der Mehrheit der genannten Arbeiten wird angenommen, daß die Information über den Zustand des Systems, welche dem Steuerglied eingegeben wird, durch ununterbrochene genaue Messung der Fehlergröße und ihrer Ableitungen gewonnen wird. Daher stellen die darin gebrachten Ergebnisse Grenzfälle dessen dar, was in automatischen Regelsystemen durch Einführung einer veränderlichen Struktur erreicht werden kann. Bei der Projektierung realer automatischer Regelsysteme muß man berücksichtigen, daß es schwierig, manchesmal auch unmöglich ist, "reine", unverfälschte Ableitungen zu erhalten, weil alle existierenden Differentiatoren eine gewisse Trägheit oder Verzögerung besitzen. Die Möglichkeiten, Systeme mit veränderlicher Struktur zu konstruieren, wenn reale Differentiatoren vorhanden sind, werden in [17, 44-46, 49, 50, 59, 63, 64, 82, 83] betrachtet.

Über Fragen, welche die praktische Realisierung der Steuerungsgesetze von Systemen mit veränderlicher Struktur betreffen, kann man sich in [14, 18, 20-22, 35, 62, 92, 93] informieren.

Schließlich sieht man an Hand der großen Anzahl von Arbeiten, welche Systemen mit veränderlicher Struktur gewidmet sind, wie vielfältig das Interesse ist, welches dieser Systemklasse entgegengebracht wird. Die Möglichkeit, mit einfachen Mitteln die Dynamik eines automatischen Regelsystems verbessern zu können, ohne dabei zu komplizierten Rechengeräten greifen zu müssen, scheint sehr aussichtsreich zu sein.

Kapitel 2

Lineare Strecken mit konstanten Koeffizienten

Eine Analyse der Möglichkeiten, lineare Regler zur Steuerung von Regelstrecken mit konstanten Parametern einzusetzen, führte zu dem Ergebnis, daß es nötig ist, bei ihrer Konstruktion bestimmte Beziehungen zwischen den Einflußkoeffizienten für die Fehlergröße und deren Ableitung sicherzustellen. Es sei z.B. daran erinnert, daß es erforderlich ist, diese Beziehungen derart zu wählen, daß sich alle Wurzeln der charakteristischen Gleichung in der linken Halbebene der komplexen Zahlenebene befinden, um ein stabiles automatisches Regelsystem zu erhalten. Es ist wohlbekannt, daß keinerlei Schwierigkeiten beim Bau von automatischen Regelsystemen höchster Güte entstünden, wenn wir die vollständige Information über den Zustand des Regelvorganges zur Verfügung hätten und die Möglichkeit vorhanden wäre, die Einflußkoeffizienten für das Fehlersignal und dessen Ableitung beliebig zu wählen. Jedoch ist es bei vielen praktischen Problemen wegen Störungen in den Kanälen zur Informationsübertragung und wegen Beschränkungen für die Systemgrößen aus physikalischen Gründen nicht möglich, die erforderlichen Einflußkoeffizienten für verschiedene Größen zu erreichen. Die Aufgabe, eine Regelstrecke mit konstanten Parametern zu steuern, wird noch beträchtlich schwieriger, wenn keine genaue Information über den Zustand des Systems vorhanden ist oder es nötig ist, irgendeine Systemgröße künstlich einzuschränken, bzw. wenn das System Elemente mit Totzeit enthält oder auf die Regelstrecke nicht kontrollierbare Störungen einwirken.

Dieses Kapitel ist der Lösung verschiedener Aufgaben, welche bei der Steuerung von Regelstrecken mit konstanten Parametern auftreten, innerhalb der Klasse der Systeme mit veränderlicher Struktur gewidmet. Es werden Konstruktionsprinzipien für Systeme mit veränderlicher Struktur betrachtet und die spezifischen Eigenheiten bei ihrer Anwendung aufgezeigt.

§ 1. Stabilität bei unvollständiger Information über den Systemzustand

Wir betrachten das Stabilitätsproblem für die freie Bewegung in einem automatischen Regelsystem zweiter Ordnung. Bekanntlich kann man in einem linearen System die Stabilität immer garantieren, wenn die Steuergröße als Linearkombination aus Fehlergröße und ihrer Ableitung mit den entsprechenden Einflußkoeffizienten gebildet wird. Bei der Realisierung einer derartigen Steuerung kann es jedoch schwierig sein, genaue Werte für die Ableitungen zu gewinnen. In einer Reihe von Fällen ist es mittels verhältnismäßig einfacher technischer Vorrichtungen möglich, Information über das Vorzeichen der Ableitung des Fehlersignals oder über das Vorzeichen der Summe von Fehlergröße und deren Ableitung zu erhalten. Im Zusammenhang damit erhält die Aufgabe Bedeutung, stabile Systeme zu konstruieren, wenn nur diese unvollständige Information über den Systemzustand vorhanden ist.

Wir betrachten diese Aufgabe am Beispiel des in Abb. 2.1 dargestellten automatischen Regelsystems. Als Regelstrecke fungiert ein integral wirkendes Glied mit der Integrationskonstanten a'. Das Stellglied ist ein integral wirkender Servomotor mit der Integrationskonstanten a''. Es sei vorausgesetzt, daß die Führungsgröße $g(t)$ und die Störgröße $f(t)$ konstant sind. Dann hat die Bewegungsgleichung des Systems bezüglich der Fehlergröße x die Gestalt

$$\ddot{x} = -bu, \tag{2.1}$$

wobei $b = \frac{1}{a'a''} > 0$ gilt.

Wir führen die Bezeichnungen $x = x_1$, $\frac{dx_1}{dt} = x_2$ ein und werden im folgenden statt (2.1) das Differentialgleichungssystem

$$\begin{cases} \frac{dx_1}{dt} = x_2, \\ \frac{dx_2}{dt} = -bu \end{cases} \tag{2.2}$$

betrachten.

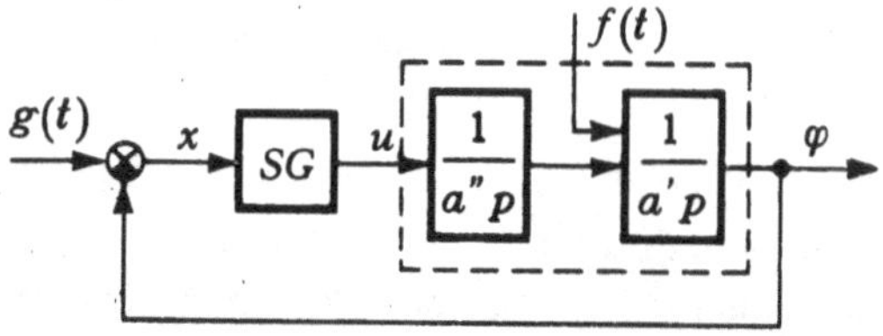

Abb. 2.1

Wie schon oben angedeutet wurde, stellen wir für die Bildung der Steuerfunktion u Information über den Fehler x_1 und über das Vorzeichen seiner ersten Ableitung sgn x_2 zur Verfügung. Um ein lineares System aufzubauen, muß daher die Steuergröße die Gestalt

(2.3) $u = \alpha x_1, \qquad \alpha = \text{const},$

besitzen.

Offensichtlich befindet sich das System (2.2) für beliebige Werte von α entweder auf der Stabilitätsgrenze ($\alpha > 0$), oder es ist instabil ($\alpha < 0$). Daher ist es nicht möglich, mit Hilfe einer festen linearen Struktur das gestellte Stabilitätsproblem für die Bewegung zu lösen.

Wir setzen jetzt voraus, daß im Steuerglied die Möglichkeit zur Veränderung der Struktur vorgesehen ist, wobei in Abhängigkeit vom Systemzustand zu jedem Zeitpunkt eine von zwei linearen Strukturen vorhanden ist. Die Ausgangsgröße des Steuergliedes ist dann entweder gleich αx_1 oder βx_1, $\alpha > \beta > 0$, α, β konstant. Um eine Aufeinanderfolge der Strukturen festzulegen, welche die Stabilität des Systems gewährleistet, benützen wir die in Kapitel 1 beschriebene Methode des "Aneinanderheftens" der Phasentrajektorien. Die Phasenbilder der verwendeten Strukturen sind in Abb. 2.2, *a*,*b* dargestellt. Durch Analyse dieser Phasenbilder kann man erkennen, daß sich der Bildpunkt asymptotisch dem Koordinatenursprung nähert, wenn im ersten und dritten Quadranten der (x_1, x_2)-Phasenebene Trajektorien entsprechend der ersten Struktur (Abb. 2.2, *a*) vorhanden sind und im zweiten und vierten Quadranten die zweite Struktur vorliegt. Dabei bewegt sich der Bildpunkt stückweise längs instabiler Trajektorien.

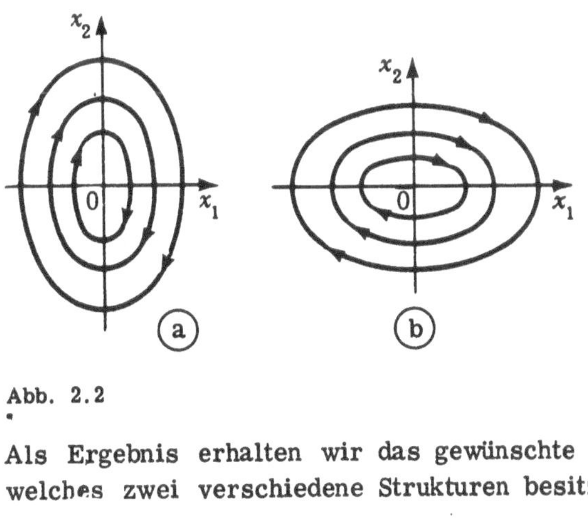

Abb. 2.2

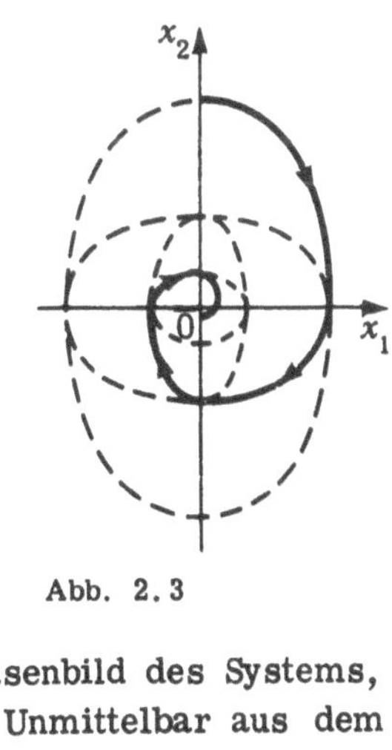

Abb. 2.3

Als Ergebnis erhalten wir das gewünschte Phasenbild des Systems, welches zwei verschiedene Strukturen besitzt. Unmittelbar aus dem

Phasenbild folgt das Gesetz für die Änderung der Struktur, und man sieht, welche Information zu dessen Realisierung notwendig ist. Die Systemstruktur muß sich nämlich wegen Abb. 2.3 ändern, wenn das Vorzeichen der Größen x_1 und x_2 wechselt. Dabei muß für $x_1x_2>0$ die Ausgangsgröße des Steuergliedes αx_1 sein und βx_1 für $x_1x_2<0$. Das Steuerungsgesetz, welches man durch die Methode der Phasenebene gewonnen hat, muß daher folgende Gestalt haben:

$$u = \Psi x_1, \tag{2.4}$$

$$\Psi = \begin{cases} \alpha & \text{für } x_1x_2 > 0, \\ \beta & \text{für } x_1x_2 < 0. \end{cases} \tag{2.5}$$

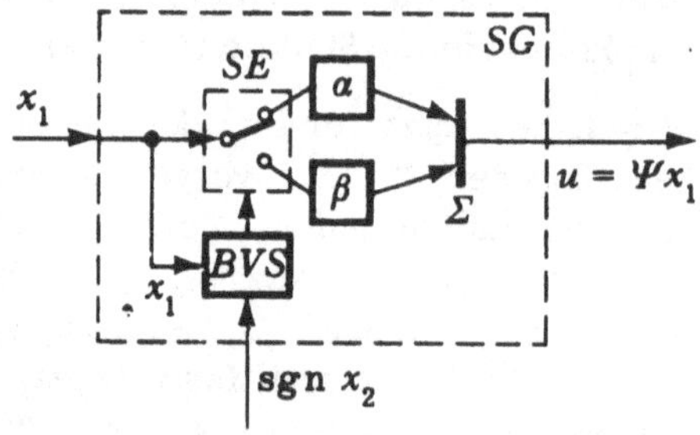

Abb. 2.4

Das logische Gesetz (2.4), (2.5) kann offensichtlich realisiert werden, wenn in das Steuerglied des vorgelegten Systems mit veränderlicher Struktur Information über die Fehlergröße und über das Vorzeichen ihrer Ableitung eingegeben wird. Wegen der zu Beginn dieses Paragraphen gemachten Annahme steht diese Information zu unserer Verfügung.

Das Steuerglied, welches das Gesetz (2.4), (2.5) realisiert, muß ein Schaltelement (SE), einen Block zur Strukturänderung (BVS) und ein summierendes Element enthalten (Abb. 2.4). Der Block zur Strukturänderung gibt auf Grund der Information über die Größe x_1 und über sgn x_2 den Befehl zum Umschalten des Schaltelementes. Dieses kann in Abhängigkeit vom Ausgangssignal des BVS seinen Zustand verändern und variiert dadurch den Einflußkoeffizienten für das Fehlersignal. Die Ausgangsgröße des summierenden Elementes wird daher in Abhängigkeit vom Zustand des Systems entweder gleich αx_1 oder βx_1 sein. Wir erhalten daher ein System mit veränderlicher Struktur.

Zusammenfassend kann man feststellen, daß es im vorliegenden Fall gelingt, die Bewegung eines Systems mit veränderlicher Struktur zu stabilisieren, wobei Information verwendet wird, welche für lineare Systeme unzureichend ist.

Man kann daher durch Kombination linearer Strukturen in einem System mit veränderlicher Struktur Eigenschaften erhalten, welche in keiner der Ausgangsstrukturen vorhanden sind.

Wir wollen uns jetzt einer Aufgabe zuwenden, welche sich wieder mit dem Problem der Stabilisierung einer linearen Strecke mit konstanten Parametern auseinandersetzt, wobei beschränkte Information über den Zustand des Systems verwendet wird.

Wir setzen voraus, daß Information über die Fehlergröße und das Vorzeichen einer Linearkombination aus Fehler und dessen Ableitung zur Verfügung steht. Unter dieser Voraussetzung befassen wir uns mit der Steuerung linearer Strecken, wenn der invariable Teil des Systems durch eine Differentialgleichung zweiter Ordnung in der allgemeinen Gestalt

$$\ddot{x} + a_2\dot{x} + a_1 x = -bu$$

oder, nach Berücksichtigung der bereits eingeführten Bezeichnungen, durch

$$(2.6) \qquad \begin{cases} \dfrac{dx_1}{dt} = x_2, \\ \dfrac{dx_2}{dt} = -a_2 x_2 - a_1 x_1 - bu \end{cases}$$

beschrieben wird. a_1, a_2, b sind konstante Größen, $b>0$. Bei verschiedenen Regelvorgängen können die Koeffizienten a_1 und a_2 derart beschaffen sein, daß es mit linearen Steuerungsgesetzen bei der vorhandenen Information nicht möglich ist, Stabilität der Bewegung zu erreichen, gar nicht zu reden von anderen qualitativen Merkmalen des Regelvorganges. Wenn in (2.6) die Steuerung u proportional dem Fehler ist und $a_2<0$ gilt, so besitzt die charakteristische Gleichung für (2.6) tatsächlich immer mindestens eine Wurzel in der rechten Halbebene. Wir lösen die Aufgabe, Stabilität der Bewegung zu sichern, indem wir wie zuvor lineare Strukturen kombinieren, d.h. wir nehmen an, daß die Steuerung u die Gestalt (2.4) besitzt. Bei der Synthese besteht nun die Aufgabe darin, die entsprechenden Strukturen (bzw. die Werte der Koeffizienten α und β) und deren Aufeinanderfolge auszuwählen. Wir werden die Synthese des Steuerungsgesetzes mittels der Methode der Phasenebene durchführen. Zu diesem Zweck wenden wir uns den Phasenbildern von Systemen zweiter Ordnung zu. Wir wählen eine Struktur derart, daß ihr Phasenbild eine Trajektorie aufweist, welche stabilen entarteten Bewegungen entspricht. Diese Struktur sei vorhanden für $\Psi=\beta$. Aus der charakteristischen Gleichung des Systems $p^2+a_2p+(a_1+b\beta)=0$ folgt, daß ein solches $\beta<0$ immer vorhanden ist. Das Phasenbild hat dann eine Gestalt wie in Abb. 1.20,*h*. Im zweiten und vierten Quadranten der $(x, \dot{x})$-Phasenebene liegt eine Trajektorie mit stabiler Bewegung, und zwar handelt es sich um eine Gerade, deren Anstieg λ gleich der negativen Wurzel der charakteristischen Gleichung ist. Wir werden dieses Merkmal der linearen Struktur für die Konstruktion eines stabilen Systems mit veränderlicher Struktur verwenden. Die zweite lineare Struktur wählen wir derart, daß die Wurzeln der charakteristischen Gleichung $p^2+a_2p+(a_1+b\alpha)=0$ komplex sind. Offensichtlich kann ein solches $\alpha>0$ immer gefunden werden. Es sei diese zweite Struktur ebenfalls instabil und ihr Phasenbild werde durch Abb. 1.20, *e* dargestellt. Auf Grund einer Analyse beider Phasenbilder ergibt sich das Verfahren, welches das gewünschte Phasenbild für das System mit veränderlicher Struktur liefert. Wir unterteilen die (x_1, x_2)-Phasenebene (Abb. 2.5) in zwei Gebiete, deren Grenzen durch die Geraden $x_1=0$ und S gebildet werden, wobei S durch

$$s=x_2-\lambda x_1=0 \tag{2.7}$$

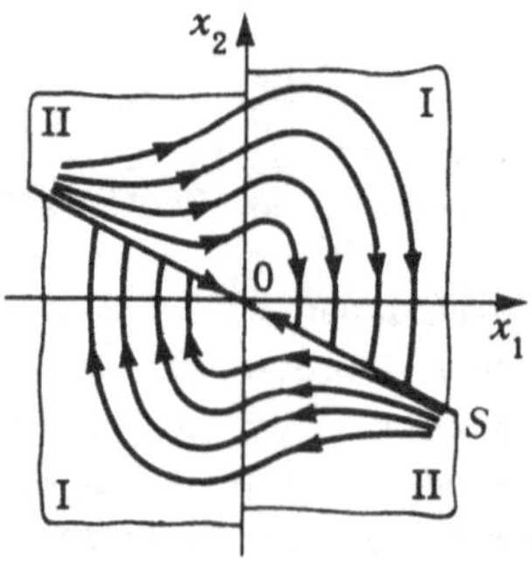

Abb. 2.5

gegeben ist und aus den Trajektorien mit stabiler Bewegung für die eine Struktur besteht. Wenn der Zustand des Systems derart ist, daß sich der Bildpunkt im Gebiet *I* befindet, muß der Bildpunkt seine Bewegung längs vom Ursprung wegstrebender Spiralen durchführen. Im Gebiet *II* erfolgt die Bewegung längs Hyperbeln. Der Bildpunkt erreicht aus beliebiger Anfangslage immer die Gerade S*), nachdem er sich stückweise längs instabiler Trajektorien bewegt hat (aus dem Gebiet *I* auf einem Stück, aus dem Gebiet *II* auf zwei). Danach bewegt sich der Bildpunkt längs S und nähert sich asymptotisch dem Koordinatenursprung. Als Ergebnis erhalten wir wie im ersten Fall das gewünschte Phasenbild des Systems mit veränderlicher Struktur. Mittels analoger Überlegungen können wir das Gesetz für die Strukturänderung aufstellen und die zu seine Realisierung notwendige Information bestimmen. Dieses Gesetz muß folgende Gestalt besitzen:

$$u=\Psi x_1. \tag{2.8}$$

*) Das Problem des Auftreffens wird in § 3 dieses Kapitels ausführlich betrachtet.

Dabei ist

$$\Psi = \begin{cases} \alpha & \text{für } x_1 s > 0, \\ \beta & \text{für } x_1 s < 0, \end{cases} \tag{2.9}$$

$$s = x_2 - \lambda x_1.$$

Wir erinnern daran, daß die Koeffizienten α und β derart ausgewählt werden, daß die $\Psi = \alpha$ entsprechende Struktur oszillierendes Verhalten zeigt, während für $\Psi = \beta$ eine lineare Struktur mit stabiler entarteter Bewegung vorliegt. Der Koeffizient λ, welcher die Abklinggeschwindigkeit dieser stabilen Bewegung charakterisiert, bestimmt die Größe s im logischen Gesetz (2.8) für die Strukturänderung.

Wie aus (2.8) ersichtlich ist, benötigt man zur Realisierung des gewonnenen Steuerungsgesetzes Information über die Fehlergröße und über das Vorzeichen einer Linearkombination aus Fehlergröße und deren Ableitung. Das logische Gesetz (2.8) ist dem Gesetz (2.4),(2.5) analog. Der Unterschied besteht nur darin, daß in (2.8) anstelle von sgn x_2 Information über die Größe sgn s verwendet wird. Daher kann man zur Realisierung von (2.8) das in Abb. 2.4 dargestellte Steuerglied mit veränderlicher Struktur verwenden. Fragen der gerätetechnischen Realisierung derartiger Steuerglieder werden in Kapitel 8 betrachtet.

Innerhalb der Klasse der Systeme mit veränderlicher Struktur kann man daher immer die Stabilität von Systemen zweiter Ordnung sichern, ohne in den Eingang des invariablen Teiles des Systems die Ableitung der Fehlergröße einzugeben.

Wesentlich ist dabei, daß man bei den linearen Strukturen des Systems mit veränderlicher Struktur auf die Forderung nach Lage der Wurzeln der charakteristischen Gleichung in der linken Halbebene verzichten kann.

Zum Abschluß wollen wir noch auf eine qualitative Eigenheit der Systeme mit veränderlicher Struktur hinweisen. Wir zeigen, wie man in einem System mit veränderlicher Struktur eine größere Wirkgeschwindigkeit erzielen kann. Bei linearen Systemen kann zur Lösung dieser Aufgabe eine gleichzeitige Vergrößerung der Einflußkoeffizienten für den Fehler und dessen Ableitung notwendig sein. Bei einem System mit veränderlicher Struktur genügt es, nur den Einflußkoeffizienten für den Fehler zu vergrößern. Bei gegebenem α_1 und β_1 werde der Regelvorgang durch die Phasentrajektorie *I* (Abb. 2.6) charakterisiert. Wir wählen $\alpha_2 > \alpha_1$ und $|\beta_2| > |\beta_1|$. Den neuen Parameterwerten entspricht die Phasentrajektorie *II* (Abb. 2.6). Offensichtlich ist die Übergangszeit für den zweiten Vorgang kleiner, weil für beliebiges x der Absolutbetrag der Änderungsgeschwindigkeit für die Fehlergröße im Falle der Trajektorie *II* größer ist als bei der Trajektorie *I*. Es ist dabei zu berücksichtigen, daß eine Vergrößerung von $|\beta|$ zu einer Vergrößerung von $|\lambda|$ in (2.7) führt. Daher muß man in (2.9) entweder $|\lambda|$ vergrößern oder den Koeffizienten von x_2 kleiner als Eins machen.

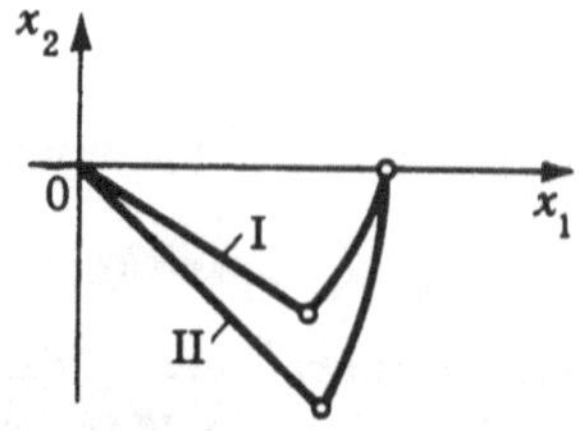

Abb. 2.6

Das Problem, in einem System mit veränderlicher Struktur eine größere Wirkgeschwindigkeit zu erreichen, kann daher allein durch Vergrößerung des Einflußkoeffizienten für die Fehlergröße erreicht werden.

Die angegebene Methode zur Synthese eines Systems mit veränderlicher Struktur, welche stabile entartete Bewegungen benützt, ist für beliebige Systeme zweiter Ordnung mit konstanten Parametern anwendbar.

§ 2. Beschränkte Übertragungskoeffizienten für die Kanäle des Steuergliedes

Bei einer Reihe von technologischen Prozessen, welche der Automation unterworfen werden, können infolge irgendwelcher Bedingungen die Einflußgrößen für verschiedene Koordinaten des Systems beschränkt sein. Diese Aufgabe verdient auch dann eine spezielle Untersuchung, wenn vollständige Information über den Zustand des Systems vorliegt. Offensichtlich werden durch Schranken für die Einflußkoeffizienten der Systemgrößen auch den qualitativen Merkmalen des Systems Beschränkungen auferlegt. Im folgenden werden wir eines der wichtigsten Merkmale von Systemen mit beschränkten Einflußgrößen betrachten: ihre Wirkgeschwindigkeit.

Das System zweiter Ordnung mit konstanten Koeffizienten werde durch das Differentialgleichungssystem

$$(2.10)\quad \begin{cases} \dfrac{dx_1}{dt} = x_2, \\ \dfrac{dx_2}{dt} = -a_2x_2 - a_1x_1 - bu \end{cases}$$

beschrieben. a_1, a_2 und b sind Konstante, $b>0$.

Wir nehmen an, daß man zur Bildung der Steuergröße u Information über die Fehlergröße x_1 und deren Ableitung x_2 verwenden kann, wobei jedoch die Einflußkoeffizienten für diese Koordinaten durch die Größen α_1 bzw. α_2 beschränkt werden. Unter diesen Voraussetzungen kann man bei der Konstruktion eines linearen Systems die Steuergröße in der Gestalt

$$u = k_1 x_1 + k_2 x_2 \tag{2.11}$$

wählen, wobei k_1, k_2 beschränkte Konstante sind:

$$|k_1| \leqslant \alpha_1, \qquad |k_2| \leqslant \alpha_2. \tag{2.12}$$

Wir wollen annehmen, daß

$$b\alpha_1 > |a_1|, \qquad b\alpha_2 > |a_2| \tag{2.13}$$

gilt. Dann kann man in einem linearen System immer Stabilität der Bewegung sicherstellen. Gleichzeitig muß man jedoch darauf hinweisen, daß bei linearen Systemen die Benützung maximaler Werte für die Einflußkoeffizienten der Fehlergröße und ihrer Ableitung unmöglich sein kann, weil diese Koeffizienten in bestimmten Beziehungen zueinanderstehen müssen, um die geforderten dynamischen Eigenschaften des Systems zu erreichen.

Infolge der Beschränkungen (2.12) können die Wurzeln der charakteristischen Gleichung des linearen Systems nicht beliebig gewählt werden. Gerade dadurch wird aber auch die Beschränkung für dessen Wirkgeschwindigkeit hervorgerufen.

Wir setzen jetzt voraus, daß eine Menge von linearen Strukturen vorliegt, von denen jede durch eine Steuerung der Gestalt (2.11) bestimmt wird. Dabei seien für diese Strukturen die Beschränkungen (2.12) erfüllt. Im Steuerglied des Systems sei ein logisches Element vorgesehen, welches in Abhängigkeit vom Zustand des Regelvorganges die entsprechende lineare Struktur auswählt.

Wir untersuchen, welche zusätzlichen Möglichkeiten für eine Vergrößerung der Wirkgeschwindigkeit in einem solchen System mit veränderlicher Struktur vorhanden sind.

Die Steuerung wird in der Gestalt

$$u = \Psi_1 x_1 + \Psi_2 x_2 \tag{2.14}$$

gewählt.

Die Koeffizienten Ψ_1 bzw. Ψ_2 können zwei extreme Werte annehmen: α_1 oder $-\alpha_1$ bzw. α_2 oder $-\alpha_2$. Alle Kombinationen der Koeffizienten α_1, $-\alpha_1$, α_2, $-\alpha_2$ bestimmen die Menge der vorhandenen festen Strukturen. Offensichtlich verfügen wir in dem vorliegenden Fall über vier lineare Strukturen, deren Aufeinanderfolge wir bestimmen. Dazu betrachten wir ihre Phasenbilder. Wenn für $\Psi_1=\alpha_1$ und $\Psi_2=\alpha_2$ die Wurzeln der charakteristischen Gleichung des Systems (2.10) reell sind, hat das entsprechende Phasenbild wegen (2.13) die in Abb. 1.20, *a* dargestellte Gestalt. Für die lineare Struktur mit $\Psi_1=\alpha_1$ und $\Psi_2=-\alpha_2$ sind die Wurzeln der charakteristischen Gleichung reell und positiv. Das Phasenbild für diesen Fall sieht man in Abb. 1.20, *f*. Die restlichen zwei Strukturen besitzen analoge Phasenbilder. Für $\Psi_1=-\alpha_1$ und $\Psi_2=\alpha_2$ ist das Phasenbild für System (2.10) in Abb. 1.20, *j*, für $\Psi_1=-\alpha_1$, $\Psi_2=-\alpha_2$ in Abb. 1.20, *h* angegeben. Beide Strukturen sind instabil, besitzen aber stabile entartete Bewegungen. Daher werden wir die Synthese des Systems mit veränderlicher Struktur nach jenem Verfahren durchführen, welches stabile entartete Bewegungen verwendet. Wie aus den Phasenbildern der Abb. 1.20, *h*, *j* zu erkennen ist, sind die zwei letzten Strukturen in ihren dynamischen Eigenschaften ähnlich. Man kann daher eine davon für die weitere Untersuchung ausschließen. Wir entscheiden uns für die Struktur $\Psi_1=-\alpha_1$ und $\Psi_2=\alpha_2$, weil die ihr nach Abb. 1.20, *j* entsprechende stabile entartete Bewegung mit größerer Geschwindigkeit abläuft. Dies ist im Hinblick auf die Wirkgeschwindigkeit wesentlich.

Bei der Konstruktion des Systems mit veränderlicher Struktur werden wir daher die drei linearen Strukturen mit den Phasenbildern der Abb. 1.20, *a*, *f*, *j* verwenden, wobei wir an der Geraden, welche der stabilen entarteten Bewegung entspricht (Abb. 1.20, *j*) die Struktur des Systems ändern werden. Das von uns gewählte Konstruktionsverfahren verlangt, daß der Bildpunkt aus beliebiger Anfangslage zu dieser Geraden gelangt. Wir erinnern uns, daß deren Gleichung die Gestalt

(2.15) $$s = x_2 - \lambda x_1 = 0$$

hat, wobei λ die negative reelle Wurzel der charakteristischen Gleichung für die dritte Struktur ist.

Man sieht sofort, daß im ersten und dritten Quadranten der (x_1, x_2)-Ebene von den drei Strukturen nur die erste (Gebiet *I* in Abb. 2.7,*a*) in Frage kommt, d.h. es gilt

(2.16) $$\Psi_1 = \alpha_1,\ \Psi_2 = \alpha_2 \text{ für } x_1 x_2 > 0.$$

In den Sektoren zwischen der Geraden S $(s=0)$ und der x_1 -Achse wird sich der Bildpunkt aus beliebiger Anfangslage zur Geraden S bewegen, wenn seine Bewegung längs der Trajektorien aus Abb. 1.20, f (Gebiet *II* in Abb. 2.7, b) erfolgt, d.h. wir haben

(2.17) $\qquad \Psi_1 = \alpha_1,\ \Psi_2 = -\alpha_2$ für $x_2 s < 0$.

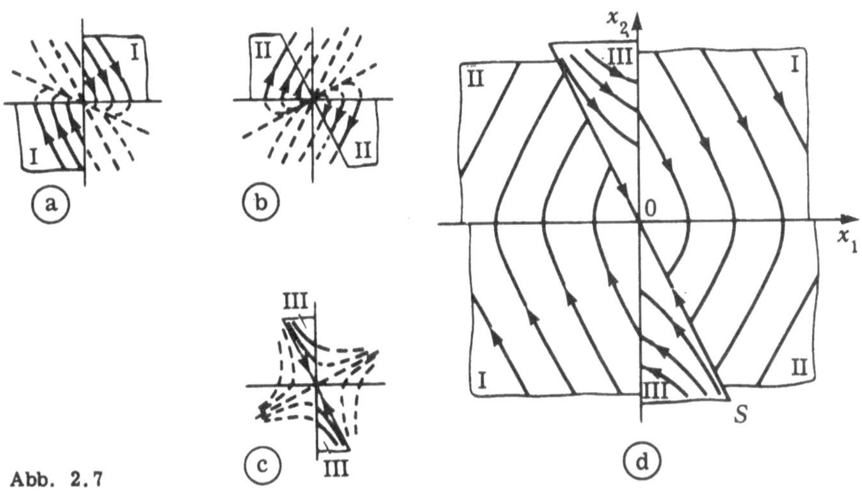

Abb. 2.7

Nach dem Auftreffen des Bildpunktes auf die Gerade S erfolgt seine weitere Bewegung längs S, wenn die dritte Struktur herangezogen wird $(\Psi_1' = -\alpha_1,\ \Psi_2 = \alpha_2)$. In den Sektoren zwischen der Geraden S und der x_2-Achse erfolge die Bewegung des Bildpunktes längs der Phasentrajektorien dieser Struktur (Gebiet *III* in Abb. 2.7, c):

(2.18) $\qquad \Psi_1 = -\alpha_1,\ \Psi_2 = \alpha_2$ für $x_2 s > 0$.

Die Bedingungen (2.16), (2.17), (2.18) bestimmen die Bewegung des Systems vollständig. Aus diesen Beziehungen ergibt sich das logische Gesetz zur Strukturänderung:

$$(2.19) \qquad \Psi_1 = \begin{cases} \alpha_1 & \text{für } x_1 s > 0, \\ -\alpha_1 & \text{für } x_1 s < 0, \end{cases} \qquad \Psi_2 = \begin{cases} \alpha_2 & \text{für } x_2 s > 0, \\ -\alpha_2 & \text{für } x_2 s < 0. \end{cases}$$

Aus (2.19) folgt, daß die Struktur mit $\Psi_1 = -\alpha_1$ und $\Psi_2 = -\alpha_2$ nicht auftreten kann. Für diese Struktur müssen nähmlich die Vorzeichen der Größen x_1 und x_2 übereinstimmen. Wegen (2.15) und der Bedingung $\lambda < 0$ stimmt dann auch das Vorzeichen von s mit den Vorzeichen von x_1 und x_2 überein, d.h. es gilt $x_1 s > 0$ und $x_2 s > 0$. Für die betreffende Struktur müssen diese Größen jedoch negatives Vorzeichen haben. Wenn die Strukturänderung nach (2.14) und (2.19) erfolgt, besitzt das Phasenbild des stabilen Systems mit veränderlicher Struktur die in Abb. 2.7, *d* angegebene Gestalt.

Wir wollen jetzt die Wirkgeschwindigkeit des erhaltenen Systems mit veränderlicher Struktur mit der eines linearen Systems vergleichen, welches unter denselben Bedingungen arbeitet (beschränkte Einflußkoeffizienten).

Wir setzen voraus, daß das lineare System aperiodisch ist. Ferner soll die Steuerung (2.11) die bei den Schranken (2.12) maximal mögliche Geschwindigkeit des Systems garantieren. Für das lineare System entspricht in der (x_1, x_2)-Phasenebene dem Regelvorgang bei den Anfangsbedingungen $x_1 \neq 0$ und $x_2 = 0$ die Trajektorie *1* (Abb. 2.8). Tangente an diese Trajektorie im Koordinatenursprung ist die Gerade S_0 mit der Gleichung

$$(2.20) \qquad x_2 - \lambda_0 x_1 = 0,$$

wobei λ_0 die negative Wurzel mit dem kleineren Absolutbetrag der charakteristischen Gleichung für das lineare System ist $\left(\lambda_0 = -\frac{a_2 + bk_2}{2} + \right.$ $\left. + \sqrt{\left(\frac{a_2 + bk_2}{2}\right)^2 - (a_1 + bk_1)}\right)$. Wir konstruieren jene Phasentrajektorie, welche zu denselben Anfangsbedingungen gehört und welche die Bewegung des Systems mit veränderlicher Struktur charakterisiert (Kurve *2* in Abb. 2.8). Die Änderungsgeschwindigkeit von x_2 für das System mit veränderlicher Struktur wird durch $-(a_2 - b\alpha_2)x_2 - (a_1 + b\alpha_1)x_1$ gegeben und ist daher absolut genommen größer als der Absolutbetrag dieser Größe für das lineare System, welche gleich $-(a_2 + bk_2)x_2 - (a_1 + bk_1)x_1$ ist. Ferner gilt $|\lambda| > |\lambda_0|$ $\left(\lambda = \frac{a_2 + b\alpha_2}{2} - \sqrt{\left(\frac{a_2 + b\alpha_2}{2}\right)^2 - (a_1 + b\alpha_1)}\right)$. Daraus folgt, daß die Trajektorie *2* unterhalb der Trajektorie *1* verläuft. Bekanntlich ist die Bewegungsdauer des Bildpunktes längs einer Trajektorie umgekehrt proportional der Fläche, welche von dieser Trajektorie und der x_1-Achse eingeschlossen wird *). Offensichtlich (Abb. 2.8) ist diese Fläche für das System mit veränderlicher Struktur größer als jene für

*) Dies kann man leicht folgendermaßen einsehen. $x_2 = f(x_1)$ sei die Gleichung der Phasentrajektorie. Aus $x_2 = \frac{dx_1}{dt}$ folgt $t - t_0 = \int\limits_{x_1(t_0)}^{x_1(t)} \frac{dx_1}{f(x_1)}$, wobei t_0 der Anfangszeitpunkt und t der augenblickliche Zeitpunkt ist.

das lineare System. Daher läuft im System mit veränderlicher Struktur der Regelvorgang rascher ab als im linearen System. Dabei ist wesentlich, daß bei der Konstruktion des Systems mit veränderlicher Struktur den Einflußkoeffizienten für die Fehlergröße und deren Ableitung dieselben Beschränkungen auferlegt wurden wie beim linearen System. Außerdem wurde dieselbe Information verwendet.

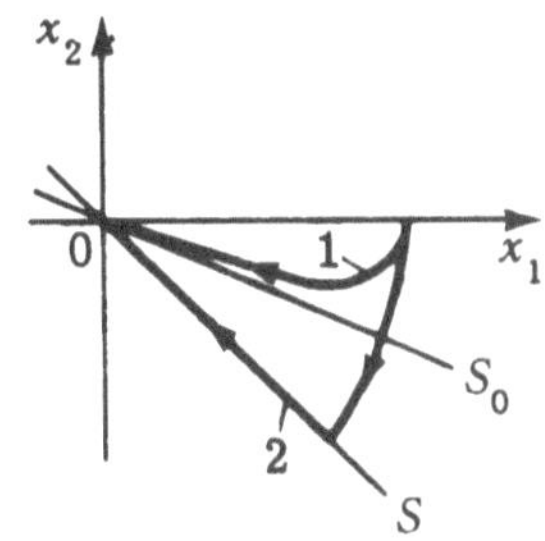

Abb. 2.8

Wenn Beschränkungen für die Einflußkoeffizienten in den Kanälen des Steuergliedes vorhanden sind, kann man innerhalb der Klasse der Systeme mit veränderlicher Struktur eine im Vergleich zu einem linearen System größere Wirkgeschwindigkeit erzielen.

Es ist daher zweckmäßig, Systeme mit veränderlicher Struktur dann bei der Automatisierung von Produktionsprozessen zu verwenden, wenn wegen irgendwelcher Beschränkungen technischer Art mit Hilfe linearer Systeme nicht die erforderliche Wirkgeschwindigkeit erreicht werden kann.

§ 3. Bewegungszustände in Systemen mit veränderlicher Struktur

Bei der Konstruktion von Systemen mit beschränkter Information über den Regelvorgang und auch von Systemen mit beschränkten Einflußgrößen für verschiedene Systemkoordinaten wurde das Steuerglied derart gewählt, daß wenigstens eine der linearen Strukturen stabile entartete Bewegungen besitzt. Zum Zeitpunkt des Auftreffens des Bildpunktes auf die diesen Bewegungen entsprechende Trajektorie wird die Steuerung umgeschaltet, d.h. eine lineare Struktur wird durch eine andere ersetzt. Wir vereinbaren für das folgende, eine Gerade, auf der die Veränderung der Systemstruktur erfolgt, Schaltgerade zu nennen. In den oben betrachteten Beispielen fiel die Schaltgerade mit den Phasentrajektorien der stabilen entarteten Bewegungen zusammen. Nach dem Auftreffen des Bildpunktes auf die Schaltgerade ändert sich die Systemstruktur nicht mehr. Die Bewegung eines solchen Systems wird bei beliebigen Anfangsbedingungen durch eine endliche Anzahl von Umschaltungen charakterisiert. Das letzte Stadium des Übergangprozesses wird durch die Gleichung für die entarteten Bewegungen aus einer der Strukturen beschrieben.

Da die Parameter der Regelstrecke meist nicht genau bekannt sind, Unexaktheiten bei der gerätetechnischen Realisierung auftreten, welche durch nicht stationäre Charakteristiken von Elementen des Steuergliedes hervorgerufen werden, und auch andere technische Ursachen vorliegen können, gelingt es im allgemeinen nicht, den Wechsel der Systemstruktur genau zum festgesetzten Zeitpunkt durchzuführen. In Systemen mit veränderlicher Struktur können daher auch andere Bewegungsformen auftreten. Bevor wir zur Formulierung und Lösung weiterer Aufgaben bei der Synthese des Steuergliedes für verschiedene Typen von Systemen mit veränderlicher Struktur übergehen, wollen wir auf die wichtigsten Bewegungszustände eingehen, welche man in dieser Systemklasse beobachten kann.

Wir betrachten ein System mit veränderlicher Struktur zweiter Ordnung, welches durch folgendes Differentialgleichungssystem beschrieben wird:

$$(2.21)\quad \begin{cases} \frac{dx_1}{dt} = x_2, \\ \frac{dx_2}{dt} = -a_2x_2 - a_1x_1 - bu, \end{cases}$$

$$a_1,\ a_2,\ b - \text{const},\ b > 0.$$

Die spezifischen Eigenheiten aller Bewegungsarten können vollständig an Hand von Beispielen gezeigt werden, bei welchen die Steuerung u die Gestalt

$$(2.22)\quad u = \Psi x_1,$$

$$(2.23)\quad \Psi = \begin{cases} \alpha \text{ für } x_1 s > 0, \\ \beta \text{ für } x_1 s < 0, \end{cases}$$

$$(2.24)\quad s = x_2 + cx_1$$

besitzt, wobei α, β, c Konstante sind, $c>0$, $\alpha>\beta$.

Nach (2.23), (2.24) erfolgt die Änderung der Struktur des Steuergliedes auf den Schaltgeraden $x_1=0$ und S. In der (x_1, x_2) -Ebene wird S durch die Gleichung $s=0$ gegeben.

Ohne Beeinträchtigung der Allgemeinheit kann man annehmen, daß für $\Psi=\alpha$ die lineare Struktur (2.21) oszillierend instabil ist (Abb.1.20,e), während für $\Psi=\beta$ aperiodische Instabilität vorhanden ist (Abb. 1.20,h). Für die zweite Struktur existiert eine stabile entartete Bewegung, welche durch die negative Wurzel λ der charakteristischen Gleichung bestimmt wird. In den oben betrachteten Beispielen wurde der Koeffizient c welcher die Lage der Schaltgeraden in der (x_1, x_2) -Phasenebene bestimmt, gleich— λ gewählt. Diese Arbeitsweise, bei welcher die Änderung der Systemstruktur auf den zu stabilen entarteten Bewegungen gehörenden Phasentrajektorien erfolgt (Abb. 2.9, a), werden wir *Arbeitsweise mit Bewegung längs entarteter Trajektorien* nennen.

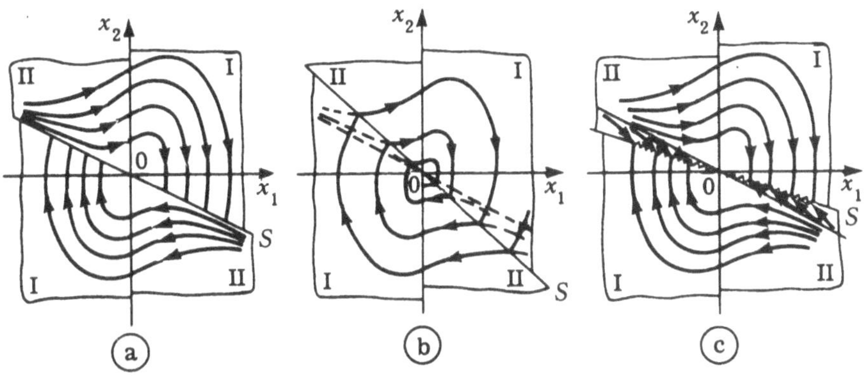

Abb. 2.9

Wir setzen jetzt voraus, daß der Koeffizient c der Schaltgeraden größer als $-\lambda$ ist. Die stabile Trajektorie der durch $\Psi = \beta$ bestimmten linearen Struktur liegt zur Gänze im Gebiet I $(x_1 s > 0)$, in welchem die Bewegung des Bildpunktes längs der vom Ursprung weglaufenden Spiralen der Struktur $\Psi = \alpha$ (Abb. 2.9, b) erfolgt. In diesem Fall verläßt der Bildpunkt nach dem Auftreffen auf die Schaltgerade diese wieder und bewegt sich längs Hyperbeln weiter. Bei Änderung des Vorzeichens von x_1 wechselt die Systemstruktur. Nachdem sich der Bildpunkt längs vom Ursprung weglaufender Spiralen bewegt hat, trifft er wieder auf die Schaltgerade S usw. Offensichtlich wird in dem beschriebenen System die Struktur des Steuergliedes mit endlicher Frequenz wechseln. Diese Arbeitsweise des Systems nennen wir *Arbeitsweise im Schaltzustand.* Wie man aus dem Phasenbild sehen kann, ist das System für den gewählten Wert von c stabil, jedoch wird die Gleichgewichtslage oszillierend erreicht.

Es ist noch der letzte Fall zu untersuchen, wo der Koeffizient c der Schaltgeraden kleiner als $-\lambda$ ist. Für diese Beziehung zwischen den Parametern des Systems liegt die Trajektorie, welche die stabile entartete Bewegung charakterisiert, im Gebiet II $(x_1 s < 0$, Abb. 2.9, $c)$, und die Phasentrajektorien bzw. genauer gesagt die Vektoren der Phasengeschwindigkeit streben in der Umgebung der Schaltgeraden S für beide Strukturen nach S. Nach dem Auftreffen des Bildpunktes auf die Gerade S erfolgt im System das Umschalten der Systemstruktur von einer in die andere mit unendlich großer Frequenz. Dabei gewegt sich der Bildpunkt in der Phasenebene längs der Schaltgeraden. Diese Arbeitsweise, bei der die Strukturänderung mit unendlich großer Frequenz auf der Schaltgeraden erfolgt, werden wir *Arbeitsweise im Gleitzustand* nennen. Wir weisen darauf hin, daß die Schaltgerade für keine der linearen Strukturen Phasentrajektorie ist. Es ist daher möglich, durch den Gleitzustand eine künstliche entartete Bewegung zu erhalten. Im folgenden erfährt die Idee, mittels des Gleitverhaltens eine künstliche entartete Bewegung zu schaffen, weitgehend Anwendung für die Synthese von Systemen mit veränderlicher Struktur. Aus diesem Grund werden wir genauer auf die Bewegungsgleichungen eines Systems in diesem Bewegungszustand und auf die Bedingungen für dessen Auftreten eingehen.

Aus der Tatsache, daß der Bildpunkt, nachdem er zur Schaltgeraden gelangt ist, diese nicht mehr verlassen kann und seine Bewegung längs dieser fortsetzt, folgt, daß die Größe s im Gleitzustand Null ist, d.h. es gilt

(2.25) $x_2+cx_1=0.$

Beachtet man, daß die Fehlergröße x gleich x_1 ist und $\frac{d}{dt}=x_2$ gilt, erhält man aus (2.25) die Differentialgleichung für die Bewegung des Systems im Gleitzustand bezüglich der Fehlergröße:

(2.26) $\frac{dx}{dt}+cx=0.$

Die Bewegung des betrachteten Systems im Gleitzustand wird nach (2.26) schon durch eine Gleichung erster Ordnung beschrieben. Diese Gleichung hängt, was besonders wichtig ist, nicht von den Parametern des invariablen Teiles des Systems ab. Durch entsprechende Wahl des Koeffizienten c erhalten wir für die Bewegung des Systems im Gleitzustand die gewünschten Eigenschaften. Für Stabilität ist beispielsweise $c>0$ hinreichend, während man durch Vergrößerung von c ein schnelleres Abklingen dieser Bewegung erreichen kann. Die in der Unabhängigkeit vom Verhalten der Regelstrecke liegende Besonderheit des Gleitzustandes und die Möglichkeit, diesen mit den gewünschten Eigenschaften auszustatten, haben eine weitgehende Verwendung dieser Bewegungsform in Systemen mit veränderlicher Struktur zur Folge.

Die Endphase eines Regelvorganges wird immer dann im Gleitzustand ablaufen, wenn bei der getroffenen Wahl der linearen Strukturen des Steuergliedes und ihrer Aufeinanderfolge in jedem Punkt der Schaltgeraden S der Gleitzustand existiert und der Bildpunkt aus beliebiger Anfangslage nach S gelangt.

Man kann eine Existenzbedingung für den Gleitzustand auf der Geraden S erhalten, wenn man davon ausgeht, daß in der Umgebung von S die Vektoren der Phasengeschwindigkeit für beide Strukturen gegeneinander gerichtet sein müssen.

Wir nehmen an, daß der Bildpunkt von der Schaltgeraden um einen bestimmten Betrag ausgelenkt wird. Die Größe s, welche diese Auslenkung charakterisiert, sei der Einfachheit halber positiv, $s>0$. Damit der Bildpunkt wieder nach S zurückkehrt, muß im System eine lineare Struktur vorliegen, für welche s abnimmt, d.h. es muß $\frac{ds}{dt} < 0$ gelten. Mittels analoger Überlegungen kann man sich überzeugen, daß für eine Auslenkung $s<0$ eine Struktur vorhanden sein muß, für welche $\frac{ds}{dt} > 0$ gilt. Daraus erhalten wir die Bedingung, welche in einer Umgebung von S erfüllt sein muß, damit auf dieser Geraden der Gleitzustand existiert:

$$(2.27) \qquad s\frac{ds}{dt} < 0^{*}).$$

Wenn die Ungleichung (2.27) für beliebige Punkte der Schaltgeraden S erfüllt ist, d.h. auf der ganzen Geraden S existiert der Gleitzustand, wollen wir diese Gerade *Gleitgerade* nennen.

Wir wählen für das System mit veränderlicher Struktur (2.21) zwei lineare Strukturen derart, daß in der Phasenebene dieses Systems eine Gleitgerade existiert. Mit anderen Worten, wir stellen die Aufgabe, jene Werte von α und β zu bestimmen, für welche in der Umgebung eines beliebigen Punktes der Schaltgeraden S ($s=0$) die Ungleichung (2.27) erfüllt ist.

Für $\frac{ds}{dt}$ finden wir:

$$(2.28) \qquad \frac{ds}{dt} = \dot{x}_2 + cx_2.$$

---

*) Für $s\frac{ds}{dt} = 0$ erhält man die Arbeitsweise mit Bewegung längs entarteter Trajektorien.

Mit Hilfe von (2.21) und (2.22) erhalten wir an Stelle von (2.28)

$$\frac{ds}{dt}=(c-a_2)x_2-(a_1+b\Psi)x_1. \tag{2.29}$$

Wie bereits gezeigt wurde, muß die Existenzbedingung für den Gleitzustand in einer Umgebung der Geraden S erfüllt sein, d.h. für Punkte $x_2=-cx_1$. $\frac{ds}{dt}$ ist daher durch

$$\frac{ds}{dt}=(-c^2+ca_2-a_1-b\Psi)x_1 \tag{2.30}$$

gegeben. Wegen (2.30) kann die Ungleichung (2.27) auch in der Gestalt

$$\begin{cases}(-c^2+ca_2-a_1-b\Psi)x_1<0 & \text{für } s>0,\\ (-c^2+ca_2-a_1-b\Psi)x_1>0 & \text{für } s<0\end{cases} \tag{2.31}$$

geschrieben werden.

Wir setzen $s>0$, $x_1>0$ voraus. Dann gilt wegen (2.23) $\Psi=\alpha$. Offensichtlich ist die erste Ungleichung für $\alpha>\frac{-c^2+ca_2-a_1}{b}$ erfüllt. Wenn dagegen $s>0$, $x_1<0$ und $\Psi=\beta$ gilt, ist die erste Ungleichung in (2.31) für $\beta<\frac{-c^2+ca_2-a_1}{b}$ richtig. Man sieht leicht, daß dabei auch immer die zweite Ungleichung in (2.31) erfüllt ist. Als Ergebnis erhalten wir Bedingungen welche garantieren, daß die Gerade S Gleitgerade ist:

$$\begin{cases}\alpha>\dfrac{-c^2+ca_2-a_1}{b},\\ \beta<\dfrac{-c^2+ca_2-a_1}{b}.\end{cases} \tag{2.32}$$

Wenn (2.32) erfüllt ist, bewegt sich der Bildpunkt nach dem Auftreffen auf S längs der Schaltgeraden, weil in allen Punkten dieser Geraden der Gleitzustand existiert. Um jedoch die nützlichen Eigenschaften der Gleitbewegung verwenden zu können, muß man garantieren, daß der Bildpunkt aus beliebiger Anfangslage auf die Gerade S auftrifft.

Zum Anfangszeitpunkt t_0 sei $s(t_0)\neq 0$. Der Bildpunkt trifft auf die Schaltgerade S ($s=0$) auf, wenn ein Zeitpunkt t_1 existiert mit $s(t_1)=0$. Wir werden auch sagen, daß er auf S auftrifft, wenn $\lim\limits_{t\to\infty} x_1=\lim\limits_{t\to\infty} x_2=0$ gilt. In diesem Fall ist nämlich das System stabil, und der Bildpunkt nähert sich asymptotisch zugleich dem Koordinatenursprung und der Schaltgeraden.

Wir formulieren und beweisen folgende notwendige und hinreichende Bedingung für das Auftreffen:

Satz: *Es sei ein System mit veränderlicher Struktur durch die Gleichungen (2.21) - (2.24) gegeben. Für das Auftreffen des Bildpunktes auf die Schaltgerade S ($s=0$) im Falle $c>0$ ist notwendig und hinreichend, daß die charakteristische Gleichung des Systems für $\Psi=\alpha$ keine positiven reellen Wurzeln besitzt.*

Wir beweisen, daß diese Bedingung h i n r e i c h e n d ist.

Ohne Beschränkung der Allgemeinheit kann man sich auf den Fall $s(t_0)>0$ beschränken. Es sei $x_1(t_0)>0$ und nach (2.23) $\Psi=\alpha$. Offensichtlich kann $x_1(t)$ für $s(t)>0$ sein Vorzeichen nicht wechseln, weil im Augenblick des Vorzeichenwechsels $x_1=0$ gilt und $x_1(t)$ fallend ist, d.h. man hat $x_2<0$. Die Größe $s=x_2+cx_1$ muß dann negativ sein, was unserer Voraussetzung widerspricht. Daher kann sich die Systemstruktur bis zum Auftreffen des Bildpunktes auf S nicht ändern. Auf Grund der Voraussetzung des Satzes sind die Wurzeln der charakteristischen Gleichung von System (2.21) für $\Psi=\alpha$ entweder komplex oder reell und negativ. In ersten Fall hat $s(t)$ die Gestalt

$$s(t)=Ae^{\eta t}\sin(\omega t+\varphi), \tag{2.33}$$

wobei $\eta\pm j\omega$ die Wurzeln der charakteristischen Gleichung sind. A und φ werden durch die Anfangsbedingungen bestimmt.

Wegen (2.33) ist $s(t)$ eine Funktion mit wechselndem Vorzeichen. Es gibt daher ein t_1 mit $s(t_1)=0$, d.h. der Bildpunkt gelangt zur Schaltgeraden.

Wenn dagegen die Wurzeln der charakteristischen Gleichung für $\Psi=\alpha$ reell und negativ sind, gilt

$$\lim_{t\to\infty} x_1=\lim_{t\to\infty} x_2=0,$$

wodurch das Auftreffen auch in diesem Fall gezeigt ist.

Wir betrachten nun den Bereich der Anfangswerte mit $s(t_0)>0$ und $x_1(t_0)<0$, d.h. wir haben $\Psi=\beta$. Wenn die Wurzeln der charakteristischen Gleichung von System (2.21) für $\Psi=\beta$ komplex oder reell und negativ sind, kann man wie oben zeigen, daß der Bildpunkt entweder S erreicht (was zu zeigen ist) oder die x_2-Achse. Auf der x_2-Achse wechselt x_1 sein Vorzeichen. Der Fall $x_1>0$ wurde bereits behandelt. Wenn die charakteristische Gleichung von (2.21) für $\Psi=\beta$ sogar eine reelle und positive Wurzel besitzt, muß der Bildpunkt wegen

$$x_1(t) = A_1 e^{\lambda_1 t} + A_2 e^{\lambda_2 t}, \tag{2.34}$$
$$s(t) = A_1 (c + \lambda_1) e^{\lambda_1 t} + A_2 (c + \lambda_2) e^{\lambda_2 t}$$

das Gebiet $x_1 < 0$, $s > 0$ verlassen. Dabei sind A_1, A_2 Konstante und λ_1, λ_2 die Wurzeln der charakteristischen Gleichung für $\Psi = \beta$, $\lambda_1 > \lambda_2$, $\lambda_1 > 0$.

Aus (2.34) folgt, daß die Größen x_1 und s ab einem bestimmten Zeitpunkt gleiches Vorzeichen besitzen*).

Wir haben damit gezeigt, daß die Bedingung des Satzes hinreichend ist.

Daß die Bedingung auch n o t w e n d i g ist, kann man leicht durch Widerspruch zeigen. Wir nehmen an, daß das Auftreffen für beliebige Anfangsbedingungen stattfindet und gleichzeitig die charakteristische Gleichung von System (2.21) für $\Psi = \alpha$ eine reelle und positive Wurzel λ_1 besitzt. Dann ist $x_1(t) = A_1 e^{\lambda_1 t} + A_2 e^{\lambda_2 t}$ mit Konstanten A_1, A_2, wobei λ_2 die zweite Wurzel der charakteristischen Gleichung ist. Wir wählen die Anfangsbedingungen derart, daß $A_2 = 0$ gilt. Dann ist $x_1(t) = A_1 e^{\lambda_1 t}$ und $s(t) = A_1 (c + \lambda_1) e^{\lambda_1 t}$. Offensichtlich ist in diesem Fall für beliebiges t $x_1 s > 0$, d.h. die Systemstruktur kann sich nicht ändern, und für die gewählten Anfangsbedingungen kann der Bildpunkt nicht auf die Schaltgerade auftreffen. Der erhaltene Widerspruch zeigt, daß die im Satz formulierte Bedingung notwendig ist.

Wenn die Bedingung des Satzes und die Ungleichungen (2.32) für das System (2.21) erfüllt sind, entsteht ab einem bestimmten Zeitpunkt eine Bewegung im Gleitzustand, welche nicht mehr aufhört. Wir weisen darauf hin, daß die angegebenen Bedingungen immer durch Vergrößerung des Koeffizienten α und Verkleinerung des Koeffizienten β erfüllt werden können, und erinnern daran, daß durch entsprechende Wahl des Koeffizienten c für die Schaltgeraden die gewünschten Eigenschaften der Bewegung im Gleitzustand erreicht werden können.

Wir haben bisher drei Bewegungszustände von Systemen mit veränderlicher Struktur betrachtet: die Arbeitsweise mit Bewegung längs entarteter Trajektorien, die Arbeitsweise im Schaltzustand und den

*) Für $A_1 = 0$ und $\lambda_2 < 0$ gilt $\lim_{t \to \infty} x_1 = \lim_{t \to \infty} x_2 = 0$, d.h. es erfolgt das Auftreffen des Bildpunktes auf die Schaltgerade.

Im Fall mehrfacher Wurzeln der charakteristischen Gleichung von System (2.21) für $\Psi = \beta$ führt man analoge Überlegungen durch.

Gleitzustand. Die ersten zwei Arbeitsweisen können, wie aus den oben angeführten Beispielen zu sehen ist, mit hinreichender Wirksamkeit für verschiedene Aufgaben bei der Regelung von Strecken mit konstanten Parametern verwendet werden. Bei Abweichungen vom Idealzustand kann die Arbeitsweise mit Bewegung längs entarteter Trajektorien entweder in die Arbeitsweise im Schaltzustand oder in den Gleitzustand übergehen.

Der Gleitzustand besitzt eine interessante Eigenschaft, welche ihn unter den anderen Arbeitsweisen von Systemen mit veränderlicher Struktur auszeichnet. Es handelt sich um die schon erwähnte Eigenschaft, von der Charakteristik des invariablen Teiles des Systems unabhängig zu sein. Daher wird im folgenden der Gleitzustand weitgehend bei Aufgaben zur Regelung nichtstationärer Strecken Anwendung finden, wobei der nichtstationäre Zustand entweder durch äußere Störungen, welchen die Strecke ausgesetzt ist, hervorgerufen werden kann oder durch Änderung der Parameter der Strecke innerhalb weiter Grenzen verursacht wird.

Man darf jedoch nicht annehmen, daß man sich bei der Synthese des Steuergliedes für ein System mit veränderlicher Struktur auf eine einzige Arbeitsweise festlegen muß. Wie wir in der weiteren Darstellung sehen werden, erweist sich bei einer Reihe von Produktionsprozessen eine Kombination dieser Arbeitsweisen von größter Wirksamkeit.

§ 4. Systeme mit Schranken für Systemgrößen

Bei einer Reihe von Regelvorgängen werden außer Forderungen an den Verlauf der Regelgröße verschiedenen Systemgrößen noch zusätzliche Beschränkungen auferlegt. So dürfen z. B. bei der Kursregelung eines Flugzeuges die Belastungen bestimmte zulässige Werte nicht übersteigen. Bei technologischen Prozessen ist es häufig wünschenswert, daß die Auslenkungen der Steuervorrichtungen ihren stationären Wert nicht überschreiten können. Im ersten Fall ergibt sich die Aufgabe, eine feste Schranke für eine Systemgröße einzuhalten, während sich im zweiten Fall diese Schranken von Prozeß zu Prozeß ändern können.

Wir wollen für ein System, welches durch die Gleichungen

$$(2.35)\qquad \begin{cases} \dfrac{dx_1}{dt} = x_2, \\ \dfrac{dx_2}{dt} = -a_2x_2 - a_1x_1 - bu \end{cases}$$

beschrieben wird, die Aufgabe betrachten, eine feste Schranke für die Änderungsgeschwindigkeit der Regelgröße einzuhalten. Dabei sind a_1, a_2, b Konstante, $b>0$.

Im System (2.35) ist die Steuerung derart zu wählen, daß x_2 einen vorgegebenen Wert nicht übersteigt:

(2.36) $|x_2| \leqslant x_2^*, \quad x_2^* = \text{const}.$

Diese Aufgabe kann auch mit linearen Methoden gelöst werden. Wenn beispielsweise $a_2>0$ und $u=\alpha x_1$ gilt, kann man für beliebige Anfangsbedingungen $x_1(0) \neq 0$, $x_2(0)=0$ einen Regelvorgang erhalten, bei dem x_2 den zulässigen Wert nicht übersteigt. Dies ist jedoch nur für kleine Werte von α möglich. Dies wiederum hat zur Folge, daß der Regelvorgang langsam abläuft (Abb. 2.10). Außerdem ist für beliebiges α der Bereich der Anfangswerte, für welche die Bedingung (2.36) nicht verletzt wird, immer beschränkt, $|x_1(0)| \leqslant x_1^*$ (Abb. 2.10). Wir wollen jetzt das Prinzip der veränderlichen Struktur zur Lösung dieser Aufgabe heranziehen.

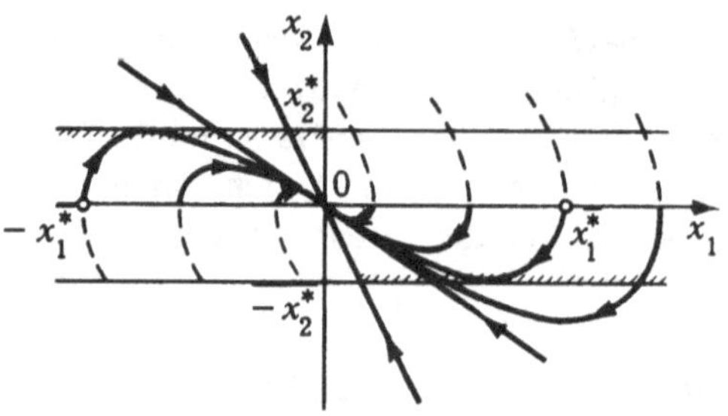

Abb. 2.10

Die Steuerung u werde durch die Formeln (2.22) - (2.24) definiert, wobei die Koeffizienten α, β und c derart gewählt seien, daß im System die Arbeitsweise mit Bewegung längs entarteter Trajektorien vorhanden ist (Abb. 2.11). Aus Abb. 2.11 kann man sehen, daß für Anfangswerte $|x_1(0)| > x_1^*$ auf Teilen der Phasentrajektorien (in Abb. 2.11 strichliert eingezeichnet) die Größe x_2 die zulässigen Schranken überschreitet. Wir modifizieren das Gesetz (2.22) - (2.24) derart, daß die Änderungsgeschwindigkeit der Fehlergröße für Anfangswerte $|x_2| \leqslant x_2^*$, $x_1(0)$ willkürlich, innerhalb der Grenzen (2.36) bleibt. Dazu ersetzen wir die Schaltgerade $s=0$ (2.24) durch den Kurvenzug S^*, welcher aus dem Teil der Geraden S für $|x_2| \leqslant x_2^*$ und zwei Halbgeraden besteht: $x_2 = x_2^*$ im zweiten Quadranten und $x_2 = -x_2^*$ im vierten. Die Schaltlinie S^* und die x_2-Achse unterteilen die (x_1, x_2)-Phasenebe-

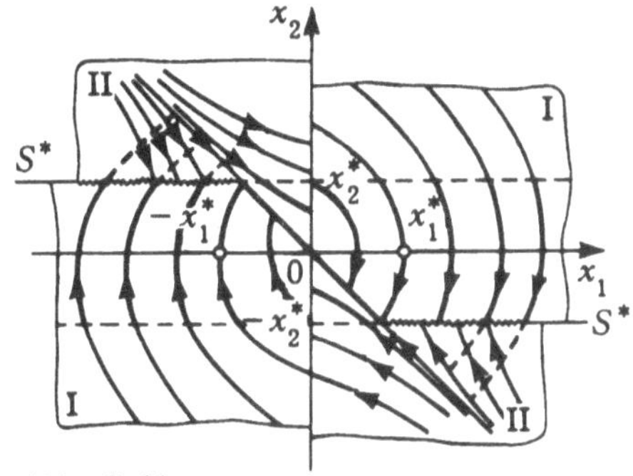

Abb. 2.11

ne in zwei Gebiete: Im Gebiet *I* bewegt sich der Bildpunkt längs Phasentrajektorien der linearen Struktur (2.35) für $u=\alpha x_1$, im Gebiet *II* längs jener der linearen Struktur (2.35) für $u=\beta x_1$. Direkt dem Phasenbild des Systems (Abb. 2.11) kann man entnehmen, daß auf den zur x_1-Achse parallelen Teilen der Schaltlinie die Phasentrajektorien beider Strukturen gegeneinander gerichtet sind. Daher entsteht auf diesen Teilen der Gleitzustand. Für Anfangswerte $|x_1(0)|>x_1^*$ erreicht der Bildpunkt die Schaltlinie S^* und bewegt sich bis zum geneigten Teil von S^* im Gleitzustand mit der maximal möglichen Geschwindigkeit x_2^*. Die weitere Bewegung zum Koordinatenursprung erfolgt dann längs der stabilen entarteten Trajektorie aus der linearen Struktur (2.35) für $u=\beta x_1$. Wir schreiben das mit Hilfe der Methoden der Phasenebene gewonnene Steuerungsgesetz in analytischer Gestalt nieder:

$$\Psi=\begin{cases}\alpha & \text{für } s^*x_1>0,\\ \beta & \text{für } s^*x_1<0,\end{cases} \tag{2.37}$$

$$s^*=\begin{cases}s & \text{für } |x_2|\leqslant x_2^*,\\ x_2+x_2^* & \text{für } x_2<-x_2^*,\\ x_2-x_2^* & \text{für } x_2>x_2^*.\end{cases} \tag{2.38}$$

Das konstruierte System mit veränderlicher Struktur zeigt, daß es zweckmäßig sein kann, verschiedene Arbeitsweisen zu kombinieren. In unserem Fall ist es tatsächlich gelungen, die Änderungsgeschwindigkeit der Regelgröße für beliebige Anfangsbedingungen (natürlich $|x_2(0)|\leqslant x_2^*$) durch gleichzeitige Verwendung des Gleitzustandes und der Arbeitsweise mit Bewegung längs entarteter Trajektorien zu beschränken. Sehr wichtig ist, daß man im System den Einflußkoeffizienten für die Fehlergröße bei beiden Strukturen vergrößern kann. Dementsprechend ergibt sich auch eine Erhöhung der Wirkgeschwindigkeit des Systems.

Die Anwendung des Prinzips der veränderlichen Struktur erlaubt es daher, vorgegebene feste Schranken für Systemgrößen bei Anfangswerten aus einem unbeschränkten Gebiet sicherzustellen.

Wir betrachten nun die Aufgabe, einen Regelprozeß von höchster Güte in Systemen mit minimalen Auslenkungen der Stellvorrichtungen, welche ihren stationären Wert nicht überschreiten, sicherzustellen. Bekanntlich werden die stationären Werte durch die auf die Strecke einwirkenden Störungen bestimmt, d.h. wir haben es mit Aufgaben zu tun, bei welchen sich die Schranken für die Systemgrößen von Fall zu Fall ändern.

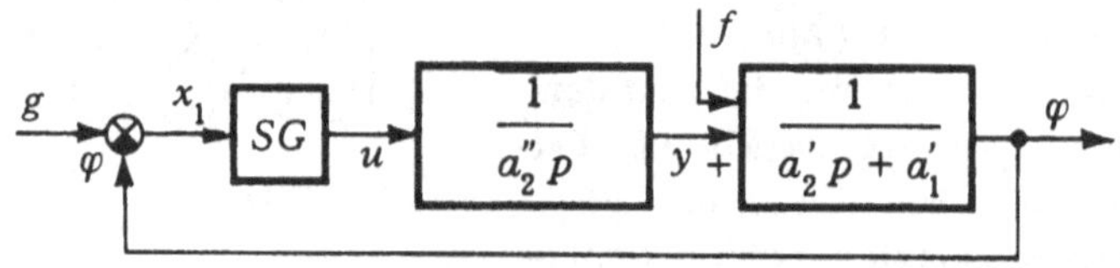

Abb. 2.12

Wir untersuchen ein System mit dem in Abb. 2.12 dargestellten Blockschaltbild und setzen voraus, daß für die Störung f = const und für die Führungsgröße $g=0$ gilt. Die Aufgabe besteht darin, die Fehlergröße x_1 zum Verschwinden zu bringen. Dabei darf sich das Vorzeichen der Differenz $y-f$ während des Übergangsprozesses nicht ändern. Zum Unterschied von der vorhergehenden Aufgabe sind der Koordinate y keine im vorhinein fixierten Beschränkungen auferlegt, sondern die Schranken hängen von der Größe der einwirkenden Störungen ab.

Man kann den folgenden, ziemlich naheliegenden Weg zur Bildung der Steuergröße u vorschlagen: Das System muß derart arbeiten, daß die Größe y in kürzester Zeit gleich der Störung f wird und danach konstant bleibt. Darum muß zu dem Zeitpunkt, zu dem y gleich f wird, das Eingangssignal für das Stellglied mit integrierendem Charakter abgeschaltet werden, d.h. die Steuergröße u muß dann Null sein. Der angegebene Weg verlangt die Anwendung des Prinzips der veränderlichen Struktur, weil man während des Regelvorganges die Verbindung zwischen Steuerglied und Stellglied unterbrechen bzw. wieder herstellen muß. Dabei bleibt ungeklärt, wie man, ohne f zu messen, den Zeitpunkt bestimmt, wann y gleich der Störung f wird, und wie das offene System in die Gleichgewichtslage kommt.

Wir setzen voraus, daß vom Ausgang des Steuergliedes ein Signal der Gestalt αx_1 (α=const) in den Eingang des Stellgliedes gelangt. Die Gleichung des linearen Systems mit Rückführung hat dann die Gestalt

$$(2.39)\qquad \begin{cases} \frac{dx_1}{dt} = x_2, \\ \frac{dx_2}{dt} = -a_2 x_2 - b\alpha x_1 \end{cases}$$

mit $\quad a_2 = \frac{a_1'}{a_2'a_2''}, \qquad b = \frac{1}{a_2'a_2''}.$

Für das offene System ist die Ausgangsgröße des Stellgliedes konstant und die Gleichung der Regelstrecke hat die Gestalt

$$(2.40) \qquad \begin{cases} \frac{dx_1}{dt} = x_2, \\ x_2 + cx_1 + A = 0, \end{cases}$$

wobei $c = a_1'/a_2'$ gilt und A eine willkürliche Konstante ist, welche von f und dem Wert von y zum Zeitpunkt der Trennung des Systems abhängt.

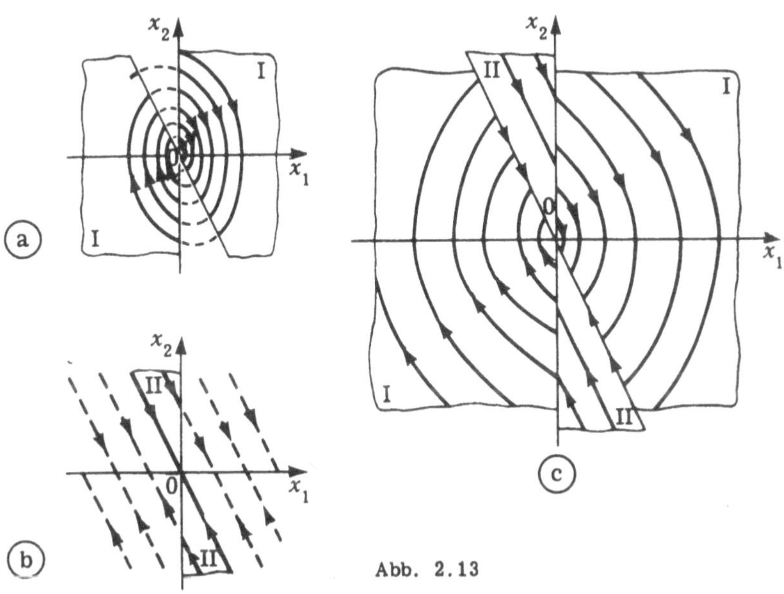

Abb. 2.13

Die Phasenbilder der durch die Gleichungen (2.39) und (2.40) beschriebenen Systeme sind in den Abb. 2.13, *a* und *b* angegeben. Wir wählen α derart, daß das Phasenbild von System (2.39) aus einer Familie von in den Koordinatenursprung hineinlaufenden Spiralen besteht (Abb. 2.13, *a*). Das Phasenbild von System (2.40) besteht aus einer Familie von Geraden (Abb. 2.13, *b*), deren Gleichungen die Gestalt

$$(2.41) \qquad x_2 + cx_1 + A = 0$$

besitzen. In der Familie (2.41) ist auch eine Gerade enthalten ($A = 0$), längs der der Bildpunkt bei seiner Bewegung in den Koordinatenursprung gelangt. Man muß daher die Steuergröße abschalten, wenn der Bildpunkt auf die Gerade $x_2+cx_1=0$ auftrifft. In diesem Fall strebt die Fehlergröße nach der Trennung des Systems nach Null, während der Ausgang y des Stellgliedes konstant gleich f bleibt (wenn $y \neq f$ ist, kann x_1 im stationären Betriebszustand nicht Null werden, weil die Strecke ein aperiodisch wirkendes Glied ist).

Wir konstruieren das Phasenbild des Systems, indem wir verlangen, daß sich für $(x_2+cx_1)x_1>0$ der Bildpunkt längs der Trajektorien des Gebietes I bewegt, welche dem System mit Rückführung entsprechen, und für $(x_2+cx_1)x_1<0$ längs der Trajektorien des Gebietes II, welche zum offenen System gehören. Das Phasenbild des Systems ist in Abb. 2.13, c dargestellt.

Unmittelbar aus dem erhaltenen Phasenbild folgt das Steuerungsgesetz für das System mit veränderlicher Struktur:

$$u=\Psi x_1, \tag{2.42}$$

$$\Psi=\begin{cases} \alpha & \text{für } x_1 s>0, \\ 0 & \text{für } x_1 s<0, \end{cases} \tag{2.43}$$

$$s=x_2+cx_1. \tag{2.44}$$

Das Steuerungsgesetz (2.42) - (2.44) löst die gestellte Aufgabe, weil für $\Psi=\alpha$ die Größe y gegen f strebt und danach infolge der Trennung des Systems konstant bleibt.

Die Anwendung des Prinzips der veränderlichen Struktur gestattet es daher, die Aufgabe zu lösen, lineare Strecken mit höchster Güte zu steuern, und garantiert dabei minimale Auslenkungen der Stellvorrichtungen, welche ihre stationären Werte nicht überschreiten.

Wesentlich ist, daß man für die Realisierung des Steuergliedes mit veränderlicher Struktur, welches die Aufgabe löst, Schranken für irgendeine Systemgröße einzuhalten, nur Information über die Fehlergröße und über das Vorzeichen einer Linearkombination aus Fehler und dessen Ableitung benötigt.

§ 5. Systeme mit Totzeit im Steuerkreis

Bei der Konstruktion von automatischen Steuerungen für Produktionsprozesse zeigt es sich sehr oft, daß in der Regelstrecke, im Stellglied oder in Meßelementen reine Totzeiten auftreten. Gleichzeitig ist zu beachten, daß in vielen Fällen ein dynamisches System höherer

Ordnung mit hinreichender Genauigkeit durch ein System erster oder zweiter Ordnung mit Totzeit approximiert wird [81]. Wie bei der Konstruktion linearer Systeme ohne Totzeit läuft die Aufgabe, die Steuerung zu bilden, auch in diesem Fall darauf hinaus, die Einflußkoeffizienten für die Fehlergröße und deren Ableitung (wenn keine anderen Größen gemessen werden können) auszuwählen. Charakteristisch für lineare Systeme mit Totzeit ist, daß der Versuch, den Verstärkungskoeffizienten des Reglers zu vergrößern, schließlich unvermeidlich zum Verlust der Stabilität führt.

Wir wollen zeigen, daß die Aufgabe, eine Steuerung von höchster Güte zu finden, in dem Fall, wo der invariable Teil des Systems ein Element mit Totzeit enthält, innerhalb der Klasse der Systeme mit veränderlicher Struktur gelöst werden kann. Dabei ist es nicht nötig, Einflüsse für die Ableitung der Regelgröße zu benützen.

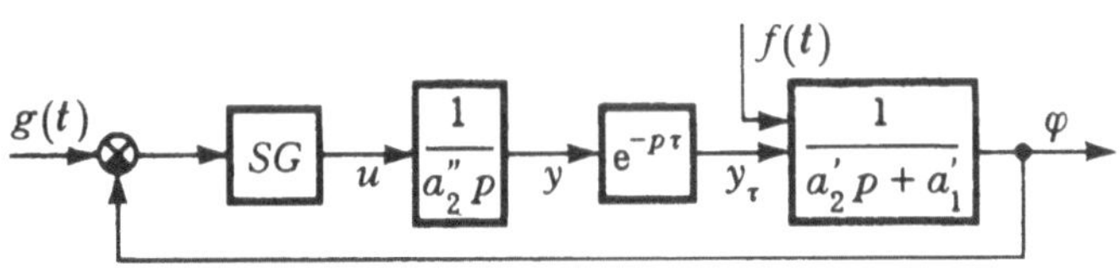

Abb. 2.14

Wir betrachten ein automatisches Regelsystem für eine Regelstrecke erster Ordnung mit einem integral wirkenden Regler mit Totzeit (Abb. 2.14). Die Gleichungen der Regelstrecke und des Stellgliedes sind

(2.45) $a_2'\dot{\varphi} + a_1'\varphi = y_\tau - f(t),$

(2.46) $a_2''\dot{y} = u,$

(2.47) $y_\tau = y(t-\tau)$

mit Konstanten a_1', a_2', a_2'' und der Totzeit τ, $a_2'>0$, $a_2''>0$, $\tau>0$.

Beachtet man $x=g(t)-\varphi$, so kann man die Gleichung (2.45) der Regelstrecke für die Fehlergröße x anschreiben:

(2.48) $a_2'\dot{x} + a_1'x = -y_\tau + f(t) + a_2'\dot{g} + a_1'g.$

Wir nehmen an, daß für die äußeren Störungen $f(t)=\text{const}$ und für die Führungsgröße $g(t)\equiv 0$ gilt. Wenn man die Steuerung im System (2.45) - (2.48) mit einer festen linearen Struktur durchführt, wobei nur der Einfluß der Fehlergröße verwendet wird, d.h. es gilt

(2.49) $u = \alpha x, \qquad \alpha > 0,$

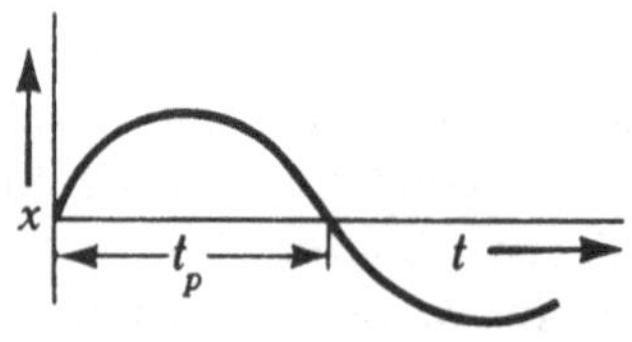

Abb. 2.15

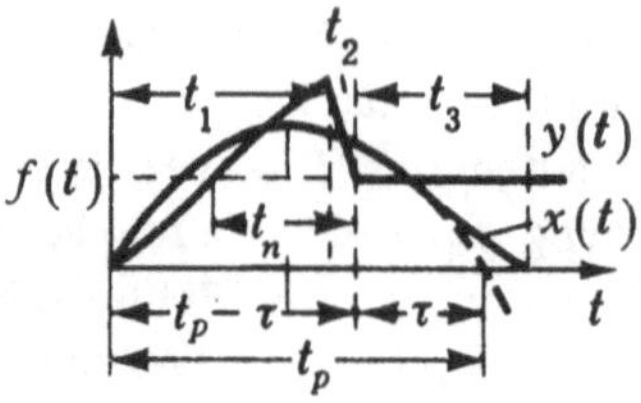

Abb. 2.16

dann wird bei der Vergrößerung der Einflußgröße das System oszillierend und danach instabil. Wir wählen α derart, daß bei verschwindenden Anfangsbedingungen die Dauer t_p der ersten Halbperiode des Vorganges (Abb. 2.15) den technischen Forderungen an die Dauer des Regelvorganges genügt *). Wir versuchen jetzt, durch Kombination einer endlichen Anzahl von Strukturen, welche sich voneinander nur durch die Größe des Einflusses der Fehlergröße unterscheiden, im System einen aperiodischen Vorgang zu erreichen, dessen Dauer nahe der Größe t_p liegt. Zuvor wollen wir klären, wie die Stellgröße beschaffen sein muß, um diese Bedingung zu erfüllen. Weil sich zwischen Stellglied und Regelstrecke ein Element mit Totzeit befindet, muß das Stellglied ab einer Zeitspanne τ vor dem Ende des Regelvorganges die Störgröße kompensiert haben und in dieser Lage bis zum Ende des Regelvorganges verbleiben. Wir tragen vom Ende der ersten Halbschwingung, welche dem Regelvorgang für die Steuerung (2.49) entspricht, ein Stück τ ab (Abb. 2.16). (Wir nehmen an, daß der Punkt $t_p - \tau$ rechts von der Maximumstelle für x liegt.) Damit ist der Zeitpunkt bestimmt, zu dem die Stellgröße y den der Gleichgewichtslage des Systems entsprechenden Wert annehmen muß. In Abb. 2.16 ist auch die Kurve für $y(t)$ eingezeichnet, wenn die Steuerung die Gestalt (2.49) besitzt. Wir nehmen an, daß zu Beginn des Regelvorganges die lineare Struktur vorliegt, welche durch die Gleichungen (2.45) - (2.48) und durch die Steuerung (2.49) bestimmt ist. Zu einem bestimmten Zeitpunkt $t_1 < t_p - \tau$ ändern wir die Struktur, indem wir ab diesem Zeitpunkt in den Eingang des Stellgliedes eine Größe mit zur Fehlergröße entgegengesetztem Vorzeichen eingeben, d.h. es ist

(2.50) $$u = \beta x, \quad \beta < 0.$$

---

*) Dabei ist zu beachten, daß die Dauer des Regelvorganges immer größer als τ ist (siehe z.B. den Aufsatz: Krug E.K., Minina O.M., Avtomatika i Telemechanika, Band XIX, Nr. 1, 1958).

Den Koeffizienten β wählen wir derart, daß $y(t_p - \tau) = f(t)$ gilt. Im allgemeinen ist es gleichgültig, in welchem Augenblick des Intervalles t_n (Abb. 2.16) die Änderung der Struktur erfolgt. Je näher dem Intervallende $t_p - \tau$ dieser Wechsel erfolgt, desto weniger wird sich der Regelvorgang von der ersten Halbschwingung unterscheiden. Das automatische Regelsystem muß schließlich während des Regelvorganges dreimal seine Struktur verändern: Zu Beginn muß eine negative Rückführung vorhanden sein, danach während eines Intervalles der Dauer t_2 eine positive Rückführung und schließlich muß das System ab dem Zeitpunkt $t_p - \tau$ offen sein. Wie aus Abb. 2.16 zu sehen ist, verläuft der Regelvorgang für diese Steuerung aperiodisch und die Dauer seines Ablaufes $t_1 + t_2 + t_3$ liegt nahe bei t_p. In Abb. 2.17 ist auch die Zeitabhängigkeit der Steuergröße u dargestellt. Für die Konstruktion eines Systems mit veränderlicher Struktur, welches den beschriebenen Regelvorgang realisiert, muß man das Gesetz für die Strukturänderung als Funktion der Systemgrößen finden. Man kann folgenden Weg für die Synthese des Steuergliedes angeben. Wir konstruieren für eine beliebige konstante Störung nach irgendeiner Methode den Regelvorgang und bestimmen, nachdem wir die Schaltzeitpunkte t_1 und $t_p - \tau$ gewählt haben, für welche Werte von x und $\dot{x}$ das Umschalten erfolgen muß. Weil nun die in Betracht kommenden Strukturen linear sind, ist das Verhältnis $\dot{x}/x$ bei beliebigen konstanten Störungen für die verschiedenen Übergangsprozesse im Zeitpunkt des Umschaltens konstant. Als Ergebnis erhalten wir zwei Schaltgerade:

$$s_1 = \dot{x} + c_1 x = 0, \tag{2.51}$$

$$s_2 = \dot{x} + c_2 x = 0. \tag{2.52}$$

Die Größen c_1 und c_2 werden mit Hilfe der konstruierten Kurve für den Übergangsprozeß gefunden:

$$c_1 = -\frac{\dot{x}(t_1)}{x(t_1)}, \qquad c_2 = -\frac{\dot{x}(t_p - \tau)}{x(t_p - \tau)}. \tag{2.53}$$

Die Beziehungen (2.49) - (2.52) gestatten es, das Steuerungsgesetz für das vorliegende System mit veränderlicher Struktur hinzuschreiben:

$$u = \Psi x \tag{2.54}$$

mit

$$\Psi = \begin{cases} \alpha & \text{für } x s_1 > 0, \\ \beta & \text{für } s_1 s_2 < 0, \\ 0 & \text{für } x s_2 < 0. \end{cases} \tag{2.55}$$

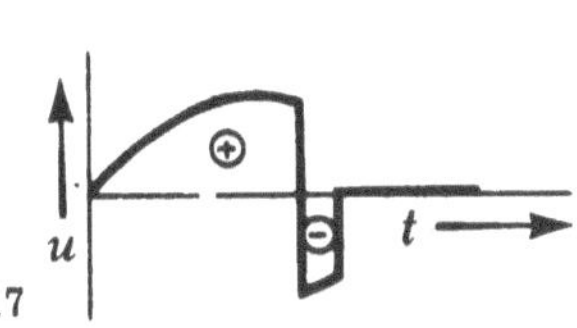

Abb. 2.17

Wegen (2.54), (2.55) besitzt das System in Abhängigkeit von der Lage des Bildpunktes in einem von drei Gebieten der $(x, \dot{x})$-Phasenebene eine von den drei vorhandenen Strukturen (Abb. 2.18). Wie schon oben festgestellt wurde, wird die Größe α derart gewählt, daß die Dauer der ersten Halbschwingung für den der ersten Struktur entsprechenden Regelvorgang ungefähr gleich ist der gewünschten Dauer des ganzen Regelvorganges; β wird im Hinblick darauf gewählt, daß die Stellgröße zum Zeitpunkt $t_p - \tau$ ihren stationären Wert erreichen muß. Wir wollen das Verfahren zur Bestimmung der Parameter für das Steuerglied an Hand eines zahlenmäßigen Beispieles genauer betrachten, wobei wir eine graphische Methode von Baškirov [13] verwenden.

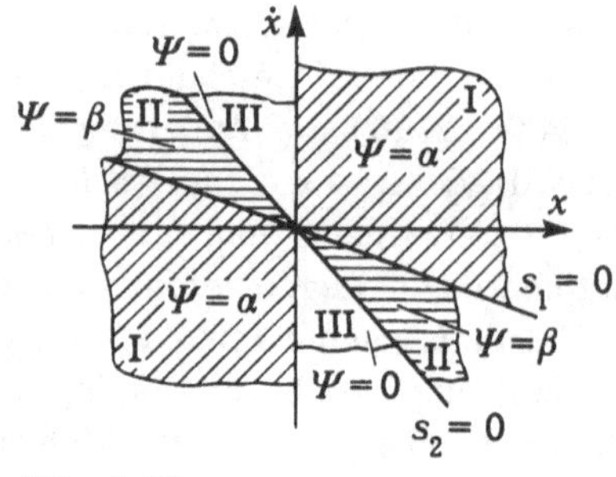

Abb. 2.18

Es sei $a_1' = 1$ sec, $a_2' = 1$ sec, $a_2'' = 1$ und $\tau = 0{,}5$ sec. Der Koeffizient α für die erste lineare Struktur mit negativer Rückführung wird auf Grund der Bedingung gewählt, daß das Zeitintervall zwischen der Maximumstelle und dem Ende der ersten Halbschwingung größer als die Totzeit τ sein muß. Wir konstruieren mit Hilfe des Verfahrens von Baškirov die erste Halbschwingung des Regelvorganges unter dem Einfluß der Störung $f(t)$ für $\alpha = 5$ (Abb. 2.19) und überzeugen uns davon, daß die erwähnte Bedingung erfüllt ist. Vom Punkt c aus (dem Endpunkt der ersten Halbschwingung) tragen wir die Strecke cp der Länge τ ab. In einem bestimmten Abstand von p bestimmen wir auf der Strecke ep den Zeitpunkt für die Strukturänderung. Dieser Zeitpunkt kann auf der Strecke ep eine beliebige Lage einnehmen. Es ist erstrebenswert, diesen Punkt nahe an p zu wählen, weil dann der Regelverlauf nahe der ersten Halbschwingung des Übergangsprozesses für die lineare Struktur mit $\Psi = \alpha$ ist. Jedoch muß man bei Annäherung dieses Zeitpunktes an den Punkt p den Betrag von β, des Einflußkoeffizienten des Fehlers für die lineare Struktur mit positiver Rückführung, vergrößern. Man muß deshalb die Forderung nach Verbesserung der Güte des Regelvorganges und die Möglichkeiten, die nötigen Einflußkoeffizienten in den verschiedenen Kanälen des Reglers zu verwirklichen, miteinander in Einklang bringen. Wir wählen als Schaltzeitpunkt den Punkt b in der Entfernung Δ (Integrationsintervall) von p. In Abb. 2.19 sind auch die Funktionen $y(t)$ und $u(t)$ bis zum Punkt p eingezeichnet. Durch den Punkt b legen wir eine Vertikale und schneiden sie mit den Kurven für $x(t)$ und $\dot{x}(t)$. Mittels dieser Werte kann man nach (2.53) den Parameter c_1 ermitteln, welcher die erste Schaltgerade bestimmt:

(2.56) $$c_1 = \frac{bh}{ab} \approx 0{,}22.$$

Wir bestimmen jetzt den Koeffizienten β derart, daß die Stellgröße von der Lage i in die dem Gleichgewichtszustand des Systems entsprechende Lage kommt. Diesen Wert findet man, indem man die Gleichung für das integrierende Glied löst. Dabei nehmen wir an, daß für genau einen Teilpunkt des Integrationsintervalles dessen Eingangsgröße gleich dem Mittelwert der Ausgangsgröße ist:

(2.57) $$y_d = y_i + \frac{\Delta}{a_2''} \beta x_{mn}.$$

Dabei sind y_d, y_i die Werte von y in den Punkten d und i; x_{mn} ist der Mittelwert von x im Intervall $bp = \Delta$.

Aus (2.57) erhalten wir

(2.58) $$\beta = \frac{(y_d - y_i)\, a_2''}{\Delta x_{mn}} \approx -16{,}4.$$

Aus den Werten von x und $\dot{x}$ im Punkt p berechnen wir den Koeffizienten c_2 nach (2.53), welcher die zweite Schaltgerade bestimmt:

(2.59) $$c_2 = \frac{lp}{pk} \approx 0{,}66.$$

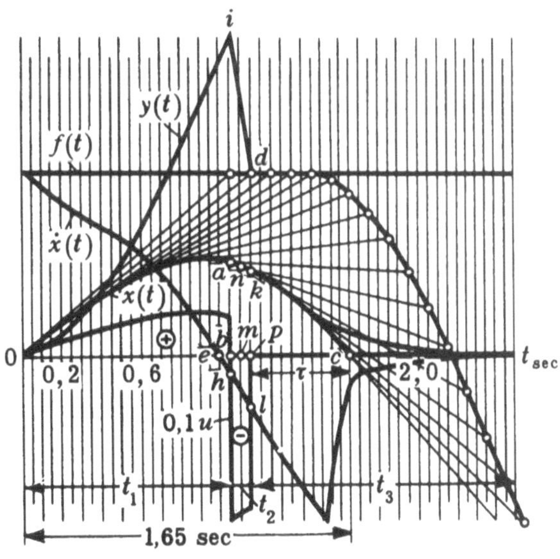

Abb. 2.19

Das beschriebene Verfahren, welchem die graphische Methode Baškirovs zugrunde liegt, gestattet es, sämtliche Parameter für die Steuerung (2.51), (2.52) und (2.54) des Systems mit veränderlicher Struktur zu bestimmen.

Aus den oben durchgeführten Überlegungen kann man den Schluß ziehen, daß *durch Anwendung des Prinzips der veränderlichen Struktur bei Systemen mit Totzeit im Steuerkreis allein mit Hilfe des Einflusses der Fehlergröße ein aperiodischer Verlauf des Regelvorganges erreicht wird, wobei nur Information über das Vorzeichen von Linearkombinationen aus Fehlergröße und deren Ableitung verwendet wird.*

Wir sehen, daß für die betrachtete regelungstechnische Aufgabe drei lineare Strukturen verwendet wurden: mit negativer, positiver und ohne Rückführung. Dabei können die zwei linearen Strukturen, welche dem System mit Rückführung entsprechen, sowohl stabil als auch instabil sein.

§ 6. Strecken, deren Differentialgleichung die Ableitung der Eingangsgröße enthält

Aus dem bisher behandelten Stoff kann man sehen, daß es eine absichtliche Änderung der linearen Struktur eines automatischen Regelsystems während des Regelvorganges ermöglicht, der automatischen Steuerung ein breiteres Anwendungsgebiet zu sichern. So kann man beispielsweise durch Anwendung des Prinzips der veränderlichen Struktur aus zwei instabilen linearen Strukturen ein stabiles automatisches Regelsystem konstruieren und mit Hilfe des Gleitzustandes zu Regelvorgängen der Form (2.25) kommen, deren Eigenschaften nicht vom dynamischen Verhalten des Ausgangssystems abhängen. Mit anderen Worten, alle bisher betrachteten Beispiele zeigen, daß für die Klasse der durch (2.21) beschriebenen Regelstrecken Systeme mit veränderlicher Struktur nutzbringend verwendet werden können. Wir weisen darauf hin, daß die Gleichungen, welche die erwähnte Klasse von Strecken beschreiben, keine Ableitungen der Steuergröße enthalten. Für die Praxis ist jedoch der Fall sehr wichtig, wo die Bewegung des invariablen Teiles des Systems durch eine im Vergleich zu (2.21) allgemeinere Gleichung beschrieben wird:

$$\ddot{x} + a_2\dot{x} + a_1 x = -(b_2\dot{u} + b_1 u), \tag{2.60}$$

d.h. wo die dynamischen Eigenschaften der Strecke es erforderlich machen, die Ableitung der Steuergröße in den Eingang einzugeben.

Offensichtlich führt dies in Systemen mit einer Steuerung der Gestalt $u = \alpha x_1$ (oder $u = \beta x_1$) zu keinen qualitativ neuen Erscheinungen im Verhalten des Systems. In Systemen mit dem stückweise stetigen Steuerungsgesetz (2.22) - (2.24) führt jedoch die Nötwendigkeit, die Steuergröße zu differenzieren, zu einer Reihe von Besonderheiten, welche wir bisher nicht beobachten konnten. Im folgenden wird daher untersucht, welche Möglichkeiten in diesem Falle für die Anwendung des Prinzips der veränderlichen Struktur für eine Steuerung höchster Güte bestehen. Es werden die Besonderheiten dargestellt, welche sich unmittelbar daraus ergeben, daß in Gleichung (2.60) Ableitungen der unstetigen Steuerfunktion aufscheinen. Außerdem werden Verfahren für die Sythese eines Steuergliedes mit veränderlicher Struktur angegeben, welche es ermöglichen, ein System mit den erforderlichen dynamischen Eigenschaften zu konstruieren.

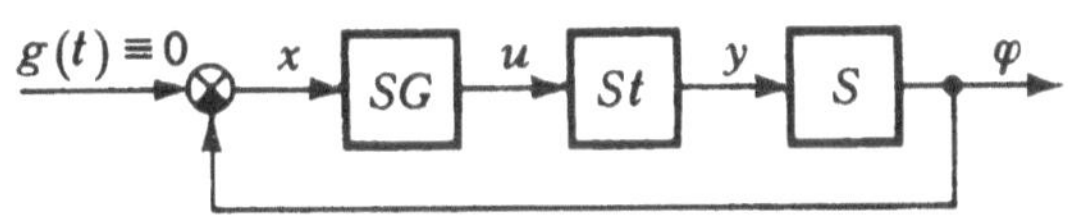

Abb. 2.20

Wir betrachten das in Abb. 2.20 dargestellte Blockschaltbild eines Regelsystems. Die Gleichung der Strecke S habe bezüglich der Fehlergröße x die Gestalt

$$\ddot{x} + a_2\dot{x} + a_1 x = -(b_2'\dot{y} + b_1' y) \tag{2.61}$$

mit konstanten Koeffizienten a_1, a_2, b_1', b_2'.

In den Eingang der Strecke gelangt die Ausgangsgröße y des Stellgliedes St. Wir nehmen an, daß die Bewegung des Stellgliedes durch die Gleichung

$$y = b_1'' u, \qquad b_1'' = \text{const}, \tag{2.62}$$

beschrieben wird. Aus (2.61) und (2.62) folgt, daß die Bewegung des offenen Systems durch die Gleichung (2.60) beschrieben wird, wenn wir $b_2 = b_2' \cdot b_1''$, $b_1 = b_1' \cdot b_1''$ setzen.

Führt man die Koordinaten $x = x_1$ und $x_2 = \frac{dx_1}{dt}$ ein, erhält man statt dieser Gleichung ein System von folgender Gestalt:

$$\begin{cases} \dfrac{dx_1}{dt} = x_2, \\ \dfrac{dx_2}{dt} = -a_1 x_1 - a_2 x_2 - (b_2 D + b_1)\, u \end{cases} \tag{2.63}$$

mit Konstanten a_1, a_2, b_1, b_2 . $D=\frac{d}{dt}$ ist der Differentialoperator.

Wie früher setzen wir über die Steuergröße u voraus, daß sie eine unstetige Funktion der Systemkoordinaten ist:

$$u=\Psi x_1, \tag{2.64}$$

mit

$$\Psi=\begin{cases} \alpha \text{ für } sx_1>0, \\ \beta \text{ für } sx_1<0, \end{cases} \tag{2.65}$$

$$s=c_2x_2+c_1x_1 \tag{2.66}$$

und konstanten Größen α, β, c_1, c_2 , $\alpha>\beta$.

Wir untersuchen die durch die Gleichungen (2.63) beschriebene Bewegung des Bildpunktes in der (x_1, x_2)-Ebene X. Die in X durch die Gleichung

$$c_2x_2+c_1x_1=0 \tag{2.67}$$

gegebene Gerade S zerlegt die Phasenebene in die Gebiete X^1 und X^2, in welchen die Steuerung u den Wert $u_1=\alpha x_1$ bzw. $u_2=\beta x_1$ annimmt. Wegen (2.65) ändert die Steuerfunktion auf der Geraden S ihren Wert sprunghaft von u_1 nach u_2 (oder umgekehrt).

Für $u=u_1$ seien die Wurzeln der charakteristischen Gleichung für das System (2.63) komplex. Wir bezeichnen sie mit $\eta\pm j\omega$, $\omega\neq 0$. Der Einfachheit halber betrachten wir den Fall $\eta<0$. Im Gebiet X^1 werden die Phasentrajektorien durch Bogenstücke von in den Ursprung hineinlaufenden Spiralen gebildet (Abb. 1.20, c).

Wenn für $u=u_2$ die Wurzeln der charakteristischen Gleichung für das System (2.63) reell, jedoch von entgegengesetztem Vorzeichen sind, wird das Gebiet X^2 der Phasenebene X durch eine Familie von Hyperbeln überdeckt (Abb. 1.20, j).

Wenn die Steuergröße u ihren Wert sprunghaft ändert, muß die Größe x_2 auf Grund der Gleichungen (2.63) zum selben Zeitpunkt ebenfalls unstetig sein, weil zu diesem Zeitpunkt auch auf der linken Seite der letzten Gleichung von System (2.63) die Impulsfunktion stehen muß. Daher ist zum Zeitpunkt t_k, welcher der k-ten Unstetigkeitsstelle der Steuerfunktion entspricht, $x_2(t_k+0)\neq x_2(t_k-0)$. Es ist zu beachten, daß wegen der unberücksichtigt gebliebenen kleinen Zeitkonstanten verschiedener Systemelemente die Änderung der Koordinate x_2 von $x_2(t_k-0)$ zu $x_2(t_k+0)$ nicht augenblicklich erfolgt, sondern im Verlauf eines hinreichend kleinen Zeitintervalles. Für das weitere werden wir bei der

Untersuchung von Systemen derartiger Gestalt an folgender Hypothese festhalten: Wir setzen voraus, daß die Zeit für die Änderung der Größe x_2 von $x_2(t_k - 0)$ zu $x_2(t_k + 0)$ kleiner ist als die Ansprechzeit des Schaltelementes, welches die Systemstruktur verändert. Diese Hypothese gestattet es, die Analyse der Bewegung von System (2.63) durchzuführen, wenn alle unberücksichtigt gebliebenen Zeitkonstanten hinreichend klein sind. Unter dieser Voraussetzung kann man annehmen, daß die Koordinate x_2 für Zeitpunkte, welche Unstetigkeitsstellen für die Steuergröße sind, ebenfalls sprunghaft ihren Wert ändert. Um die Lösung von System (2.63) zu bestimmen, muß man daher nicht nur die Anfangswerte der Funktionen x_1 und x_2 kennen, sondern auch deren Sprunghöhe an den Sprungstellen.

Daraus kann man den Schluß ziehen, daß bei Systemen, deren Bewegungsgleichung Ableitungen der Eingangsgröße enthält, eine sprunghafte Änderung der Struktur des Steuergliedes dazu führt, daß die Phasentrajektorien im Raum der Systemkoordinaten Sprünge erleiden. Um die Besonderheiten der Bewegungen aufzeigen zu können, welche sich direkt aus dem Vorhandensein von Sprüngen für die Koordinate x_2 ergeben, führen wir neue, stetige Phasenkoordinaten ein, welche den Zustand des Systems eindeutig charakterisieren. Mit anderen Worten, wir führen an Stelle der Phasenebene X eine neue Phasenebene Γ ein:

$$\Gamma = (\gamma_1, \gamma_2)$$

mit $\gamma_1 = \gamma$, $\gamma_2 = \frac{d\gamma_1}{dt}$, wobei die Koordinate γ_1 mit der Koordinate x_1 durch die Beziehung

$$(b_2 D + b_1)\gamma_1 = x_1 \tag{2.68}$$

verbunden ist.

Die Bewegungsgleichungen von System (2.63) - (2.65) haben in den neuen Koordinaten die Gestalt

$$\begin{cases} \frac{d\gamma_1}{dt} = \gamma_2, \\ \frac{d\gamma_2}{dt} = -a_1\gamma_1 - a_2\gamma_2 - u, \end{cases} \tag{2.69}$$

$$u = \Psi(b_2\gamma_2 + b_1\gamma_1), \tag{2.70}$$

$$\Psi = \begin{cases} \alpha & \text{für } s\sigma > 0, \\ \beta & \text{für } s\sigma < 0, \end{cases} \tag{2.71}$$

$$s = (c_1 b_1 - c_2 a_1 b_2 - c_2 b_2 b_1 \Psi)\gamma_1 + \\ + (c_1 b_2 + c_2 b_1 - c_2 a_2 b_2 - c_2 b_2^2 \Psi)\gamma_2, \tag{2.72}$$

(2.73) $\sigma = b_2\gamma_2 + b_1\gamma_1$.

Aus den Gleichungen (2.70), (2.71) folgt, daß in der Phasenebene Γ zwei Schaltgerade für die Steuergröße u existieren: S (gegeben durch die Gleichung $s=0$) und E (Gleichung $\sigma=0$).

Auf Grund von (2.69) - (2.71) sind die Koordinaten γ_1 und γ_2 stetige Zeitfunktionen, d.h. es gilt

(2.74) $\gamma_i^+ = \gamma_i^- = \gamma_i, \quad i=1, 2.$

In (2.74) ist

$$\gamma_i^+ = \gamma_i(t_k+0), \ \gamma_i^- = \gamma_i(t_k-0).$$

t_k ist der Zeitpunkt, welcher dem k-ten Sprung der Steuerfunktion u entspricht. Die eingeführten Koordinaten γ_1 und γ_2 sind durch die ursprünglichen Koordinaten x_1 und x_2 eindeutig bestimmt:

(2.75) $$\begin{cases} \gamma_1 = \dfrac{(-a_2b_2+b_1-b_2^2\Psi)\,x_1 - b_2x_2}{-a_2b_1b_2+b_1^2-a_1b_2^2}, \\ \gamma_2 = \dfrac{b_1x_2-(a_1b_2-b_1b_2\Psi)\,x_1}{-a_2b_1b_2+b_1^2-a_1b_2^2}. \end{cases}$$

Wir sehen, daß aus den Beziehungen (2.75) sofort die Sprunghöhe von x_2 zum Zeitpunkt t_k, der Unstetigkeitsstelle für die Steuergröße, ermittelt werden kann. Wegen (2.74) sind nämlich γ_1 und γ_2 stetige Zeitfunktionen. Dies bedeutet, daß auch die rechten Seiten der Gleichungen (2.75) stetig sein müssen. Daher gilt:

(2.76) $$\xi_2 = x_2(t_k+0) - x_2(t_k-0) = \\ = -[\Psi(t_k+0) - \Psi(t_k-0)]\cdot b_2x_1.$$

Wir beweisen (2.75). Differentiation von Gleichung (2.68) ergibt:

(2.77) $b_2\ddot{\gamma}_1 + b_1\dot{\gamma}_1 = \dot{x}_1$.

Bestimmen wir aus der letzten Gleichung von System (2.69) $\ddot{\gamma}_1$ und setzen wir dies in (2.77) ein, bekommen wir

(2.78) $(-a_2b_2+b_1)\dot{\gamma}_1 - a_1b_2\gamma_1 = \dot{x}_1 + b_2\Psi x_1$.

Aus (2.68) und (2.78) erhalten wir ein lineares Gleichungssystem für γ_1 und $\dot{\gamma}_1 = \gamma_2$:

(2.79) $$\begin{cases} b_2\dot{\gamma}_1 + b_1\gamma_1 = x_1, \\ (-a_2b_2+b_1)\dot{\gamma}_1 - a_1b_2\gamma_1 = \dot{x}_1 + b_2\Psi x_1. \end{cases}$$

Setzen wir voraus, daß die Determinante von System (2.79) von Null verschieden ist, erhalten wir die Beziehungen (2.75).

(2.72) bestimmt s als Linearkombination von γ_1 und γ_2 mit sich sprunghaft ändernden Koeffizienten. Wir führen folgende Bezeichnungen ein:

$$s=\begin{cases} s_1 \text{ für } \Psi=\alpha, \\ s_2 \text{ für } \Psi=\beta. \end{cases} \tag{2.80}$$

Die Schaltgerade S kann daher in der (γ_1, γ_2)-Ebene zwei Lagen einnehmen: S_1 (mit der Gleichung $s_1=0$) oder S_2 (mit der Gleichung $s_2=0$).

Wegen (2.71) ist Ψ nur für $s_1 s_2>0$ eindeutig bestimmt, weil

$$\Psi=\alpha \text{ für } s_1\sigma>0 \text{ und } s_2\sigma>0, \tag{2.81}$$

$$\Psi=\beta \text{ für } s_1\sigma<0 \text{ und } s_2\sigma<0 \tag{2.82}$$

gilt. Wenn die Systemgrößen γ_1, γ_2 derart beschaffen sind, daß $s_1\sigma>0$ und $s_2\sigma<0$ gilt, kann Ψ gleich α oder auch gleich β sein.

Es gilt nämlich

$$\begin{cases} s=s_1 \text{ und } s\sigma>0 \text{ für } \Psi=\alpha, \\ s=s_2 \text{ und } s\sigma<0 \text{ für } \Psi=\beta. \end{cases} \tag{2.83}$$

Falls gleichzeitig die Bedingungen

$$s_1\sigma<0 \text{ und } s_2\sigma>0 \tag{2.84}$$

erfüllt sind, erfolgt die Bewegung im Gleitzustand, welcher durch eine stetige Strukturänderung des Steuergliedes charakterisiert wird.

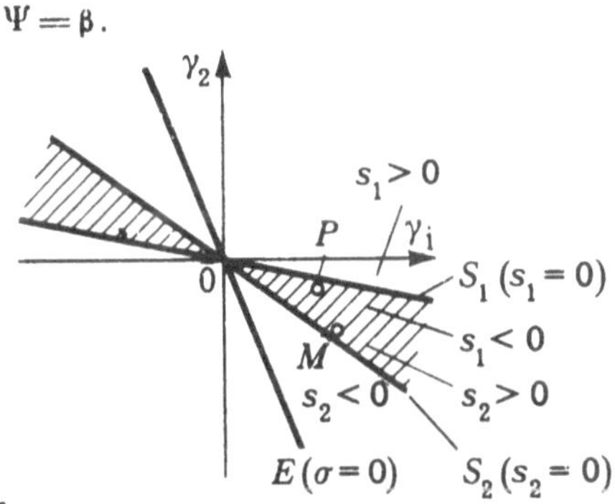

Abb. 2.21

Für den Beweis nehmen wir an, daß $\Psi=\alpha$ und $s_1\sigma<0$ gilt (Abb. 2.21, Punkt P). Wegen (2.71) muß dann die Steuerung umgeschaltet werden, und Ψ muß den Wert β annehmen. Wir erinnern daran, daß in diesem Augenblick x_2 innerhalb eines kurzen Zeitintervalles seinen Wert von $x_2(t_h-0)$ zu $x_2(t_h+0)$ ändert. Dabei kann sich auf Grund der getroffenen Hypothese die Struktur des Steuergliedes nicht ändern. Da wegen (2.80) $s=s_2$ für $\Psi=\beta$ gilt, nimmt die Schaltgerade S in der (γ_1, γ_2)-Ebene die Lage S_2 ein (Abb. 2.21). Dies bedeutet, daß für $\Psi=\beta$ $s_2\sigma>0$ gilt. Aus (2.71) folgt, daß im System eine Bewegung mit $\Psi=\beta$ in diesem Fall nicht möglich ist, d.h. die Systemstruktur muß sich ändern, und wir haben $\Psi=\alpha$. Sobald jedoch $\Psi=\alpha$ gilt, ist

$s=s_1$ und $s_1\sigma<0$. Damit muß man die Überlegung wieder von vorne beginnen. Durch analoge Überlegungen kann man zeigen, daß für $\Psi=\beta$ und $s_2\sigma>0$ (Punkt M in Abb. 2.21) im Bereich $s_1\sigma<0$ und $s_2\sigma>0$ keine der zwei linearen Strukturen vorhanden sein kann. Wenn die Bedingungen (2.84) erfüllt sind, erfolgt daher im System eine stetige Änderung der Struktur, und es entsteht eine Bewegung im Gleitzustand.

Die Änderung der Phasenkoordinaten γ_1 und γ_2 wird im Falle (2.84) durch die Gleichungen

$$(2.85)\quad \begin{cases} \dfrac{d\gamma_1}{dt}=\gamma_2, \\ \dfrac{d\gamma_2}{dt}=-a_1\gamma_1-a_2\gamma_2-b_1\theta\gamma_1-b_2\theta\gamma_2, \\ \theta=\dfrac{\alpha+\delta\beta}{1+\delta} \end{cases}$$

beschrieben. δ ist eine stetige Funktion der Systemkoordinaten, welche gleich dem Verhältnis der Bewegungsdauer im Gleitzustand für $\Psi=\alpha$ zur Bewegungsdauer für $\Psi=\beta$ ist.

Wir wollen die Gleichungen (2.85) für die Bewegung des Systems im Gleitzustand ableiten, wenn die Bedingungen (2.84) erfüllt sind. Für den Beweis von (2.85) ist es bequem, das Differentialgleichungssystem (2.69) in Vektorform umzuschreiben:

$$(2.86)\quad \frac{d\gamma}{dt}=\Phi(\gamma, u)$$

mit

$$\gamma=(\gamma_1, \gamma_2);\ \Phi=(\Phi_1, \Phi_2);\ \Phi_1=\gamma_2;$$
$$\Phi_2=-a_1\gamma_1-a_2\gamma_2-\Psi(b_2\gamma_2+b_1\gamma_1).$$

Die Änderung der Funktion Ψ wird durch die Formeln (2.71)-(2.73) beschrieben. Wir betrachten eine kleine Auslenkung $\Delta\gamma$ des Bildpunktes in der (γ_1, γ_2)-Ebene:

$$(2.87)\quad \Delta\gamma=\frac{d\gamma^1}{dt}\Delta t_1+\frac{d\gamma^2}{dt}\Delta t_2.$$

Dabei sind $\frac{d\gamma^1}{dt}$ und Δt_1 der Vektor der Phasengeschwindigkeit und die Bewegungsdauer des Bildpunktes für $\Psi=\alpha$, $\frac{d\gamma^2}{dt}$ und Δt_2 die entsprechenden Größen für $\Psi=\beta$. Die Größen Δt_1 und Δt_2 hängen von der Charakteristik des Schaltelementes ab, welches die Systemstruktur ändert, und von den Werten der in das Schaltelement eingehenden Signale (d.h. vom Zustand des Systems zum Zeitpunkt des Umschaltens).

Beachtet man, daß γ_1 und γ_2 stetig sind, erhält man die mittlere Phasengeschwindigkeit:

$$(2.88)\quad \frac{\Delta\gamma}{\Delta t_1+\Delta t_2}=\frac{\frac{d\gamma^1}{dt}\Delta t_1+\frac{d\gamma^2}{dt}\Delta t_2}{\Delta t_1+\Delta t_2}.$$

Für kleine Größen Δt_1 und Δt_2 kann man den Vektor der Phasengeschwindigkeit $\frac{d\gamma}{dt}$ gleich dem Mittelwert (2.88) setzen, d.h. es gilt

(2.89) $$\frac{d\gamma}{dt}=\frac{d\gamma^1}{dt}\cdot\frac{1}{1+\delta}+\frac{d\gamma^2}{dt}\cdot\frac{\delta}{1+\delta}$$

mit

$$\delta=\frac{\Delta t_1}{\Delta t_2}.$$

Aus (2.89), (2.86) und (2.71) folgen die Gleichungen (2.85).

Das Differentialgleichungssystem (2.85) stimmt mit (2.69) überein, wenn $\Psi=\theta$ gesetzt wird. Mit anderen Worten, in Systemen, bei welchen Eingangsgrößen differenziert werden, ist der Gleitzustand in einem ganzen Gebiet der Phasenebene Γ (und daher auch in der Ebene X) möglich. Dieses wesentliche Merkmal der in diesem Paragraphen betrachteten Systeme wird durch das Vorhandensein von Sprungstellen für die Koordinate x_2 hervorgerufen. Wir weisen darauf hin, daß im vorliegenden System außer Gleitbewegungen vom Typ (2.85) auch auf den Geraden S_1 bzw. S_2 Bewegungen des Bildpunktes im Gleitzustand entstehen können, weil wegen (2.69) - (2.75) die Steuergröße auf diesen Geraden ihren Wert sprunghaft ändert.

Geometrisch gesehen bedeuten die Bedingungen (2.81) - (2.84), daß die Phasenebene in einige Gebiete zerlegt wird.

Im Gebiet $s_1 s_2>0$ ist $\Psi=\alpha$, und die charakteristische Gleichung von System (2.69) stimmt mit der charakteristischen Gleichung von System (2.63) für $u=u_1$ überein. Wir haben schon weiter oben festgehalten, daß die Wurzeln der charakteristischen Gleichung für $\Psi=\alpha$ komplex sind. Daher sind im Gebiet *I* (Abb. 2.22), in welchem die Bedingungen (2.81) erfüllt sind, die Phasentrajektorien Spiralenbogen.

Für die Bedingungen (2.82) ist $\Psi=\beta$, und die charakteristische Gleichung von System (2.69) stimmt mit jener von System (2.63) für $u=u_2$ überein. Die Wurzeln dieser Gleichung sind reell, jedoch von verschiedenem Vorzeichen. Im Gebiet *II* (Abb. 2.22) bilden die Trajektorien für den Bildpunkt eine Familie von Hyperbeln.

Sind für die Parameter des Systems die Beziehungen (2.83) erfüllt, bewegt sich der Bildpunkt im Gebiet *III* (Abb. 2.22) längs Spiralenbogen oder längs Hyperbelbogen.

Wie schon gezeigt wurde, erfolgt für den Fall, wo die Bedingungen (2.84) gleichzeitig erfüllt sind, die Bewegung im Gleitzustand und wird durch (2.85) charakterisiert. Im Bereich *III* für den Gleitzustand (Abb. 2.23) sind die Phasentrajektorien je nach dem Vorzeichen von θ Bogen von Spiralen oder Hyperbeln (Abb. 2.23). In den Gebieten *I* und *II* (Abb. 2.23) sind die Bedingungen (2.81) bzw. (2.82) erfüllt.

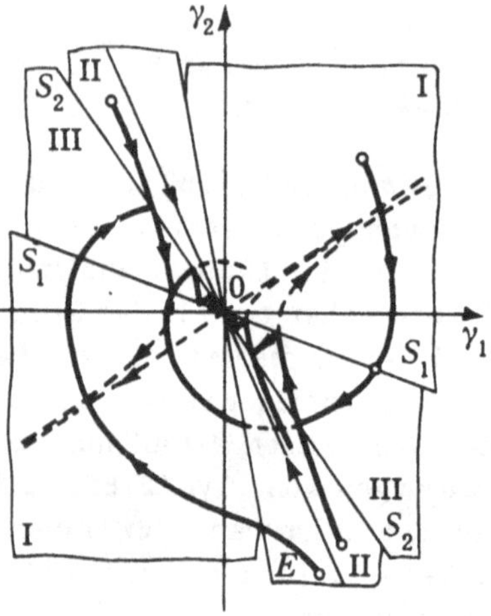

Abb. 2.22

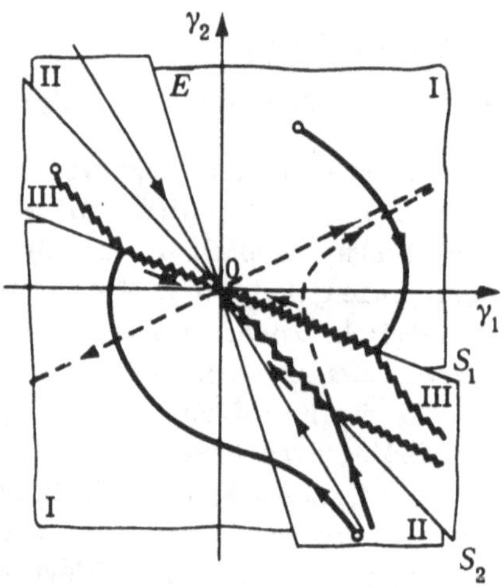

Abb. 2.23

Wenn in der Umgebung der Grenzgeraden S_1 oder S_2 die Phasentrajektorien gegeneinander gerichtet sind, ist längs dieser Geraden die Bewegung des Bildpunktes im Gleitzustand möglich. Abb. 2.23 zeigt dies anschaulich. So sind z.B. in der Umgebung der Geraden S_1 die Phasentrajektorien gegeneinander gerichtet, und zwar sind es im Gebiet *I* Spiralen ($\Psi = \alpha$) und im Gebiet *III* Hyperbeln. Daher beginnt im System ab einem bestimmten Zeitpunkt eine Bewegung längs S_1. Aus den Gleichungen (2.85) und (2.72) sieht man sofort, daß im Gegensatz zu Systemen vom Typ (2.21) die Bewegung im Gleitzustand immer von den Koeffizienten a_i, b_i abhängt.

Die Phasenebene Γ für das System (2.69) zerfällt daher in mehrere Gebiete:

Zwei Gebiete, in denen die Bewegung des Systems durch eine feste Struktur charakterisiert wird;
ein Gebiet, in dem der Gleitzustand vorliegt, für welchen eine stetige Änderung der Systemstruktur erfolgt;
ein Gebiet, in dem die Bewegung des Systems durch eine beliebige von zwei möglichen Strukturen bestimmt wird.

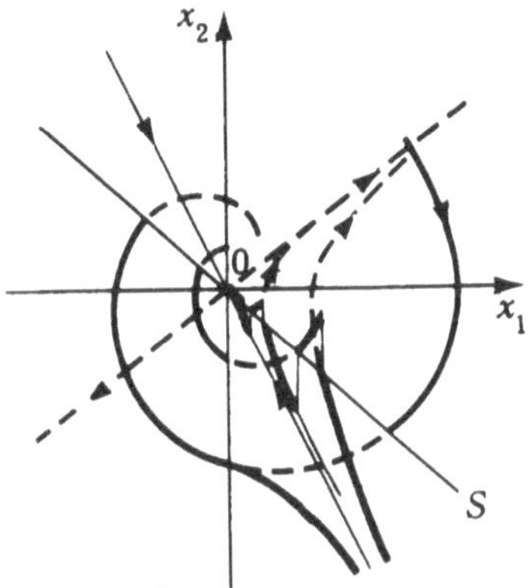

Abb. 2.24

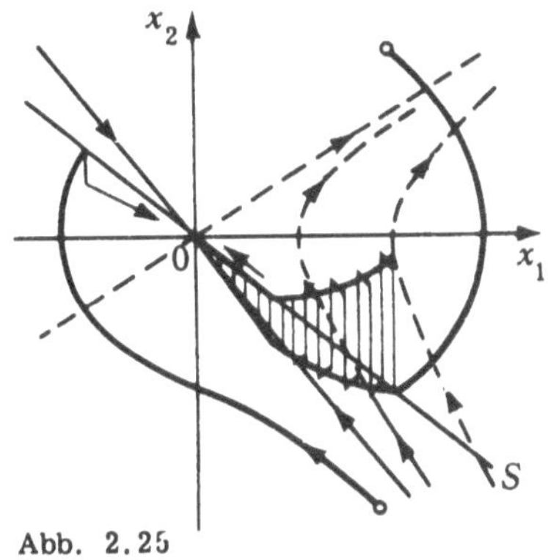

Abb. 2.25

Außerdem kann eine Bewegung im Gleitzustand längs der Grenzgeraden $s_1=0$, $s_2=0$ dieser Gebiete existieren.

Alles das zeigt mit genügender Deutlichkeit die strukturellen Besonderheiten der Phasenebene Γ für das System (2.69). Beim Übergang zu den ursprünglichen Veränderlichen x_1 und x_2 muß man natürlich die Beziehung (2.68) verwenden. Wir gehen auf diese Frage nicht ausführlich ein und bringen nur das Ergebnis, die den oben betrachteten Fällen (Abb. 2.22 und Abb. 2.23) entsprechenden Phasenbilder (Abb. 2.24, Abb. 2.25). Wie man den Phasenbildern entnehmen kann, sind in Systemen dieses Typs Bewegungsvorgänge möglich, welche man in den früher betrachteten Systemen mit veränderlicher Struktur mit stetigen Koordinaten x_1 und x_2 nicht beobachten konnte. Im Zusammenhang damit verdienen daher die Methoden zur Synthese des Steuergliedes von automatischen Regelsystemen genauer untersucht zu werden, wenn deren Strecke durch eine Differentialgleichung beschrieben wird, welche Ableitungen der Eingangsgrößen enthält.

Wir lösen jetzt die Aufgabe, die Synthese der Steuergröße u für die betrachtete Systemklasse durchzuführen. Eben wurde gezeigt, daß unter den in Systemen mit veränderlicher Struktur möglichen Arbeitsweisen speziell die Gleitzustände zur Steuerung von Regelstrecken geeignet sind, deren Bewegungsgleichung Ableitungen der Eingangsgrößen enthalten. Wir erinnern uns, daß die Gleitbewegungen wegen (2.85) durch Gleichungen zweiter Ordnung beschrieben werden, welche mit den ursprünglichen Gleichungen (2.69) übereinstimmen, wenn $\Psi=\theta$ gesetzt wird. Daraus folgt, daß im allgemeinen die Ordnung der Differentialgleichung für die Bewegung im Gleitzustand nicht abnimmt.

Wir stellen folgende Aufgabe: Die dynamischen Eigenschaften des Bewegungsvorganges (2.69) sollen durch Auswahl eines logischen Gesetzes für die Veränderung der stückweise stetigen Steuergröße derart verbessert werden, daß die Bewegung im Gleitzustand immer durch eine Differentialgleichung erster Ordnung beschrieben wird.

Zuvor sei noch festgehalten, daß die Stetigkeit der Phasentrajektorien im Raum X und die feste Lage der Schaltgeraden S in diesem Raum Hauptvoraussetzungen für die Synthese der Steuerung von System(2.21) waren. Infolge der Bewegungsgleichungen (2.63) - (2.66) sind die Phasentrajektorien in der Ebene X unstetige Funktionen. Dadurch ist die Bedingung (2.27) für das Entstehen des Gleitzustandes nicht mehr anwendbar. In den neuen Koordinaten sind die durch (2.69) - (2.71) bestimmten Phasentrajektorien stetig. Jedoch führt die sprunghafte Änderung der Koeffizienten für die Funktion s (2.72) dazu, daß in der Ebene Γ für die Grenzgerade, auf welcher der Sprung stattfindet, zwei mögliche Lagen existieren: S_1 oder S_2. Wir wählen das Steuerungsgesetz derart, daß die Gerade S im Raum Γ eine für alle Werte von Ψ feste Lage einnimmt.

Aus (2.72) und (2.68) folgt sofort

$$s = (c_1b_1 - c_2a_1b_2)\,\gamma_1 + (c_1b_2 + c_2b_1 - c_2a_2b_2)\,\gamma_2 - \Psi c_2b_2x_1. \tag{2.90}$$

Im vorliegenden System kann man die Funktion s bilden, indem man nur die Koordinate x_1 und ihre Ableitung verwendet. Falls man s durch

$$s_0 = s + \varkappa \quad \text{mit} \quad \varkappa = \Psi c_2b_2x_1 \tag{2.91}$$

ersetzt, folgt offensichtlich aus (2.65), (2.90), daß der Ort für die Unstetigkeitsstellen der Steuerung in der Ebene Γ eine feste Gerade S_0 ist, welche durch die Gleichung $s_0=0$ gegeben ist,

$$s_0 = c_1'\gamma_1 + c_2'\gamma_2 \tag{2.92}$$

mit

$$c_1' = c_1b_1 - c_2a_1b_2, \quad c_2' = c_1b_2 + c_2b_1 - c_2a_2b_2. \tag{2.93}$$

Wenn daher im Gleichungssystem (2.69) die Steuergröße u in der Gestalt

$$u = \Psi_0(b_2\gamma_2 + b_1\gamma_1) \tag{2.94}$$

bestimmt wird, wobei

(2.95) $$\Psi_0 = \begin{cases} \alpha & \text{für } s_0\sigma > 0, \\ \beta & \text{für } s_0\sigma < 0 \end{cases}$$

gilt, sind in der Ebene Γ die Phasentrajektorien stetig, und die Gerade S_0 nimmt eine einzige feste Lage ein. Jetzt ist es nicht schwierig, notwendige und hinreichende Bedingungen für die Existenz der Gleitgeraden zu ermitteln. Man stellt dabei dieselben Überlegungen an wie für ein System, dessen Zustand durch stetige Phasenkoordinaten charakterisiert wird.

Wir bilden die Steuerfunktion u derart, daß in der (γ_1, γ_2)-Ebene der Vektor der Phasengeschwindigkeit in einer Umgebung der Geraden S_0 immer gegen S_0 gerichtet ist. Dies bedeutet, daß für S_0 die Bedingung (2.27) erfüllt sein muß.

Beachtet man (2.69), (2.94) und (2.95), kann die Beziehung (2.27) auch in der Form

(2.96) $$\begin{cases} (c_1' - c_2'a_2)\gamma_2 - c_2'a_1\gamma_1 - \Psi_0 c_2'\sigma < 0 & \text{für } s_0 > 0, \\ (c_1' - c_2'a_2)\gamma_2 - c_2'a_1\gamma_1 - \Psi_0 c_2'\sigma > 0 & \text{für } s_0 < 0 \end{cases}$$

geschrieben werden. Weil nun im Gleitzustand die Gleichung $s_0 = 0$ gilt, ist

(2.97) $$\gamma_2 = -\frac{c_1'}{c_2'}\gamma_1,$$

und an Stelle von (2.96) ergeben sich die Beziehungen

(2.98) $$\begin{cases} \left[-c_2'a_1 - \frac{c_1'}{c_2'}(c_1' - c_2'a_2)\right]\gamma_1 - \Psi_0 c_2'\sigma < 0 & \text{für } s_0 > 0, \\ \left[-c_2'a_1 - \frac{c_1'}{c_2'}(c_1' - c_2'a_2)\right]\gamma_1 - \Psi_0 c_2'\sigma > 0 & \text{für } s_0 < 0. \end{cases}$$

Da wegen (2.73) und (2.97) $\gamma_1 = \sigma / \left\{b_1 - \frac{c_1'}{c_2'} b_2\right\}$ gilt, erhält die Bedingung (2.98) die Gestalt

(2.99) $$\begin{cases} \left[\dfrac{-c_2'a_1 - \frac{c_1'}{c_2'}(c_1' - c_2'a_2)}{b_1 - \frac{c_1'}{c_2'} b_2} - \Psi_0 c_2'\right]\sigma < 0 & \text{für } s_0 > 0, \\ \left[\dfrac{-c_2'a_1 - \frac{c_1'}{c_2'}(c_1' - c_2'a_2)}{b_1 - \frac{c_1'}{c_2'} b_2} - \Psi_0 c_2'\right]\sigma > 0 & \text{für } s_0 < 0. \end{cases}$$

Aus (2.99) erhalten wir notwendige und hinreichende Bedingungen für die Existenz des Gleitzustandes auf der ganzen Geraden S_0:

$$
(2.100) \quad \begin{cases} \alpha > \dfrac{1}{c_2'} \left[\dfrac{-c_2' a_1 - \dfrac{c_1'}{c_2'}(c_1' - c_2' a_2)}{b_1 - \dfrac{c_1'}{c_2'} b_2} \right] \\[2ex] \beta < \dfrac{1}{c_2'} \left[\dfrac{-c_2' a_1 - \dfrac{c_1'}{c_2'}(c_1' - c_2' a_2)}{b_1 - \dfrac{c_1'}{c_2'} b_2} \right] \end{cases}
$$

Die Bedingungen (2.100) bestimmen α und β derart, daß sich der Bildpunkt nach seinem Auftreffen auf die Gerade S_0 längs S_0 weiterbewegt, wenn (2.100) erfüllt ist, d.h. die Gerade S_0 ist in diesem Fall Gleitgerade. Nach (2.25) hat nach dem Auftreffen des Bildpunktes auf S_0 die Differentialgleichung für die Bewegung des Systems im Gleitzustand die Gestalt

$$
(2.101) \quad c_2'\dot{\gamma} + c_1'\gamma = 0.
$$

Die Lösung von (2.101) hängt natürlich nur von den Koeffizienten c_1', c_2' ab, welche die Lage der Geraden S_0 in der (γ_1, γ_2)-Ebene bestimmen. Die Einführung der Funktion $\varkappa$ (2.91) in das Steuerungsgesetz ermöglicht es, für den Gleitzustand bei der vorliegenden Klasse von Regelstrecken analoge Eigenschaften zu erzielen wie bei Systemen des Typs (2.21). Wir weisen darauf hin, daß die Bedingungen (2.32) sofort aus (2.100) folgen, wenn $b_2 = 0$, $c_2 = 1$ gesetzt wird. Für die Synthese des Systems empfiehlt es sich, zuerst auf Grund irgendwelcher Kriterien die Koeffizienten c_1', c_2' zu wählen, welche das Bewegungsgesetz des Systems im Gleitzustand festlegen, und dann mittels des linearen algebraischen Gleichungssystems (2.93) die erforderlichen Werte für die Koeffizienten c_1, c_2 der Funktion s (2.66) durch die bereits bekannten Größen c_1', c_2' zu bestimmen.

Die vorliegende Aufgabe kann sehr anschaulich geometrisch gedeutet werden. Dazu kehren wir nochmals zu den Abb. 2.22 und 2.23 zurück und erinnern uns, daß ein besonderes Merkmal des Phasenbildes für das System (2.69) in der Ebene Γ das Vorhandensein des Gebietes *III* ist. Im Gebiet *III* sind entweder gleichzeitig die Bedingungen (2.84) erfüllt, und die Bewegung erfolgt im Gleitzustand (beschrieben durch das System (2.85), welches aus zwei Differentialgleichungen erster Ordnung besteht, Abb. 2.23), oder es sind die Bedingungen (2.83) erfüllt, und die Bewegung des Bildpunktes erfolgt längs Spiralen oder längs Hyperbeln (Abb. 2.22). Die Grenzen des Gebietes *III* sind bekanntlich die Geraden S_1 und S_2 (2.80). Auf Grund der angegebenen Wahl der Funktion $\varkappa$ (siehe (2.91)) stimmen die Geraden S_1 und S_2 überein und nehmen genau die Lage S_0 ein, welche durch die Gleichung $s_0=0$ bestimmt wird (2.92), d.h. das Gebiet *III* ist nicht vorhanden. Dies bedeutet, daß die (γ_1, γ_2)-Phasenebene des Systems, dessen Synthese durchgeführt wird, nur in zwei Gebiete zerfällt (Abb. 2.26):

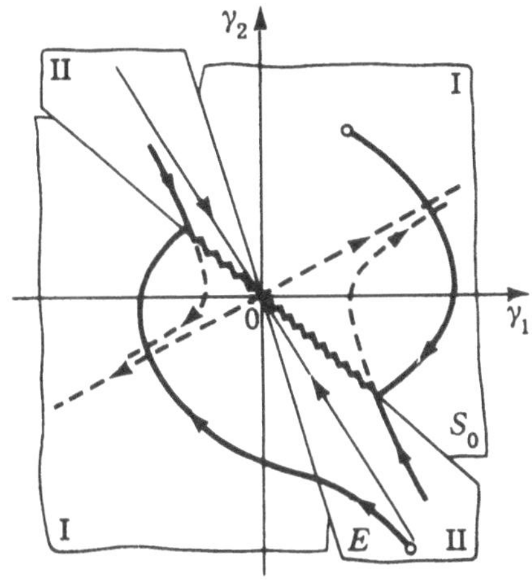

Abb. 2.26

Im Gebiet *I* sind die Phasentrajektorien Spiralenbogen;
im Gebiet *II* hat man Hyperbeln als Phasentrajektorien.

Wenn die Phasentrajektorien der Gebiete *I* und *II* an der Grenze S_0 gegeneinander gerichtet sind, herrscht im System auf dieser Geraden der Gleitzustand (die Bedingungen (2.100) sind erfüllt).

Für eine Zusammenfassung der oben durchgeführten Untersuchungen wenden wir uns wieder den ursprünglichen Koordinaten x_1, x_2 zu. In Abb. 2.27 ist das Phasenbild für das System (2.63) - (2.65), (2.91) in der Ebene X dargestellt, welches dem in Abb. 2.26 angegebenen Phasenbild desselben Systems in der Ebene Γ entspricht. Aus dem Vergleich der Phasenbilder etwa von Abb. 2.22 (Abb. 2.24) und Abb. 2.26 (Abb. 2.27) sieht man, daß man durch entsprechende Wahl der Funktion $\varkappa$ den Charakter der Systembewegung verbessern kann.

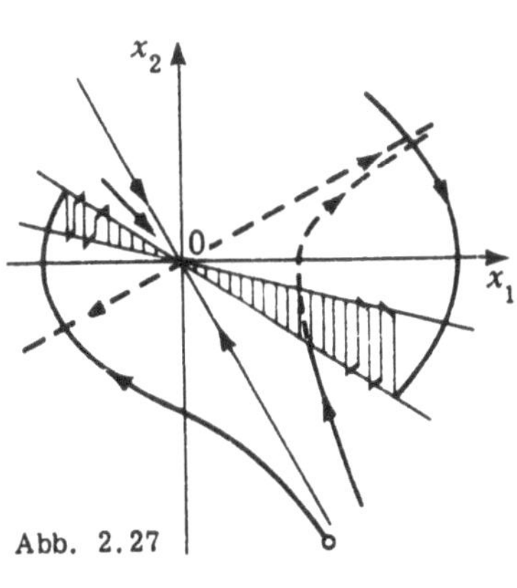

Abb. 2.27

Es ist z.B. der Übergangsprozeß, welcher der Abb. 2.26 entspricht, von größerer Wirkgeschwindigkeit als jener aus Abb. 2.22, weil sich im Falle von Abb. 2.26 der Bildpunkt von der Schaltgeraden nicht entfernt und sich mit im Vergleich zu Abb. 2.22 größerer Geschwindigkeit bewegt.

Auf diese Weise gelingt es, mit Hilfe einer stückweise stetigen Steuergröße im System (2.63) die Bewegung des Bildpunktes im Gleitzustand sicherzustellen, wobei die Bewegungsgleichung von erster Ordnung ist.

Wenn jedoch die Bewegungsgleichung des invariablen Teiles des Systems Ableitungen der Eingangsgröße enthält, muß man durchaus nicht eine unstetige Steuerung verwenden, um den Gleitzustand zu erzeugen. Aus (2.22) - (2.24) und (2.32) folgt nämlich, daß es für die Entstehung des Gleitzustandes hinreichend ist, wenn $\frac{dx_2}{dt}$ Unstetigkeitsstellen erster Art besitzt. Unmittelbar aus den Gleichungen (2.63) ergibt sich, daß diese Bedingung erfüllt ist, wenn die Steuergröße u eine stetige Zeitfunktion ist und nur deren erste Ableitung Unstetigkeitsstellen aufweist. Wir wollen ein für die Realisierung einer solchen Steuerung mögliches Verfahren beschreiben (Abb. 2.28). Vom Ausgang der Strecke gelangt deren Ausgangsgröße $\varphi = x$ über die Rückführung in den Eingang des signalbildenden Elementes (SiE), welches dem Steuerglied angehört.

Das signalbildende Element enthält einen Differentiator, welcher die Ableitung des Signals x bildet, und ein logisches Schaltelement, welches in Übereinstimmung mit dem gewählten Gesetz die Struktur des Steuergliedes ändert. Die Ausgangsgröße v des signalbildenden Elementes habe die Gestalt

(2.102) $v = \Psi x_1$

mit

(2.103) $\Psi = \begin{cases} \alpha & \text{für } sx_1 > 0, \\ \beta & \text{für } sx_1 < 0, \end{cases}$

(2.104) $s = cx_1 + x_2.$

Offensichtlich stimmt das Steuerglied, welches die logische Funktion (2.102) - (2.104) realisiert, in seiner Struktur mit dem in Abb. 2.4 dargestellten Steuerglied überein. Ein Unterschied besteht nur darin, daß in den Block zur Strukturänderung (BVS) Information nicht über sgn x_2 sondern über sgn s gelangen muß. Vom Ausgang des signalbilden-

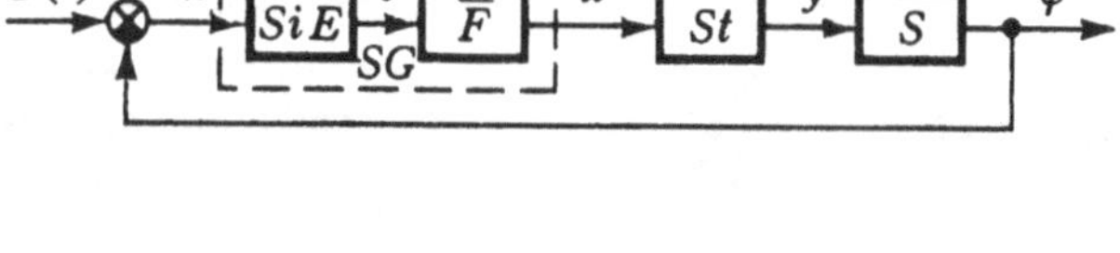

Abb. 2.28

den Elementes gelangt die sich sprunghaft ändernde Größe v in den Eingang des Filters (F), welcher ein trägheitsbehaftetes Element ist, dessen Eingangs- und Ausgangsgröße durch die Differentialgleichung

$$(2.105) \qquad \frac{du}{dt} = \frac{1}{T}(v - u)$$

verbunden sind, wobei u die Steuergröße (Ausgangsgröße des Steuergliedes) und T die Zeitkonstante ist.

Aus den Gleichungen (2.102) - (2.105) folgt, daß die in Abb. 2.28 angegebene Gestalt des Steuergliedes am Ausgang eine stetige Steuergröße erzeugt, deren Ableitung $\frac{du}{dt}$ Unstetigkeiten erster Art aufweist.

Für das folgende werden wir immer voraussetzen, ohne dies dann eigens zu erwähnen, daß für Strecken, deren Bewegungsgleichung Differentialoperatoren enthält, welche auf die Steuergröße angewendet werden, immer eine Steuerung der angegebenen Klasse verwendet wird. Diese Klasse werden wir mit D_0 bezeichnen.

Bei der gewählten Struktur des Steuergliedes wird die Bewegung des Regelsystems (Abb. 2.28) in den Koordinaten x_1, x_2, u infolge (2.63), (2.105) durch das Differentialgleichungssystem

$$(2.106) \qquad \begin{cases} \dfrac{dx_1}{dt} = x_2, \\ \dfrac{dx_2}{dt} = -a_1x_1 - a_2x_2 + \left(\dfrac{b_2}{T} - b_1\right)u - \dfrac{b_2}{T}v, \\ \dfrac{du}{dt} = \dfrac{1}{T}(v - u) \end{cases}$$

beschrieben.

Weil in (2.105) v seinen Wert auf der Geraden S sprunghaft ändert ((2.102) - (2.104)) und die Koordinaten x_1, x_2 stetig sind, ist im System eine Bewegung des Bildpunktes längs S im Gleitzustand möglich. Wenn die Zeitkonstante des Filters die Beziehung

$$(2.107) \qquad T = \frac{b_2}{b_1}$$

erfüllt, stimmen die ersten zwei Gleichungen aus (2.106) mit dem System (2.21) überein. Daher müssen die Parameter α, β, c des Steuergliedes in Übereinstimmung mit (2.32) gewählt werden. Wenn diese Beziehungen erfüllt sind, entsteht im System stets eine stabile Bewegung im Gleitzustand, welche nicht mehr aufhört. Im Gegensatz zu System (2.21) ist es jedoch notwendig, die zeitliche Änderung von u

zu untersuchen. Da die Größe x_1 im Gleitzustand nach Null strebt, gilt dasselbe auch für die Veränderliche v. Dann folgt aus (2.105), daß für $T>0$ ein stabiles System vorhanden ist, d.h. die angegebene Methode für die Synthese des Steuergliedes kann verwendet werden, wenn die Vorzeichen von b_1 und b_2 übereinstimmen.

Die Anwendung des Prinzips der veränderlichen Struktur gestattet es daher, Regelsysteme von höchster Güte zu konstruieren, wenn die Bewegung der Strecke durch Differentialgleichungen beschrieben wird, in welchen Differentialoperatoren auf die Eingangsgrößen angewendet werden. Wesentlich ist, daß für die Realisierung des gewonnenen Steuerungsgesetzes Information über die Fehlergröße und über das Vorzeichen einer gewissen Linearkombination des Fehlers und dessen Ableitung benötigt wird. Im Falle, wo in der Bewegungsgleichung des invariablen Teiles Ableitungen der Eingangsgröße benötigt werden, ist auch Information über die Ausgangsgröße des zusätzlich vorhandenen Filters erforderlich, welche aber immer zu unserer Verfügung steht.

§ 7. Erzwungene Bewegungen

Die Aufgabe, in automatischen Regelsystemen die erforderliche Genauigkeit zu erreichen, erlangt besondere Bedeutung in jenem Falle, wo auf die Strecke äußere Störkräfte einwirken und die Führungsgröße, welche das gewünschte Zeitverhalten der Regelgröße bestimmt, eine veränderliche Größe ist. Die Lösung dieser Aufgabe wird häufig dadurch erschwert, daß es die Arbeitsbedingungen der Strecke nicht zulassen, die äußeren Störungen zu messen.

Höchste Genauigkeit bei der Steuerung der erzwungenen Bewegung der Strecke (d.h. jener Bewegung, die nicht nur durch nichtverschwindende Anfangsbedingungen, sondern auch durch äußere Einflüsse hervorgerufen wird) ist gesichert, wenn für die gewählte feste oder veränderliche Struktur des Reglers die exakte Reproduzierbarkeit der Führungsgröße durch die Regelgröße nach dem Abklingen der Übergangskomponente gewährleistet ist. Eine derartige Reproduzierbarkeit werden wir im folgenden vollständig nennen.

Wir wollen die Möglichkeiten für die Konstruktion von Systemen mit veränderlicher Struktur betrachten, in welchen die Bedingung der vollständigen Reproduzierbarkeit für eine hinreichend weite Klasse von Stör- und Führungsgrößen erfüllt werden kann. Zuvor ist es zweckmäßig, einige Besonderheiten der erzwungenen Bewegungen dieser Klasse von automatischen Regelsystemen anzugeben. Falls keine Möglichkeit vorhanden ist, die auf die Strecke einwirkenden äußeren Störungen zu messen, kann man für ein System einfachster Art das Blockschaltbild in einer Form darstellen, wie sie in Abb. 2.29 angegeben ist. Es wird vorausgesetzt, daß die Strecke ein integral wirkendes Glied erster Ordnung ist, auf welches die äußere Störung $f(t)$ einwirkt. Die Regelgröße φ soll die Führungsgröße $g(t)$ reproduzieren. Die Steuerung der Strecke erfolgt mittels eines integral wirkenden Kraftverstärkers. Die Steuerfunktion u am Ausgang des Steuergliedes muß unter Benützung der Fehlergröße $x=g-\varphi$ und der Ausgangsgröße y des Stellgliedes gebildet werden. Führt man die Bezeichnungen $x=x_1$ und $x_2=\frac{dx_1}{dt}$ ein und beachtet man, daß zwischen den Größen $y, f(t)$ und φ die Beziehung $\dot{\varphi}=y-f$ besteht, erhalten wir die Bewegungsgleichungen der Strecke, des Stellgliedes und des Systems mit Rückführung:

$$x_2 = -y + F, \tag{2.108}$$

$$\dot{y} = u, \tag{2.109}$$

$$\begin{cases} \frac{dx_1}{dt} = x_2, \\ \frac{dx_2}{dt} = -u + \dot{F} \end{cases} \tag{2.110}$$

wobei $F=\dot{g}+f$ ist.

Bereits früher wurde für die Klasse der Systeme mit veränderlicher Struktur die Aufgabe betrachtet, die freie Bewegung ($\dot{F}\equiv 0$) derartiger Strecken zu steuern. Wie in § 3 dieses Kapitels gezeigt wurde, entsteht für eine Steuerung der Gestalt (2.22) - (2.24) auf der Geraden S immer der Gleitzustand, wenn die Bedingungen (2.32) erfüllt sind. Durch entsprechende Wahl des Anstieges c dieser Geraden werden die erforderlichen dynamischen Eigenschaften des Regelvorganges sichergestellt. Im Falle der erzwungenen Bewegung ($\dot{F}\not\equiv 0$) kann im System durch Benützung der Steuerung (2.22) - (2.24) ebenfalls eine Bewegung im Gleitzustand entstehen, welche durch die Gleichung (2.26)

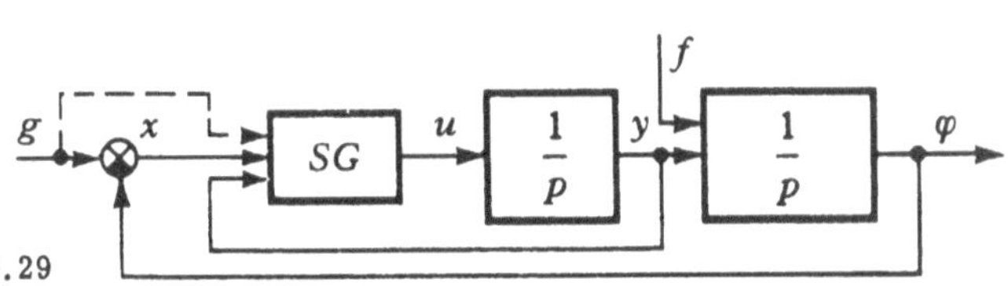

Abb. 2.29

beschrieben wird und von den Parametern der Strecke und äußeren Einflüssen unabhängig ist. Diese bemerkenswerte Eigenschaft des Gleitzustandes veranlaßt uns, den folgenden Weg zur Lösung der Aufgabe über die vollständige Reproduzierbarkeit vorzuschlagen: Es ist erstens für das Auftreffen des Bildpunktes auf die Gerade S zu sorgen und zweitens sicherzustellen, daß in jedem Punkt dieser Geraden die Bedingungen für die Existenz des Gleitzustandes erfüllt sind. Nach dem Entstehen des Gleitzustandes verschwindet wegen (2.26) die Fehlergröße für $c>0$ asymptotisch. Der beschriebene Lösungsweg kann jedoch mit einer Steuerung (2.22) - (2.24) nicht realisiert werden. Dies wird durch das in Abb. 2.30 dargestellte Phasenbild für das System (2.110) leicht bestätigt. Da die Differentialgleichungen (2.110) überall außer auf der Geraden S und der x_2 -Achse linear und inhomogen sind, ist die (x_1, x_2)-Phasenebene nicht stationär. Daher sind die in Abb. 2.30 gezeichneten Kurven im allgemeinen keine Phasentrajektorien. Sie können als geometrischer Ort von Punkten angesehen werden, für welche zu einem festen Zeitpunkt t_0 die Tangente an die Kurve mit der Richtung des Vektors der Phasengeschwindigkeit übereinstimmt. Die (x_1, x_2) -Phasenebene wird durch die Geraden S und $x_1=0$ in Gebiete unterteilt, denen Familien von Ellipsen bzw. Hyperbeln entsprechen. Das Zentrum und der Sattelpunkt dieser Kurven befinden sich in den Punkten a und b, wobei $aO=\frac{1}{\alpha}\dot{F}(t_0)$ und $bO=\frac{1}{\beta}\dot{F}(t_0)$ (für $\alpha>0$, $\beta<0$ und $\dot{F}(t_0)<0$) gilt.

Direkt aus Abb. 2.30 folgt, daß für das auf der Geraden S liegende Intervall mn der Gleitzustand nicht möglich ist. Damit der Gleitzustand entsteht, müssen die Vektoren der Phasengeschwindigkeit nach S gerichtet sein. Diese Bedingung ist jedoch auf der Strecke mO für die Ellipsen und auf der Strecke nO für die Hyperbeln verletzt.

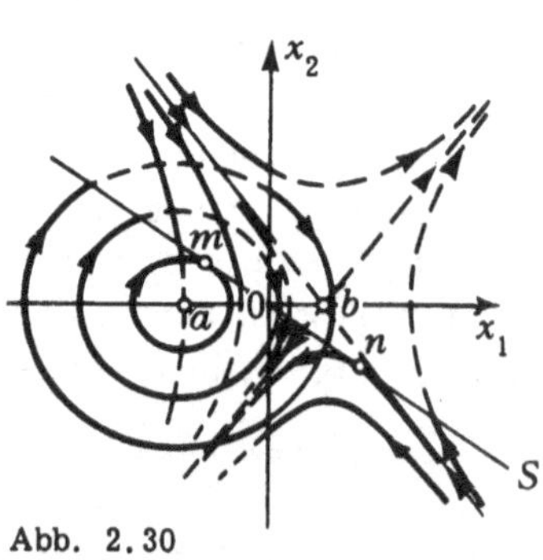

Abb. 2.30

Es ist wichtig, darauf hinzuweisen, daß das Intervall mn außer für Zeitpunkte mit $\dot{F}(t)=0$ immer existiert. In einer beschränkten Umgebung des Koordinatenursprunges der (x_1, x_2)-Ebene fehlt daher der Gleitzustand, und die Lösung von System (2.110) enthält einen erzwungenen Anteil. Gerade dieser Umstand führt dazu, daß es in Systemen mit veränderlicher Struktur bei erzwungenen Bewegungen mit dem Steuerungsgesetz (2.22) - (2.24) nicht gelingt, sich von dem dynamischen Fehler zu befreien.

Die Bedingungen für die Existenz des Gleitzustandes sind in der Umgebung des Koordinatenursprunges der (x_1, x_2) -Ebene deshalb verletzt, weil die Steuergröße im Verhältnis zur Größe $\dot{F}(t)$ klein wird. Daher hängt es im wesentlichen vom Vorzeichen der Funktion $\dot{F}(t)$ ab, ob die Vektoren der Phasengeschwindigkeit zur Geraden S gerichtet sind oder nicht. In dem betrachteten Fall fehlt z.B. für $\dot{F}(t)<0$ der Gleitzustand auf der Strecke mn, weil die Vektoren der Phasengeschwindigkeit in diesem Intervall im Sinne einer Verkleinerung der Größe s orientiert sind, d.h. für $s<0$ von der Geraden S weg.

Aus den durchgeführten Überlegungen folgt: Die Steuergröße u muß derart gebildet werden, daß die Orientierung der Vektoren der Phasengeschwindigkeit in der Umgebung des Koordinatenursprunges nicht nur von den äußeren Störungen, sondern auch wesentlich von dieser Steuerung abhängt. Wir sehen, daß die Koordinate y im erstrebten Bewegungszustand $(x_1 = x_2 = 0)$ von Null verschieden ist, weil die Ausgangsgröße des Stellgliedes die Summe der in den Eingang der Strecke gelangenden äußeren Einflüsse kompensieren muß. Daher ist zu erwarten, daß die Orientierung der Vektoren der Phasengeschwindigkeit in der Umgebung des Koordinatenursprunges von einer Steuerung abhängen wird, welche folgende Gestalt hat:

$$u = \Psi^x x_1 - \Psi^y y \tag{2.111}$$

mit

$$\Psi^x = \begin{cases} \alpha^x & \text{für} \quad x_1 s > 0, \\ \beta^x & \text{für} \quad x_1 s < 0, \end{cases} \tag{2.112}$$

$$s = x_2 + c x_1, \tag{2.113}$$

$$\alpha^x,\ \beta^x,\ c - \text{const},\ c > 0.$$

Das logische Gesetz zur Änderung von Ψ^y wird später angegeben. Für die Steuerung (2.111) wird die Bewegung des Systems mit Rückführung durch die Differentialgleichungen

$$\begin{cases} \dfrac{dx_1}{dt} = x_2, \\ \dfrac{dx_2}{dt} = -\Psi^y x_2 - \Psi^x x_1 + \Psi^y F + \dot{F} \end{cases} \tag{2.114}$$

beschrieben.

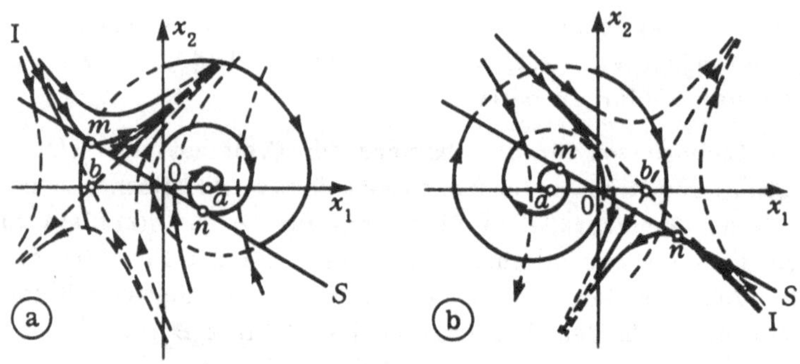

Abb. 2.31

In den Abb. 2.31, *a* und *b* sind die Phasenbilder jener Systeme dargestellt, welche den Fällen $F>0$, $\dot{F}<0$, $\Psi^y>0$ und $F>0$, $\dot{F}<0$, $\Psi^y<0$ entsprechen. Dabei ist vorausgesetzt, daß $|\Psi^y F|>|\dot{F}|$ gilt und die Wurzeln der charakteristischen Gleichung von System (2.114) für $\Psi^x=\alpha^x$ und beliebiges festes Ψ^y komplex sind. Jede der in den Abbildungen dargestellten Kurven ist als geometrischer Ort von Punkten aufzufassen, für welche die Tangente an die Kurve mit der Richtung des Vektors der Phasengeschwindigkeit übereinstimmt. Für $\alpha^x>0$, $\beta^x<0$ befinden sich der Strudelpunkt und der Sattelpunkt in den Punkten *a* und *b*, wobei $aO=\frac{\Psi^y F+\dot{F}}{\alpha^x}$, $bO=\frac{\Psi^y F+\dot{F}}{\beta^x}$ ist. Der Neigungsfaktor *c* der Geraden *S*, welche durch die Gleichung $s=0$ (2.113) gegeben ist, sei immer größer als die negative Wurzel der charakteristischen Gleichung von System (2.114) für $\Psi^x=\beta^x$ (d.h. größer als der Neigungsfaktor der Asymptote *I* für die Hyperbeln). Wie aus den Phasenbildern zu sehen ist, existiert dann in beiden Fällen auf der Geraden *S* das Intervall *mn* um den Koordinatenursprung, in welchem keine Bewegung im Gleitzustand entstehen kann. Wenn der Koeffizient Ψ^y aus der Steuerung (2.111) unveränderlich ist, kann daher im System (2.114) und auch im System (2.110) für $F\not\equiv 0$ der dynamische Fehler nicht zum Verschwinden gebracht werden. Es ist jedoch wesentlich, daß das Vorzeichen von Ψ^y in einer Umgebung der Strecke *mn* die Orientierung der Vektoren der Phasengeschwindigkeit bestimmt. So sind für $\Psi^y>0$ diese Vektoren im Sinne einer Vergrößerung von *s* orientiert, d.h. es ist $\dot{s}>0$. Für $s>0$ ist daher die Bedingung (2.27) für das Entstehen des Gleitzustandes verletzt. Für $\Psi^y<0$ liegt die entgegengesetzte Situation vor. Es ist nicht schwer, zu sehen, daß auf der ganzen Geraden *S* der Gleitzustand existiert, wenn ein System konstruiert wird, dessen Phasenbild für $s<0$ mit jenem aus Abb. 2.31, *a* und für $s>0$ mit jenem aus Abb. 2.31, *b* übereinstimmt (siehe Abb.

2.32). Diese Bedingung ist erfüllt, wenn bei veränderlichem Ψ^{ν} die Ungleichungen

(2.115) $\Psi^{\nu}F+\dot{F}\geqslant 0$ für $s<0$, $\Psi^{\nu}F+\dot{F}\leqslant 0$ für $s>0$

bestehen. Wir erinnern uns, daß wegen unserer Voraussetzung $|\Psi^{\nu}F|>|\dot{F}|$ gilt. Die Stör- und die Führungsgröße seien derart beschaffen, daß folgende Beziehung erfüllt ist:

(2.116) $\left|\frac{\dot{F}}{F}\right|\leqslant B,\ B=\text{const.}$

Aus (2.115) und (2.116) erhalten wir dann das im Hinblick auf die Existenz des Gleitzustandes erforderliche Gesetz für die Änderung des Koeffizienten Ψ^{ν}:

(2.117) $\Psi^{\nu}=\begin{cases}-B & \text{für } Fs>0,\\ B & \text{für } Fs<0.\end{cases}$

Es ist wichtig, darauf hinzuweisen, daß das logische Gesetz (2.117) unbrauchbar sein kann, weil zu dessen Realisierung die äußeren Störungen direkt gemessen werden müssen (zur Bildung der Funktion F), was in vielen Fällen unmöglich ist. Wegen (2.108) kann die Information über die Größe F mit Hilfe der Koordinaten y und x_2 indirekt gewonnen werden. Dadurch kommen wir zu einem mit (2.117) äquivalenten, jedoch vom Standpunkt der praktischen Anwendbarkeit geeigneteren Gesetz für die Änderung des Koeffizienten Ψ^{ν}:

(2.118) $\Psi^{\nu}=\begin{cases}-B & \text{für } (x_2+y)s>0,\\ B & \text{für } (x_2+y)s<0.\end{cases}$

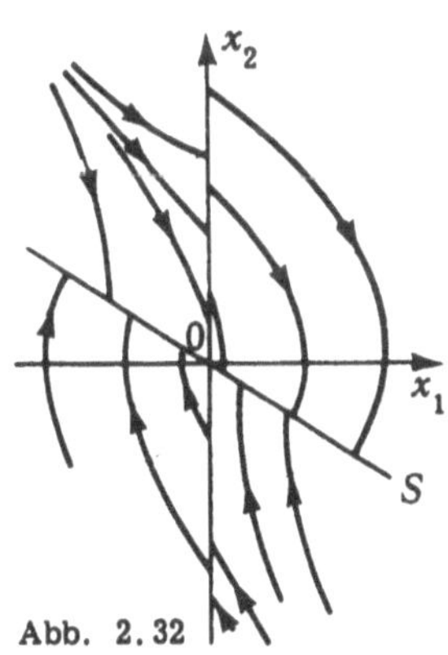

Abb. 2.32

Wenn man die verschiedenen Kombinationen für die Vorzeichen der Funktionen F und $\dot{F}$ untersucht, kann man leicht nachprüfen, daß die Vektoren der Phasengeschwindigkeit in einem beliebigen Punkt der Geraden S immer entgegengesetzt orientiert sind, wenn (2.116) erfüllt ist und die Änderung der Einflußkoeffizienten für die Ausgangsgröße des Stellgliedes nach (2.117) oder (2.118) erfolgt.
In einem System, welches auf diese Weise konstruiert wurde, ist daher die Gerade S Gleitgerade. An und für sich garantiert allein die Tatsache

der Existenz der Gleitgeraden noch nicht die vollständige Reproduzierbarkeit. Dazu muß man sicherstellen, daß der Gleitzustand auch entsteht, oder mit anderen Worten, es muß gewährleistet sein, daß der Bildpunkt aus beliebiger Anfangslage auf S auftrifft. Nur in diesem Fall beginnt im System eine von den äußeren Einflüssen unabhängige Bewegung, bei welcher der Fehler asymptotisch nach Null strebt.

In einem vorhergehenden Paragraphen wurde gezeigt, daß für die freie Bewegung das Fehlen positiver reeller Wurzeln der charakteristischen Gleichung für $\Psi^x = \alpha^x$ eine notwendige und hinreichende Bedingung für das Auftreffen ist. Wenn die Bedingung dieses Satzes für $\Psi^y = B$ und für $\Psi^y = -B$ erfüllt ist, dann ist dieser Satz auch für erzwungene Bewegungen richtig. Wir bringen jetzt nur einige vorbereitende Überlegungen, welche diese Behauptung erhärten (einen strengen Beweis findet man in § 1 von Kapitel 3). Wesentlich ist, daß man nur untersuchen muß, ob die Bedingung des Satzes hinreichend ist. Daß sie auch notwendig ist, folgt daraus, daß die freie Bewegung einen Spezialfall der erzwungenen Bewegung darstellt. Zum Anfangszeitpunkt befinde sich der Bildpunkt im ersten Quadranten (Abb. 2.33). Da zu diesem Zeitpunkt $x_2>0$ gilt, wächst x_1. Unter der Voraussetzung des Satzes muß für die freie Bewegung und für festes Ψ^y jede Trajektorie die Gerade S schneiden. Daher müssen die Trajektorien *1* und *2*, welche vom Anfangspunkt a_0 ausgehen und den Werten $\Psi^y = B$ bzw. $\Psi^y = -B$ für $F \equiv 0$ entsprechen, die x_1-Achse in den Punkten b bzw. c schneiden. Wegen (2.114) - (2.117) ist $\frac{dx_2}{dt}$ für die erzwungene Bewegung im Falle $s>0$ immer kleiner als für die freie Bewegung. Die Trajektorie, welche der erzwungenen Bewegung entspricht und im Punkt a_0 ihren Anfang nimmt, kann daher mit der Trajektorie *2* keine gemeinsamen Punkte haben und schneidet die x_1-Achse in einem Punkt a_1 der Strecke $dc (a_0 d \perp O a_1)$. Vom Punkt a_1 aus ziehen wir für $\Psi^y = B$ bzw. $\Psi^y = -B$ und $F \equiv 0$ die Trajektorien *3* und *4* bis zum Schnitt mit der Geraden S in den Punkten e und f *). Für $F \neq 0$ kann die von a_1 ausgehende Trajektorie keine gemeinsamen Punkte mit der Trajektorie *3* haben. Dies bedeutet wiederum, daß der Bildpunkt von a_1 aus immer zu einem Punkt a_2 der Strecke $eg (a_1 g \perp O a_1)$ gelangt, d.h. auf die Gerade S.

*) Für den Fall, wo die Wurzeln der charakteristischen Gleichung für $\Psi^x = \alpha^x$ reell und negativ sind, können die Punkte e und f (Abb. 2.33) mit dem Koordinatenursprung zusammenfallen.

Wenn sich der Bildpunkt zu Beginn im Gebiet $x_1 > 0$, $s < 0$ befindet, wird bei der weiteren Bewegung entweder der Bildpunkt auf S auftreffen oder es wird das Vorzeichen von x_1 wechseln. Für $x_1 < 0$, $s < 0$ kann man die durchgeführten Überlegungen wiederholen und sich ebenfalls davon überzeugen, daß das Auftreffen auf die Gerade S immer stattfindet: Die Existenz der Gleitgeraden bei gleichzeitigem Erfülltsein der angegebenen Bedingung für das Auftreffen auf diese Gerade garantiert bereits, daß der Gleitzustand entsteht und daß dadurch als Ergebnis des Regelvorganges die Fehlergröße zum Verschwinden gebracht wird.

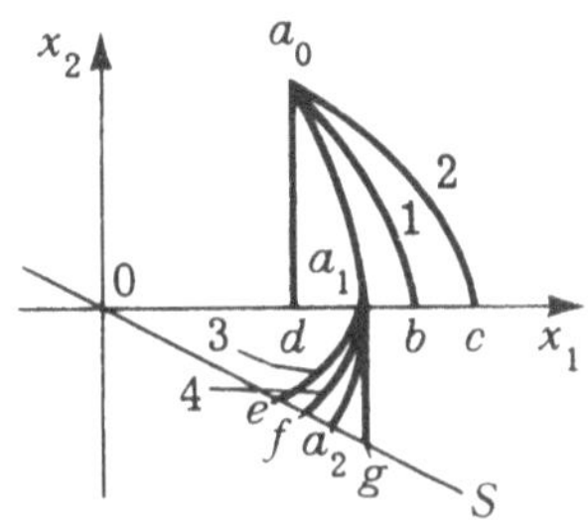

Abb. 2.33

Somit wurde am Beispiel des automatischen Regelsystems (2.114), in welchem Bewegungen nach vier linearen Strukturen möglich sind, gezeigt, daß in der Klasse der Systeme mit veränderlicher Struktur die vollständige Reproduzierbarkeit prinzipiell erreicht werden kann.

Für den Vergleich des beschriebenen Systems mit veränderlicher Struktur mit linearen Systemen verwenden wir wieder die Darstellung der Bewegung in der Phasenebene. Die Anwendung von Methoden aus der Theorie der Invarianz und die Erhöhung der Ordnung des Astatismus für die Kompensation äußerer Einflüsse führt bei linearen Systemen zur Auswahl einer linearen Struktur, bei welcher sich der singuläre Punkt jeder Phasentrajektorie im Koordinatenursprung der Phasenebene befindet. Jedoch kann der Aufbau einer Steuerung in diesen Fällen auf Schwierigkeiten stoßen, welche entweder mit der direkten Messung der äußeren Einflüsse verbunden sind, oder damit, daß die Klasse der zulässigen äußeren Einflüsse zu eng ist. Die vollständige Reproduzierbarkeit wird in der Klasse der Systeme mit veränderlicher Struktur mit Hilfe des Gleitzustandes erreicht, dessen Existenz, wie ein Blick auf die Phasenbilder aus Abb. 2.31, *a*, *b* und Abb. 2.32 zeigt, nur davon abhängt, auf welcher Seite vom Koordinatenursprung die singulären Punkte der den verschiedenen linearen Strukturen entsprechenden Kurvenscharen liegen. Mit anderen Worten, die beschriebene Methode ermöglicht es, den dynamischen Fehler zum Verschwinden zu bringen, ohne daß man dabei die Steuerung so auswählen muß, daß der rechte Teil der Bewegungsgleichung

Null wird. Dieser Unterschied ist sehr wesentlich, weil es für die Realisierung der Steuerung im System mit veränderlicher Struktur genügt, nur Information über das Vorzeichen der Funktion $F(t)$, welche die äußeren Einflüsse charakterisiert, zu besitzen. Es ist nicht nötig, die Ordnung des Astatismus des Reglers zu erhöhen. Falls jedoch die äußeren Einflüsse gemessen werden können, ist diese Möglichkeit zu verwenden. Ein typisches Beispiel dafür ist ein Folgesystem, in welchem die Führungsgröße bekannt ist und keine Störungen auf die Strecke einwirken ($f=0$). Wir zeigen, daß unter diesen Bedingungen durch Konstruktion eines kombinierten Systems mit veränderlicher Struktur vollständige Reproduzierbarkeit erreicht werden kann, d.h. durch Konstruktion eines Systems, in welchem die Steuerung als Funktion der Systemgrößen und der äußeren Einflüsse gebildet wird. Das Phasenbild von System (2.110) mit der Steuerung (2.22) - (2.24) (Abb. 2.30) weist auch in diesem Fall den Weg zur Lösung der gestellten Aufgabe. Auf der Strecke mn der Geraden S fehlt der Gleitzustand, weil für $s<0$ die Vektoren der Phasengeschwindigkeit von der Geraden S weggerichtet sind. Wenn jedoch beim Übergang des Bildpunktes vom Gebiet $s>0$ in das Gebiet $s<0$ die Größe $\dot{F}=\ddot{g}$ sprunghaft ihr Vorzeichen ändert und positiv wird (d.h. die singulären Punkte auf der x_1-Achse tauschen ihre Lage im Vergleich zu Abb. 2.30), so ist die Gerade S Gleitgerade. Indem wir diesen Umstand beachten, bilden wir die Steuerung folgendermaßen:

$$(2.119)\quad \begin{cases} u = \Psi^{x} x_1 + \Psi^{g}\ddot{g}, \\ \Psi^{g} = \begin{cases} \alpha^{g} & \text{für } \ddot{g}s > 0, \\ \beta^{g} & \text{für } \ddot{g}s < 0, \end{cases} \end{cases}$$

$$(2.120)\quad \alpha^{g},\ \beta^{g} - \text{const},\quad \alpha^{g} \geqslant 1,\quad \beta^{g} \leqslant 1.$$

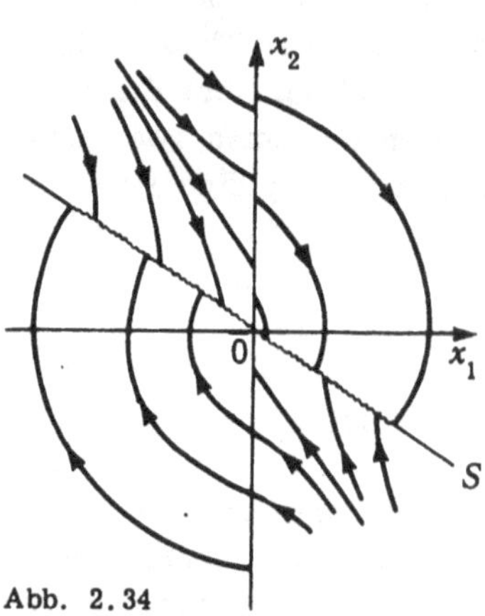

Abb. 2.34

Die strichlierte Linie in Abb. 2.29 bedeutet, daß die Steuerung unter Verwendung der Führungsgröße gebildet wird. Die Lage der singulären Punkte auf der x_1-Achse wird dann wegen (2.110), (2.119), (2.120) durch das Vorzeichen von $\Psi^{g}\ddot{g}$ bestimmt. Aus dem Phasenbild des Systems (Abb. 2.34) folgt, daß für das gewählte Steuerungsgesetz (2.119), (2.120) die Gerade S Gleitgerade ist. (Die Frage nach dem Auftreffen des Bildpunktes auf S wurde bereits behandelt.)

Die durchgeführten Überlegungen ermöglichen es, über die Verwendbarkeit des Prinzips der kombinierten Steuerung in der Klasse der Systeme mit veränderlicher Struktur zu urteilen. Wir heben hervor, daß im Gegensatz zu linearen kombinierten Systemen in kombinierten Systemen mit veränderlicher Struktur nicht vorausgesetzt wird, daß die äußeren Einflüsse exakt kompensiert werden. Dies gestattet es, die Genauigkeitsforderungen bei der Wahl der Parameter für den Regler wesentlich zu verringern.

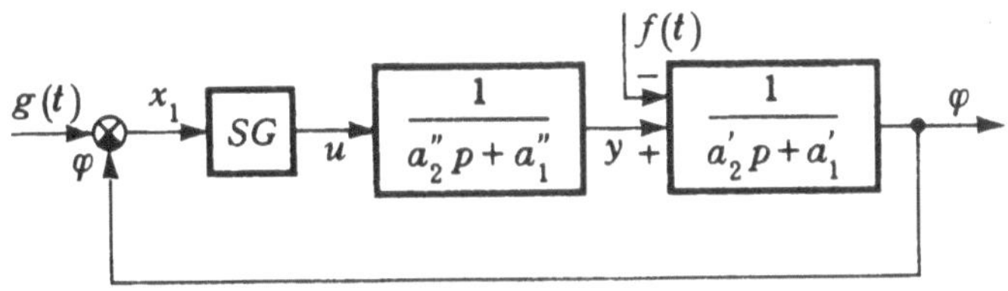

Abb. 2.35

Wir bringen im folgenden ein analytisches Verfahren für die Konstruktion der Steuerung im Falle der erzwungenen Bewegung in einem beliebigen System zweiter Ordnung mit konstanten Parametern (Abb. 2.35). Die Gleichungen der Strecke, des Stellgliedes und des Systems mit Rückführung werden in folgender Form geschrieben:

(2.121) $\quad a_2' x_2 + a_1' x_1 = -y + F,$

(2.122) $\quad a_2'' \dot{y} + a_1'' y = u,$

(2.123) $$\begin{cases} \dfrac{dx_1}{dt} = x_2, \\ \dfrac{dx_2}{dt} = -a_2 x_2 - a_1 x_1 + d_2 \dot{F} + d_1 F - bu \end{cases}$$

mit Konstanten $a_1', a_2', a_1'', a_2'', a_2' > 0, a_2'' > 0$ und

$$F = a_2' \dot{g} + a_1' g + f, \quad a_1 = \frac{a_1' a_1''}{a_2' a_2''}, \quad a_2 = \frac{a_1' a_2'' + a_1'' a_2'}{a_2' a_2''},$$

$$d_1 = \frac{a_1''}{a_2' a_2''}, \quad d_2 = \frac{1}{a_2'}, \quad b = \frac{1}{a_2' a_2''}.$$

Wir werden zeigen, daß es mit Hilfe einer Steuerung der Gestalt (2.111) möglich ist, durch den Gleitzustand die vollständige Reproduzierbarkeit der Führungsgröße g durch die Regelgröße φ zu erreichen, falls die Funktion F, welche die äußeren Einflüsse charakterisiert, der Beschränkung (2.116) genügt. Wegen (2.111), (2.121) kann man an Stelle von (2.123) das System

$$(2.124)\quad \begin{cases} \frac{dx_1}{dt} = x_2, \\ \frac{dx_2}{dt} = -(a_2 + a_2'b\Psi^y)x_2 - (a_1 + a_1'b\Psi^y + \\ \qquad + b\Psi^x)x_1 + d_2\dot{F} + (d_1 + b\Psi^y)F \end{cases}$$

untersuchen. Wir setzen voraus, daß die Koeffizienten Ψ^x und Ψ^y je zwei feste Werte annehmen können: α^x oder β^x bzw. α^y oder β^y. Dies bedeutet, daß wir vier lineare Strukturen zu unserer Verfügung haben. Das Problem besteht nun darin, die Aufeinanderfolge dieser Strukturen und deren Parameter derart auszuwählen, daß auf einer bestimmten in der (x_1, x_2)-Ebene durch die Gleichung $s = cx_1 + x_2 = 0$ gegebenen Geraden S die Existenzbedingung für den Gleitzustand (2.27) erfüllt ist.

Indem wir die Umformungen wiederholen, welche wir in einem vorhergehenden Paragraphen zur Bestimmung von $\dot{s}$ in einer Umgebung der Geraden S durchgeführt haben, erhalten wir

$$(2.125)\quad \dot{s} = [-c^2 + c(a_2 + a_2'b\Psi^y) - a_1 - a_1'b\Psi^y - b\Psi^x]\,x_1 + \\ + d_2\dot{F} + (d_1 + b\Psi^y)F.$$

Wir verlangen, daß für die Summanden in (2.125) die Beziehungen

$$(2.126)\quad [d_2\dot{F} + (d_1 + b\Psi^y)F]\,s \leqslant 0,$$

$$(2.127)\quad [-c^2 + c(a_2 + a_2'b\Psi^y) - a_1 - a_1'b\Psi^y - b\Psi^x]\,x_1 s \leqslant 0$$

erfüllt sind. Für eine Funktion F aus der durch (2.116) bestimmten Klasse ist die Ungleichung (2.126) richtig, wenn

$$(2.128)\quad \Psi^y = \begin{cases} \alpha^y & \text{für } Fs > 0, \\ \beta^y & \text{für } Fs < 0 \end{cases}$$

gilt oder wegen (2.121)

$$(2.129)\quad \Psi^y = \begin{cases} \alpha^y & \text{für } (y + a_2'x_2 + a_1'x_1)\,s > 0, \\ \beta^y & \text{für } (y + a_2'x_2 + a_1'x_1)\,s < 0 \end{cases}$$

mit

$$(2.130)\quad \begin{cases} \alpha^y = \frac{-Bd_2 - d_1}{b} = -Ba_2'' - a_1''; \\ \beta^y = \frac{Bd_2 - d_1}{b} = Ba_2'' - a_1''. \end{cases}$$

Das Gesetz für die Änderung des Koeffizienten Ψ^x, welches garantiert, daß die Ungleichung (2.127) erfüllt ist, hat folgende Form:

$$\Psi^x = \begin{cases} \alpha^x & \text{für } x_1 s > 0, \\ \beta^x & \text{für } x_1 s < 0 \end{cases} \tag{2.131}$$

mit

$$\begin{cases} \alpha^x > \frac{1}{b} \max\limits_{\Psi^y} [-c^2 + c(a_2 + a_2' b \Psi^y) - a_1 - a_1' b \Psi^y], \\ \beta^x < \frac{1}{b} \min\limits_{\Psi^y} [-c^2 + c(a_2 + a_2' b \Psi^y) - a_1 - a_1' b \Psi^y]. \end{cases} \tag{2.132}$$

Wenn alle Koeffizienten in (2.132) durch die Parameter der Strecke und des Stellgliedes ausgedrückt werden, erhalten die Bedingungen (2.132) unter Berücksichtigung von (2.130) die Gestalt

$$\begin{cases} \alpha^x > -c^2 a_2' a_2'' + c a_2'' a_1' + a_2'' \,|\, c a_2' - a_1' \,|\, B, \\ \beta^x < -c^2 a_2' a_2'' + c a_2'' a_1' - a_2'' \,|\, c a_2' - a_1' \,|\, B. \end{cases} \tag{2.133}$$

Vergleicht man (2.113), (2.125) - (2.127), kommt man zu dem Schluß, daß für die Steuerung (2.111), (2.129) - (2.131), (2.133) die Existenz der Gleitgeraden gesichert ist. Bei der Konstruktion eines Systems mit veränderlicher Struktur nach dem Kombinationsprinzip ($f=0$, $\Psi^y=0$ und $d_2\dot{F} + d_1 F = \ddot{g} + a_2\dot{g} + a_1 g$ in (2.123)) bilden wir die Steuerung in der Gestalt

$$u = \Psi^x x_1 + \Psi^g G, \tag{2.134}$$

$$\Psi^g = \begin{cases} \alpha^g & \text{für } Gs > 0, \\ \beta^g & \text{für } Gs < 0, \end{cases} \tag{2.135}$$

$$G = \ddot{g} + a_2 \dot{g} + a_1 g; \quad \alpha^g, \beta^g - \text{const}.$$

Die Größe $\dot{s}$ ist dann durch die Beziehung

$$\dot{s} = (-c^2 + c a_2 - a_1 - b\Psi^x) x_1 + (1 - \Psi^g) G \tag{2.136}$$

gegeben. Aus (2.27), (2.136) folgt, daß für eine Steuerung nach dem Kombinationsprinzip die Gerade S Gleitgerade ist, wenn die Bedingungen

$$\begin{cases} \alpha^x > \frac{1}{b}(-c^2 + c a_2 - a_1), \quad \beta^x < \frac{1}{b}(-c^2 + c a_2 - a_1), \\ \alpha^g \geqslant 1, \quad \beta^g \leqslant 1 \end{cases} \tag{2.137}$$

erfüllt sind.

Man muß jedoch darauf hinweisen, daß es bei der Konstruktion von Systemen nach dem Kombinationsprinzip in vielen Fällen nicht möglich ist, umschaltbare Einflußkoeffizienten für die Fehlergröße einzuführen. Als Beispiel betrachten wir ein Folgesystem, dessen Blockschaltbild in Abb. 2.36 dargestellt ist. Offensichtlich wird die Bewegung dieses Systems durch die Gleichungen

$$\frac{dx_1}{dt} = x_2,$$

$$\frac{dx_2}{dt} = -\frac{T_1+T_2}{T_1T_2}x_2 - \frac{1+k_1\cdot k_2}{T_1T_2}x_1 - \frac{k_2}{T_1T_2}v + G$$

mit

$$G = \ddot{g} + \frac{T_1+T_2}{T_1T_2}\dot{g} + \frac{1}{T_1T_2}g$$

beschrieben. Die konstanten Koeffizienten k_1, k_2, T_1, T_2 seien derart beschaffen, daß das gekoppelte System stabil ist und die Wurzeln der charakteristischen Gleichung $T_1T_2p^2 + (T_1+T_2)p + (1+k_1k_2) = 0$ reell und negativ sind. Wir zeigen, daß dann der dynamische Fehler zum Verschwinden gebracht werden kann, wenn die Funktion v in der Gestalt

$$v = \Psi^g G$$

gebildet wird, wobei Ψ^g durch (2.135) bestimmt wird, $\alpha^g \geqslant 1$ und $\beta^g \leqslant 1$ gilt und der Koeffizient c aus der Gleichung (2.113) der Schaltgeraden gleich dem Absolutbetrag der kleineren Wurzel der Charakteristischen Gleichung des Systems ist. Unter den getroffenen Annahmen ist das Phasenbild des Systems für $s>0$ in Abb. 2.37, *a* und für $s<0$ in Abb. 2.37, *b* dargestellt. Aus den Phasenbildern dieser Abbildungen folgt, daß in einer Umgebung der Schaltgeraden S $(s=0)$ die Phasentrajektorien gegeneinander gerichtet sind und S daher Gleitgerade ist (Abb. 2.37, *c*). Daher erfolgt im System nach dem Auftreffen des Bildpunktes auf S die weitere Bewegung im Gleitzustand. Dadurch erreicht man ebenfalls die vollständige Reproduzierbarkeit der Führungsgröße durch die Regelgröße.

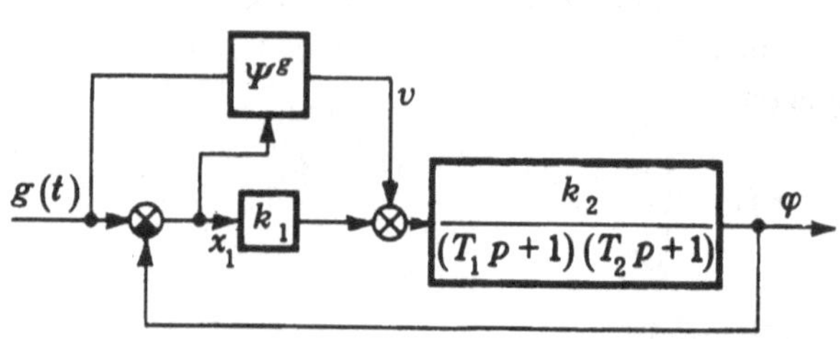

Abb. 2.36

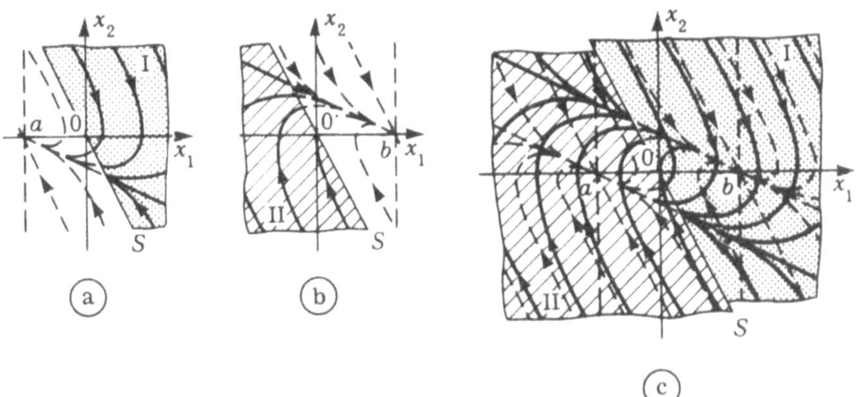

Abb. 2.37

Es wären noch die Bedingungen für das Auftreffen des Bildpunktes auf die Gleitgerade anzugeben. Es ist jedoch nicht notwendig, diese Frage eigens zu untersuchen, weil alle Überlegungen, welche zu den Bedingungen für das Auftreffen bei System (2.114) führten, bei beliebigen Systemen zweiter Ordnung richtig bleiben. Für das Auftreffen des Bildpunktes aus beliebiger Anfangslage auf die Gerade S ist daher notwendig und hinreichend, daß die charakteristische Gleichung von System (2.124) im Fall $\Psi^x = \alpha^x$ für $\Psi^y = B$ und für $\Psi^y = -B$ (oder im Falle eines kombinierenden Systems für $\Psi^y = 0$) keine positiven reellen Wurzeln besitzt, d.h.

$$(2.138)\quad \begin{cases} \alpha^x > -\frac{1}{b}(a_1 + a_1' b \Psi^y) & \text{für} \quad a_2 + a_2' b \Psi^y \geqslant 0, \\ \alpha^x > \frac{1}{4b}(a_2 + a_2' b \Psi^y)^2 - \frac{1}{b}(a_1 + a_1' b \Psi^y) & \text{für} \quad a_2 + a_2' b \Psi^y < 0 \end{cases}$$

gilt. Es ist klar, daß die Ungleichungen (2.133), (2.138) immer gleichzeitig für $\Psi^y = B$ und $\Psi^y = -B$ (oder (2.137) und (2.138) für $\Psi^y = 0$ bei einem kombinierten System) erfüllt werden können. Im System geht dann jede Bewegung zu einem bestimmten Zeitpunkt in den Gleitzustand über, welcher durch die von den äußeren Einflüsse unabhängige lineare und homogene Differentialgleichung (2.26) beschrieben wird. Dies bedeutet, daß man mit Hilfe von Systemen mit veränderlicher Struktur, in welchen nicht nur der Einflußkoeffizient für das Fehlersignal, sondern auch jener für die Ausgangsgröße des Stellgliedes seinen Wert sprunghaft verändert, die Aufgabe der vollständigen Reproduzierbarkeit für äußere Einflüsse der Form (2.116 lösen kann (für kombinierte Systeme wird diese Aufgabe für beliebige Einflüsse gelöst). Wir weisen darauf hin, daß der Beschränkung

(2.116) eine hinreichend weite Funktionsklasse genügt. So sind z.B. darin Polynome beliebigen Grades ab einem bestimmten Zeitpunkt, Exponentialfunktionen u.a. enthalten. Das wichtigste Merkmal des beschriebenen Steuerungsgesetzes (2.111), (2.129), (2.134) besteht darin, daß man für dessen Realisierung die auf die Strecke einwirkenden Störkräfte nicht direkt messen muß; es ist Information über den Zustand des Regelvorganges in Form der Fehlergröße, deren Ableitung und der Ausgangsgröße des Stellgliedes erforderlich. Es ist auch angebracht, den Effekt der vollständigen Reproduzierbarkeit in solchen Systemen vom physikalischen Standpunkt aus zu erklären. Indem man auf die Steuerung die Ausgangsgröße des Stellgliedes einwirken läßt, wird das Stellglied von einer lokalen Rückführung erfaßt, deren Vorzeichen wechselt. Bei positiver Rückführung ist das Stellglied ein instabiles Glied, wobei seine wachsende Ausgangsgröße die in den Eingang der Strecke gelangenden äußeren Einflüsse "einholen" kann. Im gewünschten Betriebszustand, bei dem die Fehlergröße und deren Ableitung Null ist, wird automatisch eine Aufeinanderfolge von positiver und negativer lokaler Rückführung sichergestellt, bei welcher die Regelgröße die Führungsgröße reproduziert.

Betrachtet man die Aufgaben zur Steuerung sowohl der erzwungenen als auch der freien Bewegung der Strecke, kommt man zu dem Schluß, daß die Kombination von gewöhnlichen linearen Strukturen mittels verschiedener Verfahren zahlreiche Möglichkeiten bietet, die gewünschten dynamischen Eigenschaften eines Regelsystems zu erreichen. So wird z.B. im Falle der freien Bewegung die gewünschte Qualität des Regelvorganges durch Umschaltung der Einflußkoeffizienten in den Kanälen der globalen Rückführung erreicht; dieselbe Idee, jedoch unter Benützung einer stückweise glatten Steuerung, wird für den Fall benützt, wo die Differentialgleichung der Strecke Ableitungen der Steuergröße enthält. Schließlich wird durch Veränderung der Struktur des Stellgliedes bei Regelstrecken der Gestalt (2.108) erreicht, daß die Führungsgröße durch die Regelgröße reproduziert wird. Wir wollen jetzt zeigen, daß es das Prinzip der veränderlichen Struktur auch ermöglicht, die gestörte Bewegung von Strecken, welche durch Glei-

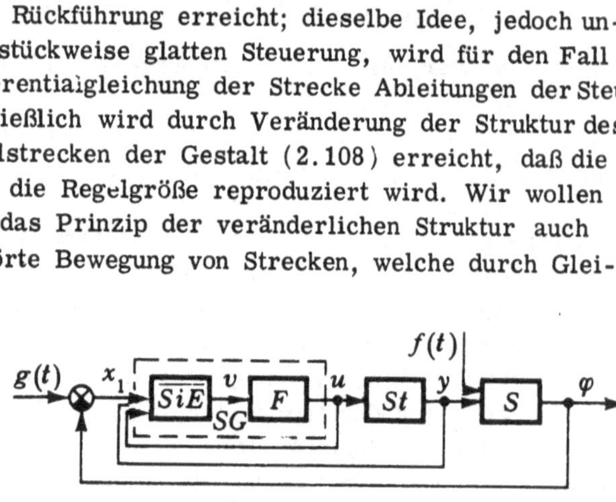

Abb. 2.38

chungen mit Differentialoperatoren für in den Eingang gelangende Einflüsse beschrieben werden, mit größter Genauigkeit zu steuern.

Das Blockschaltbild des betrachteten Systems ist in Abb. 2.38 angegeben, wobei angenommen wird, daß auf die Regelstrecke nicht kontrollierbare äußere Störungen einwirken. Es ist wie zuvor S die Regelstrecke, SG das Steuerglied, bestehend aus dem signalbildenden Element SiE und dem Filter F, deren Funktionen bereits ausführlich behandelt wurden, und St das Stellglied.

Im folgenden werden wir unsere Überlegungen in derselben Reihenfolge anstellen, welche bei der Lösung der Aufgabe über die vollständige Reproduzierbarkeit in Systemen der Gestalt (2.108) erfolgreich war.

Die Bewegung der Strecke wird durch die Differentialgleichung

$$\dot{x} + a_1' x = -b_2 \dot{y} - b_1 y + F(t) \tag{2.139}$$

beschrieben, wobei a_1', b_1, b_2 Konstante sind und

$$F(t) = \dot{g}(t) + a_1' g(t) + b_2 \dot{f}(t) + b_1 f(t) \quad \text{ist.}$$

Das Stellglied sei ein Element erster Ordnung:

$$a_2'' \dot{y} + a_1'' y = u \tag{2.140}$$

mit den Konstanten a_1'', a_2'', $a_2'' > 0$.

Der Filter des Steuergliedes wird wie früher (siehe § 5 dieses Kapitels) durch eine Gleichung der Gestalt

$$T\dot{u} + u = v \tag{2.141}$$

mit der Konstanten $T > 0$ charakterisiert.

Wir führen die Bezeichnungen $x = x_1$, $x_2 = \frac{dx_1}{dt}$ ein und erhalten aus (2.139) - (2.141) die Bewegungsgleichungen des gekoppelten Systems:

$$\left\{\begin{aligned} \frac{dx_1}{dt} &= x_2, \\ \frac{dx_2}{dt} &= -\left(\frac{a_1''}{a_2''} + a_1'\right) x_2 - \frac{a_1' a_1''}{a_2''} x_1 - \left(\frac{b_1}{a_2''} - \frac{b_2}{a_2'' T}\right) u - \\ &\qquad - \frac{b_2}{a_2'' T} v + \frac{a_1''}{a_2''} F(t) + \dot{F}(t), \\ \frac{du}{dt} &= \frac{1}{T}(v - u). \end{aligned}\right. \tag{2.142}$$

Wir nehmen an, daß die Stör- und die Führungsgröße derart beschaffen sind, daß die Funktion $F(t)$ die Beziehung (2.116) erfüllt. Die Aufgabe besteht nun darin, die logische Funktion v derart auszuwählen, daß die Gerade S (2.113) in der (x_1, x_2)-Ebene Gleitgerade ist, die Phasentrajektorien stetig sind und immer S schneiden. Unmittelbar aus (2.142) und (2.110) kann man sehen, daß im vorliegenden Fall die Lage der singulären Punkte für die verschiedenen Kurvenscharen in der (x_1, x_2)-Ebene nicht nur von den äußeren Einflüssen F bestimmt wird, sondern auch von der Größe u. Um in einer Umgebung des Koordinatenursprungs der (x_1, x_2)-Ebene die gewünschte Orientierung (im Hinblick auf die Existenz des Gleitzustandes) für die Vektoren der Phasengeschwindigkeit erzielen zu können, bilden wir v in der Form

$$v = \Psi^x x_1 + \Psi^u u + \Psi^y y. \tag{2.143}$$

Jeder der Koeffizienten Ψ^x, Ψ^u, Ψ^y kann zwei feste Werte annehmen: α^x oder β^x, α^u oder β^u bzw. α^y oder β^y, d.h. wir können über acht lineare Strukturen verfügen.

Die Änderung von Ψ^x erfolge in Übereinstimmung mit (2.112),(2.113); die logischen Gesetze für die Änderung der Koeffizienten Ψ^y, Ψ^u werden weiter unten gegeben.

Für das weitere wird eine Beziehung zwischen der Ausgangsgröße y des Stellgliedes und der Fehlergröße x benötigt. Wegen (2.139), (2.140) gilt

$$y = \frac{1}{b_1 - b_2 \frac{a_1''}{a_2''}} \left[-x_2 - a_1' x_1 - \frac{b_2}{a_2''} u + F(t) \right]. \tag{2.144}$$

Es wird vorausgesetzt, daß $b_1 - b_2 \frac{a_1''}{a_2''} \neq 0$ ist. Aus (2.142) - (2.144) erhalten wir nach Umformungen

$$
(2.145)\quad \begin{cases}
\frac{dx_1}{dt} = x_2, \\
\frac{dx_2}{dt} = -\left(\frac{a_1' a_1''}{a_2''} - \frac{a_1' b_2}{a_2'' T\left(b_1 - b_2 \frac{a_1''}{a_2''}\right)} \Psi^v + \frac{b_2}{a_2'' T} \Psi^x\right) x_1 - \\
\quad -\left(\frac{a_1''}{a_2''} + a_1' - \frac{b_2}{a_2'' T\left(b_1 - b_2 \frac{a_1''}{a_2''}\right)} \Psi^v\right) x_2 - \\
\quad -\left(\frac{b_1}{a_2''} - \frac{b_2}{a'' T} - \frac{b_2^2}{(a_2'')^2 T\left(b_1 - b_2 \frac{a_1''}{a_2''}\right)} \Psi^v + \frac{b_2}{a_2'' T} \Psi^u\right) u + \\
\quad +\left(\frac{a_1''}{a_2''} - \frac{b_2}{a_2'' T\left(b_1 - b_2 \frac{a_1''}{a_2''}\right)} \Psi^v\right) F(t) + \dot{F}(t), \\
\frac{du}{dt} = \frac{1}{T}(v - u).
\end{cases}
$$

Entsprechend dem bereits ausgearbeiteten Verfahren fordern wir, daß auf der Geraden S welche in der (x_1, x_2)-Ebene durch die Gleichung $s=0$ (2.113) gegeben ist, die Existenzbedingungen für den Gleitzustand erfüllt sind. Wegen (2.113) und (2.145) ist $\dot{s}$ in einer Umgebung der Geraden S in folgender Form gegeben:

$$
(2.146)\quad \begin{aligned}
\dot{s} = &\left(c^2 + c a_1' + \frac{c a_1''}{a_2''} - \frac{a_1' a_1''}{a_2''} + \right. \\
&\left. + \frac{a_1' b_2 - c b_2}{a_2'' T\left(b_1 - b_2 \frac{a_1''}{a_2''}\right)} \Psi^v - \frac{b_2}{a_2'' T} \Psi^x\right) x_1 + \\
&+\left(-\frac{b_1}{a_2''} + \frac{b_2}{a_2'' T} + \frac{b_2^2}{(a_2'')^2 T\left(b_1 - b_2 \frac{a_1''}{a_2''}\right)} \Psi^v - \frac{b_2}{a_2'' T} \Psi^u\right) u + \\
&+\left(\frac{a_1''}{a_2''} - \frac{b_2}{a_2'' T\left(b_1 - b_2 \frac{a_1''}{a_2''}\right)} \Psi^v\right) F(t) + \dot{F}(t).
\end{aligned}
$$

Wir verlangen, daß für die Summanden aus (2.146) folgende Beziehungen erfüllt sind:

$$\left[\left(\frac{a_1''}{a_2''}-\frac{b_2}{a_2''T\left(b_1-b_2\frac{a_1''}{a_2''}\right)}\Psi^y\right)F(t)+\dot F(t)\right]s\leqslant 0, \tag{2.147}$$

$$\left(c^2+ca_1'+\frac{ca_1''}{a_2''}-\frac{a_1'a_1''}{a_2''}+\frac{a_1'b_2-cb_2}{a_2''T\left(b_1-b_2\frac{a_1''}{a_2''}\right)}\Psi^y-\frac{b_2}{a_2''T}\Psi^x\right)\times \tag{2.148}$$

$$\times\, x_1 s\leqslant 0,$$

$$\left(-\frac{b_1}{a_2''}+\frac{b_2}{a_2''T}+\frac{b_2^2}{(a_2'')^2T\left(b_1-b_2\frac{a_1''}{a_2''}\right)}\Psi^y-\frac{b_2}{a_2''T}\Psi^u\right)us\leqslant 0. \tag{2.149}$$

Im folgenden erhalten wir Bedingungen, welchen die Größen Ψ^y, Ψ^x und Ψ^u genügen müssen, damit die Ungleichungen (2.147) - (2.149) gelten.

(2.147) ist offensichtlich erfüllt, wenn sich der Einflußkoeffizient Ψ^y für die Größe y im Kanal der lokalen Rückführung (Abb. 2.38) nach dem Gesetz

$$\Psi^y=\begin{cases}\alpha^y & \text{für} \quad F(t)s>0,\\ \beta^y & \text{für} \quad F(t)s<0\end{cases} \tag{2.150}$$

ändert oder wegen (2.144) nach

$$\Psi^y=\begin{cases}\alpha^y & \text{für} \quad \left[x_2+a_1'x_1-\frac{b_2}{a_2''}u+\left(b_1-b_2\frac{a_1''}{a_2''}\right)y\right]s>0,\\ \beta^y & \text{für} \quad \left[x_2+a_1'x_1-\frac{b_2}{a_2''}u+\left(b_1-b_2\frac{a_1''}{a_2''}\right)y\right]s<0,\end{cases} \tag{2.151}$$

wobei für die vorliegende Klasse (2.116) der Funktionen $F(t)$

$$\begin{cases}\alpha^y=\frac{a_2''T}{b_2}\left(b_1-b_2\frac{a_1''}{a_2''}\right)\left(\frac{a_1''}{a_2''}+B\right),\\ \beta^y=\frac{a_2''T}{b_2}\left(b_1-b_2\frac{a_1''}{a_2''}\right)\left(\frac{a_1''}{a_2''}-B\right)\end{cases} \tag{2.152}$$

gilt. Das logische Gesetz (2.112) für die Änderung von Ψ^x sichert, daß die Beziehung (2.148) erfüllt ist, wenn die Koeffizienten α^x, β^x den Ungleichungen

$$(2.153)\quad \begin{cases} \dfrac{b_2}{a_2''T}\alpha^x > \max\limits_{\Psi^y}\left(c^2 + ca_1' + \dfrac{ca_1''}{a_2''} - \dfrac{a_1'a_1''}{a_2''} + \dfrac{a_1'b_2 - cb_2}{a_2''T\left(b_1 - b_2\dfrac{a_1''}{a_2''}\right)}\Psi^y\right), \\[2ex] \dfrac{b_2}{a_2''T}\beta^x < \min\limits_{\Psi^y}\left(c^2 + ca_1' + \dfrac{ca_1''}{a_2''} - \dfrac{a_1'a_1''}{a_2''} + \dfrac{a_1'b_2 - cb_2}{a_2''T\left(b_1 - b_2\dfrac{a_1''}{a_2''}\right)}\Psi^y\right) \end{cases}$$

genügen bzw. nach Berücksichtigung von (2.152) den Ungleichungen

$$(2.154)\quad \begin{cases} \dfrac{b_2}{a_2''T}\alpha^x > \\ > c^2 + ca_1' + \dfrac{ca_1''}{a_2''} - \dfrac{a_1'a_1''}{a_2''} + \dfrac{a_1''}{a_2''}(a_1' - c) + B\,|a_1' - c|, \\ \dfrac{b_2}{a_2''T}\beta^x < \\ < c^2 + ca_1' + \dfrac{ca_1''}{a_2''} - \dfrac{a_1'a_1''}{a_2''} + \dfrac{a_1''}{a_2''}(a_1' - c) - B\,|a_1' - c|. \end{cases}$$

Die Ungleichungen (2.149) sind richtig, wenn

$$(2.155)\quad \Psi^u = \begin{cases} \alpha^u & \text{für} \quad us > 0, \\ \beta^u & \text{für} \quad us < 0 \end{cases}$$

gilt mit

$$(2.156)\quad \begin{cases} \dfrac{b_2}{a_2''T}\alpha^u \geqslant \max\limits_{\Psi^y}\left(-\dfrac{b_1}{a_2''} + \dfrac{b_2}{a_2''T} + \dfrac{b_2^2}{(a_2'')^2\,T\left(b_1 - b_2\dfrac{a_1''}{a_2''}\right)}\Psi^y\right), \\[2ex] \dfrac{b_2}{a_2''T}\beta^u \leqslant \min\limits_{\Psi^y}\left(-\dfrac{b_1}{a_2''} + \dfrac{b_2}{a_2''T} + \dfrac{b_2^2}{(a_2'')^2\,T\left(b_1 - b_2\dfrac{a_1''}{a_2''}\right)}\Psi^y\right) \end{cases}$$

bzw. wegen (2.152) mit

$$(2.157)\quad \begin{cases} \dfrac{b_2}{a_2''T}\alpha^u \geqslant -\dfrac{b_1}{a_2''} + \dfrac{b_2}{a_2''T} + \dfrac{b_2a_1''}{(a_2'')^2} + B\left|\dfrac{b_2}{a_2''}\right|, \\ \dfrac{b_2}{a_2''T}\beta^u \leqslant -\dfrac{b_1}{a_2''} + \dfrac{b_2}{a_2''T} + \dfrac{b_2a_1''}{(a_2'')^2} - B\left|\dfrac{b_2}{a_2''}\right|. \end{cases}$$

Die Gesetze (2.150), (2.112), (2.155) mit (2.152) - (2.154), (2.156), (2.157) bestimmen die logische Funktion v (2.143) derart, daß die Gerade S Gleitgerade ist. Was die Bedingungen für das Auftreffen des Bildpunktes auf die Gleitgerade betrifft, so sind alle Überlegungen, welche weiter oben für das System (2.124) angestellt wurden, auch für den vorliegenden Fall gültig, d.h. das Auftreffen erfolgt, wenn die charakteristische Gleichung

$$p^2 + \left(\frac{a_1''}{a_2''} + a_1' - \frac{b_2}{a_2''T\left(b_1 - b_2 \frac{a_1''}{a_2''}\right)} \Psi^v \right) p +$$

$$+ \left(\frac{a_1' a_1''}{a_2''} - \frac{a_1' b_2}{a_2''T\left(b_1 - b_2 \frac{a_1''}{a_2''}\right)} \Psi^v + \frac{b_2}{a_2''T} a^x \right) = 0$$

für beliebiges Ψ^v keine positiven reellen Wurzeln besitzt.

Aus alledem folgt, daß bei entsprechender Wahl der Koeffizienten für das Steuerungsgesetz ab einem bestimmten Zeitpunkt im System (2.145) eine Bewegung im Gleitzustand beginnt und in diesem Zustand bleibt. Dabei strebt der Fehler wegen (2.26) asymptotisch nach Null. Mit anderen Worten, auf Grund der Umschaltung der lokalen Rückführung des Stellgliedes und des Filters ist es möglich, die Aufgabe der vollständigen Reproduzierbarkeit auch für Strecken des Typs (2.139) zu lösen. Um jedoch über die Arbeitsfähigkeit des vorliegenden Systems urteilen zu können, muß man das Gesetz für die Änderung der Größe u untersuchen. Den Charakter der Änderung von u im Gleitzustand kann man aus Gleichung (2.141) bestimmen. Wir suchen zuerst v. Wegen (2.113) und (2.142) erhält man für $\dot{s}$:

$$\dot{s} = \left(c - a_1' - \frac{a_1''}{a_2''}\right) x_2 - \frac{a_1' a_1''}{a_2''} x_1 - \left(\frac{b_1}{a_2''} - \frac{b_2}{a_2''T}\right) u - \tag{2.158}$$

$$- \frac{b_2}{a_2''T} v + \frac{a_1''}{a_2''} F(t) + \dot{F}(t).$$

Weil im Gleitzustand

$$\dot{s} = 0 \tag{2.159}$$

gilt, ist

$$v = \frac{a_2''T}{b_2} \left[\left(c - a_1' - \frac{a_1''}{a_2''}\right) x_2 - \frac{a_1' a_1''}{a_2''} x_1 - \left(\frac{b_1}{a_2''} - \frac{b_2}{a_2''T}\right) u + \right. \tag{2.160}$$

$$\left. + \frac{a_1''}{a_2''} F(t) + \dot{F}(t) \right].$$

Setzt man den für die Funktion v gefundenen Ausdruck in (2.141) ein, erhält man

$$\dot{u} = -\frac{b_1}{b_2}u + \frac{a_2''}{b_2}\left(c - a_1' - \frac{a_1''}{a_2''}\right)x_2 - \frac{a_1' a_1''}{a_2''}x_1 - \\ - \frac{a_1''}{b_2}F(t) + \frac{a_2''}{b_2}\dot{F}(t). \tag{2.161}$$

Beachtet man, daß die Größen x_1 und x_2 im Gleitzustand nach Null streben, kann man die Gleichung (2.161) als inhomogene Differentialgleichung erster Ordnung für u ansehen. Offensichtlich ist die Lösung dieser Gleichung stabil, wenn die Vorzeichen von b_1 und b_2 übereinstimmen. Andernfalls wächst u, und das System kann arbeitsunfähig werden. Daher kann das angegebene Verfahren für die Synthese angewendet werden, wenn die Koeffizienten b_1 und b_2 gleiches Vorzeichen haben.

Die Aufgabe über die vollständige Reproduzierbarkeit der Führungsgröße durch die Regelgröße, wenn äußere Störungen auf die Strecke einwirken, kann innerhalb der Klasse der Systeme mit veränderlicher Struktur gelöst werden. Dabei werden die äußeren Einflüsse nicht direkt gemessen, und die Übertragungskoeffizienten für die verschiedenen Kanäle des Reglers sind beschränkt. Dies wird erreicht, indem man zusätzlich zum Übertragungskoeffizienten für den Kanal der globalen Rückführung auch die Übertragungskoeffizienten für die Kanäle der lokalen Rückführungen sprunghaft ändert.

Kapitel 3

Lineare Strecken mit veränderlichen Parametern

§ 1. Die Steuerung der freien Bewegung

Bei der Untersuchung der für Systeme mit veränderlicher Struktur möglichen Arbeitsweisen (Kapitel 2, § 3) haben wir vor allem eine sehr wichtige Eigenschaft des Gleitzustandes hervorgehoben - die Eigenschaft, von den Parametern der Strecke unabhängig zu sein. Dies führt auf die Idee, diese Eigenschaft des Gleitzustandes in Systemen mit veränderlicher Struktur für die Steuerung von Regelstrecken mit veränderlichen Parametern heranzuziehen. Wenn im System der Gleitzustand existiert, dann wirken sich Änderungen in den Parametern der Strecke, wie immer sie auch erfolgen mögen, nicht auf die Bewegung des Systems aus. Jedoch kann eine Änderung in den Parametern der Strecke dazu führen, daß bei bestimmten Parameterwerten der Gleitzustand im System aufhört oder sogar überhaupt nicht entsteht. Im Falle veränderlicher Parameter der Strecke müssen wir daher das System derart konstruieren, d.h. die Steuergröße so bilden, daß im System bei beliebiger Art der Änderung der Parameter in einem vorgegebenen Bereich immer der Gleitzustand entsteht und danach nicht mehr aufhört.

Wir wollen die Synthese der Steuerung nach dem beschriebenen Schema für ein System zweiter Ordnung mit veränderlichen Parametern durchführen, welches durch die Differentialgleichungen

$$\left\{\begin{aligned} \frac{dx_1}{dt} &= x_2, \\ \frac{dx_2}{dt} &= -a_2(t)\,x_2 - a_1(t)\,x_1 - b(t)\,u \end{aligned}\right. \tag{3.1}$$

beschrieben wird, wobei sich die Koeffizienten $a_1(t)$, $a_2(t)$ und $b(t)$ innerhalb der Grenzen

$$\left\{\begin{aligned} &a_{1\,\min} \leqslant a_1(t) \leqslant a_{1\,\max}, \quad a_{2\,\min} \leqslant a_2(t) \leqslant a_{2\,\max}, \\ &0 < b_{\min} \leqslant b(t) \leqslant b_{\max} \end{aligned}\right. \tag{3.2}$$

mit den Konstanten a_{1min}, a_{1max}, a_{2min}, a_{2max}, b_{min}, b_{max} willkürlich ändern können.

Wir werden ebenso wie für Systeme mit festen Parametern die Steuergröße u in der Gestalt

(3.3) $$u = \Psi x_1,$$

(3.4) $$\Psi = \begin{cases} \alpha & \text{für} \quad x_1 s > 0, \\ \beta & \text{für} \quad x_1 s < 0, \end{cases}$$

(3.5) $$s = c x_1 + x_2,$$

$$\alpha,\ \beta,\ c = \text{const},\ c > 0,$$

aufsuchen.

Bei der Synthese von Systemen mit veränderlicher Struktur mit konstanten Parametern wurden die möglichen linearen Strukturen derart ausgewählt, daß für eine davon (für $\Psi = \beta$) eine stabile entartete Bewegung existierte. Die dieser entarteten Bewegung entsprechende Phasentrajektorie wurde als Schaltgerade gewählt. Diese Idee läßt sich nicht für den Fall veränderlicher Parameter der Strecke verwenden, weil eine Änderung der Parameter eine Änderung der Trajektorie für die entartete Bewegung nach sich zieht. Zur Lösung der gestellten Aufgabe werden wir daher die Methode zur Synthese von Systemen mit veränderlicher Struktur verwenden, welche auf der Benützung künstlicher entarteter Bewegungen beruht. Entsprechend dieser Methode muß man die linearen Strukturen derart auswählen (d.h. die Koeffizienten α und β), daß die in der $(x_1,\ x_2)$-Ebene durch die Gleichung $s=0$ gegebene Gerade S Gleitgerade wird und der Bildpunkt aus beliebiger Anfangslage auf S auftrifft. In einem solchen System beginnt ab einem bestimmten Zeitpunkt eine stabile Bewegung im Gleitzustand, welche nicht mehr aufhört und wegen (2.25) nicht von den veränderlichen Parametern der Strecke abhängt.

Die Bedingungen für die Existenz der Gleitgeraden folgen sofort aus (2.27). Für das System (3.1) - (3.5) ergibt sich $\dot{s}$ als

(3.6) $$\dot{s} = [-c^2 + c a_2(t) - a_1(t) - b(t)\Psi]\, x_1.$$

Aus (2.27), (3.2), (3.4) und (3.6) erhalten wir dann die Bedingungen für die Existenz der Gleitgeraden:

(3.7) $$\begin{cases} \alpha > \max\limits_{a_1,\, a_2,\, b} \dfrac{1}{b(t)} [-c^2 + c a_2(t) - a_1(t)], \\ \beta < \min\limits_{a_1,\, a_2,\, b} \dfrac{1}{b(t)} [-c^2 + c a_2(t) - a_1(t)]. \end{cases}$$

Im folgenden behandeln wir die Frage nach dem Auftreffen des Bildpunktes auf die Gleitgerade.

In § 3 von Kapitel 2 wurde gezeigt, daß für das Auftreffen des Bildpunktes auf die Gleitgerade bei konstanten Parametern der Strecke notwendig und hinreichend ist, daß die Wurzeln der charakteristischen Gleichung des Systems für $\Psi=\alpha$ nicht reell und positiv sind. Offensichtlich ist bei sich langsam ändernden Parametern für das Auftreffen notwendig und hinreichend, daß diese Bedingung für alle festen Werte aus dem gegebenen Bereich (3.2), in dem sich die Koeffizienten der Strecke ändern können, erfüllt ist.

Es ist jedoch bekannt, daß die Änderungsgeschwindigkeit für die Parameter einen wesentlichen Einfluß beispielsweise auf die Stabilität des Systems ausübt und im allgemeinen die Methode der "eingefrorenen" Koeffizienten zur Untersuchung von Systemen mit veränderlichen Parametern nicht anwendbar ist. Weiter unten wird gezeigt werden, daß der Bildpunkt des Systems (3.1) mit veränderlichen Parametern bei beliebiger Art der Änderung der Koeffizienten innerhalb der Grenzen (3.2) auf die Schaltgerade S auftrifft, wenn der Bildpunkt für alle festen Werte a_1, a_2, b der Koeffizienten aus dem gegebenen Gebiet (3.2) auf S auftrifft.

Wir wollen das Verhalten des Systems in der (x_1, x_2)-Ebene untersuchen. In dieser Ebene bewegt sich der Bildpunkt längs stetiger und nichtstationärer Phasentrajektorien. Die Richtung des Vektors der augenblicklichen Phasengeschwindigkeit des Systems werden wir durch die Größe ξ charakterisieren, welche gleich dem Tangens des Winkels zwischen der Tangente an die Trajektorie und der x_1-Achse ist. Bekanntlich wird ξ durch die Beziehung

$$\xi=\frac{dx_2}{dx_1}=\frac{dx_2/dt}{dx_1/dt}=\frac{-a_2x_2-(a_1+b\Psi)\,x_1}{x_2}=$$
$$=-a_2-(a_1+b\Psi)\frac{x_1}{x_2}$$

bestimmt.

Jedem Punkt der (x_1, x_2)-Ebene entspricht eine Vielfalt von möglichen Werten für ξ, welche durch die verschiedenen Werte der Koeffizienten a_2, a_1, b bestimmt werden. Weil alle diese Größen innerhalb endlicher Grenzen variieren, entspricht jedem Punkt der (x_1, x_2)-Ebene ohne die x_1-Achse ein bestimmter minimaler und maximaler Wert von ξ.

Zum Anfangszeitpunkt t_0 befinde sich das System im Punkt mit den Koordinaten x_{10}, x_{20} (Abb. 3.1). Wir ziehen durch diesen Punkt zwei

Trajektorien derart, daß der ersten Trajektorie der minimale Wert von ξ entspricht und der zweiten Trajektorie der maximale Wert von ξ. Diese Werte werden durch die Beziehungen

$$\xi_{min} = \min_{a_1,\, a_2,\, b} \left[-a_2 - (a_1 + b\Psi) \frac{x_1}{x_2} \right],$$

$$\xi_{max} = \max_{a_1,\, a_2,\, b} \left[-a_2 - (a_1 + b\Psi) \frac{x_1}{x_2} \right]$$

definiert. Für die Trajektorie mit ξ_{min} bzw. ξ_{max} ist offensichtlich $a_2 = a_{2max}$ bzw. $a_2 = a_{2min}$, während die Koeffizienten a_1 und b in Abhängigkeit vom Vorzeichen der Größen Ψ und $\frac{x_1}{x_2}$ einen ihrer Grenzwerte annehmen.

Die Trajektorien minimalen und maximalen ξ bilden einen krummlinigen Sektor (Abb. 3.1), der die Eigenschaft besitzt, daß der Bildpunkt des Systems, welcher sich zum Anfangszeitpunkt im Punkt x_{10}, x_{20} befindet, immer innerhalb dieses Sektors bleibt, wie sich auch immer die Koeffizienten von System (3.1) während des Bewegungsvorganges ändern. Tatsächlich ist der Geschwindigkeitsvektor in einem beliebigen Punkt auf dem Rand des Sektors, d.h. auf den Trajektorien minimalen und maximalen ξ entweder tangential zum Rand oder in das Innere des Sektors gerichtet. Dies bedeutet, daß der Bildpunkt des Systems bei beliebigen Werten der Koeffizienten den Rand des Sektors nicht überschreiten kann. Die Trajektorien, welche den Rand des Sektors bilden, schneiden wegen der Voraussetzung die Schaltgerade, weil der Bildpunkt bei beliebigen konstanten Werten der Koeffizienten $a_1(t)$, $a_2(t)$ und $b(t)$ und beliebigen Anfangsbedingungen auf die Gerade S auftrifft und den Trajektorien, welche den Rand bilden, in jedem Quadranten Bewegungen des Systems mit extremalen Parameterwerten entsprechen.

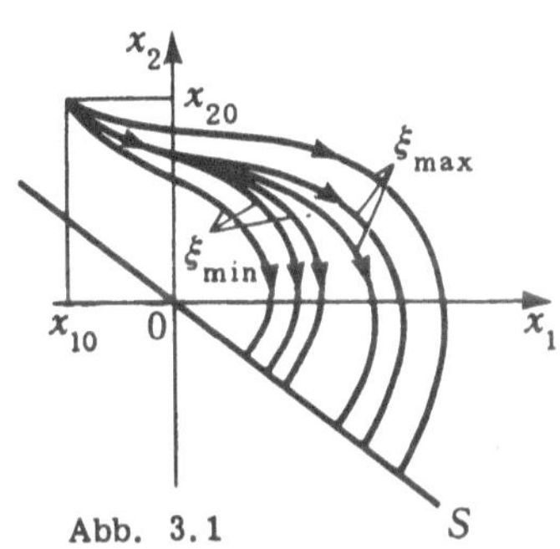

Abb. 3.1

Bei beliebiger Änderung der Parameter im Bereich (3.2) wird sich der Bildpunkt aus der Anfangslage (x_{10}, x_{20}) längs einer Trajektorie bewegen, welche vollständig in dem krummlinigen Sektor liegt. Für einen beliebigen Punkt dieser Trajektorie kann man wiederum den krummlinigen Sektor bilden, welcher dem maximalen und minimalen Wert von ξ entspricht, wobei jeder folgende Sektor innerhalb des vorhergehenden liegt (Abb. 3.1). Den Flächeninhalt des Sektors, welcher für jeden Zeitpunkt gebildet und durch die Trajektorien mit ξ_{min}, ξ_{max} und durch die Schaltgerade S begrenzt wird, kann man als monoton fallende Funktion $P(t)$ auffassen. Der Fall $\lim_{t\to\infty} P(t) > 0$ ist nicht möglich, weil dies bedeuten würde, daß außer dem Koordinatenursprung eine weitere Gleichgewichtslage vorhanden wäre. Infolgedessen wird P zu einem bestimmten Zeitpunkt Null oder es gilt $\lim_{t\to\infty} P(t) = 0$. Dies bedeutet, daß der Bildpunkt immer auf die Schaltgerade S auftrifft. Damit ist gezeigt, daß die hinreichende Bedingung für das Auftreffen bei Systemen mit festen Parameterwerten auch hinreichend ist für das Auftreffen bei Systemen mit veränderlichen Parametern. Die Notwendigkeit dieser Bedingungen folgt sofort, weil ein System mit konstanten Parametern als ein Spezialfall eines Systems mit veränderlichen Parametern aufgefaßt werden kann. Wenn die Bedingung für das Auftreffen, welche fordert, daß die Wurzeln der charakteristischen Gleichung der linearen Struktur mit $\Psi = \alpha$ für keinen festen Wert der Parameter der Strecke reell und positiv sein dürfen, und die Existenzbedingung (3.7) für die Gleitgerade erfüllt sind, entsteht im System mit veränderlicher Struktur immer eine von den variablen Parametern der Strecke unabhängige Bewegung. Dieses Verfahren kann für die Synthese von Systemen verwendet werden, welche dann wenig empfindlich gegen Änderungen der Parameter der Strecke innerhalb eines weiten Bereiches sind.

Als Beispiel betrachten wir ein automatisches Regelsystem, welches durch das Gleichungssystem

$$(3.8) \qquad \begin{cases} \dfrac{dx_1}{dt} = x_2, \\ \dfrac{dx_2}{dt} = -b(t)\,u \end{cases}$$

beschrieben wird, wobei der Koeffizient $b(t)$ im Bereich

$$(3.9) \qquad 0 < b_{min} \leqslant b(t) \leqslant b_{max}$$

variieren kann. Wir wählen die Steuergröße u in der Form (3.3), wobei wir annehmen, daß

$$(3.10) \qquad \begin{cases} \Psi = \begin{cases} \alpha & \text{für} \quad x_1 s > 0, \\ -\alpha & \text{für} \quad x_1 s < 0, \end{cases} \\ s = c x_1 + x_2 \end{cases}$$

gilt mit positiven Konstanten α, c.

Im vorliegenden Fall ist $a_1 = a_2 = 0$, und nach (3.7) ist die in der (x_1, x_2) -Ebene durch die Gleichung $s=0$ gegebene Gerade S Gleitgerade, wenn

$$(3.11) \qquad \alpha > \frac{c^2}{b_{min}}$$

gilt. Für $\Psi = \alpha$ und $b(t)$ gleich einem beliebigen Wert aus dem gegebenen Bereich (3.9) besitzt die charakteristische Gleichung von System (3.8) offensichtlich keine positiven Wurzeln. Der Bildpunkt gelangt aus beliebiger Anfangslage immer auf die Gerade S. In Abb. 3.2

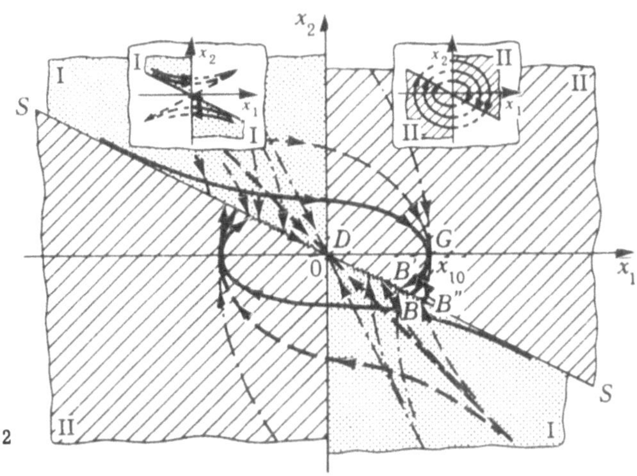

Abb. 3.2

ist das Phasenbild des Systems (3.8) - (3.10) für die drei Fälle $b(t) = b_{min}$, $b(t) = b_{max}$ und $b(t) = b_0$ ($b_0 = \text{const}$, $b_{min} < b_0 < b_{max}$) dargestellt, wenn $\alpha = \frac{c^2}{b_{min}}$ gilt. Wir weisen darauf hin, daß für feste Werte des Koeffizienten b die Phasentrajektorien für $\Psi = \alpha$ durch die Ellipsenschar

$$(3.12) \qquad \frac{x_1^2}{A^2} + \frac{x_2^2}{b\alpha A^2} = 1$$

und für $\Psi = -\alpha$ durch die Hyperbelschar

$$(3.13) \qquad \frac{x_2^2}{b\alpha A} - \frac{x_1^2}{A^2} = 1$$

gebildet werden. In (3.12), (3.13) ist A ein willkürlicher Parameter.

Die Asymptoten der Hyperbeln werden durch die Gleichungen

(3.14) $x_2 + \sqrt{ba}\, x_1 = 0, \quad x_2 - \sqrt{ba}\, x_1 = 0$

bestimmt. Die Schaltgerade fällt für $b(t) = b_{min}$ mit einer Hyperbelasymptote zusammen, d.h. es ist

(3.15) $c = \sqrt{ab_{min}}.$

Wir bestimmen, auf welche Weise in einem solchen System mit veränderlicher Struktur eines der wichtigsten Merkmale für die Güte des Regelvorganges - die Regeldauer - von der Änderung des Parameters $b(t)$ abhängt. Wir betrachten Anfangsbedingungen der Gestalt $x_1(0) = x_{10}$, $x_2(0) = 0$ und nehmen als Regeldauer jene Größe t_p, für welche

(3.16) $|x(t)| \leqslant 0{,}05 x_{10}$ für $t \geqslant t_p$ gilt.

Wie man aus dem Phasenbild (Abb. 3.2) sieht, setzt sich der Regelvorgang aus zwei Abschnitten zusammen: Im ersten Abschnitt erfolgt die Bewegung längs der elliptischen Trajektorie GB bis zur Schaltgeraden S, im zweiten Abschnitt längs S im Gleitzustand bis zum Punkt D, dessen Abszisse gleich $0{,}05\, x_{10}$ ist (oder für $b = b_{min}$ längs der entarteten Trajektorie für die Hyperbelschar, welche mit S zusammenfällt). Die Dauer des Regelvorganges ergibt sich als Summe der Zeiten für diese zwei Abschnitte:

(3.17) $t_p = t_{GB} + t_{BD}.$

Für b = const wird t_{GB} aus der Beziehung

(3.18) $$t_{GB} = \int_{x_{10}}^{x_{1B}} \frac{1}{x_2}\, dx_1$$

bestimmt mit $x_2 = -\sqrt{ab}\sqrt{x_{10}^2 - x_1^2}.$

Den Wert von x_{1B} findet man als Lösung des Gleichungssystems, welches aus der Gleichung der Ellipse durch den Punkt $(x_{10}, 0)$ und aus der Gleichung der Schaltgeraden besteht:

(3.19) $$x_{1B} = x_{10} \frac{1}{\sqrt{1 + \left(\frac{b_{min}}{b}\right)^2}}.$$

Mittels (3.18), (3.19) berechnen wir die Dauer des ersten Abschnittes:

(3.20) $$t_{GB} = \frac{1}{\sqrt{ab}} \left(\frac{\pi}{2} - \arcsin \frac{1}{\sqrt{1 + \left(\frac{b_{min}}{b}\right)^2}} \right).$$

Die Dauer des zweiten Abschnittes ist gleich

$$(3.21)\qquad \begin{aligned} t_{BD} &= -\frac{1}{\sqrt{ab_{\min}}}\int_{x_{1B}}^{0{,}05x_{10}}\frac{dx_1}{x_1} = \\ &= -\frac{1}{\sqrt{ab_{\min}}}\ln 0{,}05\sqrt{1+\left(\frac{b_{\min}}{b}\right)^2}. \end{aligned}$$

Schließlich erhalten wir für die Dauer des Regelvorganges

$$(3.22)\qquad \begin{aligned} t_p &= \frac{1}{\sqrt{ab}}\left(\frac{\pi}{2} - \arcsin\frac{1}{\sqrt{1+\left(\frac{b_{\min}}{b}\right)^2}}\right) - \\ &- \frac{1}{\sqrt{ab_{\min}}}\ln 0{,}05\sqrt{1+\left(\frac{b_{\min}}{b}\right)^2}. \end{aligned}$$

Die maximale Dauer ergibt sich für $b = b_{\min}$:

$$(3.23)\qquad t_{p\max} = \frac{1}{\sqrt{ab_{\min}}}\left(\frac{\pi}{4} - \ln 0{,}05\sqrt{2}\right) = \frac{3{,}44}{\sqrt{ab_{\min}}},$$

die minimale Dauer für $b = b_{\max}$, wobei

$$(3.24)\qquad \lim_{b_{\max}\to\infty} t_{p\min} = -\frac{1}{\sqrt{ab_{\min}}}\ln 0{,}05 = \frac{3{,}01}{\sqrt{ab_{\min}}}$$

gilt.

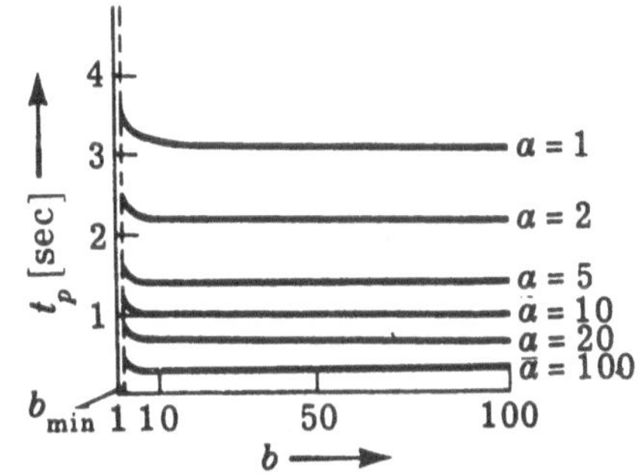

Abb. 3.3

In Abb. 3.3 ist die Abhängigkeit der Regeldauer von den Werten des Koeffizienten b für verschiedene Werte von a und für $b_{\min} = 1$ graphisch dargestellt. Die Kurven zeigen, daß sich die Regeldauer bei Verkleinerung von b unbeträchtlich ändert und sich bei Zunahme von b etwas beschleunigt. Um die erforderliche Dauer des Regelvorganges zu erreichen, müssen die Größen a und c in Übereinstimmung mit (3.23) und (3.15) gewählt werden. Das beschriebene Beispiel illustriert die Tatsache, daß in Systemen mit veränderlicher Struktur der Gleitzustand, welcher von den sich ändernden Parameter der Strecke unabhängig ist, im wesentlichen die dynamischen Eigenschaften des Systems bestimmt.

Zusammenfassend kann man festhalten, *daß es die Benützung des Prinzipes der veränderlichen Struktur ermöglicht, eine Steuerung höchster Güte sicherzustellen, ohne die sich in einem weiten Bereich ändernden Parameter der Strecke zu messen.*

Um das erhaltene Steuerungsgesetz zu realisieren, benötigt man nur Information über den Bereich, in dem die Parameter variieren, über die Fehlergröße und über das Vorzeichen einer bestimmten Linearkombination aus Fehlergröße und deren Ableitung.

§ 2. Die Steuerung von Strecken, deren Differentialgleichung Ableitungen der Eingangsgröße enthält

Die Aufgabe, Systeme zu konstruieren, welche gegen Änderungen der Parameter der Regelstrecke während des Arbeitsvorganges wenig empfindlich sind, ist auch für Strecken sehr wichtig, deren dynamische Eigenschaften derart sind, daß die Bewegungsgleichungen Ableitungen der in den Eingang gelangenden Steuergröße enthalten. In diesem Fall wird die Dynamik des Regelsystems durch die Gleichungen (2.63) mit veränderlichen Koeffizienten beschrieben, d.h. durch

$$(3.25)\qquad \begin{cases} \dfrac{dx_1}{dt} = x_2, \\ \dfrac{dx_2}{dt} = -a_1(t)x_1 - a_2(t)x_2 - (b_2(t)D + b_1(t))u, \end{cases}$$

wobei $a_1(t)$, $a_2(t)$, $b_1(t)$, $b_2(t)$ bestimmte beschränkte Zeitfunktionen sind mit

$$(3.26)\qquad \begin{cases} a_{i\,\min} \leqslant a_i \leqslant a_{i\,\max}, & i = 1, 2, \\ b_{i\,\min} \leqslant b_i \leqslant b_{i\,\max}, & i = 1, 2, \\ a_{i\,\min},\ a_{i\,\max},\ b_{i\,\min},\ b_{i\,\max} - \text{const}, & b_{2\,\min} > 0. \end{cases}$$

Wenn sich die Eigenschaften der Regelstrecke verändern, wird die Reaktion des automatischen Regelsystems auf diese Veränderungen bei unveränderlichem Steuerungsgesetz verschieden sein. Dies kann zu einer Verschlechterung in der Güte der Steuerung führen und manchmal auch zum Verlust der Stabilität. Dies wurde bereits zu Beginn dieses Kapitels erwähnt. Wir wollen die weiter oben erhaltenen Steuerungsgesetze (2.91) - (2.95) und (2.102) - (2.105), (2.107) in dieser Hinsicht untersuchen.

Wenn man die stückweise stetige Steuerung (2.91) - (2.95) verwendet und wenn die Bedingung (2.100) für die Existenz der Gleitgeraden

S_0 erfüllt ist, wird nach Entstehung des Gleitzustandes im System dessen Bewegung durch die lineare, homogene Differentialgleichung (2.101) beschrieben. Die Lösung von (2.101) hängt von den Koeffizienten c'_j ab, welche wegen (2.93) Funktionen der Größen a_i, b_i sind, d.h. die Güte des Systems wird letzten Endes von diesen Größen bestimmt. Damit das Regelsystem jene nützlichen Eigenschaften besitzt, welche oben erwähnt wurden, müssen die Koeffizienten $a_i(t)$, $b_i(t)$ entweder streng konstant sein, oder man muß sie messen und in Abhängigkeit von den erhaltenen Daten die Parameter des Steuergliedes abändern.

Verwendet man eine Steuerung aus der Klasse D_0, so kann man erreichen, daß die Eigenschaften des Systems im Gleitzustand unabhängig von der Charakteristik der Regelstrecke sind. Ferner ist es möglich, ein Regelsystem von gewünschter Güte der Regelvorgänge zu konstruieren, wobei die Güte durch irgendein Kriterium charakterisiert wird, beispielsweise durch die Dämpfungsgeschwindigkeit, durch minimale Übersteuerung, durch minimale stationäre Fehler unter verschiedenen Verhältnissen usw. Jedoch kann in einem solchen System der Gleitzustand nur entstehen, wenn die Zeitkonstante des Filters im Steuerglied (Abb. 2.28) die Gleichung (2.107) erfüllt. Es ist klar, daß bei veränderlichen Größen b_1, b_2 diese Gleichung verletzt wird. Um das angegebene Prinzip zur Konstruktion von Regelsystemen benützen zu können, muß man die Parameter des Steuergliedes in Abhängigkeit vom nichtstationären Verhalten der Regelstrecke verändern, wobei man zugleich dafür zu sorgen hat, daß die Bedingungen für die Existenz des Gleitzustandes bei veränderlichen Koeffizienten $a_i(t)$, $b_i(t)$ erfüllt sind. Dies führt dazu, diese Größen messen zu müssen, und zu einer wesentlichen Komplizierung des Steuergliedes.

Daraus folgt, daß es im Falle nichtstationären Verhaltens der Regelstrecke unzweckmäßig ist, das Steuerungsgesetz (2.102) - (2.105), (2.107) zu verwenden.

Wenn jedoch die Steuergröße in Übereinstimmung mit (2.102) - (2.105), (2.107) gebildet wird, kann, wie bereits erwähnt wurde, der Gleitzustand entstehen. Die qualitativen Merkmale des Regelvorganges hängen dann nur bis zu jenem Zeitpunkt, zu dem der Gleitzustand entsteht, von den Parametern $a_i(t)$, $b_i(t)$ des ursprünglichen Systems ab. Die Bewegung in diesem Zustand wird allein durch die Gleichung der Gleitgeraden bestimmt. Wir werden diese Eigenschaft für die Steuerung von Strecken mit veränderlichen Parametern verwenden und nehmen für das weitere von der Steuergröße u wie zuvor an, daß sie aus der Klasse D_0 gewählt wird (ein Verfahren für die Realisierung einer derartigen Steuerung ist in § 6 von Kapitel 2 beschrieben). Wir stellen jetzt folgende Aufgabe: Ohne von einer Einstellung der Parameter des Steuergliedes Gebrauch zu machen, ist eine Steuerung u derart zu bilden, daß bei Änderung von $a_i(t)$, $b_i(t)$ innerhalb weiter Grenzen im System immer der Gleitzustand entsteht und nicht mehr aufhört. Es ist dann zu erwarten, daß sich die qualitativen Merkmale eines auf diese Weise konstruierten Systems mit veränderlicher Struktur bei veränderlichem Verhalten der Regelstrecke unwesentlich ändern und dabei innerhalb technisch zulässiger Grenzen bleiben.

Auf Grund der getroffenen Annahmen werden wir an Stelle der Gleichungen (3.25) das System

$$(3.27)\quad \begin{cases} \frac{dx_1}{dt} = x_2, \\ \frac{dx_2}{dt} = -a_1(t)x_1 - a_2(t)x_2 + \\ \qquad + \left(\frac{b_2(t)}{T} - b_1(t)\right)u - \frac{b_2(t)}{T}v, \\ \frac{du}{dt} = \frac{1}{T}(v-u) \end{cases}$$

betrachten, welches den Zustand des Regelvorganges für die Koordinaten x_1, x_2, u beschreibt.

Wir rufen in Erinnerung, daß in (3.27) u die Ausgangsgröße des Steuergliedes (Abb. 2.28) und v die Ausgangsgröße des signalbildenden Elementes ist.

Wir wollen zeigen, daß die gestellte Aufgabe betreffend die Steuerung von Strecken mit veränderlichen Parametern gelöst werden kann, wenn man an Stelle von (2.102) - (2.105) die Ausgangsgröße v des signalbildenden Elementes als Linearkombination aus x_1 und u mit sich sprunghaft ändernden Koeffizienten zusammensetzt, d. h. wenn

$$(3.28)\quad v = \Psi^x x_1 + \Psi^u u$$

gilt mit

$$(3.29)\quad \Psi^x = \begin{cases} \alpha^x & \text{für } sx_1 > 0, \\ \beta^x & \text{für } sx_1 < 0, \end{cases}$$

$$(3.30)\quad \Psi^u = \begin{cases} \alpha^u & \text{für } sx_1 > 0, \\ \beta^u & \text{für } sx_1 < 0, \end{cases}$$

$$(3.31)\quad s = cx_1 + x_2$$

und Konstanten α^x, β^x, α^u, β^u, c.

Wegen (3.28), (3.27) sind x_1, x_2, u stetig. Wir wählen die Koeffizienten α^x, β^x, α^u, β^u, welche vier mögliche lineare Strukturen bestimmen, derart, daß für den vorliegenden Regelvorgang in beliebigen Punkten der Geraden S die Bedingung (2.27) für die Existenz des Gleitzustandes erfüllt und das Auftreffen des Bildpunktes auf S gesichert ist (S ist in der (x_1, x_2)-Ebene durch die Gleichung $s=0$ gegeben).

Aus (3.27), (3.28) und (3.31) bestimmen wir auf analoge Weise wie in früher betrachteten Fällen $\dot{s}$ in der Umgebung der Geraden S:

$$\dot{s}=\left(-c^2+ca_2-a_1-\frac{b_2}{T}\Psi^x\right)x_1+\left(\frac{b_2}{T}-b_1-\frac{b_2}{T}\Psi^u\right)u. \tag{3.32}$$

Wir fordern, daß für die Summanden in (3.32) die Ungleichungen

$$\left(-c^2+ca_2-a_1-\frac{b_2}{T}\Psi^x\right)x_1 s<0 \quad \text{bzw.} \tag{3.33}$$

$$\left(\frac{b_2}{T}-b_1-\frac{b_2}{T}\Psi^u\right)us\leqslant 0 \tag{3.34}$$

erfüllt sind.

Aus (3.33), (3.34) erhalten wir mit Hilfe von (3.29), (3.30) die zahlenmäßigen Beziehungen, welche es gestatten, die Parameter α^x, β^x, α^u, β^u, c des Steuergliedes so zu wählen, daß die Gerade S Gleitgerade wird:

$$\begin{cases} \alpha^x > \max\limits_{a_1,\, a_2,\, b_2} \dfrac{T}{b_2}(-c^2+ca_2-a_1), \\ \beta^x < \min\limits_{a_1,\, a_2,\, b_2} \dfrac{T}{b_2}(-c^2+ca_2-a_1), \\ \alpha^u \geqslant \max\limits_{b_1,\, b_2}\left(1-T\dfrac{b_1}{b_2}\right), \\ \beta^u \leqslant \min\limits_{b_1,\, b_2}\left(1-T\dfrac{b_1}{b_2}\right). \end{cases} \tag{3.35}$$

Wenn daher die zwei für die Koeffizienten Ψ^x bzw. Ψ^u möglichen Werte den Beziehungen (3.35) genügen, ist nach dem Auftreffen des Bildpunktes auf S die weitere Änderung von x_1 unabhängig von $a_i(t)$, $b_i(t)$. Wir weisen darauf hin, daß im Gleitzustand die homogene Differentialgleichung mit konstanten Koeffizienten

$$cx_1+x_2=0 \tag{3.36}$$

die Änderung von x_1, x_2 bestimmt, wobei der Koeffizient c in Übereinstimmung mit irgend einem Kriterium für die Güte des Regelvorganges gewählt wird. Um jedoch über die Arbeitsfähigkeit des Systems urteilen zu können, muß man das Gesetz für die Änderung von u ermitteln, wenn sich der Bildpunkt längs der Geraden S bewegt. Dazu bestimmen wir $\dot{s}$ aus (3.27) und (3.36):

$$\dot{s} = [c - a_2(t)]\, x_2 - a_1(t)\, x_1 + \left[\frac{b_2(t)}{T} - b_1(t)\right] u - \frac{b_2(t)}{T} v. \tag{3.37}$$

Weil für den Gleitzustand

$$\dot{s} = 0$$

gilt, ist

$$v = \frac{T}{b^2} [c - a_2(t)]\, x_2 - \frac{T a_1(t)}{b_2} x_1 + \left[1 - \frac{b_1(t)}{b_2(t)} T\right] u. \tag{3.38}$$

Wir setzen den gefundenen Ausdruck für v in die letzte Gleichung von System (3.27) ein und erhalten

$$\frac{du}{dt} = -\frac{b_1(t)}{b_2(t)} u + \frac{c - a_2(t)}{b_2} x_2 - \frac{a_1(t)}{b_2} x_1. \tag{3.39}$$

Da im Gleitzustand x_1 und x_2 nach Null streben, wird die Änderung der Ausgangsgröße u des Steuergliedes schließlich durch die Gleichung

$$\frac{du}{dt} = -\frac{b_1(t)}{b_2(t)} u \tag{3.40}$$

bestimmt. Das vorliegende System ist offensichtlich arbeitsfähig, wenn die Lösung von (3.40) stabil ist. Es ist noch die Frage zu behandeln, welche sich auf das Auftreffen des Bildpunktes aus beliebiger Anfangslage in der (x_1, x_2)-Ebene auf die Gleitgerade S bezieht. Wir wollen uns davon überzeugen, daß diese Bedingung darin besteht, daß die charakteristische Gleichung

$$p^2 + a_2 p + a_1 + \frac{b_2}{T} a^x = 0$$

für beliebige feste Werte a_1, a_2, b_2 aus dem Bereich (3.26) keine positive Wurzel besitzt. Zum Beweis dieser Behauptung kann man die gleichen Überlegungen heranziehen, welche weiter oben für das System (3.1) durchgeführt wurden. Ein Unterschied besteht nur darin, daß die Trajektorien mit ξ_{min} im ersten Quadranten und jene mit ξ_{max} im vierten durch vertikale Gerade ersetzt werden müssen (Abb. 3.4); dies deshalb, weil $\frac{dx_2}{dt}$ linear von der Größe u abhängt, welche im allgemeinen beliebige Werte annehmen kann. (Wir erinnern daran, daß dieses Verfahren bereits beim Beweis der Bedingung für das Auftreffen in § 7 von Kapitel 2 verwendet wurde.)

Die eben behandelte Aufgabe, ein Steuerungsgesetz zu gewinnen, welches die gewünschten dynamischen Eigenschaften der Bewegung bei sich innerhalb weiter Grenzen ändernder Charakteristik der Regelstrecke sicherstellt, bezieht sich auf ein System, dessen Blockschaltbild in Abb. 3.5 dargestellt ist. Wir wollen dieses System mit dem in Abb. 2.28 angegebenen vergleichen. Indem man in das Steuerglied eine lokale umschaltbare Rückführung für die Ausgangsgröße u des Filters (F) einführt, welche in dem System aus Abb. 2.28 fehlt, ist es möglich, nicht nur ein System zu konstruieren, in dem die qualitativen Eigenschaften des Regelvorganges bei Änderung von $a_i(t)$ und $b_i(t)$ innerhalb der Grenzen (3.26) unwesentlich variieren, sondern auch zu vermeiden, daß die Parameter des Steuergliedes in Abhängigkeit von den nichtstationären Daten der Strecke eingestellt werden müssen. Diese Tatsache zeigt noch einmal überzeugend die großen Möglichkeiten auf, welche sich durch Veränderung der Struktur des Systems oder eines seiner Einzelglieder ergeben.

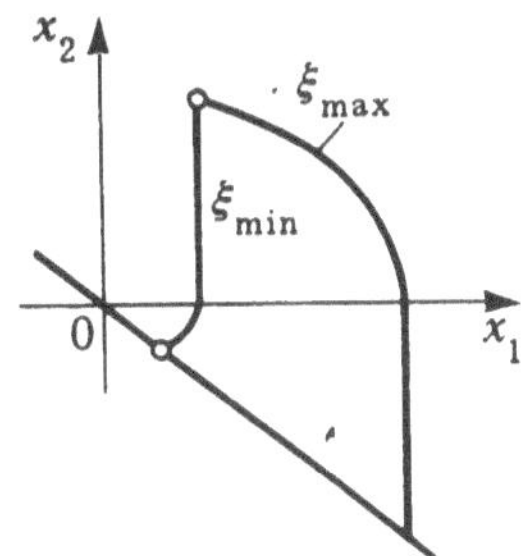

Abb. 3.4

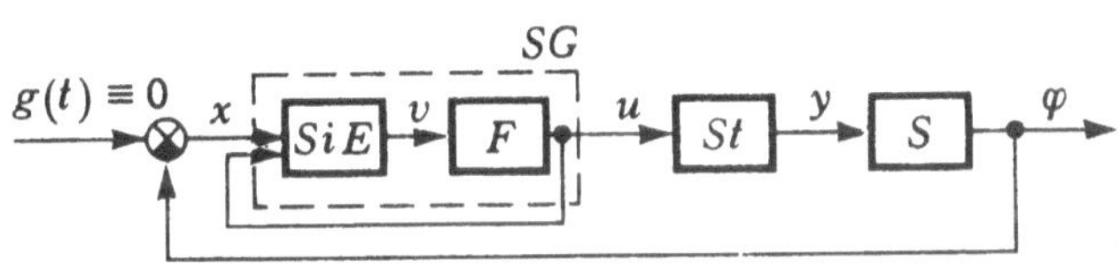

Abb. 3.5

Durch Einführung eines zusätzlichen Filters mit umschaltbarer Rückführung gelingt es, ein System mit veränderlicher Struktur von höchster Güte für die Steuerung von Strecken mit sich ändernden Parametern auch dann zu konstruieren, wenn die Gleichung der Strecke Ableitungen der Eingangsgrößen enthält.

Es ist interessant, die Systeme (3.1), (3.3) - (3.5) und (3.27) - (3.31) im Hinblick auf die beim Regelvorgang verwendete Information über den Zustand der Regelstrecke zu vergleichen. Im Falle von (3.1), (3.3) - (3.5) wird der Zustand des Regelvorganges durch die Größen x_1, x_2 charakterisiert. Die Einführung des zusätzlichen Filters (F) im Steuerglied bewirkt, daß das Verhalten des Systems durch die Größen x_1, x_2, u vollständig bestimmt ist, d.h. für die Konstruktion des Regelsystems wird Information über drei Größen benötigt. Dies führt jedoch zu keinen wesentlichen Schwierigkeiten, weil die Größe u (eigentlich die Ausgangsgröße eines trägheitsbehafteten Gliedes) immer gemessen werden kann.

§ 3. Die Steuerung der erzwungenen Bewegung

Die Eigenschaft von Bewegungen im Gleitzustand, unabhängig von den Parametern der Strecke und den auf die Strecke einwirkenden äußeren Störungen zu sein, kann man als Grundlage für die Konstruktion eines Systems mit veränderlicher Struktur nehmen, welches für die Steuerung der erzwungenen Bewegung einer Strecke mit sich in einem weiten Bereich ändernden Parametern vorgesehen ist. Der Grundgedanke bei der Synthese der Steuerung ist derselbe wie früher: Die Aufeinanderfolge der Strukturen im System soll derart sein, daß für die gegebene Klasse der äußeren Einflüsse und den Bereich, in dem die Parameter der Strecke variieren, eine beliebige Bewegung immer in den Gleitzustand übergeht, welcher dann nicht mehr aufhören soll. Ein so konstruiertes System gestattet es, die Aufgabe über die vollständige Reproduzierbarkeit zu lösen. Gleichzeitig damit werden die dynamischen Eigenschaften des Regelvorganges unabhängig von den äußeren Störungen und den sich innerhalb weiter Grenzen verändernden Daten der Strecke.

Wir gehen direkt an die Wahl eines Steuergliedes, mit dessen Hilfe es gelingt, das System mit den vorgegebenen Eigenschaften auszustatten. Wir wenden uns dem bereits früher betrachteten System aus Abb. 2.35 zu, wobei wir voraussetzen, daß die Parameter a_1' , a_2' der Strecke zeitlich veränderlich und die Parameter a_1'' , a_2'' des Stellgliedes konstant sind. Außerdem soll in das Steuerglied keine Information über a_1', a_2' und über die auf die Strecke einwirkenden Störungen gelangen. Wir weisen darauf hin, daß das Fehlen einer Möglichkeit, die Parameter der Strecke und die äußeren Einflüsse zu messen, spezifisch für die vorliegende Aufgabe ist. Wenn nämlich die Bedingung (2.133) für den Gleitzustand bei Änderungen von a_1' und a_2' durch entsprechende Wahl der Koeffizienten α^x und β^x erfüllt werden kann, ist das logische Gesetz (2.128) oder das dazu äquivalente (2.129) nicht realisierbar, wenn nur Information über die Größen x_1, x_2, y verwendet wird (d.h. ohne F oder a_1', a_2' zu messen).

Die Koeffizienten a_1' und a_2' in der Gleichung der Strecke (2.121) seien beschränkte Funktionen mit beschränkten ersten Ableitungen:

$$(3.41)\quad \begin{cases} a'_{1\,\min} \leqslant a'_1(t) \leqslant a'_{1\,\max}, & 0 < a'_{2\,\min} \leqslant a'_2(t) \leqslant a'_{2\,\max}, \\ a^{1*}_{1\,\min} \leqslant \dfrac{da'_1(t)}{dt} \leqslant a^{1*}_{1\,\max}, & a^{1*}_{2\,\min} \leqslant \dfrac{da'_2(t)}{dt} \leqslant a^{1*}_{2\,\max}, \end{cases}$$

wobei $a'_{1\min}$, $a'_{1\max}$, $a'_{2\min}$, $a'_{2\max}$, $a^{1*}_{1\min}$, $a^{1*}_{1\max}$, $a^{1*}_{2\min}$, $a^{1*}_{2\max}$ Konstante sind.

Durch Differentiation von (2.121) gewinnen wir $\dot{y}$. Substituieren wir den dafür gefundenen Ausdruck in (2.122), erhalten wir die Bewegungsgleichungen des Systems:

$$(3.42)\qquad \begin{cases} \dfrac{dx_1}{dt} = x_2, \\ \dfrac{dx_2}{dt} = -\bar{a}_1(t)x_1 - \bar{a}_2(t)x_2 + \bar{d}_1(t)y + \\ \qquad\qquad + \bar{d}_2(t)\dot{F} - \bar{b}(t)u \end{cases}$$

mit

$$\bar{a}_1(t) = \frac{\dot{a}_1'(t)}{a_2'(t)}; \quad \bar{a}_2(t) = \frac{a_1'(t) + \dot{a}_2'(t)}{T_a(t)};$$

$$\bar{d}_1(t) = \frac{a_1''}{a_2''a_2'}; \quad \bar{d}_2(t) = \frac{1}{a_2''(t)}; \quad \bar{b}(t) = \frac{1}{a_2''a_2'(t)}.$$

Wegen (3.41) sind die Koeffizienten $\bar{a}_1(t)$, $\bar{a}_2(t)$, $\bar{d}_1(t)$, $\bar{d}_2(t)$, $\bar{b}_1(t)$ beschränkte Funktionen.

Wir bilden die Steuerung u als Summe von Einflüssen für den Fehler x_1 und die Ausgangsgröße y des Stellgliedes:

$$(3.43)\qquad u = \Psi^x x_1 - \Psi^y y,$$

wobei die Koeffizienten Ψ^x und Ψ^y zwei feste Werte annehmen können: α^x oder β^x bzw. α^y oder β^y. Für das gewählte Steuerungsgesetz (3.43) nimmt System (3.42) unter Berücksichtigung von (2.121) die Form

$$(3.44)\qquad \begin{cases} \dfrac{dx_1}{dt} = x_2, \\ \dfrac{dx_2}{dt} = -a_1(t)x_1 - a_2(t)x_2 - b(t)\Psi^x x_1 + \\ \qquad + [d_1(t) + b(t)\Psi^y]F(t) + d_2(t)\dot{F}(t) \end{cases}$$

an mit

$$a_1(t) = -\frac{\dot{a}_1'(t)\,a_2'' + a_1'(t)\,a_1'' + \Psi^y a_1'(t)}{a_2'(t)\,a_2''};$$

$$a_2(t) = -\frac{a_2'(t)\,\Psi^y + a_2'(t)\,a_1'' + a_1'(t)\,a_2'' + \dot{a}_2'(t)\,a_2''}{a_2'(t)\,a_2''};$$

$$b(t) = \bar{b}(t); \; d_1(t) = \bar{d}_1(t); \; d_2(t) = \bar{d}_2(t).$$

In (3.44) sind die Koeffizienten $a_1(t)$, $a_2(t)$, $b_1(t)$, $d_1(t)$, $d_2(t)$ wie zuvor beschränkte Funktionen. Die Änderung von Ψ^x erfolge in Übereinstimmung mit (2.112), (2.113), wobei wir annehmen, daß

$$(3.45)\qquad \alpha^x > 0, \qquad \beta^x < 0 \qquad \text{gilt.}$$

Das logische Gesetz für Ψ^y wählen wir zum Unterschied von (2.129) unabhängig von den Parametern a_2' und a_1' der Strecke:

$$(3.46)\qquad \Psi^y = \begin{cases} \alpha^y & \text{für } ys > 0, \\ \beta^y & \text{für } ys < 0, \end{cases}$$

$$(3.47)\qquad s = cx_1 + x_2,$$

$$(3.48)\qquad \alpha^y < -Ba_2'' - a_1''; \ \beta^y > Ba_2'' - a_1''; \ c, \alpha^y, \beta^y - \text{const.}$$

Der konstante Koeffizient B charakterisiert die Klasse der in den Eingang gelangenden Einflüsse, welche der Beschränkung (2.116) genügen müssen.

Wir wollen vor allem klarstellen, warum man mittels der Steuerung (3.43), (2.112), (2.113), (3.46) die Eigenschaften von Gleitzuständen erfolgreich verwerten kann, welche bei bereits früher behandelten Systemen mit veränderlicher Struktur die Grundlage für die Konstruktion bildeten. Wie aus Abb. 2.31, a, b folgt, kann im Falle einer erzwungenen Bewegung bei beliebigen Werten von Ψ^y (α^y oder β^y) der Gleitzustand nicht auf der ganzen Geraden S aufhören, sondern nur auf dem Intervall mn. Daher genügt es, den Koeffizienten Ψ^y in Übereinstimmung mit (2.128) oder (2.129) nicht auf der ganzen Geraden S, sondern nur auf dem Intervall mn zu ändern, damit S Gleitgerade wird. Wir sehen jetzt, daß wegen (2.121) in der (x_1, x_2)-Ebene ein Gebiet existiert, welches den Koordinatenursprung enthält und in dem die Vorzeichen der Funktionen y und F übereinstimmen (im Koordinatenursprung sind diese Größen gleich). In diesem Bereich sind daher die logischen Gesetze (2.128) bzw. (2.129) und (3.46) äquivalent. Wenn das Intervall mn dem Gebiet angehört, in dem die Vorzeichen von y und F übereinstimmen, ist die Gerade S offensichtlich Gleitgerade, und nach dem Auftreffen des Bildpunktes auf S entsteht im System eine Bewegung im Gleitzustand, welche nicht mehr aufhört und weder von den äußeren Einflüssen noch von der Änderung der Parameter abhängt.

Indem wir voraussetzen, daß α^y und β^y nach (3.48) gewählt werden, suchen wir jene Werte von α^x und β^x, für welche in allen Punkten der Geraden S die Bedingung (2.27) für die Existenz des Gleitzustandes erfüllt ist. Aus (3.44) und $x_2 = -cx_1$ erhalten wir $\dot{s}$ für die Punkte auf der Geraden S:

$$(3.49)\qquad \dot{s} = Nx_1 + (d_1 + b_1\Psi^y)F + d_2\dot{F}$$

mit

$$N = -c^2 + ca_2 - a_1 - b_1\Psi^x.$$

α^x und β^x seien derart beschaffen, daß für die freie Bewegung auf der Geraden S der Gleitzustand immer vorhanden ist, d.h. es gilt nach (3.7)

$$(3.50)\quad \begin{cases} \alpha^x > \max\limits_{\Psi^y,\, a_1',\, a_2',\, \dot a_1',\, \dot a_2'} \frac{1}{b_1}(-c^2+ca_2-a_1), \\ \beta^x < \min\limits_{\Psi^y,\, a_1',\, a_2',\, \dot a_1',\, \dot a_2'} \frac{1}{b_1}(-c^2+ca_2-a_1). \end{cases}$$

Sind die Ungleichungen (3.50) erfüllt, gelten die Beziehungen

$$(3.51)\quad Nx_1>0 \quad \text{für} \quad s<0, \quad Nx_1<0 \quad \text{für} \quad s>0.$$

Aus (2.27), (3.49), (3.51) kann man schließen, daß im Falle der erzwungenen Bewegung für

$$(3.52)\quad |x_1| \geqslant \max_{\Psi^x,\, \Psi^y,\, a_1',\, a_2',\, \dot a_1',\, \dot a_2'} \frac{|(d_1+b_1\Psi^y)F+d_2\dot F|}{|N|}$$

unabhängig davon, welchen Wert Ψ^y annimmt, der Gleitzustand vorhanden ist.

Wir sehen, daß das Intervall auf der Geraden S, außerhalb dessen die Existenz des Gleitzustandes gesichert ist, wegen (3.52) nicht stationär ist und daß dessen Größe von den Werten der Funktionen F und $\dot F$ abhängt. Wir bestimmen jetzt, für welche Punkte der Geraden S die Vorzeichen von y und F übereinstimmen.

Aus (2.121) und $x_2=-cx_1$ folgt

$$(3.53)\quad \operatorname{sgn} F = \operatorname{sgn} y,$$

wenn

$$(3.54)\quad |F|>|(-a_1'+ca_2')x_1| \quad \text{bzw.} \quad |x_1|<\frac{|F|}{|-a_1'+ca_2'|}$$

gilt. Im Intervall (3.54) stimmt das logische Gesetz (3.46) wegen (3.53) mit dem Gesetz (2.128) bzw. (2.129) überein, mit welchem man, wie in § 7 des vorhergehenden Kapitels gezeigt wurde, die Existenz der Gleitgeraden sicherstellen konnte. Daher sind im Intervall (3.54) die Bedingungen für das Entstehen des Gleitzustandes erfüllt. Wir fordern weiter, daß die Ungleichungen (3.52) und (3.54) nicht gleichzeitig verletzt sein können. Dafür ist hinreichend, daß

$$(3.55)\quad \frac{|F|}{|-a_1'+ca_2'|} \geqslant \max_{\Psi^x,\, \Psi^y,\, a_1',\, a_2',\, \dot a_1',\, \dot a_2'} \frac{|(d_1+b_1\Psi^y)F+d_2\dot F|}{|N|}$$

bzw. für die Klasse der äußeren Einflüsse (2.116)

$$\max_{\Psi^x,\ \Psi^y,\ a_1',\ a_2',\ \dot{a}_1',\ \dot{a}_2'} \left| (a_1' + c a_2') \frac{(d_1 + b_1 \Psi^y) + d_2 B}{N} \right| \leqslant 1 \tag{3.56}$$

gilt. Die gewonnene Ungleichung (3.56) ist zugleich die Existenzbedingung für die Gleitgerade in einem System mit der Steuerung (3.43), (2.112), (2.113), (3.46). Wegen (3.52), (3.54) - (3.56) genügt x_1 immer mindestens einer der Ungleichungen (3.52) oder (3.54). Im Gebiet (3.52) existiert der Gleitzustand jedoch für beliebige Werte von Ψ^y, während für das Gebiet (3.54) wegen (2.128), (3.46), (3.53) die erforderliche Aufeinanderfolge der Werte von Ψ^y gesichert ist. Wesentlich ist, daß für beliebige feste Werte von α^y und β^y (diese Koeffizienten werden wegen (3.48), (2.116) durch die Klasse der Eingangsgrößen bestimmt) die Ungleichung (3.56) immer durch entsprechende Wahl der Koeffizienten α^x und β^x erfüllt werden kann. Die Größe N hängt von α^x und β^x linear ab.

Um die Frage nach dem Auftreffen des Bildpunktes auf S aus beliebiger Anfangslage zu klären, wenden wir uns dem System (3.42) zu, welches wegen (3.43) in der Form

$$\begin{cases} \dfrac{dx_1}{dt} = x_2, \\ \dfrac{dx_2}{dt} = -\bar{a}_1(t)\, x_1 - \bar{a}_2(t)\, x_2 - \bar{b}(t)\, \Psi^x x_1 + \\ \qquad + \bar{b}(t)(\Psi^y + a_1'')\, y + \bar{d}_2(t)\, \dot{F} \end{cases} \tag{3.57}$$

geschrieben werden kann.

Wie schon weiter oben festgestellt wurde, variieren die Koeffizienten $\bar{a}_1(t)$, $\bar{a}_2(t)$, $\bar{b}(t)$, $\bar{d}_2(t)$ in einem bestimmten beschränkten Bereich. Wir wollen zeigen, daß sich bei in Übereinstimmung mit (3.45) und (3.48) gewählten Koeffizienten α^x, β^x, α^y, β^y das Fehlen positiver reeller Wurzeln der Gleichung

$$p^2 + \bar{a}_2 p + \bar{a}_1 + \bar{b}\alpha^x = 0 \tag{3.58}$$

für beliebige feste Werte von $\bar{a}_1$, $\bar{a}_2$, $\bar{b}$ aus dem Bereich, in dem sie variieren können, als hinreichende Bedingung für das Auftreffen erweist. Wir führen den Beweis dieser Bedingung unter der Annahme, daß zum Anfangszeitpunkt $s>0$ gilt. Wenn die Summe der letzten zwei Summanden in (3.57) die Ungleichung

$$\bar{b}(t)(\Psi^y + a_1'')\, y + \bar{d}_2(t)\, \dot{F} \leqslant 0 \tag{3.59}$$

erfüllt, kann man, nachdem im ersten Quadranten die Trajektorie mit ξ_{min} und im vierten jene mit ξ_{max} durch vertikale Geraden (Abb. 3.4) ersetzt wurden, die Überlegungen von § 1 dieses Kapitels verwenden und beweisen, daß der Bildpunkt auf die Gerade S auftrifft (wir erinnern uns, daß in § 7 des Kapitels 2 für den Fall der erzwungenen Bewegung von Systemen mit konstanten Parametern der Beweis für das Auftreffen analog geführt wurde). Daher wird die Aufgabe dahingehend reduziert, daß Bedingungen zu bestimmen sind, für welche immer ab einem bestimmten Zeitpunkt die Ungleichung (3.59) gilt. Wir wollen zeigen, daß für die Funktionenklasse (2.116) die Ungleichungen (3.45) und (3.48) derartige Bedingungen darstellen. Wir untersuchen die Summanden aus der linken Seite von Ungleichung (3.59) einzeln. Das Gesetz für die Änderung der Koordinate y kann man aus der Gleichung für das Stellglied (2.122) erhalten, welche wegen (3.43) die Form

$$\dot{y} = \frac{1}{a_2''}\left[(-a_1'' - \Psi^y)\, y + \Psi^x x_1\right] \tag{3.60}$$

besitzt.

Aus (3.45), (3.46), (3.48), (2.112), (2.113) und (3.60) folgt, daß $\dot{y} \geqslant 0$ für $s>0$ gilt, d.h. $y(t)$ ist eine monoton wachsende Funktion. Dies wiederum bedeutet, daß zu einem bestimmten Zeitpunkt t_0 die Größe y positiv wird*). Für $t>t_0$ kann man wegen (3.46), (3.48) an Stelle von (3.60)

$$\dot{y} + \frac{a_1'' + a^y}{a_2''}\, y = \frac{1}{a_2''}\, \Psi^x x_1 \tag{3.61}$$

schreiben. Die Lösung von Gleichung (3.61) besitzt die Gestalt

$$y(t) = \frac{1}{a_2''}\, e^{-\frac{a_1''+a^y}{a_2''} t} \int_{t_0}^{t} \Psi^x x_1 e^{\frac{a_1''+a^y}{a_2''} \tau}\, d\tau + y(t_0)\, e^{-\frac{a_1''+a^y}{a_2''}(t-t_0)} \tag{3.62}$$

mit $y(t_0) > 0$. Beachtet man, daß für $s>0$ der Ausdruck $\Psi^x x_1$ positiv ist, erhalten wir aus (3.62)

---

*) Man kann zeigen, daß sich im Fall $y(t) \to 0$ für $t \to \infty$ der Bildpunkt in der (x_1, x_2)-Ebene asymptotisch dem Koordinatenursprung nähert, was aber gerade das Ziel der Steuerung ist.

$$(3.63)\qquad y(t) \geqslant y(t_0)\, e^{-\frac{a_1'' + \alpha^y}{a_2''}(t-t_0)} > 0 \quad \text{für} \quad t > t_0.$$

Wir schätzen jetzt $\dot{F}(t)$ für $t>t_0$ ab, wobei vorausgesetzt wird, daß $F(t_0)$ bekannt ist. Die maximalen Werte von $F(t)$ und $\dot{F}(t)$ erhält man, wenn das Ungleichungszeichen in (2.116) durch das Gleichheitszeichen ersetzt wird. Untersucht man die Lösung der auf diese Art erhaltenen Differentialgleichung, kommt man zu dem Ergebnis, daß für die Funktionen $F(t)$ und $\dot{F}(t)$ die Beziehungen

$$(3.64)\qquad \begin{cases} |F(t)| \leqslant |F(t_0)|\, e^{B(t-t_0)}, \\ |\dot{F}(t)| \leqslant B\,|F(t_0)|\, e^{B(t-t_0)} \quad \text{für} \quad t \geqslant t_0 \end{cases} \qquad \text{erfüllt sind.}$$

Nachdem wir uns überzeugt haben, daß wegen (3.41), (3.42), (3.48) $\bar{b}(t)>0$, $\alpha^y+a_1''<0$ und für $s>0$ $\Psi^y=\alpha^y$ gilt, erhalten wir aus (3.63), (3.64) für $t\geqslant t_0$ und $y(t_0)\geqslant 0$

$$(3.65)\qquad \begin{cases} \bar{b}(t)(\alpha^y + a_1'')\, y + \bar{d}_2(t)\dot{F} \leqslant \\ \qquad \leqslant \bar{b}_1(t)(\alpha^y + a_1'')\, y(t_0)\, e^{-\frac{a_1''+\alpha^y}{a_2''}(t-t_0)} + \\ \qquad + \bar{d}_2(t)\, B\, |F(t_0)|\, e^{B(t-t_0)} = \\ = e^{B(t-t_0)} \Big[\bar{b}(t)(\alpha^y + a_2'')\, y(t_0)\, e^{-\frac{a_1''+\alpha^y+Ba_2''}{a_2''}(t-t_0)} + \\ \qquad + \bar{d}_2(t)\, B\, |F(t_0)| \Big]. \end{cases}$$

Auf Grund der Bedingung (3.48) ist $a_1'' + \alpha^y + Ba_2'' < 0$. Daher gibt es einen Zeitpunkt t_1 derart, daß für $t\geqslant t_1$ die rechte Seite aus Ungleichung (3.65) negativ wird und daher die Ungleichung (3.59) gilt. Für $t \geqslant t_1$ kann man also die Bedingungen für das Auftreffen verwenden, welche in § 1 im Falle der freien Bewegung eines Systems mit veränderlichen Parametern erhalten wurden. Das Fehlen positiver reeller Wurzeln der Gleichung (3.58) für beliebige feste Werte von $\bar{a}_1$, $\bar{a}_2$, $\bar{b}_1$ aus dem Bereich, in dem diese variieren können, und die Ungleichungen (3.45), (3.48) sind hinreichend dafür, daß der Bildpunkt aus beliebiger Anfangslage auf die Gerade S auftrifft. Wenn gleichzeitig S Gleitgerade ist, d.h. bei beliebiger Änderung der Parameterwerte der Strecke die Ungleichung (3.56) gilt, entsteht im System immer eine Bewegung im Gleitzustand, welche nicht mehr aufhört und durch die Gleichung (2.26) beschrieben wird. In einem solchen

System verschwindet als Ergebnis des Regelvorganges der dynamische Fehler, d.h. die vollständige Reproduzierbarkeit der Führungsgröße durch die Regelgröße ist gesichert, ohne die sich ändernden Parameter der Strecke und die auf diese einwirkenden äußeren Störungen zu messen.

Die wichtigsten Verfahren zur Synthese, welche für die Konstruktion von Systemen (3.42) zur Steuerung der erzwungenen Bewegung von Strecken mit veränderlichen Parametern verwendet wurden, können auch auf den Fall übertragen werden, wo die gestörte Bewegung der Strecke durch Gleichungen beschrieben wird, welche Differentialoperatoren für die Eingangsgrößen enthalten. Wir wählen, indem wir auf früher durchgeführte Überlegungen zurückgreifen, eine Steuerfunktion, welche für die angegebene Systemklasse die vollständige Reproduzierbarkeit der Führungsgröße durch die Regelgröße sichert, falls auf die Regelstrecke nicht kontrollierbare äußere Störungen einwirken und die Parameter der Strecke in einem weiten Gebiet variieren.

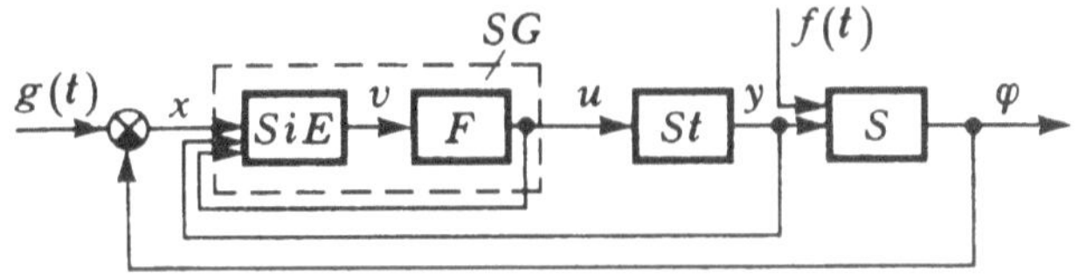

Abb. 3.6

Zuerst wollen wir die Aufgabestellung präzisieren. Wir werden ein System untersuchen, dessen Blockschaltbild in Abb. 3.6 dargestellt ist.

Die Bewegungsgleichung der Strecke besitzt die Gestalt

$$\dot{x} + a_1'(t)\,x = -b_2(t)\,\dot{y} - b_1(t)\,y + F(t) \tag{3.66}$$

mit

$$F(t) = \dot{g}(t) + a_1'(t)\,g(t) + b_2(t)\,\dot{f}(t) + b_1(t)\,f(t).$$

Für die in Gleichung (3.66) vorkommenden Funktionen $a_1'(t)$, $b_1(t)$, $b_2(t)$ wollen wir voraussetzen, daß sie beschränkte Funktionen mit beschränkten Ableitungen sind:

$$\begin{cases} a'_{1\,\min} \leqslant a_1'(t) \leqslant a'_{1\,\max}, \quad b_{1\,\min} \leqslant b_1(t) \leqslant b_{1\,\max}, \\ 0 < b_{2\,\min} \leqslant b_2(t) \leqslant b_{2\,\max}, \quad a^{1\bullet}_{1\,\min} \leqslant \dfrac{da'(t)}{dt} \leqslant a^{1\bullet}_{1\,\max}, \\ b^{\bullet}_{1\,\min} \leqslant \dfrac{db_1(t)}{dt} \leqslant b^{\bullet}_{1\,\max}, \quad b^{\bullet}_{2\,\min} \leqslant \dfrac{db_2(t)}{dt} \leqslant b^{\bullet}_{2\,\max}, \end{cases} \tag{3.67}$$

wobei $a'_{i\min}$, $a'_{i\max}$, $b_{i\min}$, $b_{i\max}$ $(i=1,2)$, $a^{1*}_{i\min}$, $a^{1*}_{i\max}$, $b^*_{i\min}$, $b^*_{i\max}$ $(i=1,2)$ Konstante sind.

Wie früher nehmen wir an, daß das Stellglied ein Glied erster Ordnung ist,

$$a_2''\dot{y}+y=u, \qquad a_2''=\text{const}, \tag{3.68}$$

während die Steuerung u aus der Klasse D_0 gewählt und mit Hilfe des Filters (F) realisiert wird, welcher durch die Gleichung

$$T\dot{u}+u=v, \qquad T=\text{const}, \tag{3.69}$$

beschrieben wird. In den Eingang des Filters gelangt die sich sprunghaft ändernde Größe v. Es wird vorausgesetzt, daß im System eine Einstellung der Parameter des Steuergliedes in Abhängigkeit von der sich ändernden Charakteristik der Strecke nicht vorgesehen ist, weil die Parameter der Strecke und die äußeren Einflüsse nicht gemessen werden können.

Für das Folgende benötigen wir eine Beziehung zwischen der Ausgangsgröße y des Stellgliedes und dem Fehler x_1. Aus (3.66), (3.68) folgt

$$y=\frac{1}{b_1(t)-\frac{b_2(t)}{a_2''}}\left[-x_2-a_1'(t)x_1-\frac{b_2(t)}{a_2''}u+F(t)\right]. \tag{3.70}$$

In (3.70) setzen wir

$$\left|b_1(t)-\frac{b_2(t)}{a_2''}\right|>M>0, \qquad M=\text{const}, \tag{3.71}$$

voraus.

Aus (3.66) - (3.69) ergibt sich die Bewegungsgleichung des gekoppelten Systems für die Fehlergröße x_1, deren Ableitung x_2 und die Größe u in folgender Form:

$$\begin{cases}\dfrac{dx_1}{dt}=x_2,\\[2mm] \dfrac{dx_2}{dt}=-\bar{a}_1(t)\,x_1-\bar{a}_2(t)\,x_2-\bar{h}_1(t)\,u-\bar{h}_2(t)\,y-\\ \qquad\qquad -\dfrac{b_2}{Ta_2''}\,v+\dot{F}(t),\\[2mm] \dfrac{du}{dt}=\dfrac{1}{T}(v-u)\end{cases} \tag{3.72}$$

mit

$$
(3.73)\qquad \begin{cases} \bar{a}_1(t) = \dot{a}_1'(t), \quad \bar{a}_2(t) = a_1'(t), \\ \bar{h}_1(t) = \dfrac{b_2(t)}{a_2''} - \dfrac{b_2(t)}{T a_2''} + \dfrac{1}{a_2''}\left[\dot{b}_1(t) - \dfrac{b_2(t)}{a_2''}\right], \\ \bar{h}_2(t) = \dot{b}_1(t) - \dfrac{\dot{b}_2(t)}{a_2''} - \dfrac{1}{a_2''}\left[b_1(t) - \dfrac{b_2(t)}{a_2''}\right]. \end{cases}
$$

Wegen der gewählten Schranken (3.67) für die Koeffizienten der ursprünglichen Gleichungen sind $\bar{a}_1(t)$, $\bar{a}_2(t)$, $\bar{h}_1(t)$, $\bar{h}_2(t)$ beschränkte Funktionen.

Schließlich setzen wir noch voraus, daß die Stör- und Führungsgröße derart beschaffen sind, daß die Funktion $F(t)$ in (3.66) die Beziehung (2.116) erfüllt.

Die Aufgabe der Synthese des Steuergliedes besteht nun darin, unter den oben angegebenen Bedingungen eine derartige Aufeinanderfolge für das Umschalten der Strukturen zu finden, daß bei auf die Strecke einwirkenden äußeren Störungen und bei Störungen in den Parametern die gewünschten dynamischen Eigenschaften des Regelvorganges gesichert sind. Das Umschalten erfolgt durch das signalbildende Element (Abb. 3.6). Dazu bilden wir die Funktion v in der Form

$$
(3.74)\qquad v = \Psi^x x_1 + \Psi^u u + \Psi^y y,
$$

wobei Ψ^x in Übereinstimmung mit (2.112) variiert, Ψ^u sich nach dem logischen Gesetz (2.155) verändert, während wir das Gesetz für die Änderung von Ψ^y vorläufig in folgender Gestalt hinschreiben:

$$
(3.75)\qquad \Psi^y = \begin{cases} \alpha^y & \text{für} \quad F(t)s > 0, \\ \beta^y & \text{für} \quad F(t)s < 0 \end{cases}
$$

mit Konstanten α^y, β^y und

$$
(3.76)\qquad s = cx_1 + x_2.
$$

Bedingungen, welchen die Koeffizienten α^x, β^x, α^u, β^u, α^y und β^y, deren verschiedene Kombinationen acht mögliche Strukturen bestimmen, genügen müssen, werden sich weiter unten ergeben.

Nachdem man in (3.72), (3.74) die Größe y durch den Ausdruck (3.70) ersetzt hat, kann man nach einigen Umformungen das System der Bewegungsgleichungen (3.72) in der Form

$$
(3.77)\quad
\begin{cases}
\dfrac{dx_1}{dt} = x_2, \\[2mm]
\dfrac{dx_2}{dt} = -a_2(t)\,x_2 - \left(a_1(t) + \dfrac{b_2(t)}{Ta_2''}\Psi^x\right)x_1 - \\[2mm]
\quad - \left(h_1(t) + \dfrac{b_2(t)}{Ta_2''}\Psi^u\right)u + \\[2mm]
\quad + \left(h_2(t) - \dfrac{b_2(t)}{Ta_2''\left[b_1(t) - \dfrac{b_2(t)}{a_2''}\right]}\Psi^y\right)F(t) + \dot F(t), \\[2mm]
\dfrac{du}{dt} = \dfrac{1}{T}(v - u)
\end{cases}
$$

schreiben mit

$$
(3.78)\quad
\begin{cases}
a_2(t) = \bar a_2(t) - \dfrac{\bar h_2(t)}{b_1(t) - \dfrac{b_2(t)}{a_2''}} - \\[2mm]
\qquad - \dfrac{b_2(t)}{a_2''T\left[b_1(t) - \dfrac{b_2(t)}{a_2''}\right]}\Psi^y, \\[2mm]
a_1(t) = \bar a_1(t) - \dfrac{a_1'(t)\,\bar h_2(t)}{b_1(t) - \dfrac{b_2(t)}{a_2''}} - \\[2mm]
\qquad - \dfrac{a_1'(t)\,b_2(t)}{Ta_2''\left[b_1(t) - \dfrac{b_2(t)}{a_2''}\right]}\Psi^y, \\[2mm]
h_1(t) = \bar h_1(t) - \dfrac{b_2(t)\,\bar h_2(t)}{a_2''\left[b_1(t) - \dfrac{b_2(t)}{a_2''}\right]} - \\[2mm]
\qquad - \dfrac{b_2^2(t)}{T(a_2'')^2\left[b_1(t) - \dfrac{b_2(t)}{a_2''}\right]}\Psi^y, \\[2mm]
h_2(t) = \dfrac{\bar h_2(t)}{b_1(t) - \dfrac{b_2(t)}{a_2''}}.
\end{cases}
$$

Wegen (3.67) und (3.75) sind die Funktionen $a_1(t)$, $a_2(t)$, $h_1(t)$, $h_2(t)$ wie früher beschränkte Funktionen.

Für das System (3.77) erhalten wir $\dot s$ in einer Umgebung der Geraden S $(s = 0)$:

$$
(3.79)\quad
\begin{aligned}
\dot s &= N_x x_1 + N_u u + \\
&+ \left[h_2(t) - \frac{b_2(t)}{Ta_2''\left(b_1(t) - \dfrac{b_2(t)}{a_2''}\right)}\Psi^y\right]F(t) + \dot F(t)
\end{aligned}
$$

mit
$$N_x = -c^2 + ca_2 - a_1 - \frac{b_2}{Ta_2''}\Psi^x,$$
$$N_u = -h_1 - \frac{b_2}{Ta_2''}\Psi^u.$$

Wir verlangen, daß für die Summanden in (3.79) die Beziehungen

$$(3.80)\quad \begin{cases} \left[\left(h_2(t) - \dfrac{b_2(t)}{Ta_2''\left(b_1(t) - \dfrac{b_2(t)}{a_2''}\right)}\Psi^v\right)F(t) + \dot F(t)\right]s \leqslant 0 \quad \text{bzw.} \\ \left\{\left[h_2(t) - \left(\operatorname{sgn}\dfrac{b_2(t)}{Ta_2''\left(b_1(t) - \dfrac{b_2(t)}{a_2''}\right)}\right)\times \right.\right. \\ \quad \left.\left.\times\left|\dfrac{b_2(t)}{Ta_2''\left(b_1(t) - \dfrac{b_2(t)}{a_2''}\right)}\right|\Psi^v\right]F(t) + \dot F(t)\right\}s \leqslant 0, \end{cases}$$

$$(3.81)\quad N_x x_1 s \leqslant 0,$$

$$(3.82)\quad N_u u s \leqslant 0 \qquad \text{gelten.}$$

Wie man leicht sieht, garantieren die logischen Gesetze (3.75), (2.112), (2.155) für die Änderung von Ψ^v, Ψ^x, Ψ^u, daß die Beziehungen (3.80) - (3.82) erfüllt sind, wenn die Koeffizienten α^v, β^v, α^x, β^x, α^u, β^u folgenden Ungleichungen genügen:

$$(3.83)\quad \begin{cases} \left(\operatorname{sgn}\dfrac{b_2(t)}{Ta_2''\left(b_1(t) - \dfrac{b_2(t)}{a_2''}\right)}\right)\alpha^v \geqslant \\ \qquad \geqslant \max\limits_{b_1, b_2, \dot b_1, \dot b_2} \dfrac{B + h_2(t)}{\left|\dfrac{b_2(t)}{Ta_2''\left(b_1(t) - \dfrac{b_2(t)}{a_2''}\right)}\right|}, \\ \left(\operatorname{sgn}\dfrac{b_2(t)}{Ta_2''\left(b_1(t) - \dfrac{b_2(t)}{a_2''}\right)}\right)\beta^v \leqslant \\ \qquad \leqslant \min\limits_{b_1, b_2, \dot b_1, \dot b_2} \dfrac{-B + h_2(t)}{\left|\dfrac{b_2(t)}{Ta_2''\left(b_1(t) - \dfrac{b_2(t)}{a_2''}\right)}\right|}, \end{cases}$$

$$(3.84)\quad \begin{cases} \alpha^x > \max\limits_{\Psi^v, a_1', \dot a_1', b_1, \dot b_1, b_2, \dot b_2} \dfrac{Ta_2''}{b_2}(-c^2 + ca_2 - a_1), \\ \beta^x < \min\limits_{\Psi^v, a_1', \dot a_1', b_1, \dot b_1, b_2, \dot b_2} \dfrac{Ta_2''}{b_2}(-c^2 + ca_2 - a_1), \end{cases}$$

$$(3.85)\quad \begin{cases} \alpha^{u} \geqslant \max\limits_{b_1,\, b_2,\, \dot b_1,\, \dot b_2,\, \Psi^{y}} -\dfrac{T a_2''}{b_2} h_1, \\ \beta^{u} \leqslant \min\limits_{b_1,\, b_2,\, \dot b_1,\, \dot b_2,\, \Psi^{y}} -\dfrac{T a_2''}{b_2} h_1. \end{cases}$$

B ist eine Konstante, welche die Klasse (2.116) der Eingangsgrößen charakterisiert.

$b_1(t)$ und $b_2(t)$ sind stetige Funktionen. Wegen (3.71) besitzt $b_2 / (b_1 - \frac{b_2}{a_2''})$ konstantes Vorzeichen. Daher können die Koeffizienten α^{ν} und β^{ν} so gewählt werden, daß sie (3.83) erfüllen und von den Parametern des Systems (3.72) unabhängig sind.

Wir wenden uns wieder dem Ausdruck (3.75) zu, welcher die Aufeinanderfolge der Werte für den Koeffizienten Ψ^{ν} bestimmt, und sehen, daß zur Realisierung dieses Gesetzes nur Information über das Vorzeichen der Funktion $F(t)$ nötig ist. Diese Information und sogar Information über den genauen Wert von $F(t)$ kann man erhalten, wenn man $F(t)$ als Linearkombination der Koordinaten x_1, x_2, y schreibt, wie dies schon einmal geschehen ist (siehe (2.121)). Wegen (3.70) hängt diese Linearkombination von den Parametern der Regelstrecke ab. Weil sich die Bedingungen (3.83) - (3.85) für die Existenz des Gleitzustandes auf Ungleichungen stützen, ist zu erwarten, daß die Vorzeichen der Funktion $F(t)$ und der genannten Linearkombination bei kleinen Änderungen der Koeffizienten $a_1'(t)$, $b_1(t)$, $b_2(t)$ noch übereinstimmen und daß das System die Eigenschaft der vollständigen Reproduzierbarkeit der Führungsgröße durch die Regelgröße beibehält. Wenn sich jedoch die Parameter der Strecke in einem genügend weiten Bereich ändern, benötigt man zur Realisierung des logischen Gesetzes (3.75) selbstanpassende Elemente.

Um der Einführung solcher Elemente in den Steuerkreis zu entgehen, wählen wir wie schon früher (siehe (3.46)) das logische Gesetz für Ψ^{ν} unabhängig von den Parametern der Strecke:

$$(3.86)\qquad \Psi^{\nu} = \begin{cases} \alpha^{\nu} & \text{für } ys > 0, \\ \beta^{\nu} & \text{für } ys < 0; \end{cases}$$

s wird durch (3.76) definiert, α^{ν} und β^{ν} genügen den Ungleichungen (3.83).

Wir werden zeigen, daß es mittels der Steuerung (3.74), (2.112), (2.155), (3.86) möglich ist, für jeden Punkt der Geraden S die Existenz des Gleitzustandes sicherzustellen. Wegen (3.81), (3.82) sind die Beziehungen

$$
(3.87) \qquad \begin{cases} N_x x_1 > 0 & \text{für} \quad s < 0, \\ N_x x_1 < 0 & \text{für} \quad s > 0 \end{cases}
$$

und

$$
(3.88) \qquad \begin{cases} N_u u > 0 & \text{für} \quad s < 0, \\ N_u u < 0 & \text{für} \quad s > 0 \end{cases}
$$

gültig, wenn die Ungleichungen (3.84), (3.85) erfüllt sind.

Aus (2.27), (3.79), (3.87), (3.88) kann man sehen, daß außerhalb eines nichtstationären Gebietes $E \subset S$, welches im (x_1, x_2, u)-Raum durch die Ungleichungen

$$
(3.89) \qquad \begin{cases} |x_1| \geqslant \max\limits_{\substack{\Psi^x, \Psi^y, d_1, \\ b_1, b_2, \dot{d}_1, \dot{b}_1, \dot{b}_2}} \dfrac{\left|\left(h_2 - \dfrac{b_2}{T a_2'' (b_1 - b_2/a_2'')} \dot{\Psi}^y\right) F(t) + \dot{F}(t)\right|}{|N_x|}, \\[2ex] |u| \geqslant \max\limits_{\substack{\Psi^x, \Psi^y, a_1', b_1, \\ b_2, \dot{a}_1', \dot{b}_1, \dot{b}_2}} \dfrac{\left|\left(h_2 - \dfrac{b_2}{T a_2'' (b_1 - b_2/a_2'')} \Psi^y\right) F(t) + \dot{F}(t)\right|}{|N_u|} \end{cases}
$$

gegeben ist, der Gleitzustand vorhanden ist, unabhängig davon, welchen Wert der Koeffizient Ψ^y besitzt. Dies bedeutet, daß es für das Entstehen des Gleitzustandes in einem beliebigen Punkt von S außerhalb des Gebietes E gleichgültig ist, ob sich der Koeffizient Ψ^y nach dem logischen Gesetz (3.75) ändert oder nach (3.86). Für die Existenz des Gleitzustandes auf ganz S genügt es dabei, zu zeigen, daß im Gebiet E das logische Gesetz (3.83), (3.86) das Erfülltsein der Existenzbedingungen für den Gleitzustand gewährleistet. Zu diesem Zweck bestimmen wir Bedingungen dafür, daß die Vorzeichen von y und F übereinstimmen.

Aus (3.70) und der Gleichung für die Gerade S folgt

$$
(3.90) \qquad \operatorname{sgn} F = \operatorname{sgn} y,
$$

wenn

$$
(3.91) \qquad |F(t)| \geqslant \max\limits_{a_1', b_1, b_2} \left|(c - a_1') x_1 - \frac{b_2}{a_2''}\left(b_1 - \frac{b_2}{a_2''}\right) u\right|
$$

gilt. Den maximalen Wert der rechten Seite von Ungleichung (3.91) findet man aus (3.89):

$$|F(t)| \geqslant$$

$$(3.92)\quad \geqslant \max_{\substack{\Psi^x,\,\Psi^y,\,a_1',\\ b_1,\,b_2,\,\dot b_1,\,\dot b_2,\,\dot a_1'}} \left\{ \left| (c-a_1') \frac{\left(h_2 - \frac{b_2}{Ta_2''(b_1-b_2/a_2'')}\Psi^y\right)F(t)+\dot F(t)}{N_x} \right| - \left| \frac{b_2}{a_2''}\left(b_1-\frac{b_2}{a_2''}\right) \frac{\left(h_2 - \frac{b_2}{Ta_2''(b_1-b_2/a_2'')}\Psi^y\right)F(t)+\dot F(t)}{N_u} \right| \right\}.$$

Beachtet man die Beschränkung (2.116), welche der Klasse der zulässigen Funktionen auferlegt ist, erhält man

$$(3.93)\quad \max_{\substack{\Psi^x,\,\Psi^y,\,a_1',\\ b_1,\,b_2,\,\dot a_1',\,\dot b_1,\,\dot b_2}} \left\{ \left| (c-a_1') \frac{\left(h_2 - \frac{b_2}{Ta_2''(b_1-b_2/a_2'')}\Psi^y\right)+B}{N_x} \right| - \left| \frac{b_2}{a_2''}\left(b_1-\frac{b_2}{a_2''}\right) \frac{\left(h_2 - \frac{b_2}{Ta_2''(b_1-b_2/a_2'')}\Psi^y\right)+B}{N_u} \right| \right\} \leqslant 1.$$

Weil N_x und N_u linear von Ψ^x und Ψ^u abhängen (3.79), kann man die erhaltene Ungleichung (3.93) immer durch Vergrößerung von α^x, α^u und durch Verkleinerung von β^x, β^u erfüllen, ohne dabei die Bedingung (2.27) zu verletzen. Innerhalb des Gebietes E gilt daher (3.90), und die logischen Gesetze (3.75) und (3.86) für die Änderung von Ψ^y stimmen überein, d.h. in E existiert im Falle der erzwungenen Bewegung der Gleitzustand. Andererseits wird das Gebiet E dadurch charakterisiert, daß außerhalb dieses Gebietes auf S unabhängig davon, welchen Wert Ψ^y zu dem betreffenden Zeitpunkt besitzt, der Gleitzustand vorhanden ist. Daraus kann man den Schluß ziehen, daß in einem System mit der Steuerung (3.74), (2.112), (2.155), (3.86) in jedem Punkt der Geraden S der Gleitzustand existiert, wenn die Beziehungen (3.83) - (3.85), (3.93) erfüllt sind.

Für die Klärung der Frage über das Auftreffen des Bildpunktes aus beliebiger Anfangslage auf S betrachten wir die ersten zwei Gleichungen von System (3.72), welche wegen (3.74) in der Form

$$(3.94)\quad \begin{cases} \dfrac{dx_1}{dt} = x_2, \\ \dfrac{dx_2}{dt} = -\bar a_1(t)\,x_1 - \bar a_2(t)\,x_2 - \dfrac{b_2(t)}{Ta_2''}\Psi^x x_1 - \\ \qquad - (\bar h_1(t) + \Psi^u)\,u - (\bar h_2(t) + \Psi^y)\,y + \dot F(t) \end{cases}$$

geschrieben werden können, wobei die Koeffizienten $\bar{a}_1(t)$, $\bar{a}_2(t)$, $b_2(t)$, $\bar{h}_1(t)$, $\bar{h}_2(t)$, wie schon oben erwähnt wurde, in einem beschränkten Gebiet variieren. Ψ^x ändert sich in Übereinstimmung mit (2.112), Ψ^u nach (2.155), und das Gesetz für die Änderung von Ψ^y ist in der Gestalt (3.86) gegeben.

Wir nehmen an, daß

(3.95) $\alpha^x > 0, \quad \beta^x < 0$

und

(3.96) $\alpha^y > 0, \quad \beta^y < 0$

gelten.

Es ist klar, daß die Ungleichungen (3.95), (3.96) und (3.83), (3.84) immer gleichzeitig erfüllt werden können.

Um zu beweisen, daß der Bildpunkt auf die Gerade S auftrifft, führen wir unsere Überlegungen in derselben Reihenfolge durch wie im Falle von System (3.57). Zuerst betrachten wir die Bewegungsgleichung des Filters (F). Aus (3.67) und (3.74) erhalten wir die Differentialgleichung, welche die Änderung der Ausgangsgröße u des Filters beschreibt:

(3.97) $\dot{u} = \frac{1}{T}\left[(\Psi^u - 1)\, u + \Psi^x x_1 + \Psi^y y\right].$

Wir wählen α^u und β^u derart, daß

(3.98) $\frac{\alpha^u - 1}{T} > B, \quad \frac{\beta^u - 1}{T} < -B$

gilt. Man kann immer Werte für α^u und β^u finden, für welche die Ungleichungen (3.98) gelten und die Bedingungen (3.85) für die Existenz des Gleitzustandes erfüllt sind.

Wir nehmen an, daß zum Anfangszeitpunkt t_0 $s>0$ ist. Aus (3.95), (3.96), (3.98) und der Gleichung (3.97) folgt, daß $\dot{u} \geqslant 0$ für $s>0$ gilt, d.h. $u(t)$ ist eine monoton wachsende Funktion. Dies bedeutet wiederum, daß für $u(t_0)<0$ zu einem bestimmten Zeitpunkt t_1 $u(t_1) = 0$ und für $t_2>t_1$ $u(t_2)>0$ gilt. Für das weitere kann man Überlegungen anstellen, die jenen analog sind, welche für Gleichung (3.61) durchgeführt wurden, und zeigen, daß

(3.99) $u(t) \geqslant u(t_2) e^{\frac{\alpha^u - 1}{T}(t - t_2)} > 0 \quad \text{für} \quad t > t_2$

gilt. Wir sehen, daß für $F(t)$ nach wie vor die Ungleichung (3.64) erfüllt ist. Indem man die bereits früher für das System (3.57) verwendeten Überlegungen wiederholt, kann man zeigen, daß ab einem bestimmten Zeitpunkt die Summe der drei letzten Summanden in (3.53) nicht positiv ist:

$$(\bar{h}_1(t)+\Psi''')u-(\bar{h}_2(t)+\Psi'^{y})y+\dot{F}(t)\leqslant 0. \tag{3.100}$$

Die gewonnene Beziehung, welche analog (3.59) ist, gestattet den Schluß, daß das Fehlen positiver reeller Wurzeln der Gleichung

$$p^2+\bar{a}_2p+\bar{a}_1+\frac{b_2}{Ta_2''}\alpha^x=0$$

für beliebige feste Werte von $\bar{a}_1$, $\bar{a}_2$, b_1 aus dem Bereich, in dem diese Größen variieren, und das Erfülltsein der Ungleichungen (3.95), (3.96), (3.98) hinreichend für das Auftreffen des Bildpunktes aus beliebiger Anfangslage auf S ist. Wenn dabei gleichzeitig die Bedingungen (3.83) - (3.85), (3.93) für die Existenz der Gleitgeraden erfüllt sind, wird als Ergebnis der Steuerung der Fehler zum Verschwinden gebracht.

Zum Abschluß weisen wir darauf hin, daß im Falle der erzwungenen Bewegung des Systems den Koeffizienten α^x, α^u, β^x, β^u des Steuerungsgesetzes im Vergleich zum Fall der freien Bewegung einschneidendere Beschränkungen auferlegt sind.
Dies ermöglicht es jedoch, innerhalb der Klasse der Systeme mit veränderlicher Struktur die Aufgabe über die vollständige Reproduzierbarkeit zu lösen. Ferner ist es möglich, das Steuerglied zu realisieren, ohne die sich in einem weiten Bereich ändernden Parameter der Strecke und die auf die Strecke einwirkenden äußeren Störungen zu messen.

Ebenso wie bei der Steuerung von Strecken mit konstanten Parametern wird dieses Ergebnis durch sprunghafte Änderung der Übertragungskoeffizienten nicht nur für die globale Rückführung, sondern auch für die lokalen Rückführungen erreicht.

§ 4. Mehrfach zusammenhängende Systeme

Das Bestreben, energetisch oder ökonomisch vorteilhafte Systeme zu konstruieren, führt gewöhnlich dazu, mehrere Größen, welche die in der Regelstrecke stattfindenden Prozesse charakterisieren, gleichzeitig steuern zu müssen. In diesem Paragraphen werden Konstruktionsprinzipien für Systeme mit veränderlicher Struktur betrachtet, welche zur Steuerung von Strecken mit zwei Regelgrößen bestimmt sind. Das Blockschaltbild eines solchen Systems ist in Abb. 3.7 dargestellt. Hier ist A der invariable Teil des Systems, SG das Steuerglied; φ^1, φ^2 sind die Ausgangsgrößen der Strecke, welche als Regelgrößen dienen; x^1, x^2 sind die Fehlergrößen, $x^1 = g_1(t) - \varphi^1$, $x^2 = g_2(t) - \varphi^2$; $g_1(t)$, $g_2(t)$ die Führungsgrößen; $f_1(t)$, $f_2(t)$ Störungen, welche auf die Regelstrekke einwirken; u^1, u^2 Steuergrößen, welche im Steuerglied unter Benützung der vorhandenen Information über den Zustand des Regelvorganges gebildet werden. Die Steuergrößen u^1, u^2 müssen das in irgendeinem Sinn beste Gesetz für die Änderung der Regelgrößen sowohl bei konstanten Daten der Strecke als auch für den Fall, wo sich diese Daten in beliebiger Art innerhalb weiter Grenzen ändern, sicherstellen. Im folgenden werden wir die freie Bewegung im System behandeln, d.h. wir haben $f_1(t) = 0$, $f_2(t) = 0$, $g_1(t) = 0$, $g_2(t) = 0$.

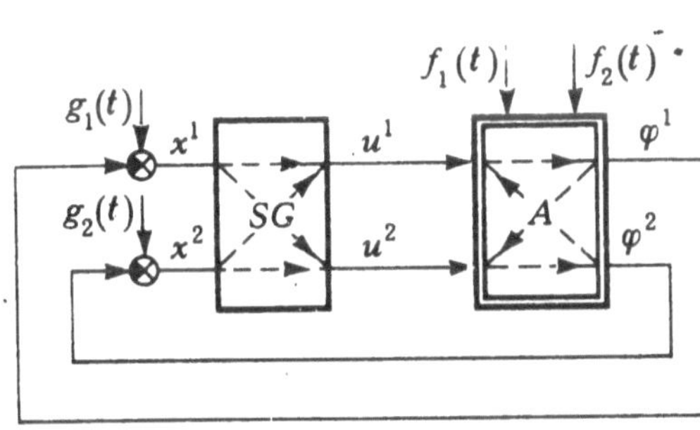

Abb. 3.7

Wir erinnern uns, daß der Synthese von einläufigen Systemen mit veränderlicher Struktur die Idee zugrunde lag, spezielle Bewegungsformen zu verwenden - die Gleitzustände-, welche von den Störungen in den Parametern der Strecke und den äußeren Einflüssen, welche auf die Regelstrecke einwirken, unabhängig sind. Indem wir diesen Zugang benützen, lösen wir innerhalb der Klasse der Systeme mit veränderlicher Struktur die Aufgabe über die Synthese des Steuergliedes eines mehrfach zusammenhängenden Systemes, in welchem der gewünschte Charakter der Koppelungen zwischen den Regelgrößen (darunter auch die Autonomie für jede der Regelgrößen) gesichert ist.

Die Bewegung des mehrfach zusammenhängenden Regelsystems (Abb. 3.7) werde durch das Differentialgleichungssystem

$$(3.101)\quad \begin{cases} x^1 = x_1^1, \quad \dfrac{dx_1^1}{dt} = x_2^1, \\ \dfrac{dx_2^1}{dt} = -a_1^1 x_1^1 - a_2^1 x_2^1 - a_{21} x_1^2 - a_{22} x_2^2 - u^1, \\ x^2 = x_1^2, \quad \dfrac{dx_1^2}{dt} = x_2^2, \\ \dfrac{dx_2^2}{dt} = -a_1^2 x_1^2 - a_2^2 x_2^2 - a_{11} x_1^1 - a_{12} x_2^1 - u^2 \end{cases}$$

beschrieben, wobei alle Koeffizienten konstant sind oder in einem beschränkten Bereich variieren können.

Der Zustand von System (3.101) wird zu jedem Zeitpunkt eindeutig durch die Größen x_1^1, x_2^1, x_1^2, x_2^2 bestimmt. Im folgenden werden wir die Bewegung des Systems im vierdimensionalen Raum X dieser Größen betrachten.

Bei der Synthese von einläufigen Systemen mit veränderlicher Struktur wurde angenommen, daß die Steuergröße eine Linearkombination aus Systemgrößen mit sich sprunghaft ändernden Koeffizienten ist. Daher werden wir auch im vorliegenden Fall annehmen, daß u^1 und u^2 unstetige Funktionen sind. Bevor wir darangehen, das Gesetz für die Änderung von u^1 und u^2 zu bestimmen, wollen wir einige vorbereitende Bemerkungen machen.

Wir wählen das Differentialgleichungssystem

$$(3.102)\quad \begin{cases} \dfrac{dx_1^1}{dt} = -c_1 x_1^1 - c_{21} x_1^2, \\ \dfrac{dx_1^2}{dt} = -c_2 x_1^2 - c_{11} x_1^1 \end{cases}$$

mit konstanten Koeffizienten c_1, c_2, c_{21}, c_{11} derart, daß das Gesetz für die Änderung der Größen x_1^1 und x_1^2 den gewünschten Charakter hat. Wenn dann im System ab einem bestimmten Zeitpunkt eine Bewegung entsteht, welche nicht mehr aufhört und durch die Gleichungen (3.102) beschrieben wird, kann man die Aufgabe über die Synthese der Steuerung als gelöst bezeichnen. Wir sehen, daß die Bewegung, welche durch (3.102) charakterisiert wird, im Raum X längs einer zweidimensionalen Mannigfaltigkeit T erfolgt, welche sich als Schnitt zweier Hyperebenen S_1 und S_2 ergibt. Die Gleichungen dieser zwei Hyperebenen sind

$$(3.103)\quad s_1 = c_1 x_1^1 + x_2^1 + c_{21} x_1^2 = 0$$

bzw.

$$s_2 = c_2 x_1^2 + x_2^2 + c_{11} x_1^1 = 0. \tag{3.104}$$

Wir setzen weiter voraus, daß die beiden Hyperebenen S_1 und S_2 Gleithyperebenen sind und daß der Bildpunkt stets auf eine dieser Hyperebenen auftrifft und danach, nachdem er sich längs dieser bewegt hat, auf die Mannigfaltigkeit T gelangt. Ab diesem Zeitpunkt erfolgt offensichtlich die Bewegung im System in Übereinstimmung mit (3.102).

Beim Auftreffen des Bildpunktes auf S_1 oder S_2 werde die Struktur des Systems geändert. Wir wählen das logische Gesetz für die Änderung der Steuergrößen u^1 und u^2 derart, daß auf diesen Hyperebenen überall die Bedingungen für die Existenz des Gleitzustandes erfüllt sind. Es wird gezeigt, daß diese Aufgabe mit Hilfe einer Steuerung der Form

$$u^1 = \Psi_1 x_1^1 + \Psi_{21} x_1^2 + \Psi_{22} x_2^2, \tag{3.105}$$

$$u^2 = \Psi_2 x_1^2 + \Psi_{11} x_1^1 + \Psi_{12} x_2^1 \tag{3.106}$$

gelöst werden kann mit

$$\Psi_1 = \begin{cases} \alpha_1 & \text{für} \quad x_1^1 s_1 > 0, \\ \beta_1 & \text{für} \quad x_1^1 s_1 < 0, \end{cases} \tag{3.107}$$

$$\Psi_{21} = \begin{cases} \alpha_{21} & \text{für} \quad x_1^2 s_1 > 0, \\ \beta_{21} & \text{für} \quad x_1^2 s_1 < 0, \end{cases} \tag{3.108}$$

$$\Psi_{22} = \begin{cases} \alpha_{22} & \text{für} \quad x_2^2 s_1 > 0, \\ \beta_{22} & \text{für} \quad x_2^2 s_1 < 0, \end{cases} \tag{3.109}$$

$$\Psi_2 = \begin{cases} \alpha_2 & \text{für} \quad x_1^2 s_2 > 0, \\ \beta_2 & \text{für} \quad x_1^2 s_2 < 0, \end{cases} \tag{3.110}$$

$$\Psi_{11} = \begin{cases} \alpha_{11} & \text{für} \quad x_1^1 s_2 > 0, \\ \beta_{11} & \text{für} \quad x_1^1 s_2 < 0, \end{cases} \tag{3.111}$$

$$\Psi_{12} = \begin{cases} \alpha_{12} & \text{für} \quad x_2^1 s_2 > 0, \\ \beta_{12} & \text{für} \quad x_2^1 s_2 < 0. \end{cases} \tag{3.112}$$

Wir bestimmen für das System (3.101) $\dot{s}_1$ in einer Umgebung der Hyperebene S_1:

$$\begin{aligned} \dot{s}_1 = {} & [-(c_1)^2 + c_1 a_2^1 - a_1^1 - \Psi_1] x_1^1 + \\ & + (-c_1 c_{21} + c_{21} a_2^1 - a_{21} - \Psi_{21}) x_1^2 + (c_{21} - a_{22} - \Psi_{22}) \dot{x}_2^2. \end{aligned} \tag{3.113}$$

Analog kann man $\dot{s}_2$ in der Umgebung der Hyperebene S_2 darstellen:

$$\begin{aligned}\dot{s}_2 &= [-(c_1)^2 + c_2 a_2^2 - a_1^2 - \Psi_2] x_1^2 + \\ &+ (-c_2 c_{11} + c_{11} a_2^2 - a_{11} - \Psi_{11}) x_1^1 + (c_{11} - a_{12} - \Psi_{12}) x_2^1.\end{aligned} \tag{3.114}$$

Wir fordern, daß für die Summanden in (3.113) und (3.114) folgende Beziehungen erfüllt sind:

$$[-(c_1)^2 + c_1 a_2^1 - a_1^1 - \Psi_1] x_1^1 s_1 < 0, \tag{3.115}$$

$$(-c_1 c_{21} + c_{21} a_2^1 - a_{21} - \Psi_{21}) x_1^2 s_1 < 0, \tag{3.116}$$

$$(c_{21} - a_{22} - \Psi_{22}) x_2^2 s_1 < 0, \tag{3.117}$$

$$[-(c_1)^2 + c_2 a_2^2 - a_1^2 - \Psi_2] x_1^2 s_2 < 0, \tag{3.118}$$

$$(-c_2 c_{11} + c_{11} a_2^2 - a_{11} - \Psi_{11}) x_1^1 s_2 < 0, \tag{3.119}$$

$$(c_{11} - a_{12} - \Psi_{12}) x_2^1 s_2 < 0. \tag{3.120}$$

Wegen (2.27), (3.113) - (3.120) sind S_1 und S_2 Gleithyperebenen, wenn gilt:

$$\begin{cases} \alpha_1 > \max\limits_{a_1^1, a_2^1} [-(c_1)^2 + c_1 a_2^1 - a_1^1], \\ \beta_1 < \min\limits_{a_1^1, a_2^1} [-(c_1)^2 + c_1 a_2^1 - a_1^1], \end{cases} \tag{3.121}$$

$$\begin{cases} \alpha_{21} > \max\limits_{a_2^1, a_{21}} (-c_1 c_{21} + c_{21} a_2^1 - a_{21}), \\ \beta_{21} < \min\limits_{a_2^1, a_{21}} (-c_1 c_{21} + c_{21} a_2^1 - a_{21}), \end{cases} \tag{3.122}$$

$$\begin{cases} \alpha_{22} > \max\limits_{a_{22}} (c_{21} - a_{22}), \\ \beta_{22} < \min\limits_{a_{22}} (c_{21} - a_{22}), \end{cases} \tag{3.123}$$

$$\begin{cases} \alpha_2 > \max\limits_{a_1^2, a_2^2} [-(c_2)^2 + c_2 a_2^2 - a_1^2], \\ \beta_2 < \min\limits_{a_1^2, a_2^2} [-(c_2)^2 + c_2 a_2^2 - a_1^2), \end{cases} \tag{3.124}$$

$$\begin{cases} \alpha_{11} > \max\limits_{a_2^2, a_{11}} (-c_2 c_{11} + c_{11} a_2^2 - a_{11}), \\ \beta_{11} < \min\limits_{a_2^2, a_{11}} (-c_2 c_{11} + c_{11} a_2^2 - a_{11}). \end{cases} \tag{3.125}$$

$$(3.126)\quad \begin{cases} \alpha_{12} > \max\limits_{a_{12}} (c_{11} - a_{12}), \\ \beta_{12} < \min\limits_{a_{12}} (c_{11} - a_{12}). \end{cases}$$

Falls jede Phasentrajektorie im Raum X mindestens eine der Hyperebenen S_1 oder S_2 schneidet und jede Trajektorie in S_1 und S_2 T trifft, kann man für den Gleitzustand den gewünschten Charakter der Koppelung zwischen den Regelgrößen unabhängig von den veränderlichen Parametern der Strecke sicherstellen, wenn die Bedingungen (3.121) - (3.126) erfüllt sind. Wenn man z.B. c_{11}, c_{21} gleich Null setzt, kann man ein System konstruieren, in welchem ab dem Zeitpunkt, zu welchem der Gleitzustand entsteht, die Autonomie erreicht wird. Dies ist klar, weil für $c_{11}=0$ und $c_{21}=0$ das System (3.102) in zwei unabhängige Gleichungen zerfällt, wodurch eine gegenseitige Beinflussung der Größen x_1^1 und x_1^2 ausgeschlossen ist.

Wendet man das Prinzip der veränderlichen Struktur an, um wechselseitige Koppelungen herzustellen, ist es daher möglich, nicht nur den gewünschten Charakter der Veränderung jeder Regelgröße sicherzustellen, sondern auch den gewünschten Charakter der Koppelungen zwischen den Regelgrößen zu gewährleisten.

Abschließend wollen wir bemerken, daß bei auf eine mehrfach zusammenhängende Strecke einwirkenden äußeren Störungen die Aufgabe über eine Steuerung von höchster Güte erfolgreich gelöst werden kann, wenn gleichzeitig mit der Einführung der oben betrachteten umschaltbaren wechselseitigen Koppelungen die Umschaltung der lokalen Rückführungen für das Stellglied verwendet wird, wie dies in § 7 von Kapitel 2 und in § 3 dieses Kapitels beschrieben wurde.

Kapitel 4

Nichtlineare Strecken

In einer Reihe von praktisch wichtigen Fällen werden die Regelstrecken und Regelvorgänge durch wesentlich nichtlineare Gleichungen beschrieben. Für eine beträchtliche Anzahl von chemischen, metallurgischen Prozessen, solchen mit Kernenergie usw. bestehen die charakteristischen Besonderheiten darin, daß einzelne technologische Parameter von den inneren Koordinaten der Strecke abhängen. Für thermo-chemische heterogene Prozesse, z.B. Abrösten sulfidischer Stoffe im Wirbelschichtverfahren [39], ist eine wesentliche Besonderheit, welche diesen Prozeß als Objekt der automatischen Regelung bestimmt, die Abhängigkeit der Geschwindigkeit der thermo-chemischen heterogenen Reaktion von der Temperatur des Prozesses und der Konzentration der durchströmenden regulierenden Gasphase im Reaktionsvolumen des Apparates (Ofen).

Die Koeffizienten der Differentialgleichungen für derartige Prozesse nehmen nicht nur in Abhängigkeit vom technologischen Betriebszustand verschiedene Werte an, sondern sie hängen im Bereich des gewählten Betriebszustandes von der Regelgröße, der Steuergröße und den Störungen ab. Deshalb enthalten die Differentialgleichungen für derartige Prozesse nichtlineare Glieder in Form von Quadraten, Produkten usw.

Die linearen Verfahren für die Steuerung, d.h. Verfahren, bei welchen wir versuchen, Stabilität und die geforderte Güte des Prozesses sicherzustellen, indem wir die Koeffizienten der Differentialgleichung für die Strecke linear beeinflussen, können nicht immer eine befriedigende Steuerung derartiger Prozesse ermöglichen [39]. Dies liegt an folgendem Sachverhalt. In einer Reihe von äußerst nützlichen technologischen Betriebsweisen können singuläre Punkte (Gleichgewichtslagen) im Phasenraum in der Nähe des Koordinatenursprunges liegen. Dabei sind einige dieser singulären Punkte instabil für beliebige Werte der Parameter des Reglers. Sind nun solche instabile singuläre Punkte in der Nähe des Koordinatenursprunges vorhanden, ist das Gebiet für die Anfangswerte, in welchem die Stabilität des Regelvorganges mit Hilfe linearer Steuerungsgesetze gesichert werden kann, klein. Tatsächlich auf die Strecke einwirkende Störungen können Abweichungen der Regelgröße und deren Änderungsgeschwindigkeit hervorrufen, welche über die Grenze des Stabilitätsgebietes hinausführen.

Im Zusammenhang damit entsteht die Aufgabe, neue regeltechnische Verfahren ausfindig zu machen, welche für Systeme zur Regelung derartiger nichtlinearer Strecken höchste Güte des Regelvorganges und eine Erweiterung des Stabilitätsgebietes gewährleisten.

In diesem Kapitel wird der Versuch unternommen, einen Weg für die Lösung dieser Aufgabe mit Hilfe des Prinzips der veränderlichen Struktur zu skizzieren. Die Ergebnisse dieses Kapitels sind nur als vorläufig und rein qualitativer Art anzusehen. Jedoch zeigen sie, daß die Systeme mit veränderlicher Struktur für die Steuerung wesentlich nichtlinearer Strecken sehr aussichtsreich sind.

§ 1. Lineare Regler für nichtlineare Strecken

Als Beispiel betrachten wir die Aufgabe, ein System für die automatische Regelung der Temperatur eines bestimmten thermo-chemischen heterogenen Prozesses zu konstruieren. In einer Reihe von Fällen kann der thermo-chemische heterogene Prozeß, wie z.B. der Prozeß des Abröstens von Zink- und Molybdänkonzentraten im Wirbelschicht-

Abb. 4.1

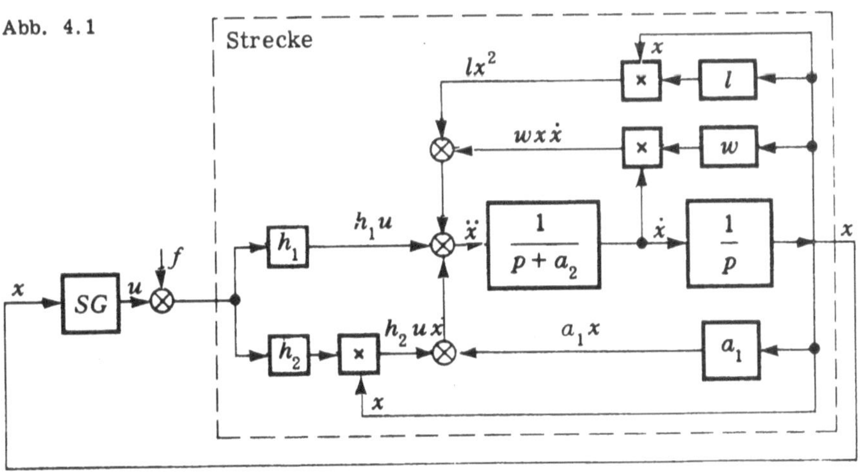

verfahren, durch folgende nichtlineare Differentialgleichung beschrieben werden [39]:

$$\ddot{x}+(a_2+wx)\dot{x}+lx^2+[a_1-h_2(f-u)]x=h_1(f-u). \tag{4.1}$$

In dieser Gleichung ist x das Fehlersignal, der Unterschied zwischen dem wahren Wert und dem Nennwert der Temperatur des Prozesses, u die Steuergröße und f die Störgröße. Die Koeffizienten a_1, a_2, h_1, h_2, l, w sind durch den technologischen Betriebszustand des Regelvorganges bestimmt und variieren in einem weiten Bereich. Das Blockschaltbild des automatischen Systems zur Regelung dieses Prozesses kann in der in Abb. 4.1 angegebenen Form dargestellt werden.

Wir betrachten der Einfachheit halber den Fall der freien Bewegung des Systems, d.h. den Fall $f=0$. Gleichung (4.1) kann man in Form des Differentialgleichungssystems

$$\begin{cases} \dfrac{dx_1}{dt}=x_2, \\ \dfrac{dx_2}{dt}=-(a_2+wx_1)x_2-(a_1+h_2u)x_1-lx_1^2-h_1u \end{cases} \tag{4.2}$$

schreiben.

Wir untersuchen zuerst, welche Möglichkeiten lineare Methoden für die Bildung der Steuergröße besitzen. Die Steuergröße

$$u=\alpha_1x_1+\alpha_2x_2 \tag{4.3}$$

werde mittels eines linearen Reglers gebildet. Das Gleichungssystem (4.2) erhält dann folgende Gestalt:

$$\begin{cases} \dfrac{dx_1}{dt}=x_2, \\ \dfrac{dx_2}{dt}=-[a_2+h_1\alpha_2+(w+h_2\alpha_2)x_1]x_2- \\ \qquad\qquad -(a_1+h_1\alpha_1)x_1-(l+h_2\alpha_1)x_1^2. \end{cases} \tag{4.4}$$

In praktischen Fällen sind die Parameter und die uns interessierenden Größen des Systems derart beschaffen, daß die Ungleichung

$$a_2+h_1\alpha_1 \gg (w+h_2\alpha_2)x_1 \tag{4.5}$$

gilt [39]. Dabei kann man $(w+h_2\alpha_2)x_1=0$ annehmen *).

*) Das Glied $(w+h_2\alpha_2)x_1$ zeigt einen gewissen Einfluß auf das Stabilitätsgebiet, indem es dieses deformiert. Auf den Charakter der Phasentrajektorien hat dieses Glied jedoch keinen wesentlichen Einfluß [39].

Die Gleichungen (4.4) erhalten die Gestalt

$$(4.6)\quad \begin{cases} \dfrac{dx_1}{dt} = x_2, \\ \dfrac{dx_2}{dt} = -(a_2 + h_1\alpha_2)\,x_2 - (a_1 + h_1\alpha_1)\,x_1 - \\ \qquad\qquad - (l + h_2\alpha_1)\,x_1^2. \end{cases}$$

Die Gleichung für die Integralkurven des Differentialgleichungssystems (4.6) kann auf folgende Weise geschrieben werden:

$$(4.7)\quad \frac{dx_2}{dx_1} = -(a_2 + h_1\alpha_2) - (a_1 + h_1\alpha_1)\frac{x_1}{x_2} - (l + h_2\alpha_1)\frac{x_1^2}{x_2}.$$

Aus (4.7) erhält man das Gleichungssystem zur Bestimmung der Koordinaten der singulären Punkte:

$$(4.8)\quad \begin{cases} -(a_2 + h_1\alpha_2)\,x_2 - (a_1 + h_1\alpha_1)\,x_1 - (l + h_2\alpha_1)\,x_1^2 = 0, \\ \qquad\qquad x_2 = 0. \end{cases}$$

System (4.8) besitzt zwei Wurzeln und dementsprechend zwei singuläre Punkte O_1 und O_2 in der Phasenebene mit den Koordinaten

$$(4.9)\quad \begin{cases} x_{2O_1} = 0, \quad x_{1O_1} = \dfrac{-(a_1 + h_1\alpha_1) + |a_1 + h_1\alpha_1|}{2(l + h_2\alpha_1)}, \\ x_{2O_2} = 0, \quad x_{1O_2} = \dfrac{-(a_1 + h_1\alpha_1) - |a_1 + h_1\alpha_1|}{2(l + h_2\alpha_1)}. \end{cases}$$

Wir untersuchen die Lage der singulären Punkte O_1 und O_2 in der Phasenebene und das Verhalten der Phasentrajektorien in deren Umgebung bei verschiedenen Werten der Parameter des Prozesses und des Reglers.

Aus (4.9) sieht man, daß für α_1 mit $a_1 + h_1\alpha_1 > 0$

$$(4.10)\quad x_{1O_1} = 0, \quad x_{1O_2} = -\frac{a_1 + h_1\alpha_1}{l + h_2\alpha_1}$$

gilt und für α_1 mit $a_1 + h_1\alpha_1 < 0$

$$(4.11)\quad x_{1O_2} = 0, \quad x_{1O_1} = -\frac{a_1 + h_1\alpha_1}{l + h_2\alpha_1}.$$

Dabei hängt offensichtlich die Lage der singulären Punkte mit den von Null verschiedenen Koordinaten vom Vorzeichen des Ausdruckes $l + h_2\alpha_1$ im Nenner ab. Die speziellen Eigenschaften des vorliegenden Prozesses gestatten es, diesen Ausdruck auf folgende Weise darzustellen:

$$(4.12)\quad l + h_2\alpha_1 = v\,(k_1 + k_2\alpha_1),$$

wobei v die Ableitung der Reaktionsgeschwindigkeit nach der Temperatur ist. k_1 und k_2 sind Koeffizienten, welche durch die Parameter des Prozesses bestimmt werden.

Ein interessantes und wichtiges Merkmal des vorliegenden Prozesses ist die Tatsache, daß das Vorzeichen des Ausdruckes $k_1+k_2\alpha_1$ mit dem Vorzeichen von $a_1+h_1\alpha_1$ übereinstimmt und sich bei Änderung des Koeffizienten α_1 praktisch gleichzeitig mit dem Vorzeichen von $a_1+h_1\alpha_1$ ändert [39]. Das Vorzeichen der Koordinaten x_{1O_1} bzw. x_{1O_2} ist daher vollständig durch das Vorzeichen der Ableitung der Reaktionsgeschwindigkeit nach der Temperatur bestimmt. Ist für den Prozeß $v>0$, d.h. bei Erhöhung der Temperatur wächst die Reaktionsgeschwindigkeit, befinden sich die singulären Punkte immer links vom Koordinatenursprung; für $v<0$ rechts davon. Der kritische Wert von α_1, bei welchem der Ausdruck $a_1+h_1\alpha_1$ sein Vorzeichen wechselt, ist für den vorliegenden Prozeß negativ:

$$(4.13) \qquad \alpha_1 = k_{\text{krit}} = -\frac{a_1}{h_1}.$$

Für $\alpha_1>k_{\text{krit}}$ ist offensichtlich $a_1+h_1\alpha_1>0$, für $\alpha_1<k_{\text{krit}}$ $a_1+h_1\alpha_1<0$.

Ein anderes, sehr wichtiges Merkmal des betrachteten Prozesses besteht darin, daß - wie in [39] gezeigt wird - die Größe α_1 für $\alpha_1 \neq k_{\text{krit}}$ die Koordinaten der singulären Punkte praktisch nicht beeinflußt. Diese Koordinaten werden vollständig durch die Parameter des technologischen Prozesses bestimmt.

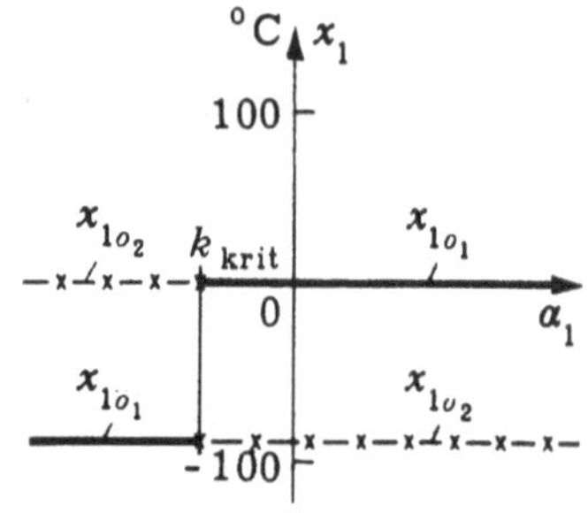

Abb. 4.2

In Abb. 4.2 ist die Abhängigkeit der Koordinaten der singulären Punkte O_1 und O_2 vom Wert des Übertragungsfaktors α_1 dargestellt, wie sie in [39] erhalten wurde. Als Beispiel ist die Abhängigkeit angegeben, welche für den Prozeß des Abröstens von Molybdänkonzentraten im Wirbelschichtverfahren bei einem Temperaturnennwert von $t=550°$ C berechnet wurde. Wie aus der Zeichnung zu sehen ist, vertauschen die singulären Punkte O_1 und O_2 für $\alpha_1=k_{\text{krit}}$ sprunghaft ihre Lage. Für alle übrigen Werte von α_1 verändern sich die Koordinaten der singulären Punkte nicht.

Durch Wahl des Parameters α_1 des linearen Reglers können wir daher die Koordinaten der singulären Punkte, welche durch die Parameter des Prozesses bestimmt sind, leider nicht beeinflussen.

Wir setzen jetzt $v>0$ voraus und untersuchen, wie die Parameter des Reglers auf das Verhalten der Phasenkurven des automatischen Regelsystems einwirken.

Man kann zeigen (wir verweisen den interssierten Leser auf [39]), daß der singuläre Punkt O_1 immer ein Knoten- oder Strudelpunkt ist, stabil oder instabil. Der singuläre Punkt O_2 ist immer Sattelpunkt. Der Charakter des singulären Punktes O_1 hängt von einer Beziehung zwischen den Koeffizienten von x und $\dot{x}$ ab, welche durch die Systemparameter bestimmt ist.

1. Für $a_2 + h_1\alpha_2 < 0$ und $\frac{(a_2 + h_1\alpha_2)^2}{4} > |a_1 + h_1\alpha_1|$ ist der Punkt O_1 ein instabiler Knoten. Das Phasenbild des Systems ist für $\alpha_1 > k_{krit}$ in Abb. 4.3, *a* und für $\alpha_1 < k_{krit}$ in Abb. 4.3, *b* angegeben.

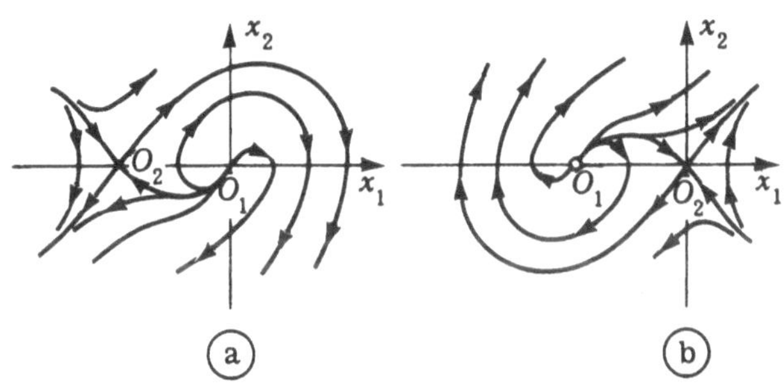

Abb. 4.3

2. Für $a_2 + h_1\alpha_2 < 0$ und $\frac{(a_2 + h_1\alpha_2)^2}{4} < |a_1 + h_1\alpha_1|$ ist der Punkt O_1 ein instabiler Strudelpunkt. Das Phasenbild des Systems ist für $\alpha_1 > k_{krit}$ bzw. $\alpha_1 < k_{krit}$ in Abb. 4.4, *a* bzw. 4.4, *b* dargestellt.

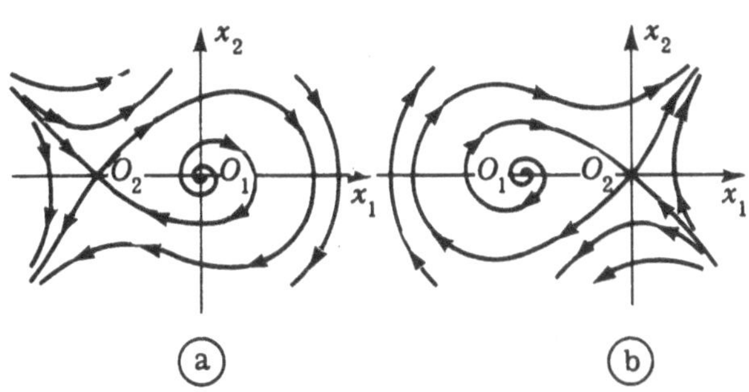

Abb. 4.4

3. Für $a_2 + h_1\alpha_2 > 0$ und $\frac{(a_2 + h_1\alpha_2)^2}{4} > |a_1 + h_1\alpha_1|$ ist der Punkt O_1 ein stabiler Knoten. Das Phasenbild des Systems ist für $\alpha_1 > k_{krit}$ in Abb. 4.5 *a* gezeichnet.

4. Für $a_2 + h_1\alpha_2 > 0$ und $\frac{(a_2 + h_1\alpha_2)^2}{4} < |a_1 + h_1\alpha_1|$ ist der Punkt O_1 ein stabiler Strudelpunkt. Das Phasenbild findet man für $\alpha_1 > k_{krit}$ in Abb. 4.5, *b*.

In den Fällen 3 und 4 existiert ein Gebiet der Anfangswerte, für welche das System stabil ist. Wie man jedoch sieht, sind diese Gebiete beschränkt.

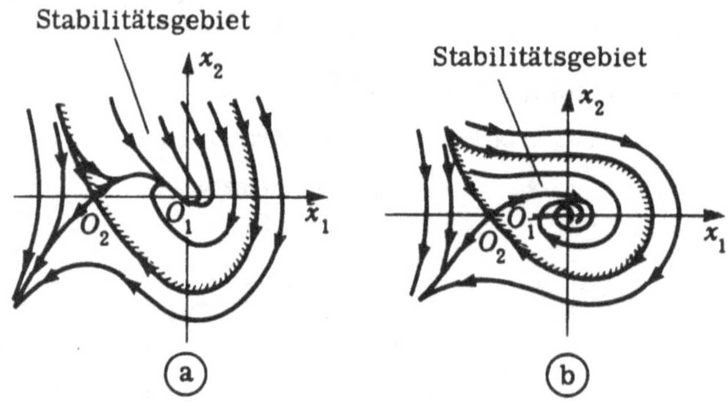

Abb. 4.5

In Systemen mit linearem Steuerungsgesetz genießen natürlich nur die Fälle 3 und 4 Interesse. Wenn wir durch die Parameter des Reglers die Koordinaten der singulären Punkte beeinflussen könnten, würden wir durch entsprechende Wahl von α_1 den singulären Punkt O_2 nach $-\infty$ versetzen und dadurch das Stabilitätsgebiet auf die erforderliche Größe erweitern. Wie schon festgestellt wurde, besitzen jedoch die Parameter des Reglers keinen Einfluß auf die Koordinaten der singulären Punkte. Dazu kommt, daß auf Grund der Beschaffenheit der Parameter des Prozesses der instabile Sattelpunkt sich nahe beim Koordinatenursprung befindet und dadurch das Stabilitätsgebiet zu klein werden kann.

Wir werden versuchen, mit Hilfe des Prinzipes der veränderlichen Struktur ein automatisches Regelsystem für den vorliegenden Prozeß zu konstruieren, welches ein hinreichend großes Stabilitätsgebiet und eine Regelung von höchster Güte gewährleistet. Dabei werden wir nicht zu einer Methode Zuflucht nehmen, welche die Erweiterung des Stabilitätsgebietes durch Verschiebung des singulären Punktes O_2 in genügend große Entfernung vom Koordinatenursprung bewerkstelligt.

§ 2. Die Synthese des Steuerungsgesetzes

Wir nehmen an, daß die Steuergröße in der Form

$$u = \Psi x_1 \tag{4.14}$$

gebildet werden kann mit

$$\Psi = \begin{cases} \alpha = k > k_{\text{krit}}, \\ \beta = -k < k_{\text{krit}}. \end{cases} \tag{4.15}$$

Der Koeffizient Ψ wechselt im Laufe des Regelvorganges sprunghaft seinen Wert, wodurch die Struktur des Systems geändert wird.

Für $\Psi = k$ kann die freie Bewegung des automatischen Regelsystems (4.4) durch folgendes Differentialgleichungssystem beschrieben werden:

$$\begin{cases} \frac{dx_1}{dt} = x_2, \\ \frac{dx_2}{dt} = -(a_2 + wx_1)\,x_2 - (l + h_2k)\,x_1^2 - (a_1 + h_1k)\,x_1. \end{cases} \tag{4.16}$$

In diesem Fall liegt der singuläre Punkt O_1 im Koordinatenursprung. Der Punkt O_2 befindet sich auf der x_1-Achse links vom Koordinatenursprung.

Für $\Psi = -k$ wird die freie Bewegung des automatischen Regelsystems durch

$$\begin{cases} \frac{dx_1}{dt} = x_2, \\ \frac{dx_2}{dt} = -(a_2 + wx_1)\,x_2 - (l - h_2k)\,x_1^2 - (a_1 - h_1k)\,x_1 \end{cases} \tag{4.17}$$

beschrieben. Hier vertauschen die singulären Punkte O_1 und O_2 ihre Lage im Vergleich zum vorhergehenden Fall. Im Koordinatenursprung liegt jetzt der Punkt O_2, während sich auf der x_1-Achse links vom Koordinatenursprung der Punkt O_1 befindet.

Daher kann in ein und demselben Punkt der Phasenebene das Verhalten der Phasentrajektorien in Abhängigkeit von der Struktur des Systems verschieden sein.

Wir werden versuchen, dies für die Konstruktion des Phasenbildes eines stabilen Systems zu benützen, und untersuchen, wie das Schaltgesetz für den Koeffizienten Ψ bei verschiedenen Werten der Systemparameter beschaffen sein muß, damit die verschiedenen Forderungen an die Güte des Regelvorganges erfüllt werden können.

Die Parameter des Prozesses und des Reglers, welche die Koeffizienten von x_1 und x_2 in den Gleichungen (4.16) und (4.17) bestimmen, seien derart beschaffen, daß in einer uns interessierenden Umgebung des Koordinatenursprunges die Ungleichungen

$$(4.18) \qquad \begin{cases} a_2 + wx_1 < 0, \\ \dfrac{(a_2+wx_1)^2}{4} < |a_1 + h_1 k|, \\ \dfrac{(a_2+wx_1)^2}{4} < |a_1 - h_1 k| \end{cases}$$

gelten. Dabei ist der singuläre Punkt O_1 ein instabiler Strudelpunkt, während O_2 ein Sattelpunkt ist. Dem Fall $\Psi=k$ entspricht das Phasenbild in Abb. 4.4, *a*, dem Fall $\Psi=-k$ jenes aus Abb. 4.4, *b*.

Wir wollen ein Phasenbild derart konstruieren, daß das System bei beliebigen Anfangsbedingungen stabil ist.

Es sei $\Psi=k$ für $x_2+c_1x_1>0$ und $\Psi=-k$ für $x_2+c_1x_1<0$, wobei $c_1>0$ ein konstanter Koeffizient ist. Das Schaltgesetz hat demnach die Form

$$(4.19) \qquad \Psi = \begin{cases} k & \text{für} \quad x_2 + c_1 x_1 > 0, \\ -k & \text{für} \quad x_2 + c_1 x_1 < 0. \end{cases}$$

In den Abb. 4.6, *a*, *b*, *c* wird gezeigt, wie das Phasenbild gebildet wird und wie das zusammengesetzte Phasenbild mit dem Schaltgesetz (4.19) aussieht. Der Buchstabe *r* in Abb 4.4, *c* bezeichnet (wie auch überall im folgenden) die Grenze des Gebietes, in welchem der Gleitzustand existiert. Die Strecke mO_2 der Schaltgeraden ist dadurch gekennzeichnet, daß die Phasentrajektorien für beide Strukturen von dieser Strecke weggerichtet sind.

Abb. 4.6

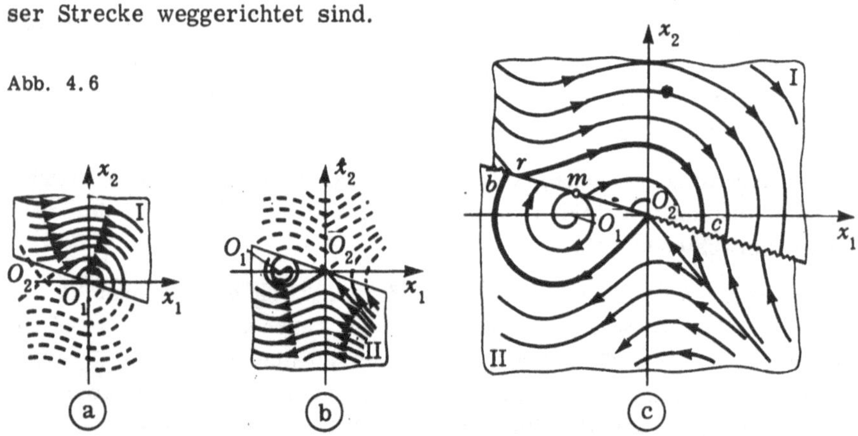

Obwohl beide singulären Punkte für beide Strukturen instabil sind, ist es durch Wechsel der Struktur während des Regelvorganges möglich, ein für beliebige Anfangsbedingungen stabiles System zu erhalten. In der Nähe der Gleichgewichtsanlage ist der Grenzzyklus O_2brc vorhanden, dessen Parameter im wesentlichen von der Entfernung des instabilen singulären Punktes O_2, des Sattelpunktes in der Struktur für $\Psi = k$, vom Koordinatenursprung abhängt. Die Koordinate des singulären Punktes O_2 wird, wie schon erwähnt wurde, durch den Ausdruck

$$x_{1O_2} = -\frac{a_1 + h_1 k}{l + h_2 k}$$

bestimmt, d.h. die Entfernung des Punktes O_2 vom Koordinatenursprung und daher auch die Parameter des Grenzzyklus hängen von den Koordinaten a_1, h_1, h_2 und l ab. Wenn Veränderungen in den Parametern des Prozesses bewirken, daß sich der Punkt O_2 vom Koordinatenursprung entfernt, wächst die Amplitude der Eigenschwingung und kann ab einem bestimmten Zeitpunkt den zulässigen Wert überschreiten. Diese Tatsache schränkt die Anwendung von Gesetz (4.19) ein. Eine Änderung der Parameter des Prozesses, bei der die Bedingungen (4.18) verletzt sind, bewirkt keine qualitative Änderung des Phasenbildes. Wenn sich die Parameter des Prozesses derart ändern, daß die Bedingungen

$$(4.20)\quad \begin{cases} a_2 + wx_1 < 0, \\ \dfrac{(a_2^2 + wx_1)^2}{4} > |a_1 + h_1 k|, \\ \dfrac{(a_2^2 + wx_1)^2}{4} > |a_1 - h_1 k| \end{cases}$$

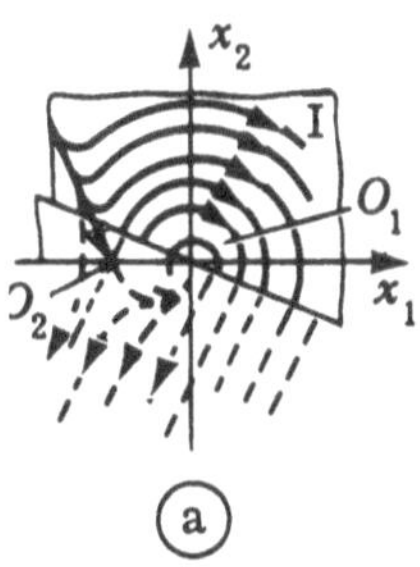

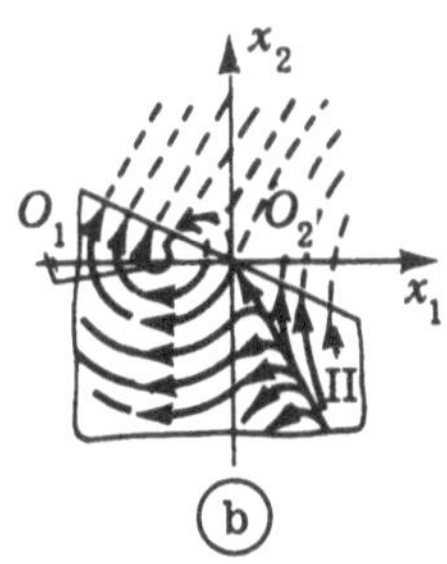

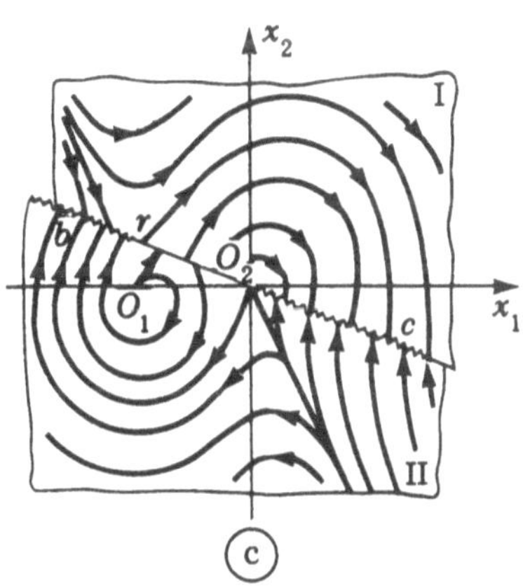

Abb. 4.7

erfüllt werden, d.h. der singuläre Punkt O_1 wird ein instabiler Knoten, erhält das Phasenbild die in Abb. 4.7, *a* angegebene Gestalt. Die

Abbildung zeigt, daß die qualitativen Merkmale des Phasenbildes aus Abb. 4.6 erhalten bleiben.

Wir versuchen, ein Schaltgesetz zu finden, für welches der Grenzzyklus fehlt und im System eine einzige Gleichgewichtslage existiert.

Es seien wieder die Bedingungen (4.18) erfüllt, d.h. es gilt

$$a_2 + wx_1 < 0,$$

$$\frac{(a_2 + wx_1)^2}{4} < |a_1 + h_1 k|, \quad \frac{(a_2 + wx_1)^2}{4} < |a_1 - h_1 k|.$$

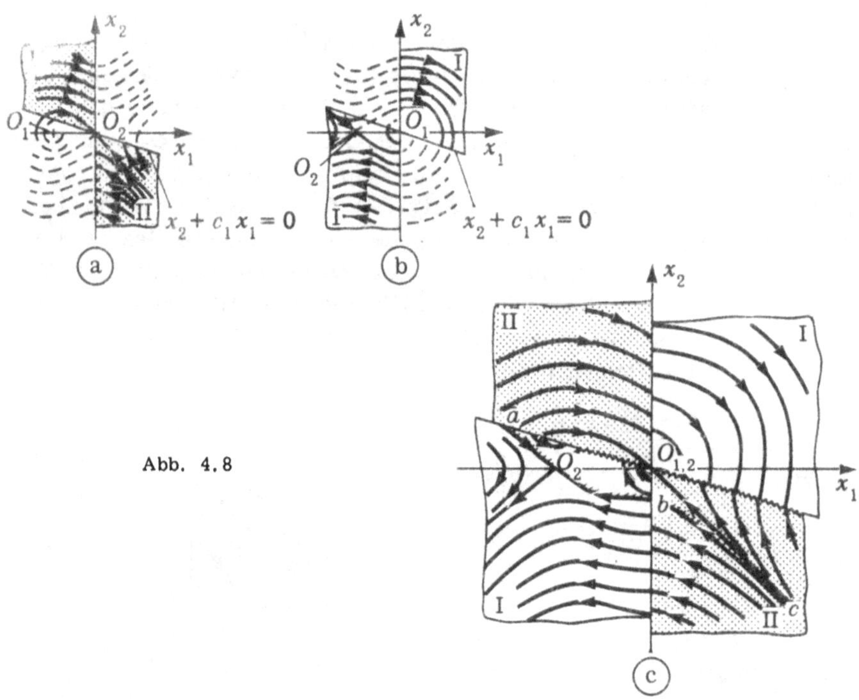

Abb. 4.8

Das Schaltgesetz habe die Gestalt

$$(4.21) \qquad \Psi = \begin{cases} k & \text{für} \quad x_1(x_2 + c_1 x_1) > 0, \\ -k & \text{für} \quad x_1(x_2 + c_1 x_1) < 0. \end{cases}$$

Für $(x_2 + c_1 x_1)x_1 > 0$ bewegt sich der Bildpunkt längs der Trajektorien des Gebietes *I* (Abb. 4.8, *b*), für $(x_2 + c_1 x_1)x_1 < 0$ längs der Trajektorien aus dem Gebiet *II* (Abb. 4.8, *a*). Das zusammengesetzte Phasenbild des Systems mit dem Schaltgesetz (4.21) hat die in Abb. 4.8, *c* dargestellte Form.

Wie an Hand des Phasenbildes zu sehen ist (Abb. 4.8, *c*), gelangt für einen Großteil der Anfangsbedingungen der Bildpunkt in die Gleichgewichtslage, welche sich im Koordinatenursprung innerhalb des Existanzgebietes für den Gleitzustand befindet.

Jedoch existiert in diesem Fall unterhalb der Kurve *abc* ein Gebiet für die Anfangsbedingungen, für welche das System instabil ist, d.h. das Stabilitätsgebiet für die Anfangswerte ist beschränkt.

Wir nehmen jetzt an, daß sich im System mit dem Steuerungsgesetz (4.21) die Parameter so ändern, daß die Ungleichungen (4.18) in die Ungleichungen (4.20) übergehen:

$$a_2 + wx_1 < 0,$$

$$\frac{(a_2 + wx_1)^2}{4} > |a_1 + h_1 k|, \quad \frac{(a_2 + wx_1)^2}{4} > |a_1 - h_1 k|.$$

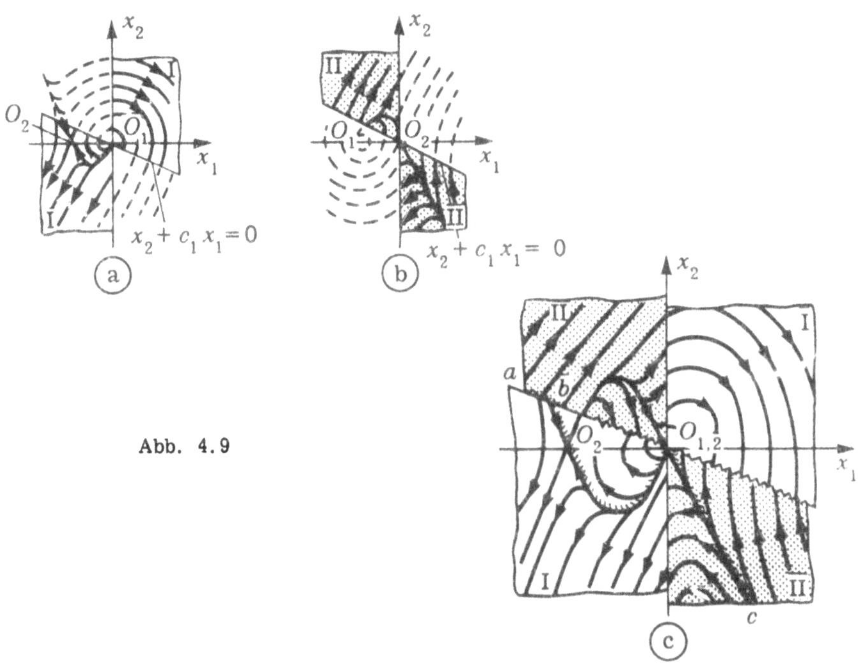

Abb. 4.9

Dabei wird der singuläre Punkt O_1, welcher bis dahin ein instabiler Strudelpunkt war, zu einem instabilen Knoten. Der singuläre Punkt O_2 ist wie zuvor ein Sattelpunkt. Das Phasenbild des Systems ist für $\Psi = k$ in Abb. 4.9, *a* und für $\Psi = -k$ in Abb. 4.9, *b* angegeben.

Die Änderung im Verhalten der Trajektorien in der Umgebung des singulären Punktes O_1 kann die Arbeitsfähigkeit des Systems vollständig aufheben. Wie man aus dem Phasenbild des Systems mit veränderlicher Struktur mit der Steuerung (4.21) sehen kann, läuft die Grenze des Stabilitätsgebietes $abO_2O_{1,2}c$ über den Koordinatenursprung (Abb. 4.9, c), wenn die Ungleichungen (4.20) erfüllt sind. Der Bildpunkt kann, nachdem er in den Koordinatenursprung gelangt ist, immer in das Instabilitätsgebiet gelangen. Die Änderung im Verhalten der Bewegung in der Umgebung des singulären Punktes O_1 führt faktisch zum Verlust der Stabilität bei beliebigen Anfangsbedingungen.

Bei Werten der Systemparameter, welche den Bedingungen (4.20) genügen, muß daher das Schaltgesetz (4.21) verbessert werden. Zu diesem Zweck werden wir im Verlauf des Regelvorganges das System aufschneiden, wenn die Bedingung $(x_1 - c_2x_2)x_1 < 0$ erfüllt ist. Dabei ist $c_2 > 0$ eine Konstante. Das Schaltgesetz erhält die Form

$$\left\{\Psi = \begin{cases} k & \text{für } (x_2 + c_1x_1)(x_1 - c_2x_2) > 0, \\ 0 & \text{für } (x_1 - c_2x_2)x_1 < 0, \\ -k & \text{für } (x_2 + c_1x_1)x_1 < 0. \end{cases}\right. \tag{4.22}$$

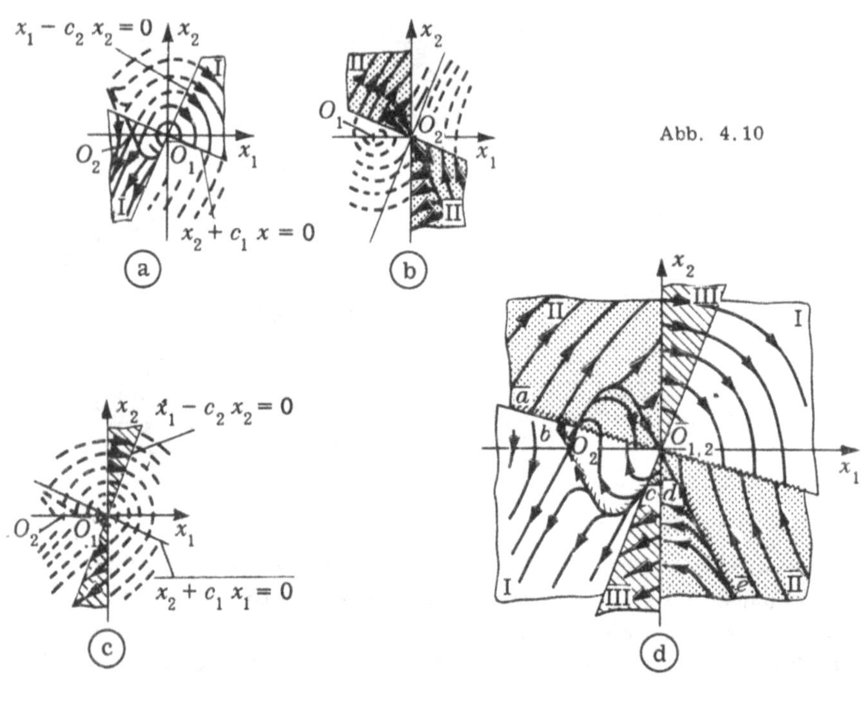

Abb. 4.10

Die Phasenbilder des Systems für $\Psi = k$, $\Psi = -k$ und des offenen Systems sind in den Abb. 4.10, *a, b, c* angegeben. Das Phasenbild des Systems mit veränderlicher Struktur mit dem Schaltgesetz (4.22) ist in Abb. 4.10, *d* dargestellt.

Die Bewegung des Systems mit dem Schaltgesetz (4.22) ist für den Bereich der Anfangswerte, welcher oberhalb der Kurve *abcde* liegt, stabil. Wenn der Bildpunkt bei den praktisch vorkommenden Störungen dieses Gebiet nie verläßt, kann man (4.22) für die Regelung des Vorganges verwenden.

Die Größe des Stabilitätsgebietes für das System mit dem Schaltgesetz (4.22) wird hauptsächlich durch die Entfernung des Sattelpunktes O_2 vom Koordinatenursprung bestimmt. Bei Vergrößerung bzw. Verkleinerung dieses Abstandes wird auch das Stabilitätsgebiet größer (Abb. 4.11, *b*) bzw. kleiner (Abb. 4.11, *a*). Zum Unterschied von dem System mit der Steuerung (4.19), wo eine Vergrößerung des Abstandes von O_2 vom Koordinatenursprung zu einer größeren Amplitude des Grenzzyklus führte und unerwünscht war (Abb. 4.6), zieht eine Vergrößerung des Abstandes von O_2 vom Koordinatenursprung bei dem System mit der Steuerung (4.22) keine unerwünschten Folgen nach sich.

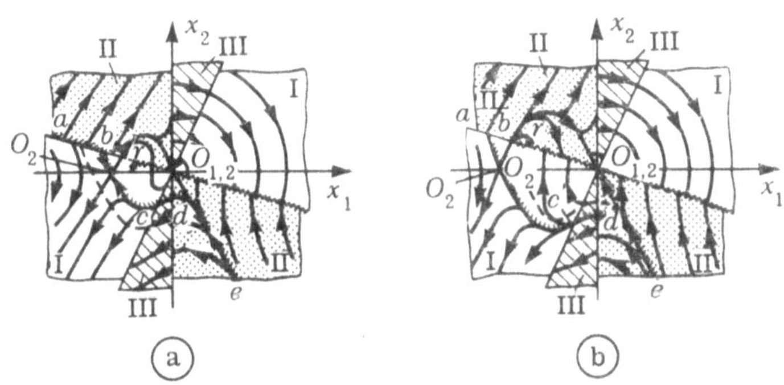

Abb. 4.11

Wenn sich die Parameter des Prozesses derart ändern, daß der singuläre Punkt O_1 ein instabiler Strudel wird, verschlechtern sich in dem System mit dem Schaltgesetz (4.22) die dynamischen Eigenschaften, wie man sieht, nicht. Das Stabilitätsgebiet wird ebenfalls nicht kleiner.

Auf Grund der Analyse der betrachteten Gesetze kann man sehen, daß das Schaltgesetz (4.19) Stabilität des Systems für beliebige Anfangswerte sichert. Jedoch entsteht in der Nähe der Gleichgewichtslage ein Grenzzyklus, dessen Amplitude unzulässig groß werden kann, wenn sich der Sattelpunkt O_2 vom Koordinatenursprung entfernt. Im System mit dem Schaltgesetz (4.22) fehlt der Grenzzyklus, gleichgültig wo sich der Sattelpunkt befindet. Wenn sich jedoch dieser Punkt dem Koordinatenursprung nähert, verkleinert sich das Stabilitätsgebiet für die Anfangswerte sehr.

In einer Reihe von Fällen können sich die Parameter des Prozesses derart stark ändern, daß keines der Gesetze (4.19) oder (4.22) ein befriedigendes Arbeiten des Systems sicherstellen kann. Entweder wird die Amplitude der Eigenschwingung für (4.19) zu groß, oder das Stabilitätsgebiet für (4.22) ist zu klein.

Wir versuchen, das Schaltgesetz (4.22) derart abzuändern, daß das Stabilitätsgebiet unbeschränkt wird. Wir bilden das Phasenbild des

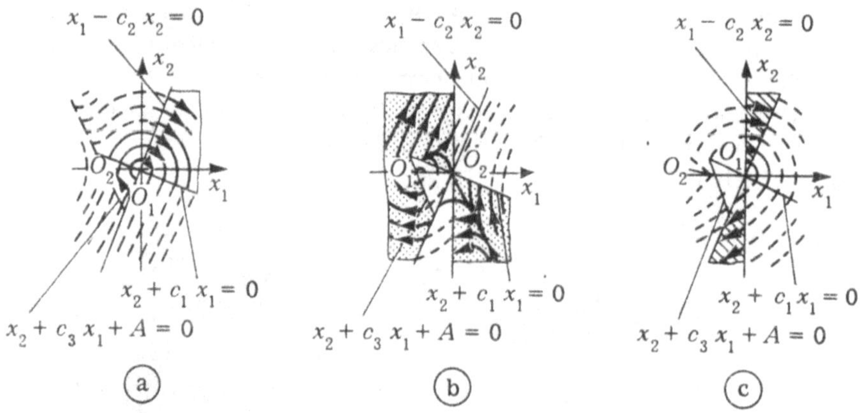

Abb. 4.12

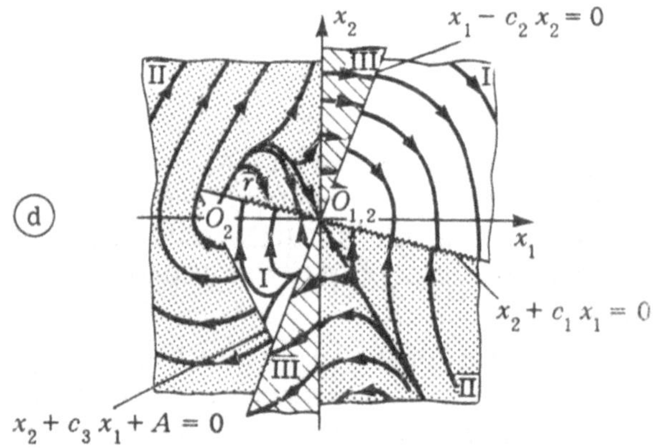

Systems mit veränderlicher Struktur, wie es in Abb. 4.12 gezeigt wird. Dazu legen wir durch den Punkt der Phasenebene, in welchem der singuläre Punkt O_2 für den Betriebszustand mit den Nennwerten der Parameter liegt, eine Gerade mit der Gleichung $x_2+c_3x_1+A=0$, $c_3>0$. Das Schaltgesetz erhält die Form

$$(4.23)\qquad \Psi=\begin{cases} k & \text{für } (x_2+c_1x_1)(x_1-c_2x_2)>0, \\ & \text{wenn } (x_2+c_3x_1+A)>0, \\ 0 & \text{für } (x_1-c_2x_2)x_1<0, \\ -k & \text{für } \begin{cases} (x_2+c_1x_1)x_1<0, \\ (x_2+c_1x_1)(x_1-c_2x_2)>0, \\ \text{wenn } (x_2+c_3x_1+A)<0. \end{cases} \end{cases}$$

Wie man an Hand des Phasenbildes sieht, ist das automatische Regelsystem mit dem Schaltgesetz (4.23) stabil für beliebige Anfangswerte. Die Gleichgewichtslage des Systems befindet sich in dem Bereich, für welchen der Gleitzustand existiert.

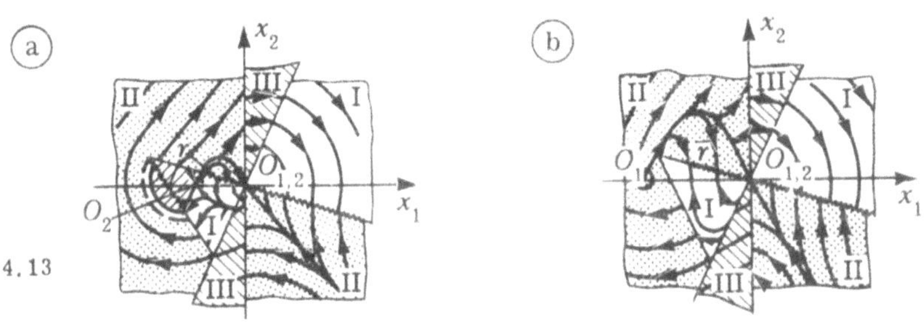

Abb. 4.13

Veränderungen in den Parametern des Prozesses, welche bewirken, daß sich der singuläre Punkt vom Koordinatenursprung entfernt, lassen im Phasenbild des Systems keinerlei neue Merkmale entstehen (Abb. 4.13, *b*). Wenn sich jedoch die Koordinaten des Systems derart ändern, daß sich der Sattelpunkt O_2 dem Koordinatenursprung nähert und im Gebiet *I* (Abb. 4.13, *a*) liegt, sind auf der Geraden x_2+ $+c_3x_1+A=0$ die Existenzbedingungen für den Gleitzustand erfüllt. Dabei entsteht für ein bestimmtes Gebiet von Anfangswerten (in Abb. 4.13, *a* schraffiert) im Schnittpunkt der Geraden $x_2+c_3x_1+A=0$ mit der x_1-Achse eine neue Gleichgewichtslage, welche in dem Bereich liegt, für den der Gleitzustand existiert.

Diese zusätzliche Gleichgewichtslage kann zu beträchtlichen stationären Fehlern führen, was häufig vollkommen unzulässig ist. Deshalb muß das Schaltgesetz (4.23) derart modifiziert werden, daß das Entstehen einer zweiten Gleichgewichtslage ausgeschlossen wird.

Wir konstruieren das Phasenbild des Systems mit veränderlicher Struktur, wie es in Abb. 4.14, *a* gezeigt ist. In dieser Zeichnung geht die Gerade mit der Gleichung $x_1 - c_4x_2 + A_2 = 0$, $c_4 > 0$, durch jenen Punkt der Phasenebene, in welchem sich im nominalen Betriebzustand der singuläre Punkt O_2 befindet.

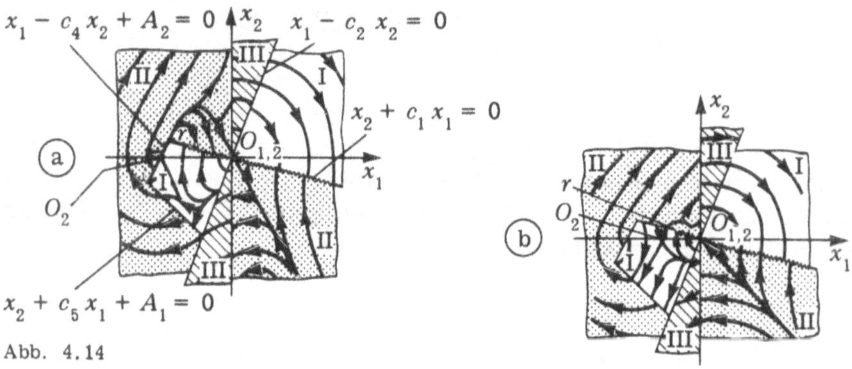

Abb. 4.14

Das modifizierte Schaltgesetz besitzt folgende Form:

$$(4.24)\qquad \Psi = \begin{cases} k & \text{für } (x_2 + c_1x_1)(x_1 - c_2x_2) > 0, \\ & \text{wenn } (x_2 + c_5x_1 + A_1)(x_1 - c_4x_2 + A_2) > 0, \\ 0 & \text{für } (x_1 - c_2x_2)x_1 < 0, \\ -k & \text{für } \begin{cases} (x_2 + c_1x_1)x_1 < 0, \\ (x_2 + c_1x_1)(x_1 - c_2x_2) > 0, \\ \text{wenn } (x_2 + c_5x_1 + A_1)(x_1 - c_4x_2 + A_2) < 0 \end{cases} \end{cases}$$

mit $0 < c_5 < c_3$ (siehe das Gesetz (4.23)).

Bei Veränderungen der Parameter des Prozesses, welche eine Annäherung des singulären Punktes an den Koordinatenursprung hervorrufen, erfährt das Phasenbild des Systems keine qualitativen Änderungen (Abb. 4.14, *b*). Es entsteht keine zusätzliche Gleichgewichtslage. Um so weniger ergibt sich eine qualitative Änderung des Bildes, wenn sich der singuläre Punkt vom Koordinatenursprung entfernt. Eine Veränderung der Parameter, welche den Charakter des singulären Punktes O_1 ändert und diesen in einen instabilen Strudelpunkt umwandelt, kann offensichtlich ebenfalls die Eigenschaften des Systems mit dem Gesetz (4.24) nicht verschlechtern.

Das automatische Regelsystem mit veränderlicher Struktur mit dem Schaltgesetz (4.24) ist daher für beliebige Werte der Parameter des Prozesses und für beliebige Anfangsbedingungen stabil. Die stabile Gleichgewichtslage, welche im Koordinatenursprung liegt, wird aus beliebiger Anfangslage erreicht, wobei die Regelabweichung x_1 höchstens zweimal ihr Vorzeichen wechselt.

Wenn die Parameter des Prozesses derart variieren, daß der singuläre Punkt O_1 immer ein instabiler Strudelpunkt ist, d.h. im System immer die Bedingungen (4.18) erfüllt sind, kann man das Schaltgesetz vereinfachen. In diesem Fall kann die Struktur ausgeschlossen werden, welche dem offenen System entspricht. Das Schaltgesetz dafür hat die Gestalt

$$(4.25) \qquad \Psi = \begin{cases} k & \text{für} \quad (x_2 + c_1 x_1) x_1 > 0, \\ & \text{wenn} \quad (x_2 + c_3 x_1 + A) > 0, \\ -k & \text{für} \quad \begin{cases} (x_2 + c_1 x_1) x_1 < 0, \\ (x_2 + c_1 x_1) x_1 > 0, \\ \text{wenn} \quad (x_2 + c_3 x_1 + A) < 0. \end{cases} \end{cases}$$

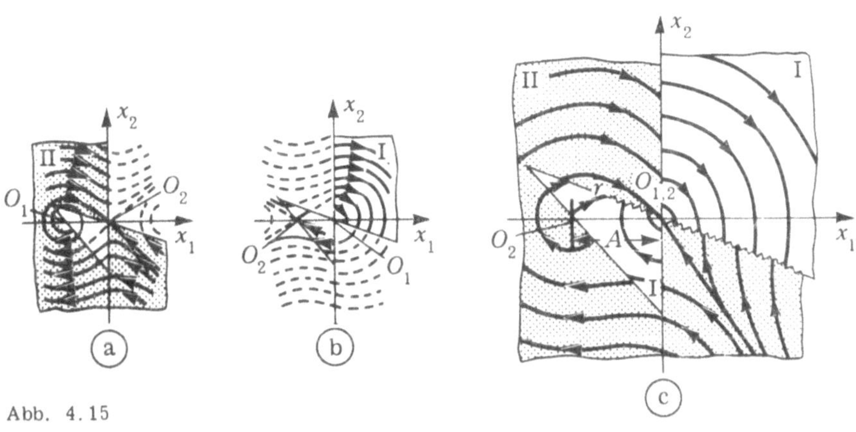

Abb. 4.15

Das Phasenbild des Systems mit dem Schaltgesetz (4.25) bei nominalen Parameterwerten ist in Abb 4.15 angegeben. Eine Änderung der Parameter, welche sich auch auf die Koordinaten des singulären Punktes auswirkt, beeinflußt die Eigenschaften des Systems ähnlich wie in jenem Fall, wo das Schaltgesetz die Form (4.24) besitzt (Abb. 4.16, *a*, *b*). Eine Annäherung des singulären Punktes O_2 an den Koordinatenursprung führt wie im weiter oben betrachteten Fall zur Entstehung einer zusätzlichen Gleichgewichtslage im System (Abb. 4.16, *a*).

Diese Gleichgewichtslage kann durch eine analoge Modifikation des Schaltgesetzes ausgeschlossen werden, welches dann folgende Form erhält:

$$
(4.26)\qquad \Psi = \begin{cases} k \text{ für } & (x_2 + c_1x_1)x_1 > 0, \\ & \text{wenn } (x_2 + c_5x_1 + A_1)(x_1 - c_4x_1 + A_2) > 0, \\ -k \text{ für } & \begin{cases} (x_2 + c_1x_1)x_1 < 0, \\ (x_2 + c_1x_1)x_1 > 0, \\ \text{wenn } (x_2 + c_5x_1 + A_1)(x_1 - c_4x_1 + A_2) < 0. \end{cases} \end{cases}
$$

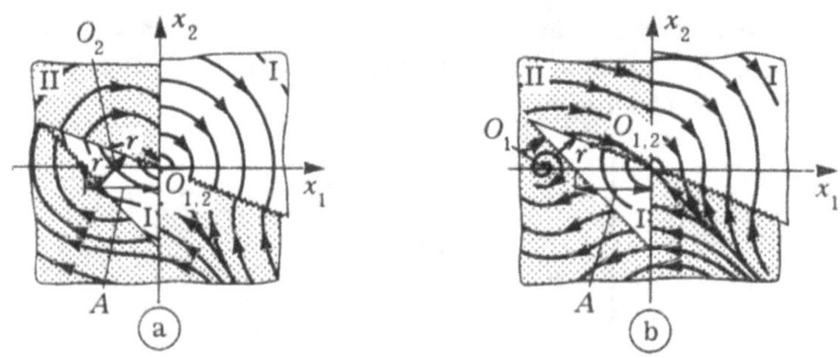

Abb. 4.16

Wie man aus dem Phasenbild des Systems (Abb. 4.17) sehen kann, entsteht in diesem Fall bei Annäherung des singulären Punktes O_2 an den Koordinatenursprung keine zusätzliche Gleichgewichtslage. Das System bleibt bei beliebigen Anfangsbedingungen stabil, und wie im vorhergehenden Fall wird die im Koordinatenursprung gelegene stabile Gleichgewichtslage aus beliebiger Anfangslage erreicht, wobei die Regelabweichung x_1 höchstens zweimal ihr Vorzeichen wechselt.

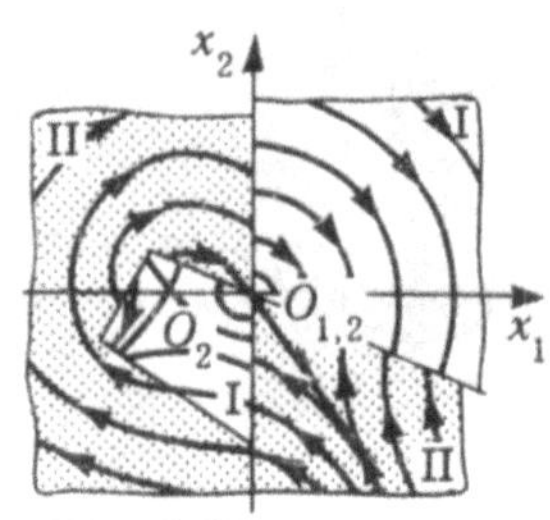

Abb. 4.17

In diesem Kapitel wurde somit gezeigt, daß Systeme mit veränderlicher Struktur prinzipiell zur Steuerung wesentlich nichtlinearer Strecken verwendet werden können. Ferner wurde gezeigt, daß bei ein und demselben Umfang der Information über den Zustand des Systems das System mit veränderlicher Struktur im Vergleich zu einem linearen System weitergehende Möglichkeiten bietet.

Jedoch sind derzeit auf dem Gebiet der Anwendung von Systemen mit veränderlicher Struktur für die Steuerung wesentlich nichtlinearer Strecken nur die ersten Schritte getan.

Kapitel 5

Adaptive Systeme mit veränderlicher Struktur

Die Steueralgorithmen, mit welchen wir uns in den vorhergehenden Kapiteln beschäftigt haben, wurden unter der Voraussetzung gewonnen, daß in jeder uns zur Verfügung stehenden festen linearen Struktur die Einflußkoeffizienten im Kanal der globalen Rückführung und die Steuergröße keinerlei Beschränkungen unterworfen sind. Dies ermöglichte es, durch entsprechende Wahl der Schaltgeraden Bewegungen im Gleitzustand von beliebiger Güte zu erzielen.

Die Situation ändert sich wesentlich, wenn aus irgendwelchen Gründen derartige Beschränkungen vorhanden sind. In diesen Fällen wird die Lösung der Aufgabe über eine Steuerung von höchster Güte häufig innerhalb einer Klasse optimaler Systeme gesucht. Dies führt zur zweckmäßigsten Verwertung unserer Möglichkeiten im Hinblick auf die gestellten Forderungen. Es ist daher bereits bei Systemen mit veränderlicher Struktur zweckmäßig, die Frage nach der optimalen Wahl der Schaltgeraden im Sinne eines vorher gewählten Gütekriteriums zu stellen. Wenn sich die Arbeitsbedingungen des Systems nicht verändern (die Systemparameter, die Charakteristiken der äußeren Einflüsse usw. bleiben konstant), ist der Steueralgorithmus, welcher diese optimale Lösung realisiert, ebenfalls keinen Änderungen unterworfen. Wenn sich die äußeren Bedingungen oder die Eigenschaften der Regelstrecke ändern, kann ein fester Algorithmus im allgemeinen nicht eine optimale Lösung für die Gesamtheit der möglichen Bedingungen oder Eigenschaften realisieren. Vom System wird daher die automatische Optimierung verlangt. Bei der Lösung dieser Aufgabe paßt sich das System den stattfindenden Änderungen an. Derartige Systeme werden adaptiv genannt. Ihre Realisierung ist mit bekannten technischen Schwierigkeiten verbunden. Für die Auswertung der äußeren Bedingungen oder der Eigenschaften der Regelstrecke, für die Bildung der Befehle zur Abänderung des Steueralgorithmus auf Grund dieser Auswertung ist es nötig, in das System zusätzliche und oft ziemlich komplizierte Vorrichtungen einzuführen. Wir zeigen, daß in adaptiven Systemen mit veränderlicher Struktur (ASVS) der zusätzliche Kreis - Adapterkreis - dank der spezifischen Eigenheiten der Systeme mit veränderlicher Struktur - dem Entstehen von Gleitzuständen in diesen Systemen - hinreichend einfach realisiert werden kann. Gerade die Tatsache des Entstehens des Gleitzustandes und dessen Charakteristiken können mittels hinreichend einfacher technischer Mittel bestimmt werden. Dies kann als wirksames Arbeitssignal in einem ASVS verwendet werden. Um dieses Arbeitssignal zu bekommen, kann man außerdem diejenigen Vorrichtungen (oder analoge) verwenden, welche zur Bildung der Funktion

$$s = cx_1 + x_2 \tag{5.1}$$

benützt werden.

Dies gestattet es auch, den Adapterkreis zu verwirklichen, ohne daß das System als Ganzes dabei wesentlich komplizierter wird.

Wir werden einige Verfahren zur Konstruktion von adaptiven Systemen mit veränderlicher Struktur betrachten. Dabei ziehen wir als Beispiel die Aufgabe heran, maximale Abklinggeschwindigkeit für den Gleitzustand zu erzielen.

§ 1. Strecken mit variablen Übertragungskoeffizienten

Wir betrachten die Aufgabe, eine Strecke zu steuern, deren Übertragungskoeffizient in einem vorgegebenen Bereich variieren kann, während die Einflußkoeffizienten beschränkt sind.

Das Blockschaltbild des automatischen Regelsystems mit veränderlicher Struktur ist in Abb. 5.1 dargestellt. Die Regelstrecke (S) ist ein Glied zweiter Ordnung und wird durch die Differentialgleichung

$$\varphi_3 + a_2\varphi_2 + a_1\varphi_1 = bu \tag{5.2}$$

beschrieben. φ_1, φ_2, φ_3 sind die Regelgröße und ihre Ableitungen nach der Zeit, b ist der Übertragungskoeffizient, welcher in dem Bereich

$$0 < b_{min} \leqslant b \leqslant b_{max}$$

variieren kann, jedoch während des Regelvorganges konstant bleibt. Das Steuerglied (SG) realisiert das Steuerungsgesetz

$$u = \Psi x_1 \tag{5.3}$$

mit

$$(5.4)\qquad \Psi = \begin{cases} \alpha & \text{für } sx_1 > 0, \\ \beta & \text{für } sx_1 < 0, \end{cases}$$

s ist eine uns bereits bekannte Funktion, $\alpha > 0$, $\beta < 0$ sind die festen und daher beschränkten Einflußkoeffizienten des Steuergliedes.

Die Gleichung des Vergleichsgliedes ist

$$(5.5)\qquad x_1 = g - \varphi$$

mit der Führungsgröße g.

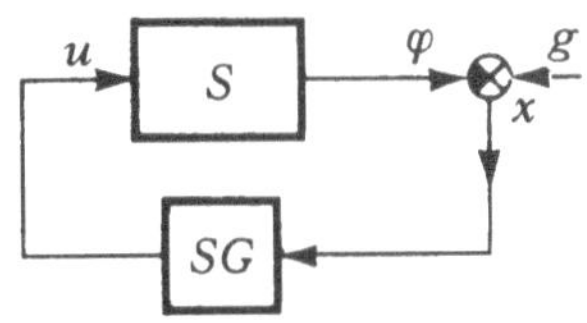

Abb. 5.1

Wir werden den Betriebzustand der freien Bewegung mit den Anfangswerten $x_1(0) = x_{10}$, $x_2(0) = 0$ betrachten. Für die freie Bewegung ist $g = 0$. Das Differentialgleichungssystem, welches diese Bewegung beschreibt, hat die Gestalt

$$(5.6)\qquad \begin{cases} \frac{dx_1}{dt} = x_2, \\ \frac{dx_2}{dt} = -a_1x_1 - a_2x_2 - bu. \end{cases}$$

Bedingungen für die Existenz des Gleitzustandes wurden bereits früher abgeleitet (siehe (2.27)). Diese Bedingungen sind erfüllt, wenn die Beziehungen

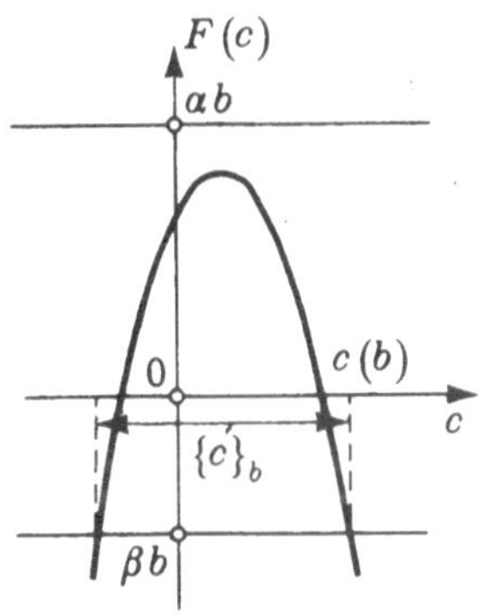

$$(5.7)\qquad \begin{cases} \alpha b > -c^2 + a_2c - a_1 & \text{für } s < 0, \\ \beta b < -c^2 + a_2c - a_1 & \text{für } s > 0 \end{cases}$$

Abb. 5.2

gelten. Wir stellen die Funktion $F(c) = -c^2 + a_2c - a_1$ graphisch dar (Abb. 5.2).

Die Ungleichungen (5.7) sind nicht für alle reellen Werte von c erfüllt, sondern nur für Werte von c mit

$$(5.8)\qquad \beta b < F(c) < \alpha b.$$

Die Menge aller c, für welche bei festem $b \in [b_{min}, b_{max}]$ (5.8) erfüllt ist, bezeichnen wir mit $\{c\}_b$. Eine hinreichend wichtige Charakteristik stabiler aperiodischer Bewegungen in Regelsystemen ist ihre Abklinggeschwindigkeit. Eine Bewegung im Gleitzustand klingt wegen $x(t) = Ae^{-ct}$ schneller ab, je größer c ist. Für Stabilität muß c positiv sein.

Wenn die Menge $\{c\}_b$ nur aus negativen Zahlen besteht, bedeutet dies, daß wir bei dem vorgegebenen Wert des Übertragungskoeffizienten b keine stabile Bewegung im Gleitzustand erhalten können. Es ist sinnvoll, nur solche Systeme zu betrachten, in welchen die Menge $\{c\}_b$ für beliebiges $b \in [b_{min}, b_{max}]$ auch positive c enthält. Es genügt, sich davon zu überzeugen, daß solche Werte in $\{c\}_{b_{min}}$ vorhanden sind, weil für $b_1 < b_2$ $\{c\}_{b_1} \subset \{c\}_{b_2}$ gilt.

Wir werden trachten, für jedes $b \in [b_{min}, b_{max}]$ die Funktion $s = s(b)$ derart zu wählen, daß für die Bewegung im Gleitzustand maximale Abklinggeschwindigkeit vorhanden ist. Offensichtlich ist für diesen Zweck in der Beziehung

$$s(b) = c(b)x_1 + x_2 \tag{5.9}$$

die Größe $c(b)$ in folgender Weise zu bestimmen:

$$c(b) = \sup_{\{c\}_b} c. \tag{5.10}$$

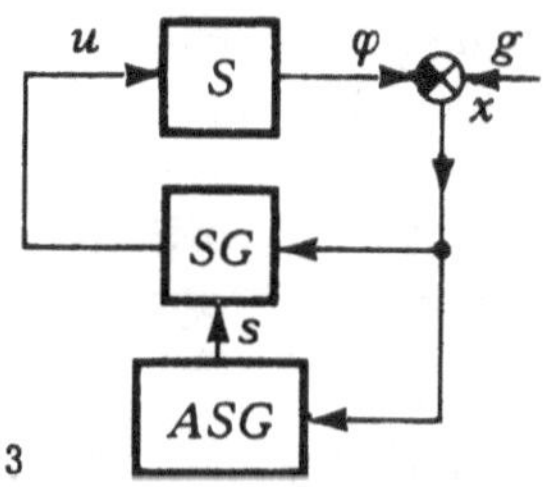

Abb. 5.3

Wenn man daher in dem automatischen Regelsystem mit veränderlicher Struktur (Abb. 5.1) eine zusätzliche Vorrichtung einführt, welche mittels irgendeines Verfahrens den Übertragungskoeffizienten b^* mißt und auf Grund dieser Messung die Funktion $s(b)$ realisiert, kann man die Aufgabe als gelöst betrachten, die Synthese eines Systems mit automatischer Optimierung bewerkstelligt zu haben. Dabei ist "maximale Abklinggeschwindigkeit der Bewegung im Gleitzustand" das maßgebende Kriterium. Die Realisierung eines solchen Systems erfordert eine analog arbeitende Vorrichtung. Um die apparative Lösung zu vereinfachen, ist es manchmal zweckmäßig, auf die strenge Lösung zu verzichten und sich mit einer Näherungslösung zu begnügen. Für irgendein b und ein $c \in \{c\}_b$ wird sich die Abklinggeschwindigkeit der Bewegung im Gleitzustand wenig von der maximalen unterscheiden, wenn $c(b) - c < \varepsilon$ gilt für eine hinreichend kleine positive Zahl ε. Die Konstruktion eines adaptiven Systems, welches eine automatische Optimierung mit der Genauigkeit ε durchführt, kann schon mit diskret arbeitenden Elementen durchgeführt werden. Wir wollen eines der möglichen Verfahren zur Konstruktion eines solchen Systems betrachten. Wir teilen das Intervall $[b_{min}, b_{max}]$ durch die Teilpunkte $b_0 = b_{min}, b_1, \ldots, \ldots, b_i, \ldots, b_j, \ldots, b_l = b_{max}$ in l Teile, wobei $b_i < b_j$ für $i < j$ gilt. Uns wird nicht der genaue Wert des Koeffizienten b interessieren, sondern nur jenes halboffene Intervall $[b_i, b_{i+1})$, welches den gegebenen Wert von enthält. Wir führen im Regelsystem eine Vorrichtung ein (Abb. 5.3) - wir nennen sie adaptives Steuerglied (ASG)*) -, welche die logische Funktion

$$(5.11)\qquad c=\begin{cases} c(b_i) & \text{für } b\in[b_i, b_{i+1}),\ i=0, 1, \ldots, l-2, \\ c(b_{l-1}) & \text{für } b\in[b_{l-1}, b_l] \end{cases}$$

realisiert. Die Diskretisierung zeigt sich hier darin, daß die Funktion $c(b)$ eine stückweise konstante Funktion von b ist. Um eine solche Funktion im adaptiven Steuerglied bilden zu können, muß man b zu Beginn des Regelvorganges abschätzen, wodurch man zugleich jenes halboffene Intervall $[b_i, b_{i+1})$ bestimmt, welches b enthält. Eines der Verfahren, welches als Grundlage für die Konstruktion eines solchen Systems dienen kann, besteht in Folgendem: Wir wählen irgendein $c=c_0$ derart, daß für $c_0+\delta$ die erste Ungleichung aus (5.7) für alle $b\in[b_{\min}, b_{\max}]$ bei hinreichend kleinem $\delta>0$ erfüllt ist. Wir bilden die Funktionen σ_1 und σ_2, welche zu s analog sind:

$$(5.12)\qquad \sigma_1=c_0x_1+x_2,\quad \sigma_2=(c_0+\delta)x_1+x_2=\sigma_1+\delta x_1.$$

In der Phasenebene (Abb. 5.4) sind die Geraden $\sigma_1=0$, $\sigma_2=0$ eingezeichnet. Für lineare Systeme zweiter Ordnung (unser System ist für festes Ψ linear) ist die Zeit, welche der Bildpunkt zwischen den Geraden $\sigma_1=0$ und $\sigma_2=0$ verbringt, unabhängig von x_{10} und ändert sich bei festem δ nur, wenn sich b ändert. Für $b=b_1$ durchläuft der Bildpunkt das Stück auf der Trajektorie *1* in der Zeit Δt_1, für $b=b_2$ jenes der Trajektorie *2* in der Zeit Δt_2. Wenn wir zeigen, daß die Funktion $\Delta t(b)$ stetig und monoton ist**), kann die logische Funktion (5.11) durch folgende ersetzt werden:

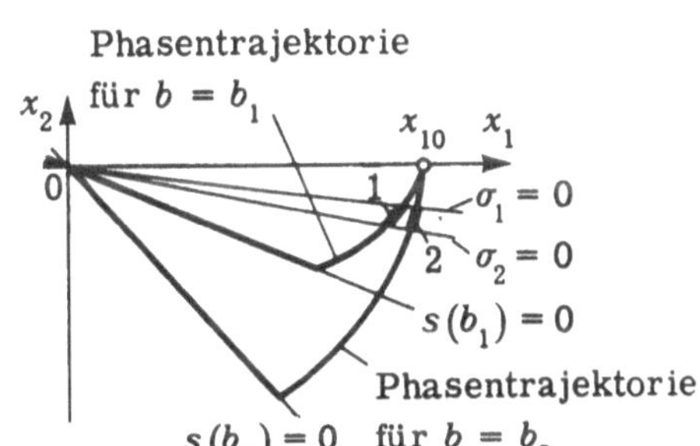

Abb. 5.4

---

*) In Kapitel 8, § 2 werden Varianten für Schaltungen von adaptiven Steuergliedern ausgearbeitet.

**) Dies bedeutet, daß für die Funktion $\Delta t(b)$ eine stetige und monotone Umkehrfunktion $b(\Delta t)$ existiert.

(5.13) $$c = \begin{cases} c(b_i) & \text{für } \Delta t \in (\Delta t_{i+1}, \Delta t_i],\ i = 0, 1, \ldots, l-2, \\ c(b_{l-1}) & \text{für } \Delta t \in [\Delta t_l, \Delta t_{l-1}], \end{cases}$$

wobei $\Delta t_i = \Delta t(b_i)$ die Zeit ist, nach welcher der Bildpunkt für $b = b_i$ von der Geraden $\sigma_1 = 0$ zur Geraden $\sigma_2 = 0$ gelangt. In diesem Fall ist die Aufgabe, das halboffene Intervall $[b_i, b_{i+1})$ zu bestimmen, zurückgeführt auf die Bestimmung des Intervalles $(\Delta t_{i+1}, \Delta t_i]$, welches $\Delta t(b)$ enthält. Dies kann mit hinreichend einfachen technischen Mitteln gelöst werden.

Zum Zeitpunkt $t = t_1$ sei $\sigma_1(t_1) = 0$, für $t = t_2$ sei $\sigma_2(t_2) = 0$. Für hinreichend kleines δ ist auch $\Delta t = t_2 - t_1$ klein. Entwickelt man daher die Funktion $\sigma_1(t)$ in eine Taylor-Reihe, kann man annehmen, daß mit hinreichender Genauigkeit

(5.14) $$\sigma_1(t_2) \approx \sigma_1(t_1) + \dot{\sigma}_1(t_1)\Delta t$$

gilt. Wegen $\sigma_2(t_2) = 0$ folgt aus (5.12)

(5.15) $$\sigma_1(t_2) = -\delta x_1(t_2).$$

Setzen wir die rechten Seiten von (5.14) und (5.15) gleich und rechnen wir $\dot{\sigma}_1(t_1)$ aus, erhalten wir

(5.16) $$\Delta t\,[c_0 x_2(t_1) - a_2 x_2(t_1) - a_1 x_1(t_1) - b\Psi x_1(t_1)] \approx -\delta x_1(t_2).$$

Weil $x_2(t_1) = -c_0 x_1(t_1)$ und $x_1(t_2) \approx x_1(t_1)$ gilt, erhalten wir nach Vereinfachungen aus (5.16)

(5.17) $$\Delta t \approx \frac{\delta}{c_0^2 - a_2 c_0 + a_1 + b\alpha}.$$

Auf Grund der Wahl von c_0 ist der Nenner des Bruches in (5.17) für beliebiges b positiv und die Funktion $\Delta t(b)$ stetig und monoton. Daher kann man den Übergang vom logischen Gesetz (5.11) zu (5.13) als bewiesen ansehen.

Der Übergangsprozeß im Regelsystem mit dem beschriebenen adaptiven Steuerglied läuft folgendermaßen ab. Der Bildpunkt bewegt sich aus der Lage x_{10} (Abb. 5.4) längs einer Phasentrajektorie, welche dem wirklichen Wert des Übertragungskoeffizienten b im System entspricht. Dabei ist die Funktion s, welche im adaptiven Steuerglied gebildet wird, gleich $s(b_0)$. Gleichzeitig werden im adaptiven Steuerglied auch die Funktionen σ_1 und σ_2 gebildet. Die Zeitdifferenz Δt zwischen dem Vorzeichenwechsel von σ_1 und σ_2, d.h. die Dauer für den

Übergang des Bildpunktes von $\sigma_1=0$ zu $\sigma_2=0$, wird im adaptiven Steuerglied festgehalten. Es wird auch das Intervall $(\Delta t_i, \Delta t_{i-1}]$ bestimmt, welches Δt enthält. In Übereinstimmung mit der durchgeführten Abschätzung wird im adaptiven Steuerglied an Stelle von $s(b_0)$ die Funktion $s(b_{i-1})$ gebildet. Die Zeitmessung und der Wechsel der Funktion s erfolgen bis zum Auftreffen des Bildpunktes auf die Gerade $s(b_0)=0$. Dies wirkt sich jedoch nicht auf den Charakter der Phasentrajektorien aus. Gleichzeitig werden die qualitativen Merkmale der Bewegungen im Gleitzustand, welche nach dem Auftreffen des Bildpunktes auf die Gerade $s(b_{i-1})=0$ entstehen, völlig durch den Koeffizienten $c(b_{i-1})$ bestimmt. Wegen der Beschränktheit der Menge $\{c\}_b$ kann man für vorgegebenes ε die Unterteilung des Intervalles $[b_{min}, b_{max}]$ derart durchführen, daß für beliebiges $b \in [b_{i-1}, b_i]$, $i=1, \ldots, l$,

$$|c(b)-c(b_{i-1})|<\varepsilon$$

gilt. Dadurch führt unser Regelsystem mit veränderlicher Struktur eine automatische Optimierung nach dem gewählten Kriterium mit der Genauigkeit ε durch.

Wir weisen darauf hin, daß es für die Realisierung des Systems notwendig ist, daß der Zyklus des Abschätzens von b und der Festsetzung der nötigen Schaltgeraden während des ablaufenden Übergangsprozesses wiederholt werden kann.

§ 2. Strecken mit veränderlichen Parametern

Wir betrachten nun eine etwas allgemeinere Steuerungsaufgabe.

Im Regelsystem (5.3), (5.4), (5.6) sollen sich nicht nur der Übergangskoeffizient b sondern auch die übrigen Parameter der Strecke ändern, wobei der Bereich, in dem sie variieren können, gegeben ist:

$$a_{1\,min} \leqslant a_1 \leqslant a_{1\,max}, \quad a_{2\,min} \leqslant a_2 \leqslant a_{2\,max}, \quad 0 < b_{min} \leqslant b \leqslant b_{max}. \tag{5.18}$$

Wie vorher setzen wir voraus, daß die Parameter a_1, a_2, b während des Übergangsprozesses konstant bleiben. Das oben vorgelegte Verfahren für die Konstruktion eines adaptiven automatischen Regelsystems mit veränderlicher Struktur kann nicht für Strecken mit mehreren veränderlichen Parametern verwendet werden, weil dann die Funktion $c(b)$ von den drei Variablen a_1, a_2, b abhängt und nicht durch die einparametrige Abhängigkeit (5.11) approximiert werden kann. Wir versuchen, einen anderen Weg zur Lösung dieser Aufgabe zu finden.

Wir kehren zur graphischen Darstellung der Funktion $F(c)$ zurück (Abb. 5.5). Man erhält eine zweiparametrige Familie von Parabeln (a_1, a_2 als Parameter). Die Menge $\{c\}_b$ kann jetzt nicht nur infolge einer Änderung des Koeffizienten variieren, sondern auch bei Änderung von a_1, a_2. Es sind zwei Fälle möglich: Die Menge $\{c\}_b$ wird auf der c-Achse (Abb. 5.5) durch zwei Intervalle $\{c\}_b'$ oder durch ein Intervall $\{c\}_b''$ gebildet. Um keine neuen Symbole einführen zu müssen, behalten wir für das rechte Intervall die Beziehung $\{c\}_b$ bei. Uns interessiert dieses Intervall, weil die obere Grenze $c(b)$ der Menge $\{c\}_b$ zugleich Endpunkt dieses Intervalles ist.

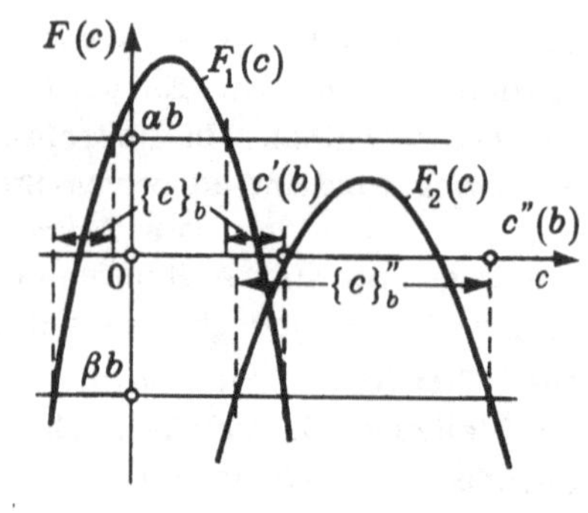

Abb. 5.5

Das Verfahren für die Konstruktion eines adaptiven Systems mit veränderlicher Struktur, welches wir im folgenden darlegen wollen, kann für Fälle empfohlen werden, wo die Mengen $\{c\}_b$ für alle Parameterwerte aus dem Bereich (5.18) wenigstens einen gemeinsamen Punkt c_0 besitzen. Wir führen in das System ein adaptives Steuerglied ein, welches folgendermaßen arbeitet.

Zum Anfangszeitpunkt $t=0$, zu dem der Bildpunkt seine Bewegung aus der Anfangslage $x_1(0)=x_{10}$, $x_2(0)=0$ (Abb. 5.6) beginnt, wird im adaptiven Steuerglied die Funktion s_0 mit dem Koeffizienten $c=c_0$ gebildet. Zum Zeitpunkt des Auftreffens des Bildpunktes auf die Linie $s_0=0$ entsteht der Gleitzustand. Im adaptiven Steuerglied sind ein Block zur Anzeige des Gleitzustandes (AZG) *) und ein Geber für die Schaltfunktion (GSF) vorhanden. Wenn der Gleitzustand entsteht, gibt der AZG an den GSF den Befehl, die Funktion s von s_0 nach s_1 zu ändern:

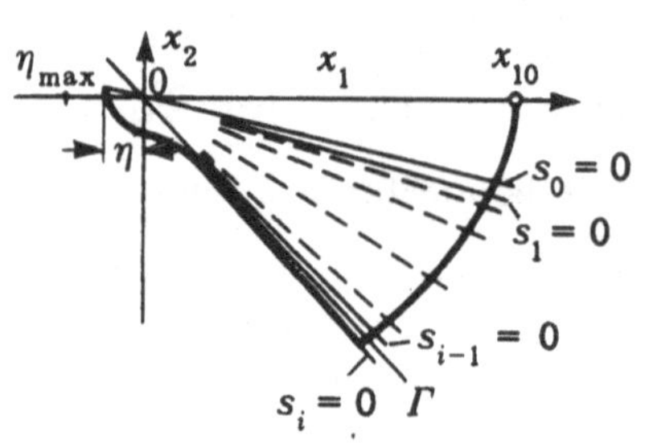

Abb. 5.6

$$s_1 = c_1 x_1 + x_2$$

*) Schaltungen werden in Kapitel 8, § 2 beschrieben.

mit $c_1=c_0+\Delta$. Δ ist eine positive Zahl, über deren Wert noch später verfügt wird.

Wenn $c_1 \in \{c\}_b$ ist, entsteht nach dem Auftreffen des Bildpunktes auf die Gerade $s_1=0$ wiederum der Gleitzustand, und vom AZG kommt zum GSF der Befehl, die Funktion s von s_1 zu s_2 zu ändern:

$$s_2=c_2x_1+x_2, \quad c_2=c_0+2\Delta \quad \text{usw.}$$

Dieser Vorgang des fortgesetzten Wechsels der Funktion s wird so lange dauern, bis im adaptiven Steuerglied eine Funktion s_i mit

$$c_{i-1} \in \{c\}_b \text{ und } c_i \notin \{c\}_b \quad \text{gebildet wird, wobei } c_i=c_0+i\Delta \text{ gilt.}$$

Die Funktion s_i wird im adaptiven Steuerglied nach dem Zeitpunkt gebildet, zu dem der Bildpunkt auf die Schaltgerade $s_{i-1}=0$ auftrifft. Für diese Gerade existiert noch der Gleitzustand. In seiner weiteren Bewegung gegen die Gerade $s_i=0$ überquert der Bildpunkt eine bestimmte Gerade Γ, welche wir Grenze des Existenzgebietes für den Gleitzustand nennen werden. Diese Gerade wird durch die Gleichung

$$(5.19) \qquad s(b)=c(b)x_1+x_2=0$$

gegeben. Wenn der Bildpunkt auf die Gerade $s_i=0$ auftrifft, entsteht kein Gleitzustand. Es erfolgt ein Strukturwechsel, weil die Funktion s_i das Vorzeichen wechselt. Die weitere Bewegung des Bildpunktes bis zum Auftreffen auf die x_2-Achse erfolgt längs Phasentrajektorien, welche $\Psi=\beta$ entsprechen. Der Übergangsprozeß ist nicht mehr aperiodisch. Die maximale Übersteuerung η_{max} hängt offensichtlich von a_1, a_2, b, c_0, Δ und auch von x_{10} ab. Wir werden η_{max} in Prozenten von x_{10} abschätzen. Je kleiner Δ ist, desto kleiner wird η_{max} sein. Dieser Umstand erlaubt es uns, im System Übergangsprozesse mit qualitativen Merkmalen sicherzustellen, welche sich wenig von den qualitativen Merkmalen des Prozesses für $s=s(b)$ unterscheiden.

Wir wählen nämlich $\Delta=\Delta_0$ derart, daß für festes c_0 und beliebiges a_1, a_2, b aus (5.18) und x_{10} die Größe η einen vorgegebenen, beliebig kleinen Wert η_{max} nicht überschreitet.

In Abb. 5.6 ist die Phasentrajektorie eines Regelvorganges im adaptiven Regelsystem mit veränderlicher Struktur für $a_1=a_2=0$ angegeben. In diesem Fall besteht das Phasenbild des Systems aus Familien von Ellipsen ($\Psi=\alpha$) und Hyperbeln ($\Psi=\beta$). Bei hinreichend kleinem Δ verläuft die Phasentrajektorie nahe der Geraden Γ und fällt mit dieser für $s_i=s(b)$ zusammen. In dem konstruierten System erfolgt daher die Änderung der Parameter des Steuerungsgesetzes (der Schaltfunktion s), um optimale bzw. nahezu optimale qualitative Eigenschaften des Übergangsprozesses zu erzielen. Im vorliegenden Fall handelt es sich um die Abklinggeschwindigkeit. Ein Vorzug des angegebenen Verfahrens ist, daß man die Information, wann das Steuerungsgesetz zu ändern ist, einfach erhalten und weiter verarbeiten kann. Zur Anzeige des Gleitzustandes werden nämlich einfache logische Elemente verwendet, während der Wechsel der Schaltfunktion mittels diskret arbeitender Vorrichtungen erfolgt (Kapitel 8, § 2).

§ 3. Beschränkte Steuergröße bei Strecken mit veränderlichen Parametern

Das oben beschriebene Verfahren, welches darin besteht, die Funktion s bei Entstehen des Gleitzustandes zu ändern, ist eigentlich ein Verfahren zur Suche nach der Grenze Γ des Existenzgebietes für den Gleitzustand, welches um so genauer wird, je kleiner Δ ist. Es zeigt sich, daß dieses Verfahren der automatischen Suche nach der Grenze Γ auch in jenen Fällen mit Erfolg angewendet werden kann, wo im Regelsystem gleichzeitig mit Beschränkungen für die umschaltbaren Übertragungskoeffizienten auch Beschränkungen für die Steuergröße u vorhanden sind (Schranken für den Ausschlag des Steuers, Sättigung der Verstärker im Kanal der globalen Rückführung usw.). Die Parameter der Regelstrecke a_1, a_2, b können wie vorher beliebige Werte aus dem Bereich (5.18) annehmen.

Wir betrachten ein Regelsystem mit veränderlicher Struktur, welches sich vom vorhergehenden nur dadurch unterscheidet, daß in ihm die Steuergröße beschränkt ist. Der Einfachheit halber betrachten wir den Fall symmetrischer Schranken: $\alpha = -\beta$, $|u| < M$ mit gegebenem M. Das Gesetz (5.3) für die Änderung der Steuergröße erhält die Gestalt

$$(5.20) \qquad u = \begin{cases} \Psi x_1 & \text{für } |x_1| \leqslant \frac{M}{\alpha}, \\ M \operatorname{sgn} s & \text{für } |x_1| > \frac{M}{\alpha}. \end{cases}$$

Die Bedingungen für die Existenz des Gleitzustandes sind erfüllt, wenn in Analogie zu (5.7) die Beziehungen

$$(5.21) \qquad \begin{cases} cx_2 - (bu + a_1x_1 + a_2x_2) < 0 & \text{für } s > 0, \\ cx_2 - (bu + a_1x_1 + a_2x_2) > 0 & \text{für } s < 0 \end{cases}$$

erfüllt sind. Für die weitere Darstellung ist es wichtig, die Gestalt des Existenzgebietes für den Gleitzustand zu bestimmen. Wir haben früher den Begriff der Grenze Γ des Existenzbereiches für den Gleitzustand als Gerade eingeführt, welche durch die Gleichung (5.19) bestimmt wird. Dies ist jedoch nur eine von zwei Geraden, welche das erwähnte Gebiet beschränken. Die zweite Gerade wird durch (5.19) bestimmt, wenn wir statt (5.10) $c(b) = \inf\limits_{\{c\}_b} c$ setzen.

Wie wir sehen werden, besteht die Grenze Γ nicht aus völlig geraden Linien (es sind jetzt zwei), wenn Schranken für die Steuergröße eingeführt werden. Um die zwei Teile der Grenze zu unterscheiden, bezeichnen wir den ersten Zweig mit Γ_1 und den zweiten mit Γ_2. Dabei wird für $x_{10}>0$ die höher liegende Linie als erster Zweig bezeichnet und als zweiter die tiefer liegende. Wie im vorhergehenden Beispiel erfolgt eine automatische Suche nach Γ_2. Infolge der Symmetrie der Phasenebene bezüglich des Koordinatenursprunges genügt es, die weitere Untersuchung nur für $x_{10}>0$ durchzuführen. Im Gebiet $|x_1| \leqslant \frac{M}{a}$ der Phasenebene ist unser System dem weiter oben betrachteten äquivalent. Die Zweige Γ_1 und Γ_2 sind daher in diesem Gebiet Geradenstücke mit den Anstiegen

$$c(b) = \inf_{\{c\}_b} c \text{ und } c(b) = \sup_{\{c\}_b} c,$$

d.h. die Bedingungen (5.21) sind auf allen Schaltlinien mit Koeffizienten $c \in \{c\}_b$ erfüllt. Im Gebiet $|x_1| > \frac{M}{a}$ bleibt der Absolutbetrag der Steuergröße konstant. Die Bedingungen (5.21) sind in jenen Punkten der Phasenebenen verletzt, in welchen die linken Seiten dieser Ungleichungen Null werden. Die Zweige Γ_1 und Γ_2 sind in der (x_1, x_2)-Ebene als geometrische Orte der Lösungen der zwei Gleichungssysteme

$$\text{(5.22a)} \quad \begin{cases} cx_2 - (bM + a_1x_1 + a_2x_2) = 0, \\ cx_1 + x_2 = 0, \end{cases}$$

$$\text{(5.22b)} \quad \begin{cases} cx_2 - (-bM + a_1x_1 + a_2x_2) = 0, \\ cx_1 + x_2 = 0 \end{cases}$$

bestimmt, wobei c von 0 bis ∞ laufen kann.

Die Gleichungen für die Grenzkurven Γ_1 und Γ_2 erhält man, wenn man im System (5.22) den Koeffizienten c eliminiert:

(5.23a) $x_2^2 + (bM + a_1 x_1 + a_2 x_2) x_1 = 0,$

(5.23b) $x_2^2 + (-bM + a_1 x_1 + a_2 x_2) x_1 = 0.$

Dies sind Gleichungen für Kurven zweiter Ordnung.

Die ungefähre Gestalt des Existenzgebietes für den Gleitzustand bei verschiedenen Werten von p_1, p_2, den Wurzeln der charakteristischen Gleichung des offenen Systems

(5.24) $p^2 + a_2 p + a_1 = 0,$

wird in den Abb. 5.7, 5.8, 5.9 gezeigt.

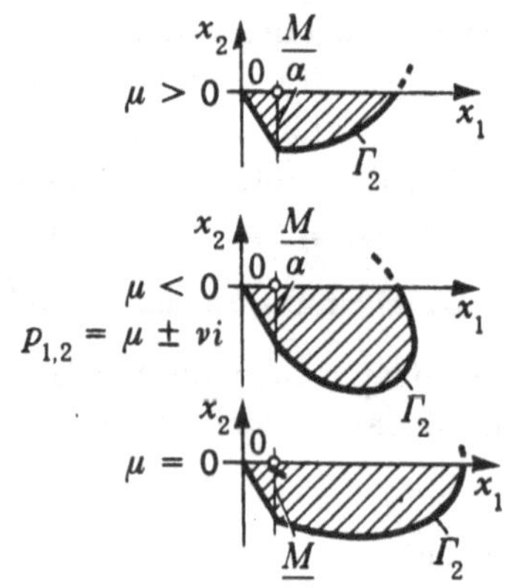

Abb. 5.7

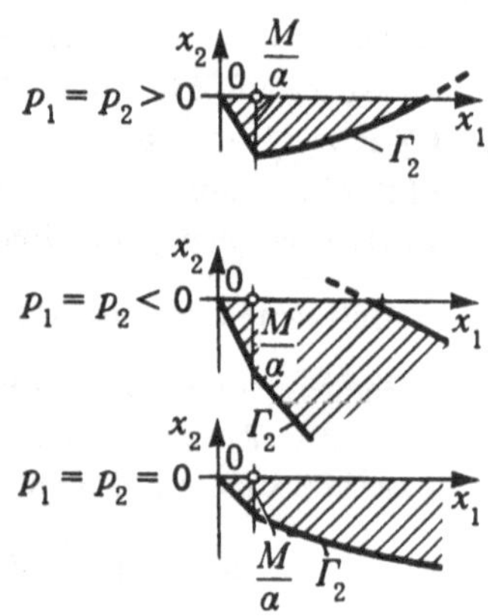

Abb. 5.8

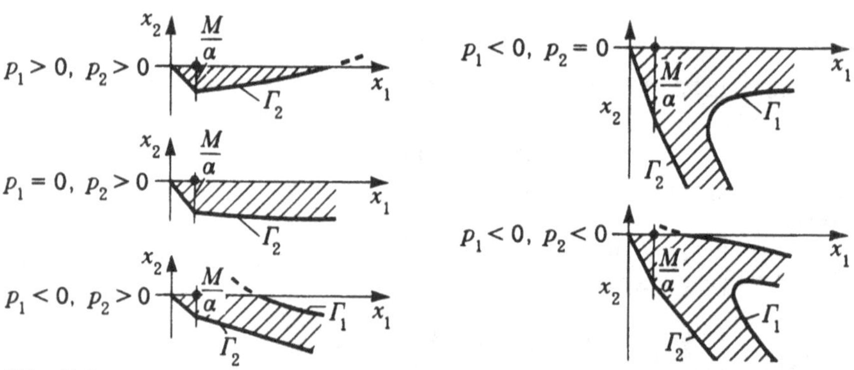

Abb. 5.9

Eine Analyse der Existenzgebiete für den Gleitzustand zeigt, daß im allgemeinen keine Gerade $s_0 = 0$ existiert, auf der die Bedingungen (5.21) für beliebige Werte von a_1, a_2, b aus dem Bereich (5.18) und für beliebige x_{10} erfüllt sind. Jedoch kann man sich auf Grund derselben Analyse davon überzeugen, daß ein $x_{10\max}$ derart existiert, daß für $x_{10} \in [O, x_{10\max}]$ die Wahl einer Funktion s_0 mit den genannten Eigenschaften möglich ist. Dabei ist der Anstieg c_0 dieser Geraden derart, daß die im Punkt $x_{10} = x_{10\max}$, $x_2 = 0$ beginnende Phasentrajektorie diese Gerade in einem Punkt schneidet, welcher unter der Kurve Γ_1 und über Γ_2 liegt. Wir führen in das Regelsystem das im vorhergehenden Paragraphen beschriebene adaptive Steuerglied ein. Im GSF dieser Vorrichtung wird zum Anfangszeitpunkt die Funktion s_0 gebildet. Für $x_{10} \in [O, x_{10\max}]$ wiederholt sich der ganze Prozeß der Änderung der Funktion s, welcher schon oben beschrieben wurde, und der Bildpunkt bewegt sich, nachdem er in eine ε-Umgebung von Γ_2 mit vorgegebenem ε gelangt ist, gegen den Koordinatenursprung und verläßt dabei diese Umgebung nicht. Außerdem wird die Funktion s_i beim i-ten Schritt nicht festgehalten, sondern ändert sich zu einer Funktion s_k, bis der Bildpunkt den linearen Bereich $|x_1| \leqslant \frac{M}{a}$ erreicht hat. Weil der Bildpunkt die Gerade $s_k = 0$ bei beschränkten Werten von x_1 überschreitet, kann die zulässige Übersteuerung $\eta_{\max}$ hier absolut vorgegeben werden. Wie vorher erreicht man durch Wahl von Δ, daß die Bewegung des Bildpunktes in einer vorgegebenen ε-Umgebung der Grenze Γ_2 mit einer Übersteuerung erfolgt, welche einen vorgegebenen Wert nicht übersteigt ($\eta < \eta_{\max}$).

In Abb. 5.10 ist der Übergangsprozeß im adaptiven System mit veränderlicher Struktur für den Fall $a_1 = a_2 = 0$, $0 < b_{\min} \leqslant b \leqslant b_{\max}$ angege-

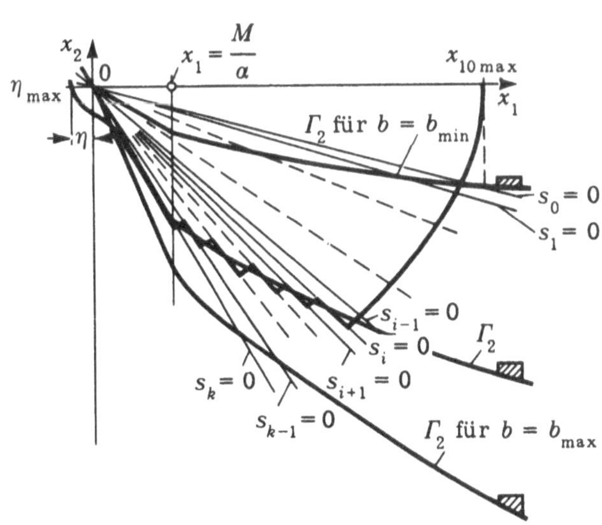

Abb. 5.10

ben. Die Schaltlinie $s_0 = 0$ wird derart gewählt, daß für beliebiges $b \in [b_{min}, b_{max}]$ der Bildpunkt im Existenzbereich für den Gleitzustand auf diese Linie gelangt. Die Lage dieses Gebietes zur Grenze ist durch Schraffierung angedeutet.

In dem konstruierten adaptiven System mit veränderlicher Struktur wird die Optimierung von Charakteristiken, wie größte Abklinggeschwindigkeit, nur auf dem gradlinigen Teil der Kurve Γ_2 (oder in der Nähe davon: $s_k = 0$) erreicht. Für die Bewegung längs des krummlinigen Teiles begnügen wir uns damit, daß bei fortgesetzter Änderung der Funktion s von s_i bis s_k die Geschwindigkeit des Abklingens größer ist, als in jenem Fall, wo die Funktion s im i-ten Schritt festgehalten wird.

Die Benützung von für Systeme mit veränderlicher Struktur charakteristischen Bewegungsarten - den Gleitzuständen - ermöglicht mit einfachen Mitteln die Selbstanpassung in dieser Systemklasse und gerade dadurch eine wesentliche Verbesserung der dynamischen Merkmale des Regelvorganges.

In den zwei letzten Beispielen haben wir Verfahren für die Konstruktion adaptiver automatischer Regelsysteme mit veränderlicher Struktur beschrieben, wobei die adaptiven Steuerglieder als diskret arbeitende Vorrichtungen konstruiert wurden. Jedoch sind Varianten von analog arbeitenden adaptiven Steuergliedern möglich, welche die Suche nach der Grenze Γ_2 realisieren. Dies bedeutet eine stetige Vergrößerung des Koeffizienten c, wenn dazu der Befehl vom AZG vorhanden ist.

Kapitel 6

Unvollständige Information über den Systemzustand und nichtideale Steuerglieder

§ 1. Lineare Filter im Steuerglied

Bis jetzt wurden für die Bildung der Schaltfunktion die Ausgangsgröße des Systems (Fehlersignal) und deren Ableitungen verwendet. Es ist jedoch allgemein bekannt, mit welchen Schwierigkeiten sich der Ingenieur auseinandersetzen muß, wenn exakte Werte der Ableitungen erforderlich sind. Genau genommen führt kein einziger Differentiator eine exakte Differentiation durch. Jedoch muß man in der Praxis durchaus nicht immer danach streben, eine genaue Ableitung zu erhalten. Man kann sich entweder mit der Ungenauigkeit der Differentiatoren zufrieden geben, wobei man nur zu erreichen sucht, daß deren Fehler zulässige Werte nicht übersteigen, oder man ersetzt diffenrenzierende Glieder im automatischen Regelsystem durch irgendwelche andere Vorrichtungen, welche die vorgegebene Güte des Übergangsprozesses sichern. In diesem Paragraphen wollen wir an Hand von Beispielen zweiter Ordnung zeigen, daß es möglich ist, Systeme mit veränderlicher Struktur zu konstruieren, in welchen für die Bildung der Schaltfunktion an Stelle genauer Werte der Ableitungen die Ausgangsgröße eines linearen Filters verwendet wird. Die technische Realisierung solcher Filter ist verhältnismäßig einfach. Es werden jene Erscheinungen und charakteristischen Merkmale untersucht, welche dabei in einem System mit veränderlicher Struktur entstehen. Ferner werden Beziehungen abgeleitet, welche für die Wahl der Parameter des linearen Filters maßgebend sind.

Wir betrachten ein automatisches Regelsystem mit veränderlicher Struktur (Abb. 6.1), welches durch folgende Gleichungen beschrieben wird:

$$(6.1) \quad \begin{cases} \dfrac{dx_1}{dt} = x_2, \\ \dfrac{dx_2}{dt} = -a_2 x_2 - a_1 x_1 - b\Psi x_1, \end{cases}$$

$$(6.2) \qquad \Psi = \begin{cases} \alpha & \text{für} \quad x_1 s > 0, \\ \beta & \text{für} \quad x_1 s < 0, \end{cases}$$

$$(6.3) \qquad s = z - cx.$$

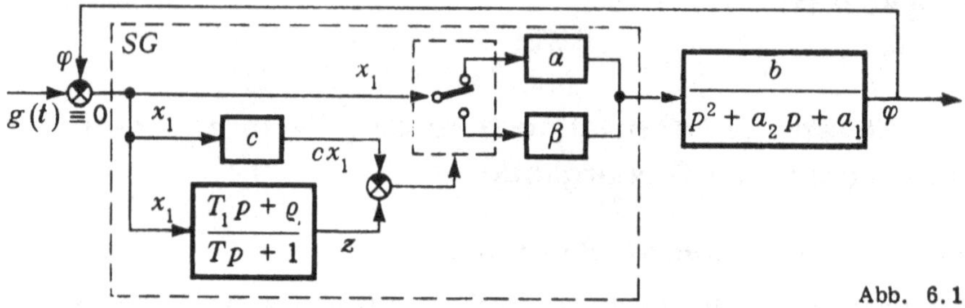

Abb. 6.1

$a_1, a_2, b, \alpha, \beta, c$ sind konstante Parameter. Die Größe z ist zum Unterschied von früher betrachteten Fällen nicht die Ableitung des Fehlers. Man erhält diese Größe durch Umformung des Fehlersignals mittels eines linearen Filters, dessen Übertragungsfunktion

$$(6.4) \qquad k(p) = \frac{T_1 p + \rho}{Tp + 1}$$

ist, wobei T_1, T, ρ konstante Koeffizienten sind. Für $T = 0$ und $\rho > c$ erhalten wir offensichtlich den Fall einer Steuerung bei Vorhandensein genauer Information über den Zustand des Regelvorganges.

Unser nächstes Ziel ist die Untersuchung der freien Bewegung des Systems bei verschiedenen Anfangsbedingungen und des Einflusses der Zeitkonstanten T des Filters auf die Güte des Übergangsprozesses.

1. A b l e i t u n g d e s S t e u e r u n g s g e s e t z e s . Bei der Auswahl der Parameter für das Steuerungsgesetz geht man meist von irgendeinem vorgegebenen Kriterium für die Güte des Übergangsprozesses aus. Im vorliegenden Fall sei ein solches Kriterium die Monotonie des Übergangsprozesses im System, wenn in dessen Eingang ein sich sprunghaft änderndes Signal gelangt. Dem sprunghaften Eingangssignal kann man im vorliegenden Fall folgende äquivalente Anfangsbedingungen zuordnen:

$$(6.5) \qquad x_1(0) = x_{10} > 0, \quad x_2(0) = 0, \quad z(0) = 0.$$

Wir wählen die Koeffizienten α und β derart, daß die Wurzeln der charakteristischen Gleichung von (6.1) für $\Psi = \alpha$ komplex sind und für $\Psi = \beta$ reell mit verschiedenen Vorzeichen. Nach § 1 von Kapitel

2 kann man in einem solchen System einen monotonen Regelvorgang von höchster Güte erreichen, wenn man die Arbeitsweise mit Bewegung längs entarteter Trajektorien verwendet (Kapitel 2, § 3). Um den Übergangsprozeß in diesem System zu realisieren, ist es nötig, die Struktur auf der Geraden, welche in der (x_1, x_2)-Ebene durch die Gleichung

$$x_2 - \lambda_1 x_1 = 0 \tag{6.6}$$

gegeben ist, zu ändern. Dabei ist λ_1 die negative Wurzel der charakteristischen Gleichung für (6.1). Unsere Aufgabe besteht darin, bei den vorgegebenen Anfangsbedingungen (6.5) die Schaltfunktion s (6.3) derart zu wählen, daß sie zum Zeitpunkt des Auftreffens des Bildpunktes auf die Gerade (6.6) in der (x_1, x_2)-Ebene Null wird. Dies kann man durch entsprechende Wahl der Zeitkonstanten T des Filters erreichen.

Aus (6.4) kann man eine Differentialgleichung zwischen x_1 und z ermitteln, deren Lösung die Form

$$z(t) = \frac{T_1}{T} x_1(t) + \left(\rho - \frac{T_1}{T}\right)\frac{1}{T}\int_0^t e^{-\frac{1}{T}(t-\tau)} x_1(\tau)\,d\tau + z_0 e^{-\frac{t}{T}} \tag{6.7}$$

hat. Wir setzen (6.7) in (6.3) ein:

$$s = \left(\frac{T_1}{T} - c\right)x_1(t) + \frac{1}{T}\left(\rho - \frac{T_1}{T}\right)\int_0^t e^{-\frac{t-\tau}{T}} x_1(\tau)\,d\tau + z_0 e^{-\frac{t}{T}}. \tag{6.8}$$

Für die gegebenen Anfangsbedingungen ist $z_0 = 0$. Wir sehen auch, daß das Integral auf der rechten Seite von (6.8) für vorzeichenkonstantes $x_1(t)$ ebenfalls von konstantem Vorzeichen ist. Daher ist für eine Änderung des Vorzeichens von s vor einer Änderung des Vorzeichens von $x_1(t)$ notwendig, daß die Ausdrücke $\left(\frac{T_1}{T} - c\right)$ und $\left(\rho - \frac{T_1}{T}\right)$ von Null verschieden sind und verschiedene Vorzeichen haben. Da das Vorzeichen von s und nicht dessen Wert wichtig ist, werden wir im folgenden die Größe s_1 betrachten, welche mit s durch

$$s_1 = \frac{s}{\rho - \frac{T_1}{T}} \tag{6.9}$$

verknüpft ist. Wir führen folgende Bezeichnung ein:

$$z_1 = \frac{1}{T}\int_0^t e^{-\frac{t-\tau}{T}} x_1(\tau)\,d\tau + z_0 e^{-\frac{t}{T}} \tag{6.10}$$

Aus (6.8), (6.9) und (6.10) erhalten wir dann

(6.11) $s_1 = z_1 - c_1 x$ *)

mit

(6.12) $c_1 = \frac{T_1 - cT}{T_1 - \rho T}$.

Hier wird die willkürliche Konstante wieder mit z_0 bezeichnet.

Wir wählen c_1 derart, daß für die Anfangsbedingungen (6.5) das Umschalten auf der Geraden (6.6) erfolgt. Offensichtlich sind zum Zeitpunkt t_0, zu dem der Bildpunkt auf die Gerade (6.6) auftrifft, die Beziehungen**)

(6.13) $x_2(t_0) = -\lambda x_1(t_0)$,

(6.14) $z_1(t_0) - c_1 x_1(t_0) = 0$

erfüllt. Daraus erhält man

(6.15) $c_1 = \frac{z_1(t_0)}{x_1(t_0)}$.

Beachtet man, daß die Lösung von Gleichung (6.1) für $\Psi = \alpha$ und die Anfangsbedingungen (6.5) die Gestalt

(6.16) $x(t) = \frac{(b\alpha + a_1)x_{10}}{\nu} e^{-\xi t} \cos(\nu t + \mu_0)$

mit

$$\xi = \frac{a_2}{2}, \quad \nu = \sqrt{(b\alpha + a_1)^2 - a_2^2}, \quad \sin \mu_0 = -\frac{\xi}{b\alpha + a_1}$$

hat, erhalten wir nach einfachen Umformungen

(6.17)
$$c_1 = \frac{1}{T\left[\nu^2 + \left(\xi - \frac{1}{T}\right)^2\right]}\left[-\left(\xi - \frac{1}{T}\right) + \nu \operatorname{tg}(\nu t_0 + \mu_0) + \right.$$
$$\left. + \frac{\nu}{b\alpha + a_1}(2\xi - T)\frac{e^{\left(\xi - \frac{1}{T}\right) t_0}}{\cos(\nu t_0 + \mu_0)}\right]$$

---

*) Wegen der oben durchgeführten Überlegungen ist c_1 positiv (ungleich Null). Das Vorzeichen von s_1 fällt mit dem für s zusammen, wenn $\rho > \frac{T_1}{T}$ gilt, d.h. wenn wir einen Filter mit Phasennacheilung vorliegen haben. Umgekehrt haben s_1 und s für $\rho < \frac{T_1}{T}$ verschiedenes Vorzeichen, d.h. im Falle eines Filters mit Phasenvoreilung.

**) Wir zeigen weiter unten, daß sich im Zeitintervall $[0, t_0]$ die Systemstruktur nicht ändern kann.

Wenn daher die Zeitkonstante des Filters die Beziehung (6.17) erfüllt, erfolgt im System zum Zeitpunkt t_0 der Übergang von der "oszillierenden" Struktur (d.h. in (6.1) ist $\Psi=\alpha$) zur "aperiodischen", instabilen Struktur ($\Psi=\beta$ in (6.1)). Der Zeitpunkt t_0 muß derart gewählt werden, daß das Umschalten erfolgt, wenn der Bildpunkt auf die durch die Gleichung (6.6) gegebene Trajektorie der entarteten Bewegung auftrifft. Wir wollen die weitere Bewegung im System betrachten. Nach dem Umschalten bewegt sich der Bildpunkt längs dieser Trajektorie, wobei seine Bewegung durch die Gleichung

(6.18) $$x(t) = x_1(t_0)\, e^{\lambda_1 t}$$

beschrieben wird.

Wir setzen (6.18) in (6.10) ein und erhalten

(6.19) $$z_1(t) = \frac{e^{-\frac{t}{T}}}{T} \int_0^t e^{\left(\frac{1}{T}+\lambda_1\right)\tau} x_1(t_0)\, d\tau + z_{10} e^{-\frac{t}{T}},$$

wobei z_{10} der Wert von z_1 zum Schaltzeitpunkt ist.

Aus (6.18) und (6.19) folgt, daß die weitere Bewegung ohne Übersteuerung erfolgt, wenn die Systemstruktur nicht mehr geändert wird. Dabei gilt für $t \to \infty$

(6.20) $$x(t) \to 0,$$

(6.21) $$z_1(t) \to 0.$$

Der Zustand des Systems wird durch drei Koordinaten charakterisiert: x_1, x_2 und z_1. Für die Untersuchung des Systems benötigen wir daher einen dreidimensionalen Raum.

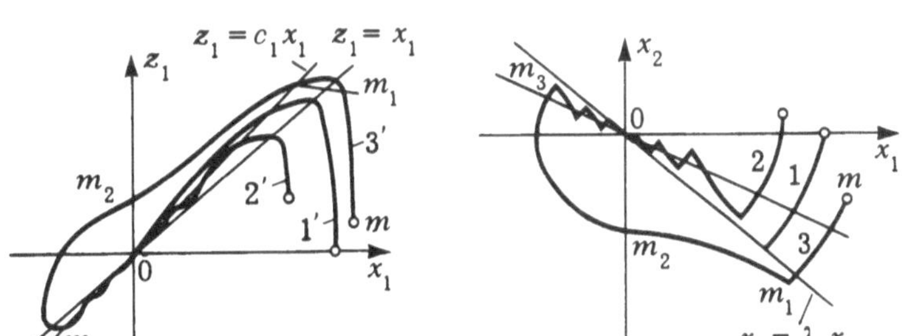

Abb. 6.2

In Abb. 6.2 sind die Projektionen der Phasentrajektorien in die (x_1, x_2)-Ebene und in die (x_1, z_1)-Ebene angegeben.

Man kann zeigen, daß nach dem Umschalten die Beziehungen

(6.22) $z_1 > c_1 x,$

(6.23) $1 - c_1(1 + \lambda_1 T) > 0$

erfüllt sind, welche wir noch weiter unten benötigen werden.

Für den Beweis von (6.22) schreiben wir z_1 in der Gestalt

(6.24) $$z_1 = \frac{e^{-\frac{t}{T}}}{T} \int_0^t x_1(t_0)\, e^{\left(\frac{1}{T}+\lambda_1\right)\tau} d\tau + z_{10}\, e^{-\frac{t}{T}}.$$

Nach Umformungen erhalten wir

(6.25) $$z_1 - c_1 x_1 = x_1(t_0)\, e^{\lambda_1 t} \frac{1 - e^{\left(-\lambda_1 - \frac{1}{T}\right)t}}{1 + \lambda_1 T} [1 - c_1(1 + \lambda_1 T)].$$

Der letzte Ausdruck ist dann und nur dann größer als Null, wenn

(6.26) $1 - c_1(1 + \lambda_1 T) > 0$ gilt.

Für den Beweis von (6.26) bzw. (6.23) muß man darin c_1 aus (6.17) einsetzen. Nach einigen Umformungen erhalten wir

(6.27) $$\begin{aligned} &1 - c_1(1 + \lambda_1 T) = \\ &= \frac{1}{\left[\nu^2 + \left(\xi - \frac{1}{T}\right)^2\right] \cos^2(\nu t_0 + \mu_0)} \left\{ \nu^2 - \left[\nu \sin \mu_0 - \left(\xi - \frac{1}{T}\right) \times \right.\right. \\ &\left.\left. \times \cos \mu_0\right] \left[\left(\xi - \frac{1}{T}\right) \cos(\nu t_0 + \mu_0) + \nu \sin(\nu t_0 + \mu_0)\right] e^{\left(\xi - \frac{1}{T}\right) t_0} \right\}. \end{aligned}$$

Das Vorzeichen der rechten Seite von (6.27) wird durch das Vorzeichen des in geschwungenen Klammern stehenden Ausdruckes bestimmt. Wir berechnen jenen t-Wert, für welchen dieser Ausdruck sein Minimum annimmt:

(6.28) $$\begin{aligned} &\frac{d}{dt} \left\{ \nu^2 - \left[\nu \sin \mu_0 - \left(\xi - \frac{1}{T}\right) \cos \mu_0\right] \left[\nu \sin(\nu t + \mu_0) + \right.\right. \\ &\left.\left. + \left(\xi - \frac{1}{T}\right) \cos(\nu t + \mu_0)\, e^{\left(\xi - \frac{1}{T}\right)}\right]\right\} = \\ &= \frac{\nu^2 + \left(\xi - \frac{1}{T}\right)^2}{\cos \mu_0} \left(2\xi + \frac{1}{T}\right) \cos(\nu t + \mu_0)\, e^{\left(\xi - \frac{1}{T}\right) t_0}. \end{aligned}$$

Der letzte Ausdruck ist eine Funktion in t von konstantem Vorzeichen für $0 < t \leqslant \frac{1}{\nu}\left(\frac{\pi}{2} - \mu_0\right)$. Für $t = \frac{1}{\nu}\left(\frac{\pi}{2} - \mu_0\right)$ wird die Ableitung Null und wechselt ihr Vorzeichen. Es ist daher ein Extremum vorhanden, und zwar für $\frac{1}{T} - 2\xi > 0$ ein Minimum, für $\frac{1}{T} - 2\xi < 0$ ein Maximum.

Im ersten Fall zeigt man leicht, daß $1 - c_1(1 + \lambda_1 T) > 0$ gilt.

Für $t \to \frac{1}{\nu}\left(\frac{\pi}{2} - \mu_0\right)$ folgt nämlich aus

$$\operatorname{tg}(\nu t + \mu_0) = \frac{-\lambda_1 - \xi}{\nu}$$

$\lambda_1 \to \infty$. Dies ergibt $1 - \lambda_1 T < 0$ und weiter wegen $c_1 > 0$ $1 - c_1(1 - \lambda_1 T) > 0$.

Wenn für $t = \frac{1}{\nu}\left(\frac{\pi}{2} - \mu_0\right)$ ein Maximum von (6.27) vorhanden ist, bekommt man wegen des konstanten Vorzeichens der Ableitung für $t=0$ ein Minimum von (6.27). Für $t=0$ erhalten wir aus (6.27)

$$1 - c_1(1 + \lambda_1 T) = 1 > 0.$$

Damit ist (6.26) bewiesen. Man kann nun zeigen, daß für $t \to \infty$ der Quotient $\frac{z_1}{x_1}$ monoton wächst. Es gilt nämlich

$$\frac{d}{dt}\left[\frac{z_1}{x_1}\right] = \frac{1}{T} e^{-\left(\frac{1}{T} - \lambda_1\right)t} [1 - c_1(1 + \lambda_1 T)] > 0. \tag{6.29}$$

2. Die Bewegung des Systems bei beliebigen Anfangsbedingungen (Fall I). Die Schaltfunktion s wurde derart gebildet, daß für die Anfangsbedingungen (6.5) das Umschalten auf der Geraden (6.6) erfolgt. Dabei hat man im System die Arbeitsweise mit Bewegung längs entarteter Trajektorie. Bei beliebigen Anfangsbedingungen wird sich die Bewegung im System anders verhalten. Es ist zu erwarten, daß das Umschalten nicht mehr auf der Geraden (6.6) erfolgt.

Wir betrachten den Fall, wo das erste Umschalten von $\Psi = \alpha$ auf $\Psi = \beta$ in der rechten Halbebene der (x_1, x_2)-Ebene oberhalb der Geraden $x_2 - \lambda_1 x_1 = 0$ erfolgt (Abb. 6.2). Gesucht sind Bedingungen, für welche zu einem bestimmten Zeitpunkt s_1 Null wird und infolgedessen von $\Psi = \beta$ auf $\Psi = \alpha$ umgeschaltet wird.

Bei der Bewegung, welche durch die Gleichungen (6.1) für $\Psi = \beta$ beschrieben wird, ändert sich $x_1(t)$ aperiodisch:

$$x_1(t) = A_1 e^{\lambda_1 t} + A_2 e^{\lambda_2 t}. \tag{6.30}$$

A_1, A_2 sind Konstante, welche durch die Anfangswerte bestimmt sind, $A_2 > 0$. Dabei ändert sich die Ausgangsgröße des Filters folgendermaßen:

$$z_1(t) = \frac{1}{T} \int_0^t e^{-\frac{1}{T}(t-\tau)} (A_1 e^{\lambda_1 \tau} + A_2 e^{\lambda_2 \tau}) \, d\tau + c_1 (A_1 + A_2) e^{-\frac{t}{T}}. \tag{6.31}$$

Wir zählen jetzt die Zeit vom Moment der ersten Umschaltung. Nachdem wir die Integration in (6.31) ausgeführt haben, setzen wir $z_1(t)$ und $x_1(t)$ in den Ausdruck für s_1 ein und erhalten

$$
(6.32) \qquad \begin{aligned} s_1 = A_2\Big(\frac{1}{1+\lambda_2 T} - c_1\Big)\Big(e^{\lambda_2 t} - e^{-\frac{t}{T}}\Big) + \\ + A_1\Big(\frac{1}{1+\lambda_1 T} - c_1\Big)\Big(e^{\lambda_1 t} - e^{-\frac{t}{T}}\Big). \end{aligned}
$$

Für $t \to \infty$ strebt s_1 gegen $A_2\Big(\frac{1}{1+\lambda_2 T} - c_1\Big)e^{\lambda_2 t}$. Das Vorzeichen der rechten Seite von (6.32) wird wegen $A_2 > 0$ durch das Vorzeichen von $\Big(\frac{1}{1+\lambda_2 T} - c_1\Big)$ bestimmt. Daher kann s_1 dann und nur dann Null werden, wenn

$$
(6.33) \qquad \frac{1}{1+\lambda_2 T} - c_1 < 0
$$

gilt. Bei der Synthese des Systems muß man daher die Parameter des Filters so wählen, daß die Ungleichung (6.33) erfüllt wird. Für diese Wahl der Parameter wächst s_1 zuerst, beginnt aber dann abzunehmen und bleibt kleiner als Null. Offensichtlich gilt in diesem Fall zum Zeitpunkt des ersten Umschaltens

$$
\frac{ds_1}{dt} > 0.
$$

Für die Ableitung $\frac{ds_1}{dt}$ erhalten wir

$$
(6.34) \qquad \begin{aligned} \frac{ds_1}{dt} = -\frac{1}{T^2} e^{-\frac{t}{T}} \int_0^t e^{\frac{\tau}{T}} x_1(\tau)\,d\tau + \frac{1}{T} x_1(t) - \\ - \frac{1}{T} c_1 x_1(0) e^{-\frac{t}{T}} - c_1 x_2(t) \end{aligned}
$$

und für $t = 0$

$$
(6.35) \qquad \frac{ds_1}{dt} = \frac{1-c_1}{T} x_1 - c_1 x_2.
$$

Daraus folgt für den Zeitpunkt des Umschaltens:

$$
(6.36) \qquad \begin{cases} \frac{ds_1}{dt} < 0, \quad \text{wenn} \quad \frac{x_2}{x_1} > \frac{1-c_1}{c_1 T}; \\ \frac{ds_1}{dt} = 0, \quad \text{wenn} \quad \frac{x_2}{x_1} = \frac{1-c_1}{c_1 T}; \\ \frac{ds_1}{dt} > 0, \quad \text{wenn} \quad \frac{x_2}{x_1} < \frac{1-c_1}{c_1 T}. \end{cases}
$$

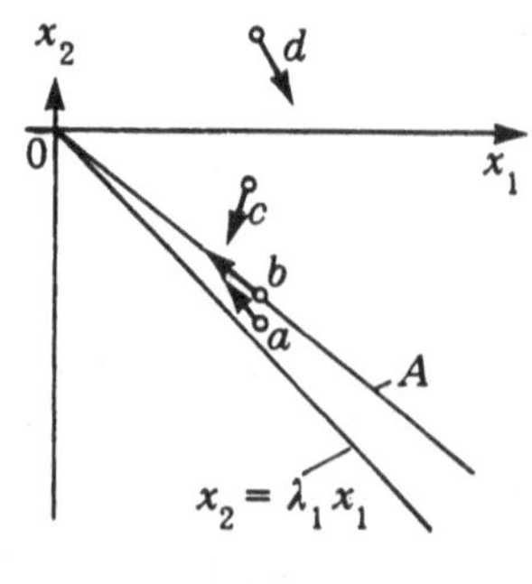

Abb. 6.3

Wir vereinbaren, die Gerade in der (x_1, x_2)-Ebene mit der Gleichung

$$
(6.37) \qquad x_1 = \frac{1-c_1}{c_1 T} x_2
$$

Linie A zu nennen. Diese Linie unterteilt die Phasenebene in zwei Gebiete. In dem einen Gebiet ist der Übergang von der Struktur $\Psi=\beta$ zur Struktur $\Psi=\alpha$ unmöglich, während umgekehrt im anderen Gebiet kein Übergang von $\Psi=\alpha$ zu $\Psi=\beta$ erfolgen kann. In Abb. 6.3 werden die Gerade A und Augenblicksbewegungen des Systems dargestellt, wobei die für das System zum Schaltzeitpunkt möglichen Lagen durch die Punkte a, b, c, d angegeben werden. Wenn die Umschaltung zu einem Zeitpunkt erfolgt, zu dem sich der Bildpunkt auf der Geraden A befindet, entsteht im System der Gleitzustand. Dabei ist die Bewegung instabil, wenn die Gerade A in der rechten Halbebene oberhalb der x_1-Achse liegt. Daher muß der Anstieg der Geraden A negativ sein:

$$\frac{1-c_1}{c_1 T}<0 \tag{6.38}$$

bzw.

$$c_1>1. \tag{6.39}$$

Die Bedingung (6.33) ist dann automatisch erfüllt. Aus den Beziehungen (6.38) und (6.23) ergibt sich der Bereich der für die Gerade A möglichen Lagen:

$$\lambda_1<\frac{1-c_1}{c_1 T}<0. \tag{6.40}$$

Wenn die Umschaltung nicht auf der Geraden A erfolgt, sondern in deren Nähe, ist die Phasentrajektorie in einer Umgebung von A eine gebrochene Linie, welche aus Bogenstücken von Spiralen und Hyperbeln besteht (Abb. 6.2). Für die Untersuchung der Bewegung des Bildpunktes in einer Umgebung der Geraden A ist es nötig, den nächstfolgenden Schaltpunkt zu bestimmen. Dazu muß man die Gleichung $s_1(t)=0$ für beide Strukturen lösen. Wir vereinbaren, die Zeitmessung zum Schaltzeitpunkt zu beginnen. Dies bedeutet $z_0=c_1 x_1(0)$.

Unter dieser Voraussetzung betrachten wir die Bewegung des Bildpunktes längs eines Spiralenbogens. Verwendet man die Beziehungen (6.10), (6.11), (6.16), kann man $s_1(t)$ in der Form

$$\begin{aligned} s_1 = \frac{1}{T}\int_0^t e^{-\frac{t-\tau}{T}} \frac{x_1(0)}{\cos\mu}\cos(\nu\tau+\mu)\, e^{-\xi\tau}\, d\tau + c_1 x_1(0)\, e^{-\frac{t}{T}} - \\ - c_1 \frac{x_1(0)\, e^{-\xi t}}{\cos\mu}\cos(\nu t+\mu), \quad \mu=\text{const}, \end{aligned} \tag{6.41}$$

darstellen. Nach Ausführung der Integration und einigen Umformungen erhalten wir folgende transzendente Gleichung für t:

$$\frac{e^{-\frac{t}{T}}}{T\left[\nu^2+\left(\xi-\frac{1}{T}\right)^2\cos\mu\right]}\left\{e^{\left(\xi-\frac{1}{T}\right)t}\left[-\left(\xi-\frac{1}{T}\right)\cos(\nu t+\mu)+\right.\right.$$

(6.42) $$\left.\left.+\nu\sin(\nu t+\mu)\right]-\left[-\left(\xi-\frac{1}{T}\right)\cos\mu+\nu\sin\mu\right]\right\}+$$

$$+c_1 e^{-\frac{t}{T}}-c_1\frac{\cos(\nu t+\mu)}{\cos\mu}e^{-\xi t}=0.$$

Diese Gleichung kann man in der Form

(6.43) $$e^{\sigma(\varepsilon+\mu+\nu t)}\cos(\varepsilon+\mu+\nu t)=e^{\sigma(\varepsilon+\mu)}\cos(\varepsilon+\mu)$$

darstellen mit

(6.44) $$\sigma=-\frac{1}{\nu}\left(\xi-\frac{1}{T}\right),$$

(6.45) $$\operatorname{tg}\varepsilon=\frac{\nu}{\left(\xi-\frac{1}{T}\right)+c_1T\nu^2+c_1T\left(\xi-\frac{1}{T}\right)^2}.$$

Gleichung (6.43) kann ziemlich einfach graphisch gelöst werden (Abb. 6.4). Wir zeichnen die Spirale $r=\exp\sigma(\varepsilon+\mu)$ in Polarkoordinaten und schneiden sie mit dem Strahl Oa. Durch den Schnittpunkt legen wir eine zur x_1-Achse normale Gerade, welche die Spirale im Punkt c schneidet. Der Winkel zwischen den Strahlen Oa und Oc (in Bogenmaß) ist gleich νt. Setzen wir νt in die Ausdrücke für x_1 und x_2 ein, erhalten wir die Phasenkoordinaten für den Zeitpunkt der zweiten Umschaltung.

Es ist interessant, daß die Funktion $e^{\sigma(\varepsilon+\mu)}\times\cos(\varepsilon+\mu)$ ihr Maximum für jenen Wert von μ annimmt, welcher der Lage des Bildpunktes auf der Geraden A entspricht.

Es gilt nämlich

$$\frac{d}{d(\mu+\varepsilon)}\left[e^{\sigma(\mu+\varepsilon)}\cos(\varepsilon+\mu)\right]=$$
$$=e^{\sigma(\varepsilon+\mu)}\left[\sigma\cos(\varepsilon+\mu)-\right.$$
$$\left.-\sin(\varepsilon+\mu)\right]=0,$$

woraus

$$\operatorname{tg}(\varepsilon+\mu)=\sigma\qquad\left(0\leqslant\mu\leqslant\frac{\pi}{2}\right)$$

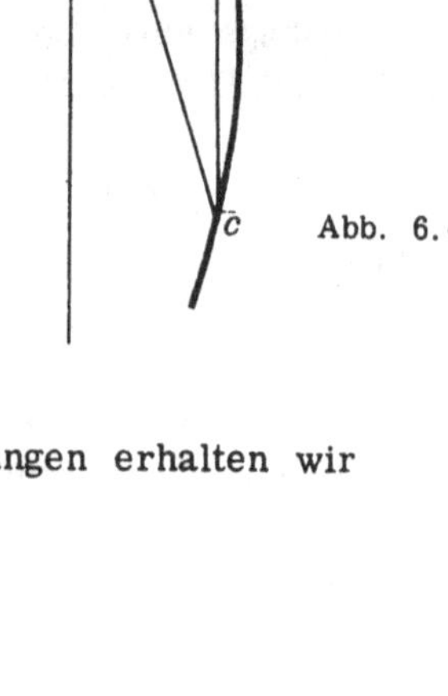

Abb. 6.4

folgt. Nach Substitution von ε und σ aus (6.44) bzw. (6.45) und einfachen Umformungen erhalten wir

$$\operatorname{tg} \mu = -\frac{1 + c_1 T\left(\xi - \frac{1}{T}\right)}{c_1 T \nu}.$$

Bei Bewegung des Bildpunktes längs eines Spiralenbogens gilt jedoch

$$\frac{x_2}{x_1} = -(\xi + \nu \operatorname{tg} \mu).$$

Daher gilt für das Maximum der Funktion $e^{\sigma(\varepsilon+\mu)} \cos(\varepsilon+\mu)$

$$\frac{x_2}{x_1} = \frac{1 - c_1}{c_1 T},$$

d.h. der Bildpunkt befindet sich auf der Geraden A.

Wir betrachten jetzt die Bewegung des Bildpunktes längs eines Hyperbelbogens. Der Zeitpunkt für die zweite Umschaltung wird durch die Gleichung $s_1(t) = 0$ bestimmt, welche wegen (6.32) die Gestalt

$$\frac{A_2[1 - c_1(1 + \lambda_2 T)]}{1 + \lambda_2 T}\left(e^{\lambda_2 t} - e^{-\frac{t}{T}}\right) + \frac{A_1[1 - c_1(1 + \lambda_1 T)]}{1 + \lambda_1 T}\left(e^{\lambda_1 t} - e^{-\frac{t}{T}}\right) = 0 \tag{6.46}$$

bzw.

$$\frac{A_2[1 - c_1(1 + \lambda_2 T)]}{1 + \lambda_2 T} e^{\lambda_2 t} + \frac{A_1[1 - c_1(1 + \lambda_1 T)]}{1 + \lambda_1 T} e^{\lambda_1 t} = e^{-\frac{t}{T}}\left[A_2 \frac{1 - c_1(1 + \lambda_2 T)}{1 + \lambda_2 T} + A_1 \frac{1 - c_1(1 + \lambda_1 T)}{1 + \lambda_1 T}\right] \tag{6.47}$$

besitzt. Wir unterscheiden zwei Fälle: $-\lambda_1 T < 1$ und $-\lambda_1 T > 1$.

F a l l $\quad -\lambda_1 T < 1$.

Mit der Bezeichnung

$$e^{\frac{-\lambda_1 + \lambda_2}{2} t_1} = \sqrt{-\frac{A_2[1 - c_1(1 + \lambda_2 T)](1 + \lambda_1 T)}{A_1[1 - c_1(1 + \lambda_1 T)](1 + \lambda_2 T)}} \tag{6.48}$$

erhält (6.47) die Gestalt

$$e^{\left(\frac{\lambda_2 + \lambda_1}{2} + \frac{1}{T}\right)(t_1 + t)} \operatorname{sh} \frac{\lambda_2 - \lambda_1}{2}(t_1 + t) = e^{\left(\frac{\lambda_1 + \lambda_2}{2} + \frac{1}{T}\right) t_1} \operatorname{sh} \frac{\lambda_2 + \lambda_1}{2} t_1. \tag{6.49}$$

Der letzte Ausdruck kann in folgender Form geschrieben werden:

$$e^{\omega\vartheta} \operatorname{sh} \vartheta = e^{\omega\vartheta_0} \operatorname{sh} \vartheta_0 \tag{6.50}$$

mit

$$\vartheta = \frac{\lambda_2 - \lambda_1}{2}(t_1 + t), \quad \vartheta_0 = \frac{\lambda_2 - \lambda_1}{2} t_1, \quad \omega = \frac{T(\lambda_2 + \lambda_1) + 2}{T(\lambda_2 - \lambda_1)}. \tag{6.51}$$

ϑ_0 wird durch

(6.52) $$e^{\vartheta_0} = \sqrt{-\frac{A_2\,[1-c_1\,(1+\lambda_2 T)]\,(1+\lambda_1 T)}{A_1\,[1-c_1\,(1+\lambda_1 T)]\,(1+\lambda_2 T)}}$$

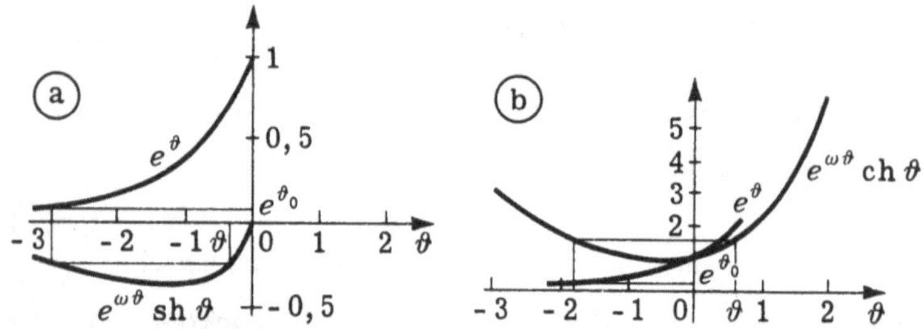

Abb. 6.5

bestimmt. Das graphische Verfahren für die Lösung von Gleichung (6.50) wird in Abb. 6.5, *a* illustriert. Wir tragen auf der vertikalen Achse die Größe $\exp \vartheta_0$ ab, welche wir nach Formel (6.52) berechnet haben, und schneiden die horizontale Gerade durch diesen Punkt mit der Kurve von $\exp \vartheta$. Durch den Schnittpunkt legen wir eine Normale zur ϑ-Achse und schneiden sie mit der Kurve von $[\exp(\omega\vartheta)] \cdot \operatorname{sh} \vartheta$. Durch den zuletzt erhaltenen Schnittpunkt ziehen wir eine horizontale Gerade. Die Abszisse ihres zweiten Schnittpunktes mit der Kurve $\exp(\omega\vartheta) \operatorname{sh} \vartheta$ ergibt ϑ. Zur Lösung dieser Aufgabe benötigt man offensichtlich eine Skala von Kurven $\exp(\omega\vartheta) \cdot \operatorname{sh} \vartheta$ für verschiedene Werte von ω.

F a l l $-\lambda_1 T > 1$.

Durch analoge Überlegungen kommen wir zur Gleichung

(6.53) $$e^{\omega\vartheta} \operatorname{ch} \vartheta = e^{\omega\vartheta_0} \operatorname{ch} \vartheta_0$$

mit

(6.54) $$e^{\vartheta_0} = \sqrt{\frac{A_2\,[1-c_1\,(1+\lambda_2 T)]\,(1+\lambda_1 T)}{A_1\,[1-c_1\,(1+\lambda_1 T)]\,(1+\lambda_2 T)}}\,.$$

Das graphische Lösungsverfahren ist in Abb. 6.5, *b* ausgeführt.

3. D i e B e w e g u n g d e s S y s t e m s b e i b e l i e b i g e n A n f a n g s b e d i n g u n g e n (F a l l II). Wir untersuchen jetzt den Fall, wo die Anfangsbedingungen derart beschaffen sind, daß sich der Bildpunkt zum Zeitpunkt des Umschaltens von $\Psi = \alpha$ nach $\Psi = \beta$ in der rechten Halbebene der (x_1, x_2)-Ebene unterhalb der Geraden $x_2 - \lambda_1 x_1 = 0$ befindet (Abb. 6.2). Dabei ist in (6.32) $A_2 < 0$. Nach dem

Umschalten wird daher s_1 nicht mehr Null. Wenn sich jedoch im Punkt m_2 das Vorzeichen von x_1 ändert, wird die Struktur von der "aperiodischen" auf die "oszillierende" umgeschaltet. Für $x_1(t) = A_1 e^{\lambda_1 t} + A_2 e^{\lambda_2 t} = 0$ erhalten wir

$$s_{1(x_1=0)} =$$

$$(6.55) \qquad = A_2\left(\frac{1}{1+\lambda_2 T} - c_1\right)\left[\left(-\frac{A_1}{A_2}\right)^{\frac{\lambda_2}{-\lambda_1+\lambda_2}} - \left(-\frac{A_1}{A_2}\right)^{-\frac{1}{T(-\lambda_1+\lambda_2)}}\right] +$$

$$+ A_1\left(\frac{1}{1+\lambda_1 T} - c_1\right)\left[\left(\frac{A_1}{A_2}\right)^{-\frac{\lambda_1}{-\lambda_1+\lambda_2}} - \left(-\frac{A_1}{A_2}\right)^{-\frac{1}{T(-\lambda_1+\lambda_2)}}\right] > 0.$$

Dabei ist

$$(6.56) \qquad x_{2(x_1=0)} = -A_1(-\lambda_1+\lambda_2)\left(-\frac{A_1}{A_2}\right)^{-\frac{\lambda_1}{-\lambda_1+\lambda_2}} < 0.$$

Nach dem Wechsel der Struktur wird die Bewegung des Systems durch die Gleichung

$$(6.57) \qquad x_1(t) = -\frac{x_{2(x_1=0)}}{\nu} e^{-\xi t} \cos\left(\nu t + \frac{\pi}{2}\right)$$

beschrieben. Um den Schaltpunkt, welcher der Änderung des Koeffizienten Ψ von α nach β entspricht (dieser Punkt muß in der linken Hälfte der (x_1, x_2)-Ebene oberhalb der Geraden A liegen), zu bestimmen, muß man die Gleichung $s_1(t) = 0$ für $z_1(0) = s_{1(x_1=0)}$, $x_1(0) = 0$, $x_2(0) = x_{2(x_1=0)}$ lösen. Diese Gleichung besitzt die Gestalt

$$(6.58) \qquad \begin{aligned} &-\frac{x_{2(x_1=0)} e^{-\xi t}}{\nu T\left[\nu^2+\left(\xi-\frac{1}{T}\right)^2\right]}\left\{\sin \nu t\left[\left(\xi-\frac{1}{T}\right)+\right.\right. \\ &\qquad \left.\left. + c_1 T \nu^2 + c_1 T\left(\xi-\frac{1}{T}\right)^2\right] + \nu \cos \nu t\right\} + \\ &\qquad + e^{-\frac{t}{T}}\left\{s_{1(x=0)} + \frac{x_{2(x_1=0)}}{T\left[\nu^2+\left(\xi-\frac{1}{T}\right)^2\right]}\right\} = 0. \end{aligned}$$

Nach Umformungen kann man diese Gleichung auf die Form

$$(6.59) \qquad \sin(\nu t+\varepsilon) e^{\sigma(\nu t+\varepsilon)} = \sin\varepsilon\, e^{\sigma\varepsilon}\left\{1 + \frac{s_{1(x_1=0)}}{x_{2(x_1=0)}} \times T\left[\nu^2+\left(\xi-\frac{1}{T}\right)^2\right]\right\}$$

bringen. Das graphische Lösungsverfahren für diese Gleichung wird in Abb. 6.6 erklärt. Wir zeichnen den Strahl Om unter dem Winkel ε. Durch den Schnittpunkt dieses Strahles mit dem Bogen der Spirale $r = e^{\sigma\theta}$ legen wir eine Normale zur Abszissen-Achse. Man erhält eine Strecke der Länge $\sin\varepsilon\cdot e^{\sigma\varepsilon}$. Diese Strecke multiplizieren wir mit $(1+a)$,

$$a=\frac{s_{1(x_1=0)}}{x_{2(x_1=0)}}\,T\left[\nu^2+\left(\xi-\frac{1}{T}\right)^2\right].$$

Durch den Endpunkt der erhaltenen Strecke legen wir eine Vertikale und schneiden sie mit dem Spiralenbogen. Durch den Schnittpunkt ziehen wir den Strahl On. Der Winkel mOn ist in Bogenmaß gleich νt. Damit ist der Schaltzeitpunkt gefunden.

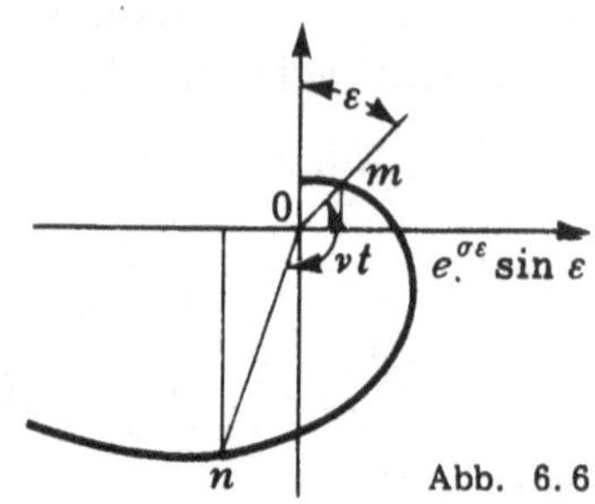

Abb. 6.6

Der Schaltpunkt m_3 (Abb. 6.2) für $x_1<0$ kann ober- oder unterhalb der Geraden $x_2-\lambda_1x_1=0$ liegen. Jedoch kann man die Zeitkonstante T derart wählen, daß sich der Schaltpunkt m_3 immer in der linken Halbebene unterhalb der Geraden $x_2-\lambda_1x_1=0$ befindet. Dabei erfolgt die weitere Bewegung ohne Übersteuerung.

Wir betrachten die Frage nach der minimalen Zahl der Übersteuerungen etwas genauer. Die Umschaltung von der "oszillierenden" Struktur zur "aperiodischen" erfolge in der linken Halbebene genau auf der Geraden $x_2-\lambda_1x_1=0$. Diesen Fall wollen wir Grenzfall nennen. Die entsprechenden Werte von s_1 und x_2 für $x_1=0$ bezeichnen wir mit $s_{1gr(x_1=0)}$ und $x_{2gr(x_1=0)}$. Die Zeit, in der sich der Bildpunkt von m_2 bis zum Schaltpunkt bewegt, ist gleich

$$t_{gr}=\frac{\pi+2\mu_0}{2\nu}+t_0, \tag{6.60}$$

wobei $\frac{\pi+2\mu_0}{2\nu}$ die Zeit ist, in der sich der Bildpunkt längs des Spiralenbogens im dritten Quadranten bewegt, und t_0 die Zeit für die Bewegung von der x_1-Achse bis zur Geraden $x_2-\lambda_1x_1=0$. Setzen wir (6.60) in (6.58) ein, erhalten wir den Quotienten

$$\begin{aligned}\frac{s_{1gr(x_1=0)}}{x_{2gr(x_1=0)}}&=\\&=-\Big\{(ba+a_1)T+(1-2\xi T)\exp\Big[\frac{1}{\sqrt{(ba+a_1)^2-\xi^2}}\Big(\frac{1}{T}-\xi\Big)\times\\&\quad\times\Big(\frac{\pi}{2}-\arcsin\frac{\xi}{ba+a_1}\Big)\Big]\Big\}\times\\&\quad\times\{(ba+a_1)[(ba+a_1)^2T^2-2\xi T+1]\}^{-1}.\end{aligned} \tag{6.61}$$

Mit Hilfe von (6. 55) und (6. 56) kann man die möglichen Werte des Quotienten $\frac{s_1}{x_2}$ für $x_1=0$ finden:

$$\left.\frac{s_1}{x_2}\right|_{x_1=0} = \frac{1}{-\lambda_1+\lambda_2}\left(\frac{1}{1+\lambda_2 T} - c_1\right)\left[1-\left(-\frac{A_1}{A_2}\right)^{-\frac{1+\lambda_2 T}{T(\lambda_2-\lambda_1)}}\right] - \tag{6.62}$$
$$- \frac{1}{-\lambda_1+\lambda_2}\left(\frac{1}{1-\lambda_2 T} - c_1\right)\left[1-\left(-\frac{A_1}{A_2}\right)^{-\frac{1+\lambda_1 T}{T(-\lambda_1+\lambda_2)}}\right].$$

Weil die Phasentrajektorie, welche der "aperiodischen" Struktur entspricht, im Gebiet $x_1(x_2-\lambda_1 x_1)<0$ verläuft, kann man sich leicht davon überzeugen, daß

$$\min\left(-\frac{A_1}{A_2}\right)=1, \quad \max\left(-\frac{A_1}{A_2}\right)=\infty$$

gilt. Dann folgt aus (6. 62):

1. Für $-\lambda_1 T<1$ sind die Exponenten beider Potenzen negativ und $\left.\frac{s_1}{x_2}\right|_{x_1=0}$ ist beschränkt;
2. für $-\lambda_1 T>1$ gilt $\left.\frac{s_1}{x_2}\right|_{x_1=0} \to -\infty$ für $\left(-\frac{A_1}{A_2}\right)\to\infty$.

Wir sehen jetzt, daß das Umschalten von der "oszillierenden" Struktur zur "aperiodischen" in der linken Halbebene dann und nur dann unterhalb der Geraden $x_2-\lambda_1 x_1=0$ erfolgt, wenn

$$\frac{s_{1gr}}{x_{2gr}} \leqslant \left.\frac{s_1}{x_2}\right|_{x_1=0} \tag{6.63}$$

gilt. Eine notwendige Bedingung für eine Bewegung ohne Übersteuerung ist daher das Erfülltsein der Ungleichung

$$1+\lambda_1 T>0. \tag{6.64}$$

Wir betrachten den Ausdruck (6. 62) unter Berücksichtigung von (6. 64). Die rechte Seite von (6. 62) erreicht ihr Minimum für $\left(-\frac{A_1}{A_2}\right)=\infty$:

$$\min_{\left(-\frac{A_1}{A_2}\right)} \left.\frac{s_1}{x_2}\right|_{x_1=0} = -\frac{T}{(1+\lambda_2 T)(1+\lambda_1 T)}. \tag{6.65}$$

Setzt man (6. 65) und (6. 61) in (6. 63) ein, erhält man

$$-\left\{(ba+a_1)T+(1-2\xi T)\exp\left[\frac{1}{\sqrt{(ba+a_1)^2-\xi^2}}\left(\frac{1}{T}-\xi\right)\times\right.\right.$$
$$\left.\left.\times\left(\frac{\pi}{2}-\arcsin\frac{\xi}{ba+a_1}\right)\right]\right\}\times \tag{6.66}$$
$$\times\{(ba+a_1)[(ba+a_1)^2T^2-2\xi T+1]\}^{-1}\leqslant$$
$$\leqslant -\frac{T}{(1+\lambda_2 T)(1+\lambda_1 T)}.$$

Wenn die Zeitkonstante T derart gewählt wird, daß die Ungleichung (6.66) erfüllt ist, erfolgt während des Übergangsprozesses nicht mehr als eine Übersteuerung.

Falls auf die "aperiodische" Struktur nicht in der rechten Halbebene umgeschaltet wird, geschieht dies für $x_1=0$. Die Bewegung in der linken Halbebene erfolgt dann längs Hyperbeln. Wenn dabei die Bedingung (6.33) erfüllt ist, wird zu einem bestimmten Zeitpunkt auf die "oszillierende" Struktur umgeschaltet und danach neuerlich auf die "aperiodische" Struktur. Man kann zeigen, daß das letztere unterhalb der Geraden $x_2-\lambda_1 x_1=0$ geschieht und die weitere Bewegung ohne Übersteuerung verläuft. Daher ist bei jedem Regelvorgang nicht mehr als eine Übersteuerung vorhanden.

Wir erinnern daran, daß die Synthese des Steuerungsgesetzes derart erfolgt, daß die erste Umschaltung auf der Geraden $x_2-\lambda_1 x_1=0$ stattfindet, wenn sich der Bildpunkt zum Anfangszeitpunkt auf der x_1-Achse befindet. Wenn zum Anfansgzeitpunkt der Bildpunkt im Gebiet $x_1 x_2>0$ liegt, erfolgt offensichtlich die erste Umschaltung, bevor er die Gerade $x_2-\lambda_1 x_1=0$ erreicht, und der Regelvorgang verläuft ohne Übersteuerung. Man kann nun den Bereich der Anfangswerte, für welche die Übersteuerung fehlt, folgendermaßen vergrößern. Wir zeichnen in der (x_1, x_2)-Phasenebene die Gerade $x_2+kx_1=0$ mit $0\leqslant k<\lambda_1$ und bilden das Steuerungsgesetz derart, daß das Umschalten von der "oszillierenden" Struktur auf die "aperiodische" auf der Geraden $x_2-\lambda_1 x_1=0$ erfolgt, wenn der Bildpunkt zum Anfangszeitpunkt auf der Geraden $x_2+kx_1=0$ liegt und $z(0)=0$ gilt. Selbstverständlich muß dabei c_1 kleiner gewählt werden als der nach Formel (6.17) erhaltene Wert. Diesen neuen Wert bezeichnen wir mit c', $c'<c_1$. Die neue Gleichung für die Gerade A hat die Form

$$(6.67) \qquad x_2=\frac{1-c'}{c'T}\,x_1.$$

Aus der Forderung nach Stabilität folgt $c'>1$. Eine mit diesem Verfahren erzielte Vergrößerung des Gebietes jener Anfangswerte, für welche die Bewegung ohne Übersteuerung erfolgt, führt daher zu einer Verkleinerung der Neigung der Geraden A und damit zu einer Verschlechterung der dynamischen Eigenschaften des Systems.

Wir bezeichnen jenen Wert von μ, welcher einer Anfangslage des Bildpunktes auf der Geraden $x_2+kx_1=0$ entspricht, mit μ_k. Für den Zeitpunkt t', zu dem sich der Bildpunkt auf der Geraden $x_2-\lambda_1 x_1=0$ befindet, kann man dann folgende Gleichung gewinnen:

$$\frac{1}{T\left[\nu^2+\left(\xi-\frac{1}{T}\right)^2\right]}\left[\nu e^{-\xi t'}\sin(\nu t'+\mu_k)+\right.$$

$$(6.68)\qquad +\left(\frac{1}{T}-\xi\right)e^{-\xi t'}\cos(\nu t'+\mu_k)-\nu\sin\mu_k\cdot e^{-\frac{t'}{T}}-$$

$$\left.-\left(\frac{1}{T}-\xi\right)e^{-\frac{t'}{T}}\cos\mu_k\right]-c'e^{-\xi t'}\cos(\nu t'+\mu_k)=0.$$

Hieraus folgt

$$(6.69)\qquad t'=\frac{1}{\nu}(\nu t_0+\mu_0-\mu_k).$$

Grenzwerte von μ_k für $c'=1$, welche mit Hilfe von (6.64) und (6.65) für den Spezialfall $\xi=0$ berechnet wurden, sind in Abb. 6.7 dargestellt. Aus der Zeichnung ist zu sehen, daß sich die Gerade $x_2+kx_1=0$ bei Verkleinerung der Zeitkonstanten T der Geraden $x_2-\lambda_1 x_1=0$ nähert.

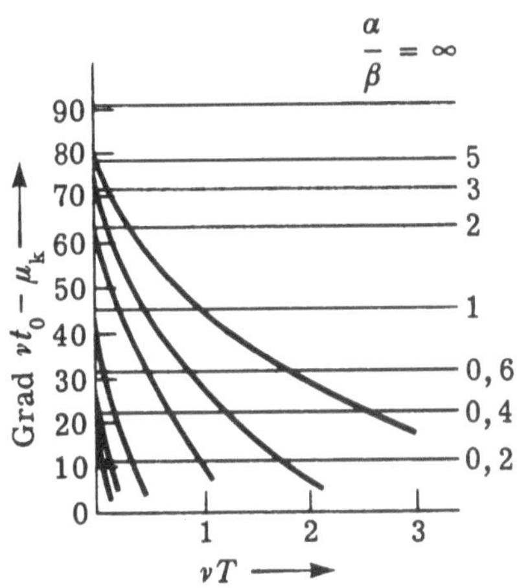

Abb. 6.7

4. Monotoner Verlauf des Regelvorganges. In der Praxis kann die Frage nach der Monotonie des Regelvorganges in einem System mit veränderlicher Struktur des vorliegenden Typs wesentlich werden.

Monoton wird ein Regelvorgang genannt, bei welchem die Änderungsgeschwindigkeit x_2 für das Fehlersignal (bzw. für die Ausgangsgröße) ihr Vorzeichen beibehält. Wir wollen eine Bedingung für die Monotonie des Regelvorganges im vorliegenden Fall finden. Uns interessiert die Bewegung des Bildpunktes in jenem Teil der Phasenebene, wo sie ohne Übersteuerung erfolgt, d.h. für $x_1(x_2-\lambda_1 x_1)>0$ (Abb. 6.2). Der Absolutbetrag von x_2 nimmt bei Bewegung des Bildpunktes längs eines Hyperbelbogens ab. Aus (6.29) folgt

$$(6.70)\qquad x_2=A_1 e^{\lambda_1 t}\times\left[\lambda_1+\lambda_2\frac{A_2}{A_1}e^{(-\lambda_1+\lambda_2)t}\right].$$

Mit (6.70) sieht man leicht, daß x_2 von konstantem Vorzeichen ist, wenn

$$(6.71)\qquad \lambda_1+\lambda_2\frac{A_2}{A_1}e^{(-\lambda_1+\lambda_2)t}<0$$

gilt, wobei $\frac{A_2}{A_1} > 0$ ist. Den Wert von $e^{(-\lambda_1+\lambda_2)t}$ zum Zeitpunkt der Umschaltung auf die "oszillierende" Struktur bestimmt man mit dem weiter oben beschriebenen graphischen Verfahren. Wegen (6.51) erhalten wir

$$(6.72) \qquad e^{\frac{-\lambda_1+\lambda_2}{2}t} = e^{\vartheta-\vartheta_0} = \frac{e^{\vartheta}}{e^{\vartheta_0}}.$$

Aus (6.71) und (6.72) finden wir auf Grund von (6.48) nach einer Reihe von Umformungen die Monotoniebedingung:

$$(6.73) \qquad \lambda_1+\lambda_2\frac{e^{2\vartheta}}{\left|\frac{[1-c_1(1+\lambda_2T)](1+\lambda_1T)}{[1-c_1(1+\lambda_1T)](1+\lambda_2T)}\right|} < 0.$$

Diese Bedingung besagt, daß $e^{2\vartheta}$ beschränkt sein muß, d.h. es muß $-\lambda_1 T > 1$ gelten. Weil dabei für das Maximum $e^{2\vartheta} = 1$ gilt (siehe Abb. 6.5), kann die Monotoniebedingung (6.73) in folgender Form geschrieben werden:

$$(6.74) \qquad c_1 > \frac{1-(-\lambda_1-\lambda_2)T}{(1+\lambda_1T)(1+\lambda_2T)}.$$

Damit ist die Möglichkeit aufgezeigt, automatische Regelsysteme mit veränderlicher Struktur zu konstruieren, wobei als Information für die Steuerung des Schaltelementes das Fehlersignal, umgeformt durch einen passiven Filter mit Phasenverschiebung oder durch ein trägheitsbehaftetes Glied, verwendet wird. Bei der Wahl der Parameter für den Filter müssen die Bedingungen (6.40), (6.66) und (6.74) erfüllt sein. Man kann Systeme bauen, in denen der Übergangsprozeß entweder monoton ist oder bei beliebigen Anfangsbedingungen nicht mehr als eine Übersteuerung aufweist. Das Gebiet für die Anfangswerte, bei welchen die Bewegung ohne Übersteuerung erfolgt, kann man an das entsprechende Gebiet für das System annähern, in welchem das Schaltelement in Abhängigkeit vom Fehler und dessen Ableitung gesteuert wird.

§2. Umschaltbare Filter mit Phasenverschiebung

Die Verwendung verschiedener Typen von Filtern mit Phasenverschiebung für die Synthese des Steuerungsgesetzes ist in vielen Fällen durch die technischen Schwierigkeiten bedingt, welche bei der Bildung von Ableitungen der Systemkoordinaten entstehen. Wie im vorhergehenden Paragraphen gezeigt wurde, kann dieses Verfahren auch zur Konstruktion von Systemen mit veränderlicher Struktur verwendet werden. Gleichzeitig muß man darauf hinweisen, daß in einem solchen System Gleitzustände nicht möglich sind und daß seine Bewegung fast überall durch eine Gleichung dritter Ordnung beschrieben wird und von Schwingungen der Ableitung der Regelgröße mit ziemlich großer Amplitude begleitet werden kann (Abb. 6.2).

Wir wollen jetzt zeigen, daß in Systemen mit veränderlicher Struktur ein Effekt erreicht werden kann, welcher der Eingabe "reiner", unverzerrter Ableitungen in den Eingang des invariablen Teiles des Systems äquivalent ist, wenn man das Prinzip der veränderlichen Struktur nicht nur bei der Wahl der Einflußkoeffizienten für verschiedene Kanäle des Steuergliedes verwendet, sondern auch bei der Wahl des Filters mit Phasenverschiebung. Als Ergebnis erhält man in einem Teil der Phasenebene ein äquivalentes lineares System mit vergrößerter Dämpfung und sichert dadurch die geforderten dynamischen Eigenschaften des Systems. Wir setzen voraus, daß zwei lineare Strukturen zu unserer Verfügung stehen. Das Gesetz für die Änderung der Systemstruktur sei durch eine logische Funktion der Fehlergröße und der Ausgangsgröße eines trägheitsbehafteten Gliedes gegeben. Zum Unterschied von dem früher betrachteten Fall nehmen wir an, daß die Struktur des trägheitsbehafteten Gliedes nicht mehr fest, sondern auf Grund von sprunghaften Änderungen des Verstärkungskoeffizienten veränderlich ist. Die Bewegung eines solchen dynamischen Systems wird durch das Differentialgleichungssystem

$$(6.75)\quad \begin{cases} \dfrac{dx_1}{dt} = x_2, \\ \dfrac{dx_2}{dt} = -a_2x_2 - a_1x_1 - b\Psi x_1, \\ \dfrac{dz}{dt} = -\dfrac{1}{T}(z - \bar{\Psi}x_1) \end{cases}$$

beschrieben. In (6.75) sind x_1, x_2 die Systemkoordinaten und a_1, a_2, b konstante Parameter. z ist die Ausgangsgröße des trägheitsbehafteten Gliedes mit der Zeitkonstante T,

$$(6.76)\quad \Psi = \begin{cases} \alpha & \text{für}\quad sx_1 > 0, \\ \beta & \text{für}\quad sx_1 < 0, \end{cases}$$

$$(6.77)\quad s = cx_1 - z.$$

α, β sind konstante Koeffizienten.

Der veränderliche Koeffizient $\bar{\Psi}$ des trägheitsbehafteten Gliedes ändert sich nach

$$(6.78)\qquad \bar{\Psi}=\begin{cases}\bar{\alpha} & \text{für } sx_1>0,\\ \bar{\beta} & \text{für } sx_1<0\end{cases}$$

Das Blockschaltbild des vorliegenden Systems ist in Abb. 6.8 dargestellt. Wegen (6.76), (6.78) muß für die Größe k aus Abb. 6.8

$$(6.79)\qquad k=\bar{\beta}-\bar{\alpha}$$

gelten mit Konstanten $\bar{\alpha}$, $\bar{\beta}$.

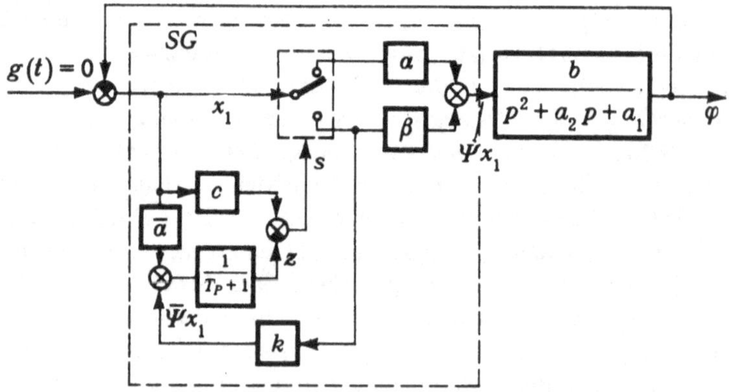

Abb. 6.8

Wir zeigen, daß im System (6.75) - (6.79) außer den Bewegungen, welche den zwei linearen Strukturen $\Psi=\alpha$, $\bar{\Psi}=\bar{\alpha}$ und $\Psi=\beta$, $\bar{\Psi}=\bar{\beta}$ entsprechen, auch der Gleitzustand möglich ist. Um sich davon zu überzeugen, genügt es, die Größe $\dot{s}$ zu betrachten:

$$(6.80)\qquad \dot{s}=cx_2+\frac{1}{T}(z-\bar{\Psi}x_1).$$

$\dot{s}$ ist auf der Geraden S, welche in der (x_1, z) -Ebene durch die Gleichung $s=0$ gegeben ist, unstetig. Ist die Bedingung (2.27) erfüllt, entsteht im System der Gleitzustand. Um die Bewegungsgleichung des Systems im Gleitzustand zu erhalten, schicken wir voraus, daß im Falle seines Entstehens $z=cx_1$ gilt und überdies Ψx_1 und $\bar{\Psi}x_1$ durch die Beziehung

$$(6.81)\qquad \bar{\Psi}x_1=\gamma_1\Psi x_1+\gamma_2 x_1$$

verbunden sind. Dabei ist

$$\gamma_1=\frac{\bar{\alpha}-\bar{\beta}}{\alpha-\beta},\quad \gamma_2=\bar{\alpha}-\alpha\frac{\bar{\alpha}-\bar{\beta}}{\alpha-\beta}.$$

Unter Berücksichtigung dieser Bemerkung erhält $\dot{s}$ die Form

$$\dot{s} = cx_2 + \frac{1}{T}(cx_1 - \gamma_1 \Psi x_1 - \gamma_2 x_1). \tag{6.82}$$

Beachtet man, daß sich der Bildpunkt im Gleitzustand längs S bewegt und daher $\dot{s}=0$ gilt, erhalten wir aus (6.82)

$$\Psi x_1 = \frac{1}{\gamma_1}(Tcx_2 + cx_1 - \gamma_2 x_1). \tag{6.83}$$

Setzen wir Ψx_1 aus (6.83) in die zweite Gleichung von System (6.75) ein, erhalten wir die Bewegungsgleichungen für das System im Gleitzustand für die Fehlergröße x_1 und deren Ableitung x_2:

$$\begin{cases} \dfrac{dx_1}{dt} = x_2, \\ \dfrac{dx_2}{dt} = -\left(a_2 + \dfrac{b}{\gamma_1} Tc\right) x_2 - \left(a_1 + \dfrac{b}{\gamma_1} c - \dfrac{b}{\gamma_1} \gamma_2\right) x_1. \end{cases} \tag{6.84}$$

Aus System (6.84) folgt, *daß es durch Benützung von Filtern mit Phasenverschiebung und umschaltbaren Übertragungskoeffizienten möglich ist, ein System zu konstruieren, welches in einem bestimmten Gebiet der Phasenebene bezüglich seiner Eigenschaft einem linearen System mit einer Steuerung analog ist, welche aus Fehlergröße und deren Ableitung gebildet wird. Jedoch wird dies im System mit veränderlicher Struktur ohne Information über die Werte der Ableitung erreicht.*

Es ist klar, daß man durch entsprechende Wahl der Koeffizienten α, β, $\bar{\alpha}$, $\bar{\beta}$, c und T die Bewegung im Gleitzustand mit den erforderlichen dynamischen Eigenschaften ausstatten kann. Zum Unterschied zum linearen System ist ein spezifisches Merkmal für das beschriebene Verfahren, daß im System mit veränderlicher Struktur die Bewegungsgleichungen nicht immer die Form (6.84) haben, sondern nur im Gleitzustand. Daher muß man die Parameter des Steuergliedes derart wählen, daß im System der Gleitzustand nach seiner Entstehung nicht mehr aufhört. Den Bereich der Systemkoordinaten x_1 und x_2, für welchen die Existenzbedingung (2.27) des Gleitzustandes erfüllt ist, erhält man aus (6.78), (6.81), (6.82). Dieses Gebiet ist ein Sektor D (Abb. 6.9) mit den Grenzgeraden

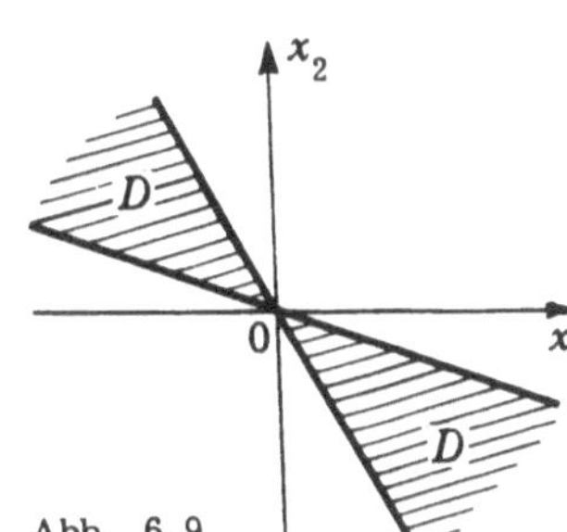

Abb. 6.9

$$\begin{cases} cx_2 + \dfrac{1}{T}(c - \bar{\alpha})x_1 = 0, \\ cx_2 + \dfrac{1}{T}(c - \bar{\beta})x_1 = 0. \end{cases} \tag{6.85}$$

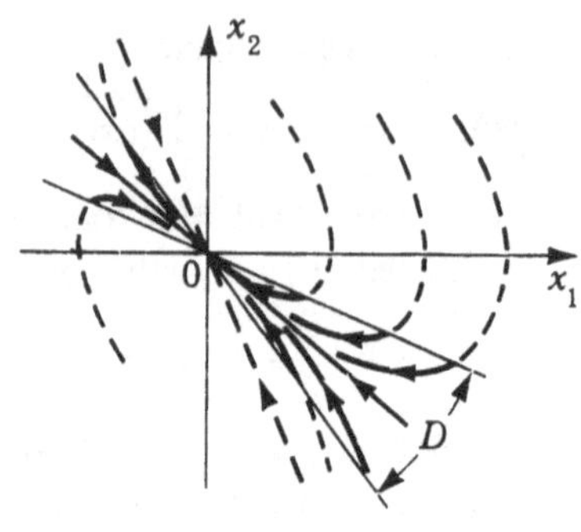

Abb. 6.10

Nach seiner Entstehung wird der Gleitzustand im System nicht mehr aufhören, wenn sämtliche Phasentrajektorien für das lineare System (6.84) an den Grenzen des Sektors D in den Sektor hinein gerichtet sind. Um diese Forderung zu erfüllen, müssen die Wurzeln der charakteristischen Gleichung von System (6.84) negativ sein. Ferner muß eine der Trajektorien der entarteten Bewegungen aus dem Phasenbild des Systems im Sektor D liegen, während die andere (der kleineren Wurzel entsprechende) außerhalb verlaufen muß (Abb. 6.10). Diese Bedingungen haben die analytische Form

$$(6.86)\quad \begin{cases} a_2 + \frac{b}{\gamma_1} Tc > 0, \; a_1 + \frac{b}{\gamma_1} c - \frac{b}{\gamma_1}\gamma_2 > 0, \\ \frac{1}{4}\left(a_2 + \frac{b}{\gamma_1} Tc\right)^2 > a_1 + \frac{b}{\gamma_1} c - \frac{b}{\gamma_1}\gamma_2, \\ -\frac{c-\bar{\beta}}{cT} < \lambda_1 < -\frac{c-\bar{\alpha}}{cT}, \; \lambda_2 < -\frac{c-\bar{\beta}}{cT}, \end{cases}$$

wobei λ_1 und λ_2 die Wurzeln der charakteristischen Gleichung von System (6.84) sind:

$$\lambda_{1,2} = -\frac{1}{2}\left(a_2 + \frac{b}{\gamma_1} Tc\right) \pm$$
$$\pm\sqrt{\frac{1}{4}\left(a_2 + \frac{b}{\gamma_1} Tc\right)^2 - \left(a_1 + \frac{b}{\gamma_1} c - \frac{b}{\gamma_1}\gamma_2\right)}\,.$$

Wir erinnern uns, daß die Wurzeln der charakteristischen Gleichung die Lage jener Trajektorien in der Phasenebene bestimmen, welche den entarteten Bewegungen entsprechen.

Wenn die Ungleichungen (6.86) erfüllt sind, bricht der Gleitzustand im System nach seiner Entstehung nicht mehr ab. Die Bewegung ist dabei aperiodisch stabil.

Zum Abschluß weisen wir noch auf folgenden Sachverhalt hin. Um Wirkungen zu erzielen, welche der Einführung des Einflusses für die Ableitung des Fehlers analog sind, kann man nicht nur den Übertragungskoeffizienten des Filters, sondern auch dessen Zeitkonstante umschalten [50]. Dies erlaubt es, die Zeitkonstante des Filters beträchtlich zu vergrößern, was im Hinblick auf die technische Realisierung wesentlich ist, weil man bei großen Werten der Zeitkonstanten die Genauigkeitsforderungen an die Abstimmung der Elemente des Reglers herabsetzen kann.

§ 3. Filter mit Phasenverschiebung bei Strecken, deren Gleichung Ableitungen der Eingangsgröße enthält

Bei der weiter oben durchgeführten Analyse und Synthese von Systemen mit veränderlicher Struktur zur Steuerung von Strecken, deren Bewegungsgleichung die Ableitung der Steuerfunktion enthält, wurde die genaue Information über den Zustand des Systems verwendet, welche durch das Fehlersignal und dessen Ableitung charakterisiert wurde.

In diesem Paragraphen wird für derartige Systeme ein Verfahren für die Synthese des Steuerungsgesetzes angegeben, ohne unverzerrte Ableitungen des Fehlersignales x_1 zu verwenden.

Es wird ein automatisches Regelsystem mit veränderlicher Struktur betrachtet, dessen Bewegung durch die Gleichungen

$$(6.87)\qquad \begin{cases} \frac{dx_1}{dt} = x_2, \\ \frac{dx_2}{dt} = -a_1x_1 - a_2x_2 - (b_2D + b_1)\,u \end{cases}$$

beschrieben wird. a_i, b_i sind konstante (oder auch veränderliche) Größen.

Wir nehmen an, daß die Steuerung u eine stückweise stetige Funktion der Systemkoordinaten ist und durch

$$(6.88)\qquad u = \Psi x_1$$

gegeben ist mit

$$(6.89)\qquad \Psi = \begin{cases} \alpha & \text{für } sx_1 < 0, \\ \beta & \text{für } sx_1 > 0. \end{cases}$$

Zum Unterschied von (2.66) wird die Schaltfunktion s in der Form

$$(6.90)\qquad s = z - cx_1,$$

$$(6.91)\qquad \frac{dz}{dt} = \frac{1}{T}(kx_1 - z)$$

gebildet; α, β, c, T, k sind Konstante mit $\alpha > \beta$, während c und k ebenso wie früher zueinander in der Beziehung $c > k > 1$ stehen.

Wir weisen darauf hin, daß wegen (6.88) - (6.91) die Steuerfunktion aus der Koordinate x_1 und der Ausgangsgröße z eines trägheitsbehafteten Gliedes gebildet wird. Im vorliegenden Fall wird der Phasenzustand des Systems durch drei Größen charakterisiert: x_1, x_2 und z. Für die weitere Darstellung ist es angebracht, sie als Koordinaten eines Vektors $\boldsymbol{r}$ aufzufassen: $\boldsymbol{r}=(x_1, x_2, z)$.

Die Gleichungen (6.87) - (6.91) bestimmen die Funktionen x_1, x_2 und z nur solange, bis der Bildpunkt zum erstenmal auf die Ebene S gelangt, welche im Raum der Vektoren $\boldsymbol{r}$ durch die Gleichung $s=0$ gegeben ist. Auf dieser Ebene ändert die Steuerung u sprunghaft ihren Wert, wodurch die Funktion x_2 unstetig wird. Wir erinnern uns, daß die Werte von x_2 vor und nach der Unstetigkeitsstelle durch (2.76) bestimmt werden:

$$(6.92) \qquad |\xi_2| = |b_2(\beta-\alpha)x_1|.$$

Dabei gilt $\xi_2 = x_2^+ - x_2^-$, wobei x_2^- der Wert von x_2 vor dem Schaltzeitpunkt, x_2^+ jener nach diesem Zeitpunkt und x_1^- der Wert von x_1 zu diesem Zeitpunkt ist $(x_1^+ = x_1^-)$.

Im folgenden wird gezeigt, daß je nach dem Wert und nach dem Vorzeichen von ξ_2 sich der Bildpunkt nach dem Auftreffen auf die Ebene $s=0$ entweder in der Umgebung dieser Ebene im Gleitzustand bewegt oder diese Umgebung verläßt.

Da die unstetige Funktion x_2 in Gleichung (6.90) nicht aufscheint, bleibt der Bildpunkt zum Zeitpunkt des Sprunges von x_2 in der Umgebung der Ebene S. Die weitere Bewegung des Bildpunktes erfolgt längs dieser Ebene, wenn die Bedingung (2.27) für den Gleitzustand erfüllt ist.

Der Bildpunkt bewege sich aus dem Gebiet $s<0$, $x_1>0$ gegen die Ebene $s=0$ (wir können uns ohne Beschränkung der Allgemeinheit auf diesen einen Fall beschränken). Zu dem Zeitpunkt mit $s=0$ ändert die Steuerung u sprunghaft ihren Wert von $u_1=\alpha x_1$ nach $u_2=\beta x_1$, wobei

$$(6.93) \qquad \xi_2 = -b_2(\beta-\alpha)x_1$$

gilt. Aus (6.87), (6.90), (6.91) und (6.93) erhalten wir die Bedingung (2.27) für das vorliegende System:

$$(6.94) \qquad \begin{cases} -x_2 - \dfrac{c-k}{cT}x_1 > 0 & \text{für} \quad s<0, \\ -x_2 - \left[\dfrac{c-k}{cT} + b_2(\alpha-\beta)\right]x_1 < 0 & \text{für} \quad s>0. \end{cases}$$

In den Ungleichungen (6.94) gilt $x_2 = x_2^-$. Wir sehen, daß bei Erfülltsein der Beziehungen (6.94) die Vektoren der Phasengeschwindigkeit in einer Umgebung der Ebene S immer gegen diese Ebene gerichtet sind und sich der Bildpunkt auf S im Gleitzustand bewegt. Dabei wird ständig die Steuerung u von $u_1 = \alpha x_1$ auf $u_2 = \beta x_1$ und umgekehrt umgeschaltet. Wenn u von einem Wert zum anderen wechselt, erleidet die Funktion x_2 einen Sprung. Der Bildpunkt bewegt sich dabei sprunghaft in der Ebene S. Es werden in diesem Paragraphen einige Besonderheiten des Gleitzustandes betrachtet, welche sich daraus ergeben, daß für die Koordinaten Sprungstellen vorhanden sind.

Der Zustand des untersuchten automatischen Regelsystems wird zu jedem Zeitpunkt durch die unstetige Vektorfunktion

(6.95) $$\boldsymbol{r}(t) = (x_1(t), x_2(t), z(t))$$

charakterisiert, welche im Gleitzustand wegen x_2 ihren Wert sprunghaft von

(6.96) $$\boldsymbol{r}^- = (x_1, x_2^-, z)$$

nach

(6.97) $$\boldsymbol{r}^+ = (x_1, x_2^+, z)$$

ändert.

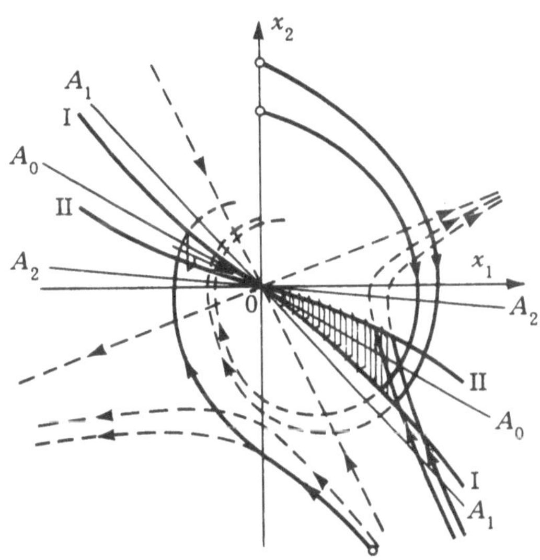

Abb. 6.11

x_2 sei der Wert der Ableitung des Fehlers an der Unstetigkeitsstelle, welcher der Steuerung u_1 entspricht (d.h. $x_2 = x_2^-$); nach der Unstetigkeitsstelle entspricht der Steuerung u_2 ein Wert der Ableitung, welcher gleich

(6.98) $$x_2' = x_2 - b_2(\beta - \alpha)x_1$$

ist. Der geometrische Ort der Spitzen der Vektoren $\boldsymbol{r}_x(t)$ für $u = u_1$ sei die Kurve I (Abb. 6.11) und für $u = u_2$ die Kurve II ($\boldsymbol{r}_x(t)$ ist die

Projektion von $\boldsymbol{r}(t)$ auf die (x_1, x_2)-Ebene). Wie aus den Existenzbedingungen für den Gleitzustand (6.94)*) folgt, befindet sich die Kurve I immer zwischen den Geraden A_0, A_1.

Die Gleichung der Geraden A_0 ist

(6.99) $$-x_2 - \frac{c-k}{cT} x_1 = 0;$$

jene der Geraden A_1

(6.100) $$-x_2 - \left[\frac{c-k}{cT} + b_2(\alpha - \beta)\right] x_1 = 0.$$

Da sich die Ordinaten der Kurven I und II um die Sprunghöhe aus (6.89) unterscheiden, befindet sich die Kurve II immer zwischen den Geraden A_0, A_2. Die Gerade A_2 ist durch

(6.101) $$-x_2 - \left[\frac{c-k}{cT} - b_2(\alpha - \beta)\right] x_1 = 0$$ gegeben.

Im Gleitzustand wechseln die Spitzen der Vektoren $\boldsymbol{r}_x$ sprunghaft von der Kurve I auf die Kurve II und umgekehrt. Offensichtlich wird die Bewegung im Gleitzustand vollständig durch die Gleichungen der Kurven I und II und durch eine bestimmte Größe δ bestimmt, welche die relative Dauer des Aufenthaltes der Spitze des Vektors $\boldsymbol{r}_x(t)$ auf diesen Kurven charakterisiert.

Wir führen die neuen Veränderlichen y_1, y_2 ein:

(6.102) $$\begin{cases} y_1 = x_1 \\ y_2 = x_2 + q \end{cases}$$

mit

(6.103) $$q = \begin{cases} 0 & \text{für } u = u_1, \\ b_2(\beta - \alpha) y_1 & \text{für } u = u_2. \end{cases}$$

Die Bewegung des Systems wird in den Koordinaten y_1, y_2 durch die Gleichungen

(6.104) $$\begin{cases} \dfrac{dy_1}{dt} = y_2 - q, \\ \dfrac{dy_2}{dt} = -a_1 y_1 - a_2(y_2 - q) - b_1 u - b_2 \dfrac{du}{dt} + \dfrac{dq}{dt} \end{cases}$$

beschrieben.

Aus (6.89), (6.102) und (6.104) folgt, daß in der (y_1, y_2)-Ebene die Phasentrajektorien stetig sind. Ferner folgt, daß im Gleitzustand die

*) (6.94) kann offensichtlich nur für $b_2 > 0$ erfüllt werden.

Gleichung der Phasentrajektorie $y_2 = y_2(y_1)$ mit der Gleichung der Kurve l $x_2 = x_2(x_1)$ zusammenfällt. Aus System (6.104) erhalten wir die Funktion $y_2 = y_2(y_1)$. Um diese Funktion zu bestimmen, betrachten wir eine elementare Auslenkung $\Delta \boldsymbol{r}_{12}$ des Phasenpunktes im (y_1, y_2, z)-Raum bei zwei verschiedenen Werten der Steuerung u:

$$(6.105) \qquad \Delta \boldsymbol{r}_{12} = \frac{d\boldsymbol{r}_1}{dt} \Delta t_1 + \frac{d\boldsymbol{r}_2}{dt} \Delta t_2.$$

Dabei sind $\frac{d\boldsymbol{r}_1}{dt}$ und Δt_1 der Vektor der Phasengeschwindigkeit und die Bewegungsdauer für $u = u_1$ und $\frac{d\boldsymbol{r}_2}{dt}$, Δt_2 die entsprechenden Größen für $u = u_2$.

Die Größen Δt_1 und Δt_2 hängen von der Charakteristik des Schaltelementes, welches die Struktur des Systems ändert, und vom Zustand des Systems ab.

Beachtet man, daß im (y_1, y_2, z)-Raum die Trajektorien für den Bildpunkt stetig sind, erhält man die mittlere Phasengeschwindigkeit

$$(6.106) \qquad \frac{\Delta \boldsymbol{r}_{12}}{\Delta t_1 + \Delta t_2} = \frac{\frac{d\boldsymbol{r}_1}{dt} \Delta t_1 + \frac{d\boldsymbol{r}_2}{dt} \Delta t_2}{\Delta t_1 + \Delta t_2}.$$

Sind Δt_1 und Δt_2 klein, kann man den Vektor $\frac{d\boldsymbol{r}_{12}}{dt}$ dem erhaltenen Mittelwert (6.106) gleichsetzen, d.h. es gilt

$$(6.107) \qquad \frac{d\boldsymbol{r}_{12}}{dt} = \frac{d\boldsymbol{r}_1}{dt} \delta + \frac{d\boldsymbol{r}_2}{dt} (1 - \delta)$$

mit

$$(6.108) \qquad \delta = \frac{\Delta t_1}{\Delta t_1 + \Delta t_2}; \quad 1 - \delta = \frac{\Delta t_2}{\Delta t_1 + \Delta t_2}.$$

Den Vektor $\frac{d\boldsymbol{r}_{12}}{dt} = (\dot{y}_1, \dot{y}_2, \dot{z})$ erhält man aus (6.90), (6.91), (6.102) und (6.104):

$$(6.109) \qquad \frac{d\boldsymbol{r}_{12}}{dt} = \Big\{ y_2 - (1 - \delta) b_2 (\beta - \alpha) y_1, \\ y_2 [\delta(-b_1\alpha - a_1) + (1 - \delta)(-b_2\beta + b_2^2 \alpha (\beta - \alpha) - \\ - a_1 + a_2 b_2 (\beta - \alpha)] + y_2(-b_2\alpha - a_2), \ \frac{1}{T}(ky_1 - z) \Big\}.$$

Da im Gleitzustand $\boldsymbol{r}_{12} \in S$ ist, wobei S die Schaltebene bezeichnet und im (y_1, y_2, z)-Raum durch die Gleichung

$$(6.110) \qquad z - cy_1 = 0$$

gegeben ist, gilt die Beziehung

$$(6.111) \qquad s\frac{dr_{12}}{dt}=0$$

mit

$$s=(-c,\ 0,\ 1).$$

Mit Hilfe der Gleichungen (6.109) und (6.111) kann man δ bestimmen, die relative Dauer der Bewegung des Phasenpunktes für $u=u_1$:

$$(6.112) \qquad \delta=1-\frac{1}{b_2(\beta-\alpha)}\left(\frac{c-k}{cT}+\frac{y_2}{y_1}\right).$$

Aus (6.109) und (6.112) folgt

$$(6.113) \qquad \begin{cases} \frac{dy_1}{dt}=\mu y_1, \\ \frac{dy_2}{dt}=-B_2y_2-B_1y_1 \end{cases}$$

mit

$$(6.114) \qquad \mu=-\frac{c-k}{cT}, \quad B_2=\frac{b_1}{b_2},$$

$$(6.115) \qquad B_1=b_1\alpha+a_1+\frac{c-k}{cT}\left(-b_2\alpha+\frac{b_1}{b_2}-a_2\right).$$

Das Differentialgleichungssystem (6.113) ermöglicht es, die gesuchte funktionelle Abhängigkeit zwischen den Veränderlichen y_1 und y_2 zu bestimmen:

$$(6.116) \qquad \frac{dy_2}{dy_1}=-\frac{B_2}{\mu}\frac{y_2}{y_1}-\frac{B_1}{\mu}.$$

Die Lösung von Gleichung (6.116) hat die Gestalt

$$(6.117) \qquad \frac{1}{|y_1|}\left|(B_2+\mu)\frac{y_2}{y_1}+B_1\right|^{-\frac{\mu}{B_2+\mu}}=\text{const}.$$

Aus alledem folgt, daß man im Raum der neuen Koordinaten y_1, y_2, z die Abhängigkeit zwischen den Veränderlichen y_1 und y_2 in impliziter Form erhalten kann. Diese Abhängigkeit ist durch (6.117) gegeben. Wir erinnern uns, daß die Gleichungen der Integralkurven von (6.116) mit den Gleichungen der Kurve I in der (x_1, x_2) -Ebene zusammenfallen.

Mittels analoger Überlegungen kann man die Gleichung für die Kurve II als Gleichung für die Integralkurven eines Differentialgleichungssystems erhalten, welches dem System (6.113) ähnlich ist. Durch die

Einführung der neuen, stetigen Koordinaten y_1, y_2 war es daher möglich, die unstetige Vektorfunktion $\boldsymbol{r}(t)=(x_1(t), x_2(t), z(t))$ im Gleitzustand vollständig zu bestimmen, d.h. man konnte die Charakteristik $\delta=\delta(x_1, x_2)$ der Bewegung des Systems im Gleitzustand, die Gleichung der Kurve II $\Phi_{II}(x_1, x_2)=$ const und die Gleichung der Kurve I $\Phi_I(x_1, x_2)$ $=$ const finden. Es bleibt nur noch eine Eigenschaft solcher Gleitzustände zu erwähnen. Wegen (6.102), (6.113), (6.114) hängt das Gesetz für die Änderung von x_1 im Gleitzustand

$$(6.118)\qquad x_1=M\exp\left\{-\frac{c-k}{cT}t\right\},\quad M=\text{const},$$

nicht von den Parametern a_i, b_i des ursprünglichen Regelsystems (6.87) ab.

Die Wahl der Schaltfunktion. Wir bezeichnen mit σ_1 und σ_2 die linken Seiten der Ungleichungen (6.94):

$$(6.119)\qquad \sigma_1=-x_2-\frac{c-k}{cT}x_1,$$

$$(6.120)\qquad \sigma_2=-x_2-\left[\frac{c-k}{cT}+b_2(\alpha-\beta)\right]x_1.$$

In diesen Bezeichnungen ist die Gerade A_0 in Abb. 6.12 durch die Gleichung $\sigma_1=0$ gegeben und die Gerade A_1 durch $\sigma_2=0$. Die physikalische Bedeutung dieser Geraden besteht in Folgendem: In der rechten Halbebene kann sich der Wert von Ψ sprunghaft von α nach β nur unterhalb der Geraden A_0 ändern $\left(\sigma_1=s\frac{dr}{dt}>0\right)$, von β nach α nur oberhalb der Geraden $A_1\left(\sigma_2=s\frac{dr}{dt}<0\right)$. Auf Grund dessen kann der Gleitzustand nur im Sektor zwischen den Geraden A_0 und A_1 entstehen. Man kann zeigen, daß eine Bewegung im Gleitzustand nach ihrer Entstehung nicht aufhören kann, wenn die Gerade, welche der stabilen Wurzel der Bewegungsgleichung für $\Psi=\beta$ entspricht, unterhalb der Geraden A_0 liegt (für $x_1>0$). Für das folgende nehmen wir an, daß diese Bedingung erfüllt sei. Wesentlich ist, daß die Bewegung im Gleitzustand wegen (6.118) ohne Übersteuerung erfolgt und von den Koeffi-

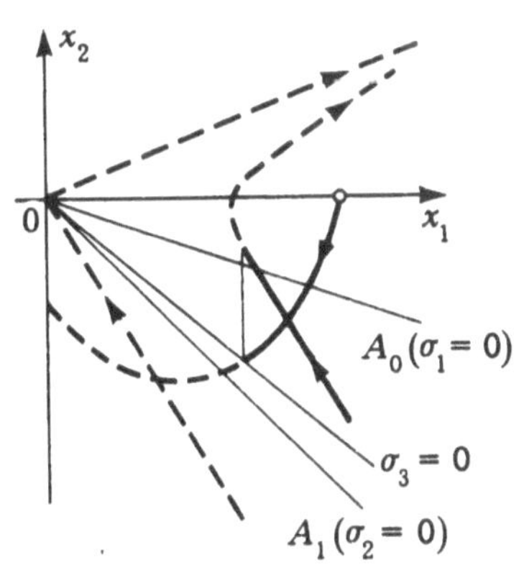

Abb. 6.12

zienten a_i, b_i unabhängig ist. Wir verlangen, daß für die Anfangsbedingungen

$$(6.121) \qquad x_1(0) > 0, \quad x_2(0) = 0 \text{ und } z(0) = 0$$

die Koordinate x_1 nach Null strebt und dabei ihr Vorzeichen nicht ändert. Offensichtlich muß man dafür die Funktion Ψ derart wählen, daß bei den Anfangsbedingungen (6.121) die Steuerung u beim ersten Umschalten die Beziehung $\sigma_1 \cdot \sigma_2 < 0$ erfüllt. Die gestellte Aufgabe ist gelöst, wenn die erste Umschaltung von u mit dem Zeitpunkt des Auftreffens des Phasenpunktes auf jene Gerade zusammenfällt (Abb. 6.12), welche in der (x_1, x_2)-Ebene durch die Gleichung

$$(6.122) \qquad \sigma_3 = -x_2 - k_1 x_1 = 0$$

gegeben ist. Dabei ist k_1 eine willkürliche Konstante, welche der Ungleichung

$$(6.123) \qquad \frac{c-k}{cT} > k_1 > \frac{c-k}{cT} + b_2(\alpha - \beta)$$

genügt. Wir bezeichnen den Zeitpunkt, zu dem der Phasenpunkt auf die Gerade (6.122) auftrifft, mit t_0 und wählen die Koeffizienten des Steuerungsgesetzes (6.88) - (6.90) derart, daß t_0 der Zeitpunkt für die erste Umschaltung ist. Wir sehen, daß wegen (6.87) - (6.91) die Schaltfunktion s eine stetige Funktion der Koordinaten x_1, z ist und daß für $x_1 > 0$ bis zum Zeitpunkt t_0 $s < 0$ gilt. Wir setzen voraus, daß die Steuerung u im halboffenen Intervall $0 \leqslant t < t_0$ den Wert $u_1 = \alpha x_1$ hat. Zum Zeitpunkt t_0 der ersten Umschaltung muß s verschwinden, während die Steuerung u sprunghaft ihren Wert auf $u_2 = \beta x_1$ ändert. Wir nehmen an, daß für $u = u_1$ die Wurzeln der charakteristischen Gleichung von System (6.87) komplex sind, d. h. $\left(\frac{a_2 + b_2\alpha}{2}\right)^2 - (a_1 + b_1\alpha) < 0$ gilt.

Wir bezeichnen diese Wurzeln mit $\eta \pm j\omega$, $\omega \neq 0$. Alle weiteren Überlegungen können für beliebiges Vorzeichen von η durchgeführt werden, jedoch werden wir der Einfachheit halber den Fall $\eta < 0$ betrachten. Die Lösung von Gleichung (6.87) hat dann die Form

$$(6.124) \qquad x_1 = Ae^{-\eta t}\cos(\omega t + \varphi)$$

mit

$$(6.125) \qquad \omega = \sqrt{(a_1 + b_1\alpha) - \left(\frac{a_2 + b_2\alpha}{2}\right)^2}$$

A und φ sind willkürliche Konstante.

Es wird vorausgesetzt, daß die Wurzeln der charakteristischen Gleichung von System (6.87) für $u = u_2$ reell, aber von verschiedenem Vorzeichen sind. Wir bezeichnen sie mit λ_1 und λ_2. Die Lösung von (6.87) hat dann die Form

(6.126) $$x_1 = C_1 e^{\lambda_1 t} + C_2 e^{\lambda_2 t}$$

mit willkürlichen Konstanten C_1 und C_2.

Wegen (6.87) gilt

(6.127) $$z(t) = \frac{k}{T} \int_0^t \exp\left\{(t-\tau)\left(-\frac{1}{T}\right)\right\} x_1(\tau)\, d\tau + z(0) \exp\left\{-\frac{1}{T} t\right\}.$$

Für die gegebenen Anfangsbedingungen (6.121) ist $z(0) = 0$. Wir wählen c in (6.90) derart, daß für die Anfangsbedingungen (6.121) die erste Umschaltung auf der Geraden (6.122) erfolgt, d.h. zum Zeitpunkt t_0.

Aus (6.122) erhalten wir

(6.128) $$x_2(t_0) = -k_1 x_1(t_0).$$

(6.124) und (6.128) ergeben

(6.129) $$\operatorname{tg}(\omega t_0 + \varphi_0) = \frac{k_1 - \eta}{\omega}; \quad \cos(\omega t_0 + \varphi_0) = \frac{\omega}{\sqrt{a_1 + b_1 \alpha + k_1^2 - 2k_1 \alpha}},$$

wobei φ_0 der Wert von φ ist, welcher den gewählten Anfangsbedingungen (6.121) entspricht.

Mit Hilfe von (6.124) und (6.121) erhalten wir

(6.130) $$\begin{cases} \operatorname{tg} \varphi_0 = \dfrac{-\eta}{\omega}; \quad \cos \varphi_0 = \dfrac{\omega}{\sqrt{a_1 + b_1 \alpha}}; \\ \sin \varphi_0 = \dfrac{-\eta}{\sqrt{a_1 + b_1 \alpha}}; \quad A = \dfrac{x_{10} \sqrt{a_1 + b_1 \alpha}}{\omega}; \\ x_1 = \dfrac{x_{10} \sqrt{a_1 + b_1 \alpha}}{\omega} e^{-\eta t} \cos(\omega t + \varphi_0). \end{cases}$$

Aus (6.129) und (6.130) folgt

(6.131) $$\operatorname{tg} \omega t_0 = \frac{k_1 \omega}{(a_1 + b_1 \alpha) - k_1 \eta}$$

und weiter

(6.132) $$t_0 = \frac{1}{\omega} \operatorname{arctg} \frac{k_1 \omega}{(a_1 + b_1 \alpha) - k_1 \eta}.$$

Zum Zeitpunkt t_0 muß die Schaltfunktion s (6.90) verschwinden, d.h. man erhält für c wegen (6.90), (6.121), (6.127)

$$(6.133) \qquad c = \frac{\frac{k}{T}\int\limits_0^{t_0} \exp\left\{-\frac{1}{T}(t-\tau)\right\} x_1(\tau)\,d\tau}{x_1(t_0)}.$$

Wegen (6.130) und (6.133) gilt

$$(6.134) \qquad c = \frac{1}{T\left[\omega^2+\left(\frac{1}{T}-\eta\right)^2\right]}\left\{\left(\frac{1}{T}-\eta\right)+\omega\,\mathrm{tg}\,(\omega t_0+\varphi_0)-\right.$$
$$\left.-\frac{\exp\left\{\left(\eta-\frac{1}{T}\right)t_0\right\}}{\cos(\omega t_0+\varphi_0)}\left[\omega\sin\varphi_0+\left(\frac{1}{T}-\eta\right)\cos\varphi_0\right]\right\}.$$

Ersetzen wir in (6.134) t_0 gemäß (6.132), erhalten wir den gesuchten Wert von c. Wir zeigen nun, daß bei den gegebenen Anfangsbedingungen (6.121) im System bis zum Zeitpunkt t_0 keine zusätzlichen Umschaltungen erfolgen. Man kann beweisen, daß für den Fall, wo η der Ungleichung

$$(6.135) \qquad \frac{(a_1+b_1\alpha)\,T}{4}-\frac{\sqrt{a_1+b_1\alpha}}{4}\sqrt{(a_1+b_1\alpha)^2\,T+8}<\eta<0$$

genügt, für $0<t\leqslant t_0$

$$(6.136) \qquad \frac{dz}{dt}>\frac{dx_1}{dt}$$

gilt.

Man kann sich leicht davon überzeugen, daß für die Anfangsbedingungen (6.121) im Intervall $0\leqslant t\leqslant t_0$ $\frac{dx_1}{dt}<0$ gilt. Daher erhalten wir aus (6.136) wegen $c>1$ und (6.91)

$$(6.137) \qquad \frac{dz}{dt}>c\frac{dx_1}{dt} \quad \text{bzw.} \quad \frac{ds}{dt}>0 \quad \text{für} \quad 0\leqslant t\leqslant t_0.$$

Aus der erhaltenen Ungleichung und den Bedingungen $s(0)<0$, $s(t_0)=0$ folgt sofort, daß im Intervall $0\leqslant t\leqslant t_0$ $s(t)\leqslant 0$ gilt.

Ist daher die Bedingung (6.135) erfüllt, so ist dies hinreichend dafür, daß bis zum Zeitpunkt t_0 keine weiteren Umschaltungen der Steuerung u erfolgen. Wenn für die gegebenen Anfangswerte (6.121) der Phasenkoordinaten x_1, x_2, z die Größe c in (6.90) entsprechend (6.134) gewählt wird, ist zum Zeitpunkt t_0 $s=0$, und die Steuerung u ändert zum ersten Mal ihren Wert sprunghaft. Die weitere Bewegung erfolgt im Gleitzustand ohne Übersteuerung und unabhängig von den Koeffizienten a_i, b_i.

Die Bewegung des Systems bei willkürlichen Anfangsbedingungen. Oben wurde für die in (6.121) definierte Menge der Anfangsbedingungen für die Veränderlichen x_1, x_2, z die Aufgabe gelöst, das Steuerungsgesetz (6.88) - (6.90) zu bilden, welches für den Regelvorgang (6.87) die Bewegung des Phasenpunktes ohne Übersteuerung sichert. Im vorliegenden automatischen System existiert zum Zeitpunkt der ersten Umschaltung der Steuerung u immer der Gleitzustand. Wegen (6.118) bleibt das Vorzeichen von x_1 bei einer Bewegung im Gleitzustand konstant. Man muß jedoch betonen, daß dies alles nur für den beschränkten Bereich der Anfangsbedingungen (6.121) richtig ist. Bei beliebigen Anfangsbedingungen für die Phasenkoordinaten x_1, x_2, z erfolgt im vorliegenden System das erste Umschalten der Steuerung u von u_1 auf u_2 offensichtlich nicht mehr auf der Geraden (6.122). Wir werden zeigen, daß bei freier Bewegung im System (6.87) eine beliebige Phasentrajektorie immer gegen den Koordinatenursprung strebt, wobei x_1 nicht öfter als einmal sein Vorzeichen wechselt. Als Vorbereitung betrachten wir die freie Bewegung von System (6.87) für zwei Fälle von Anfangsbedingungen:

1. Für das System (6.87) seien die Anfangswerte der Veränderlichen x_1, x_2, z durch folgende Beziehungen gegeben:

$$x_1(0) = x_{10}, \quad x_2(0) = 0; \quad z(0) = z_0, \tag{6.138}$$

wobei

$$0 \leqslant z_0 < c x_{10} \tag{6.139}$$

gilt. Wegen (6.90) und (6.127) kann man die Schaltfunktion s in der Form

$$s = \frac{k}{T} \int_0^t \exp\left\{-\frac{1}{T}(t-\tau)\right\} x_1(\tau)\, d\tau + z_0 \exp\left\{-\frac{1}{T} t\right\} - c x_1 \tag{6.140}$$

angeben. Wir führen die Bezeichnung

$$s_1 = \frac{k}{T} \int_0 \exp\left\{-\frac{1}{T}(t-\tau)\right\} x_1(\tau)\, d\tau - c x_1 \tag{6.141}$$

ein und erhalten aus (6.140), (6.141)

$$s = s_1 + z_0 \exp\left\{-\frac{1}{T} t\right\}. \tag{6.142}$$

Wegen (6.138), (6.139) ist offensichtlich zum Zeitpunkt $t=0$ $s<0$.

Eben wurde gezeigt, daß für $t=t_0$ die Größe s_1 verschwindet, d.h. es ist $s(t_0)>0$. Wegen der Stetigkeit der Funktion s existiert ein t_1 derart, daß im Intervall $0<t_1<t_0$

(6.143) $s(t_1)=0$

gilt.

Wie schon weiter oben festgestellt wurde, kann eine sprunghafte Änderung des Koeffizienten Ψ von α nach β nur für $\sigma_1>0$ stattfinden; anderseits folgt aus der Ungleichung $t_1<t_0$ $\sigma_3(t_1)<0$. Das erste Umschalten der Steuerung u erfolgt daher im Sektor des Gleitzustandes ($\sigma_1\sigma_2<0$, Abb. 6.12). Dies bedeutet, daß die Koordinate x_1 bei den Anfangsbedingungen (6.138), (6.139) nach Null strebt, ohne das Vorzeichen zu ändern.

2. Wir betrachten nun die freie Schwingung von System (6.87) für den Fall, wo die Anfangswerte der Veränderlichen x_1, x_2, z für $t=0$ durch

(6.144) $x_1(0)=0, \quad x_2(0)=x_{20}>0, \quad z(0)=0$

gegeben sind (für $x_{20}<0$ verlaufen die Überlegungen analog).

Weil $x_{20}=\dot{x}(0)>0$ gilt, wird bei der weiteren Bewegung $x_1>0$ und $\sigma_1<0$. Die Bewegung im System kann daher durch die Gleichungen (6.87) charakterisiert werden, wenn man $u=u_1$ setzt. Infolgedessen existiert ein t_2 mit $x_1(t_2)>0$, $x_2(t_2)=0$ und

$$z(t_2)=\frac{k}{T}\int_0^{t_2}\exp\left\{-\frac{1}{T}(t_2-\tau)\right\}x_1(\tau)\,d\tau>0.$$

Für $0\leqslant t\leqslant t_2$ gilt $\dot{x}_2\geqslant 0$, $\sigma_1<0$, d.h. in diesem Zeitintervall kann kein Umschalten der Steuerung u von $u_1=\alpha x_1$ auf $u_2=\beta x_1$ erfolgen. Dies bedeutet, daß $s(t)<0$ für $0\leqslant t<t_0$ gilt, d.h. es ist $z(t_2)\leqslant cx_1$. Beginnend mit dem Zeitpunkt t_2 erfolgt daher die Bewegung im System mit Anfangsbedingungen des Typs (6.138). Wie oben gezeigt wurde, streben bei derartigen Anfangsbedingungen alle Systemkoordinaten ohne Übersteuerung asymptotisch nach Null. Daraus kann man schließen, daß für (6.144) x_1 mit konstantem Vorzeichen nach Null strebt.

Wir setzen voraus, daß im Steuerglied eine korrigierende Vorrichtung vorhanden ist, welche für $x_1=0$ die Größe z. sprunghaft auf den

Wert Null bringt *). Wir werden zeigen, daß dann jede Bewegung gegen die oben betrachteten Fälle strebt, wobei im System nicht mehr als eine Übersteuerung stattfindet. Es ist daher zu beweisen, daß für beliebige Anfangsbedingungen die Koordinate $x_1(t)$ mit konstantem Vorzeichen nach Null strebt oder ihr Vorzeichen wechselt. Ohne Beschränkung der Allgemeinheit können wir uns auf den Fall $x_{10}>0$ beschränken.

Wir setzen im Intervall $0<t<\infty$ $x_1(t)>0$ und

$$(6.145) \qquad \lim_{t\to\infty} x_1(t) \neq 0$$

voraus. Wie aus (6.127) folgt, kann dann ein t_1 gefunden werden mit

$$(6.146) \qquad z(t)>0 \quad \text{für} \quad t>t_1.$$

Wir beweisen, daß x_1 nicht monoton wachsen kann. Für $u=\alpha x_1$ folgt dies sofort aus (6.124). Daher kann x_1 nur für $u=\beta x_1$ monoton wachsen ($x_2>0$), weil eine sprunghaft Änderung des Koeffizienten Ψ von α nach β nur für $x_2<0$ ($\sigma_1>0$, Abb. 6.12) erfolgen kann. Zum Anfangszeitpunkt sei $\Psi=\beta$, d.h. $s>0$ (Punkt M_1 in Abb. 6.13). Wir zeigen,

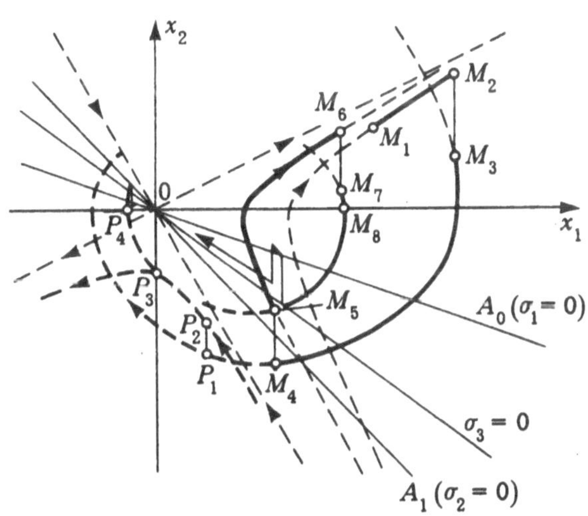

Abb. 6.13

*) Die Realisierung einer derartigen Vorrichtung ist z. B. in einer Arbeit V.I. Utkins beschrieben: "Konstruktion einer Klasse optimaler automatischer Regelsysteme ohne Benützung "reiner", unverzerrter Ableitungen im Steuerungsgesetz", Avtomatika i Telemechanika, Bd. 23, Nr. 12, 1962.

daß zu einem bestimmten Zeitpunkt die Steuerung u von $u_2=\beta x_1$ auf $u_1=\alpha x_1$ umgeschaltet wird. Aus (6.89), (6.145), (6.90), (6.127), (6.128) erhalten wir das Gesetz für die zeitliche Änderung von s:

$$s(t)=C_1\left(\frac{k}{1+\lambda_2 T}-c\right)\exp\{\lambda_2 t\}+$$

$$(6.147)\qquad +C_2\left(\frac{k}{1-\lambda_1 T}-c\right)\exp\{-\lambda_1 t\}+$$

$$+\left(z_0-\frac{kC_1}{1+\lambda_2 T}-\frac{kC_2}{1-\lambda_1 T}\right)\exp\left\{-\frac{1}{T}t\right\}.$$

Wegen (6.91) ist $c>k$ und daher $\left(\frac{k}{1+\lambda_2 T}-c\right)<0$. Für $C_1>0$ gilt

$$(6.148)\qquad \lim_{t\to\infty} s(t)=-\infty.$$

Dies bedeutet, daß zu einem bestimmten Zeitpunkt $s(t)$ Null wird.

Wenn $C_1<0$ ist und $s(t)$ konstantes Vorzeichen besitzt, muß wegen (6.126) x_1 sein Vorzeichen wechseln, was der Voraussetzung (6.145) widerspricht. Wenn (6.145) zutrifft, existiert daher ein Zeitpunkt, ab dem die Bewegung im System für $u=u_1$ durch die Gleichung (6.87) beschrieben wird (Punkt M_2, Abb. 6.13). Wir erinnern daran, daß eine sprunghafte Änderung der Steuerung u von $u_1=\alpha x_1$ nach $u_2=\beta x_1$ nur für oder für $x_2<0$ erfolgen kann (Abb. 6.12). Daraus folgt, daß die Koordinate $x_1(t)$ nicht monoton wachsen kann. Die Größe x_2 kann auch nicht negativ sein, weil in diesem Fall $\lim\limits_{t\to\infty} x_1(t)=0$ gilt, was der oben getroffenen Voraussetzung widerspricht. Daher ändert die Funktion $x_2(t)$ ihr Vorzeichen (die Trajektorie für die Bewegung des Phasenpunktes muß die Gestalt $M_1M_2 \ldots M_8$, Abb. 6.13, besitzen). Es ist klar, daß ein $t_2>t_1$ (6.146) mit

$$x_1(t_2)>0,\quad x_2(t_2)=0,\quad z(t_2)>0,\quad s(t_2)<0\quad (\text{d.h. } z(t_2)<cx_1(t_2))$$

existiert und $\Psi=\alpha$ gilt (Punkt M_8 in Abb. 6.13).

Weiter oben wurde gezeigt (Punkt 1), daß bei diesen Anfangswerten für die Veränderlichen x_1, x_2, z

$$(6.149)\qquad x_1(t)\to 0 \quad \text{für } t\to\infty \text{ und } x_1(t)>0^{*)}$$

gilt.

---

*) Wenn die Ordinate von Punkt M_7 negativ ist, kann man durch Überlegungen, welche jenen aus Punkt 1 analog sind, beweisen, daß $\lim\limits_{t\to\infty} x_1(t) = 0$ und $x_1(t) > 0$ gilt.

Wenn die Koordinate $x_1(t)$ für $t=t_3$ das Vorzeichen wechselt (Punkt P_3, Abb. 6.13), gilt

$$x_1(t_3)=0, \qquad x_2(t_3)<0.$$

Im Zeitpunkt $t=t_3$ verkleinert die oben erwähnte korrigierende Vorrichtung sprunghaft den Wert von z auf Null, d.h. es ist $z(t_3)=0$. Dies bedeutet, daß zum Zeitpunkt t_3 die Werte der Phasenkoordinaten durch die Beziehung (6.144) bestimmt werden. Nach bereits früher erzielten Ergebnissen (Punkt 2 dieses Paragraphen) strebt x_1 bei derartigen Anfangsbedingungen mit konstantem Vorzeichen nach Null (Trajektorie $P_3P_4 \ldots O$, Abb. 6.13).

Die durchgeführten Überlegungen gestatten daher den Schluß, daß das vorgelegte Steuerungsgesetz (6.88) - (6.90), (6.134) bei Verwendung der oben beschriebenen korrigierenden Vorrichtung *für beliebige Anfangsbedingungen eine stabile Bewegung des Systems sichert. Dabei weist der Übergangsprozeß nicht mehr als eine Übersteuerung auf.*

§ 4. Der Einfluß einer nichtidealen Schaltvorrichtung auf die Systemdynamik

In den vorhergehenden Kapiteln wurde vorausgesetzt, daß alle Elemente der verschiedenen funktionellen Blöcke des Steuergliedes (SG) ideale Charakteristiken aufweisen. Unter dieser Voraussetzung gestatten es die oben betrachteten Steuerungsgesetze, im System die Entstehung und Existenz des Gleitzustandes sicherzustellen. In Wirklichkeit unterscheiden sich die Charakteristiken des Steuergliedes von den idealen. In einer Reihe von Fällen entstehen in einem System mit veränderlicher Struktur mit nichtidealen Steuergliedern qualitativ neue Besonderheiten. Wir werden untersuchen, wie ein nichtideales Steuerglied die Dynamik von Systemen mit veränderlicher Struktur beeinflußt.

Das automatische Regelsystem mit veränderlicher Struktur werde durch folgende Gleichungen beschrieben:

$$(6.150) \qquad \begin{cases} \dfrac{dx_1}{dt} = x_2, \\ \dfrac{dx_2}{dt} = -a_1x_1 - a_2x_2 - u, \end{cases}$$

$$(6.151) \qquad u = \Psi x_1,$$

$$(6.152) \qquad \Psi = \begin{cases} \alpha & \text{für} \quad x_1 s > 0, \\ \beta & \text{für} \quad x_1 s < 0, \end{cases}$$

$$(6.153) \qquad s = x_2 + cx_1.$$

a_1, a_2 sind die konstanten oder veränderlichen Parameter der Strecke; α, β, c sind konstante Koeffizienten, $c>0$.

Zur Realisierung des Steuerungsgesetzes (6.150) - (6.153) benötigt man Information über die Fehlergröße x_1 und das Vorzeichen einer Linearkombination aus Fehler und dessen Ableitung. Die Vorrichtung, mittels der $\operatorname{sgn} s$ gemessen wird, muß offensichtlich relaisartige Eigenschaften aufweisen.

In Abb. 6.14 ist das Blockschaltbild des Steuergliedes dargestellt, durch welches die Steuerfunktion u realisiert wird.

1. T o t z e i t in der S c h a l t v o r r i c h t u n g des S y s t e m s mit v e r ä n d e r l i c h e r S t r u k t u r. Wir nehmen an, daß das Relais, über welches die Information über $\operatorname{sgn} s$ in den Block zur Veränderung der Struktur (BVS) gelangt, Totzeit aufweist. Das Gesetz (6.152) zur Änderung des Koeffizienten Ψ hat dann die Gestalt

$$\Psi = \begin{cases} \alpha & \text{für} \quad x_1 s(t-\tau) > 0, \\ \beta & \text{für} \quad x_1 s(t-\tau) < 0, \end{cases} \tag{6.154}$$

wobei τ eine konstante, positive Größe ist.

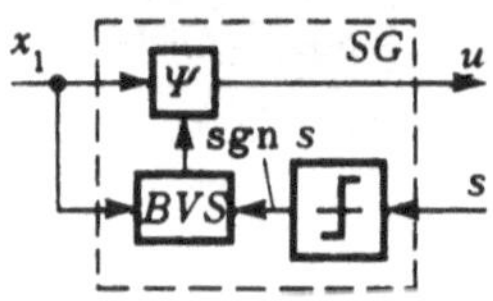

Abb. 6.14

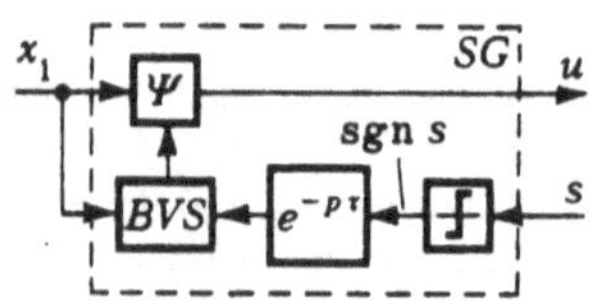

Abb. 6.15

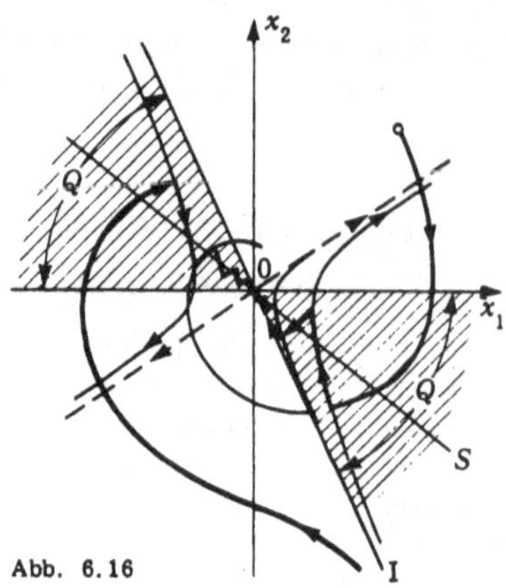

Abb. 6.16

Wegen (6.154) erfolgt die Änderung der linearen Struktur später als die Änderung des Vorzeichens der Schaltfunktion $s(t)$. Das Blockschaltbild des Steuergliedes (SG) ist für diesen Fall in Abb. 6.15 dargestellt.

Für $\tau=0$ sei die Gerade S, welche in der (x_1, x_2)-Ebene durch die Gleichung $s=0$ gegeben ist, Gleitgerade. Wir werden untersuchen, welche Folgen das Vorhandensein der Totzeit hat, und jenen zulässigen Wert τ_0 angeben, bei welchem für $\tau \leqslant \tau_0$ im System nach wie vor aperiodische Stabilität gesichert ist. Dazu nehmen wir an, daß man die Parameter a_1 und a_2 während des Ablaufes des Regelvorganges als konstant ansehen kann. Die Koeffizienten α und β werden derart gewählt, daß die Phasentrajektorien der linearen Struktur für $\Psi=\alpha$ eine Familie von in den Koordinatenursprung hineinlaufenden Spiralen bilden und für $\Psi=\beta$ eine Familie von Hyperbeln (Abb. 6.16). Wenn λ_1 die negative Wurzel der charakteristischen Gleichung von System (6.150) für $\Psi=\beta$ ist, hat die Gleichung der Hyperbelasymptote I die Gestalt

$$x_2 - \lambda_1 x_1 = 0. \tag{6.155}$$

Weil die Gerade S für $\tau = 0$ Gleitgerade ist, gilt

(6.156) $\quad -\lambda_1 > c.$

Für eine Totzeit $\tau > 0$ erfolgt zum Zeitpunkt des Auftreffens des Bildpunktes auf S, z. B. aus dem Gebiet $sx_1 > 0$, kein Wechsel der Struktur. Der Bildpunkt setzt seine Bewegung längs eines Spiralenbogens fort, welcher im Gebiet $sx_1 < 0$ liegt. Erst nach der Zeit τ wird im System die Struktur geändert, wobei die weitere Bewegung des Bildpunktes längs einer Hyperbel gegen S erfolgt, wenn sich zu diesem Zeitpunkt der Bildpunkt zwischen der Geraden S und der Hyperbelasymptote befindet. Der nächste Wechsel der Struktur findet statt, wenn nach dem zweiten Auftreffen des Bildpunktes auf die Schaltgerade die Zeit τ verstrichen ist. Aus Abb. 6.16 sieht man, daß das System aperiodisch stabil ist, wenn diese Strukturänderung im zweiten oder vierten Quadranten erfolgt. Wir sehen, daß zum Unterschied von einem System mit idealem Gleitzustand in einem System mit Totzeit der Bildpunkt um die Schaltgerade Schwingungen mit endlicher Periode und Amplitude vollführt, welche bei Annäherung an den Koordinatenursprung kleiner werden (Abb. 6.16). Wie aus den durchgeführten Überlegungen folgt, muß sich der Bildpunkt zum Zeitpunkt der Strukturänderung im Gebiet Q befinden, welches zwischen der x_1-Achse und der Hyperbelasymptote I liegt, damit aperiodische Stabilität gesichert ist. In Abb. 6.16 ist dieses Gebiet schraffiert. Wir bestimmen nun den maximalen Wert der Totzeit τ_0, für welchen diese Bedingung erfüllt ist.

Zu Beginn befinde sich der Bildpunkt auf der Geraden S, d.h. es sei

(6.157) $\quad x_1(0) = -cx_2(0),$

und seine weitere Bewegung, welche längs eines Spiralenbogens erfolgt, werde durch die Gleichung

(6.158) $\quad x_1(t) = Ae^{\gamma t}\cos(\omega t + \varphi_0)$

beschrieben, wobei $\gamma \pm j\omega$ die Wurzeln der charakteristischen Gleichung von System (6.150) für $\Psi = \alpha$ sind; A, φ_0 sind Konstante, welche durch die Anfangsbedingungen bestimmt werden. Aus (6.157), (6.158) erhalten wir

(6.159) $\quad \varphi_0 = \operatorname{arctg}\dfrac{\gamma + c}{\omega}.$

Aus (6.157), (6.158) bekommen wir auch die Größe C_α, welche gleich dem Quotienten aus x_2 und x_1 zum Zeitpunkt τ (dem Zeitpunkt des Strukturwechsels) ist:

(6.160) $\quad C_\alpha = \gamma - \omega\,\mathrm{tg}(\omega\tau + \varphi_0).$

Offensichtlich erfolgt die Änderung der Struktur im Gebiet Q, wenn C_α die Beziehung

(6.161) $\quad C_\alpha \geqslant \lambda_1$

erfüllt. Löst man die Ungleichung (6.161) nach τ auf, erhält man

(6.162) $\quad \tau \leqslant \tau_{01} = \dfrac{1}{\omega}\left(\operatorname{arctg}\dfrac{\gamma - \lambda_1}{\omega} - \operatorname{arctg}\dfrac{\gamma + c}{\omega}\right).$

Durch analoge Überlegungen kann man die Größe C_β finden, welche gleich dem Quotienten aus x_2 und x_1 zum Zeitpunkt τ ist, wenn sich der Bildpunkt zu Beginn auf der Geraden S befindet und seine Bewegung im Zeitintervall $(0, \tau)$ längs eines Hyperbelbogens erfolgt:

$$C_\beta = \frac{-\lambda_1(\lambda_2 + c) + \lambda_2(c + \lambda_1)\, e^{(\lambda_2-\lambda_1)\tau}}{(\lambda_2 + c) - (\lambda_1 + c)\, e^{(\lambda_2-\lambda_1)\tau}}. \tag{6.163}$$

Dabei sind λ_1 und λ_2 die Wurzeln der charakteristischen Gleichung von System (6.150) für $\Psi = \beta$, $\lambda_1 < 0$, $\lambda_2 > 0$.

Die Strukturänderung, nach der sich der Bildpunkt längs einer Spirale bewegt, erfolgt im Gebiet Q, wenn

$$C_\beta \leqslant 0 \tag{6.164}$$

gilt. Beachten wir (6.156), (6.163) und lösen wir die Ungleichung (6.164) nach τ auf, erhalten wir

$$\tau \leqslant \tau_{02} = \ln\left(\frac{c/\lambda_2 + 1}{c/\lambda_1 + 1}\right)^{\frac{1}{\lambda_2-\lambda_1}}. \tag{6.165}$$

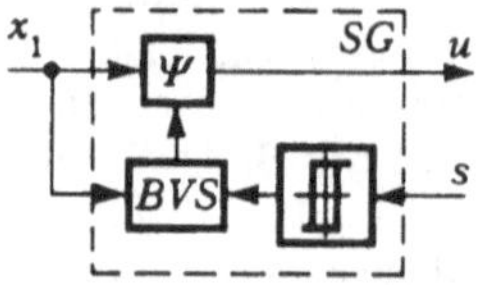

Abb. 6.17

Aus (6.162) und (6.165) finden wir die Bedingung für die aperiodische Stabilität im vorliegenden System mit veränderlicher Struktur:

$$\tau \leqslant \tau_0 = \min(\tau_{01}, \tau_{02}). \tag{6.166}$$

Wenn sich die Parameter a_1 und a_2 ändern, jedoch während des Ablaufes des Regelvorganges als konstant angesehen werden können, muß die Bedingung (6.166) für beliebige Werte dieser Parameter aus dem Bereich, in dem sie variieren können, erfüllt sein. Wir sehen, daß man für feste Werte von a_1 und a_2 τ derart wählen kann, daß $C_\alpha = \lambda_1$ gilt. Im System besteht dann die Arbeitsweise mit Bewegung längs entarteter Trajektorien.

2. Schaltvorrichtung mit Hysteresis. Wir untersuchen jetzt die Dynamik eines Systems mit veränderlicher Struktur für die freie Bewegung unter Berücksichtigung von Hysteresis in der Schaltvorrichtung. Das Blockschaltbild des Steuergliedes für diesen Fall ist in Abb. 6.17 dargestellt. Wir erläutern die wichtigsten Besonderheiten in der Dynamik eines Systems mit veränderlicher Struktur mit Hysteresis in der Schaltvorrichtung am Beispiel von System (6.150), wobei wir $a_2 = 0$ setzen.

Wir führen folgende Bezeichnungen ein:

$$a_1 + \alpha = \alpha_*^2, \quad a_1 + \beta = -\beta_*^2. \tag{6.167}$$

In diesem Fall wird an Stelle des Gesetzes (6.152) ein Gesetz der Form

$$\Psi = \begin{cases} \alpha_*^2 & \text{für } sx_1 > 0, \text{ wenn } |s| > \Delta, \\ & \text{für } \dot{s}x_1 < 0, \text{ wenn } |s| < \Delta, \\ -\beta_*^2 & \text{für } sx_1 < 0, \text{ wenn } |s| > \Delta, \\ & \text{für } \dot{s}x_1 > 0, \text{ wenn } |s| < \Delta \end{cases} \tag{6.168}$$

realisiert. Hier ist Δ die Breite der Hysteresisschleife der Schaltvorrichtung (symetrische Schleife).

Das Vorhandensein der Hysteresisschleife in der Schaltvorrichtung des Systems mit veränderlicher Struktur führt zum Auftreten eines Grenzzyklus. Ein qualitatives Bild für das Verhalten des Systems gibt das Phasenportrait des Systems (Abb. 6.18). In einem solchen System existiert ein eindeutiger, stabiler Grenzzyklus, dessen Phasentrajektorie durch die Schnittpunkte der x_2-Achse mit den Geraden

(6.169) $$x_2 + c_1 x_1 = \pm \Delta$$

läuft und durch die Gleichung

(6.170) $$\frac{x_1^2}{\left(\frac{\Delta}{\alpha_*}\right)^2} + \frac{x_2^2}{\Delta^2} = 1$$

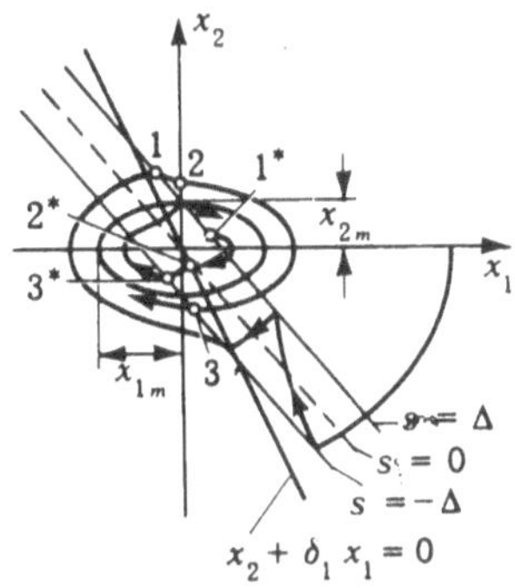

Abb. 6.18

beschrieben wird. Diese Eigenschwingung hat die Amplitude $\frac{\Delta}{\alpha_*}$ und die Frequenz α_*. Für den Beweis dieser Behauptungen verwenden wir die Methode der Punkttransformation. Wir betrachten die Abbildung eines jeden Punktes der Geraden $s = +\Delta$ auf den entsprechenden Punkt der Geraden $s = -\Delta$ (Abb. 6.18). Die Bewegung des Bildpunktes erfolgt längs Phasentrajektorien, welche wegen (6.150), (6.151) für $a_2 = 0$ durch die Gleichungen

(6.171) $$x_2^2 - x_2^2(0) = \Psi\left(x_1^2(0) - x_1^2\right)$$

beschrieben werden. Dabei sind $x_1(0)$ und $x_2(0)$ die Anfangskoordinaten des Punktes. Die Bewegung des Punktes erfolgt von Punkt $1(-x_{11}, x_{21})$ zum Punkt $2(0, x_{22})$ und von dort zum Punkt $3(x_{13}, -x_{23})$. Berücksichtigen wir (6.168), erhalten wir folgende Gleichung:

(6.172) $$x_{23}^2 - x_{21}^2 = -\alpha_*^2 x_{13}^2 - \beta_*^2 x_{11}^2.$$

Setzen wir für x_{11} und x_{13} ein, erhalten wir aus (6.169) eine Gleichung, welche die Koordinaten der Punkte 1 und 3 in Verbindung bringt:

(6.173) $$x_{23}^2 - x_{21}^2 = -\frac{1}{c_1^2}\left(\beta_*^2 x_{21}^2 + \alpha_*^2 x_{23}^2\right) + 2\,\frac{\Delta}{c_1^2}\left(\beta_*^2 x_{21} + \alpha_*^2 x_{23}\right) - \frac{\Delta^2}{c_1^2}\left(\beta_*^2 + \alpha_*^2\right).$$

Für Eigenschwingungen ist die Beziehung

(6.174) $$x_{21} = + x_{23}$$

erfüllt. Bezeichnen wir $x_{21} = x_{23}$ mit x_{2m}, erhalten wir aus (6.173)

$$x_{2m} = \Delta$$

und aus (6.172), (6.174)

$$x_{11} = x_{13} = 0.$$

Die Phasentrajektorie des Grenzzyklus geht daher durch die Schnittpunkte der Geraden (6.169) mit der x_2-Achse. In diesem Fall ist für alle Teile der Phasentrajektorie $\Psi = \alpha_*^2$. Aus (6.171) bestimmen wir für $\Psi = \alpha_*^2$ die Amplitude x_{1m} der Eigenschwingung:

(6.175) $$x_{1m} = \frac{\Delta}{\alpha_*}.$$

Die Frequenz der Eigenschwingung ist α_*.

Wir beweisen nun die Stabilität und Eindeutigkeit des Grenzzyklus im vorliegenden Fall. Dazu schreiben wir Gleichung (6.173) in folgender Form:

(6.176) $$\left(1+\frac{\alpha_*^2}{c_1^2}\right)x_{23}^2-\left(2\frac{\alpha_*^2\Delta}{c_1^2}\right)x_{23}+\frac{\Delta^2}{c_1^2}(\beta_*^2+\alpha_*^2)=\left(1-\frac{\beta_*^2}{c_1^2}\right)x_{21}^2+2\frac{\beta_*^2\Delta}{c_1^2}x_{21}.$$

Wir bezeichnen die rechte bzw. die linke Seite von Gleichung (6.176) mit $F_3(x_{23})$ bzw. $F_1(x_{21})$ und zeichnen diese Funktionen. Dies ergibt eine graphische Darstellung der Punkttransformation (Abb. 6.19, *a*).

Untersucht man die Abbildung des Punktes $1^*(x_{11}^*, x_{21}^*)$ auf den Punkt $3^*(x_{13}^*, x_{23}^*)$ (Abb. 6.18), erhält man die Gleichung

(6.177) $$(x_{23})^2-(x_{21})^2=\alpha_*^2(x_{11})^2+\beta_*^2(x_{13})^2.$$

Aus dieser Gleichung erhält man unter Berücksichtigung von (6.169) leicht eine zu (6.176) analoge Gleichung:

(6.178) $$\left(1-\beta_*^2\frac{1}{c_1^2}\right)(x_{23})^2+2\beta_*^2\frac{\Delta}{c_1^2}x_{23}^*=$$
$$=\left(1+\alpha_*^2\frac{1}{c_1^2}\right)(x_{21})^2-2\alpha_*^2\frac{\Delta}{c_1^2}x_{21}^*+\frac{\Delta^2}{c_1^2}(\beta_*^2+\alpha_*^2).$$

Wir bezeichnen die rechte bzw. linke Seite mit $F_3^*(x_{23}^*)$ und $F_1^*(x_{21}^*)$ und zeichnen diese Funktion (Abb. 6.19, *b*).

Eine Analyse der gegenseitigen Lage der in Abb. 6.19, *a*, *b* dargestellten Kurven zeigt, daß im System ein eindeutiger und stabiler Grenzzyklus existiert.

In einem System mit veränderlicher Struktur, dessen Schaltvorrichtung Hysteresis aufweist, existiert daher eine stabile Eigenschwingung mit der Amplitude x_{1m} und der Frequenz α_*.

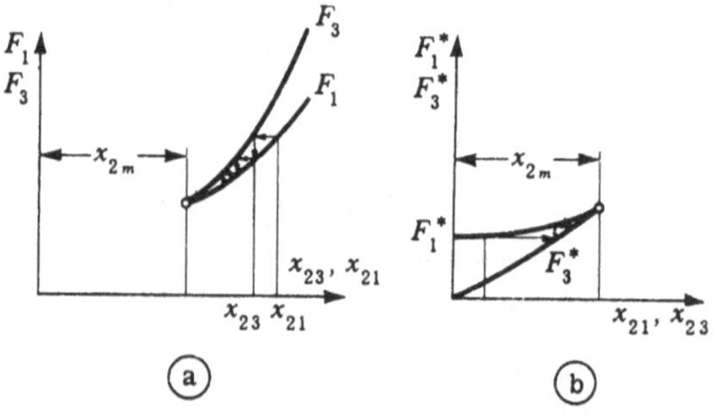

Abb. 6.19

Kapitel 7

Das Prinzip der veränderlichen Struktur zur Gewinnung von Information über den Regelvorgang

Bei der Projektierung eines automatischen Regelsystems kann man im wesentlichen drei Hauptabschnitte unterscheiden: Auswahl der Steuergröße, Gewinnung der Information, welche man zur Bildung des gewählten Steuerungsgesetzes benötigt, und schließlich die apparative Realisierung des Steuergliedes. Im Grunde genommen beschäftigte sich die bisherige Darstellung damit, Steuerungsgesetze für eine sehr umfangreiche Klasse von Aufgaben, welchen man in der Praxis begegnet, aufzustellen. Wesentlich ist, daß für die Realisierung der vorher angegebenen Steuerungsgesetze Information nicht nur über den Wert der Fehlergröße, sondern auch über deren erste Ableitung, welche in den meisten Fällen nicht direkt gemessen werden kann, erforderlich ist. Bei der Konstruktion von Systemen mit veränderlicher Struktur entsteht daher die Notwendigkeit, verschiedene Formen von Differentiatoren zu verwenden. Im Zusammenhang damit ist die Feststellung angebracht, daß sich gerade jene Schwierigkeiten, welche auftreten, wenn man hinreichend genaue Werte von Ableitungen (besonders von höheren Ableitungen) gewinnen will, als eines der Haupthindernisse erweisen, wenn man eine Reihe von interessanten und wichtigen theoretischen Ergebnissen praktisch verwerten will.

In diesem Kapitel werden im Rahmen der für Systeme mit veränderlicher Struktur vorhandenen Methoden technische Aufgaben im Zusammenhang mit der Bildung von Ableitungen betrachtet. Ferner werden einige Verfahren für die Konstruktion von Filtern mit veränderlicher Struktur angegeben, welche im Gleitzustand wie Verstärker arbeiten.

§ 1. Konstruktionsprinzipien für Differentiatoren

Zu Beginn bringen wir eine Einführung in die Darstellung eines Systems mit veränderlicher Struktur als relaisähnliche Vorrichtung, wovon wir bei der weiteren Darstellung Gebrauch machen werden. Bisher wurde bei der Darstellung des Stoffes in diesem Buch ein System mit veränderlicher Struktur als stückweise linear dargestellt. Systeme mit veränderlicher Struktur wurden dabei als Systeme angesehen, welche zu jeder Zeit mit Ausnahme jener Zeitpunkte, zu denen die Struktur geändert wird, irgendeine lineare Struktur besitzen. Im einfachsten Fall hat der Ausdruck für die Steuergröße die Gestalt

$$u = \Psi^x x_1 \tag{7.1}$$

mit

$$\Psi^x = \begin{cases} \alpha^x & \text{für} \quad x_1 s > 0, \\ \beta^x & \text{für} \quad x_1 s < 0, \end{cases} \tag{7.2}$$

$$s = c x_1 + x_2. \tag{7.3}$$

x_1, x_2 sind die Systemkoordinaten, α^x, β^x, c konstante Koeffizienten.

Diese Darstellung bringt am besten das physikalische Wesen eines Systems mit veränderlicher Struktur zum Ausdruck und erlaubt es, seine Eigenschaften am klarsten darzustellen. Es gibt jedoch ein anderes Verfahren, ein System mit veränderlicher Struktur darzustellen. Dieses Verfahren ist günstig für die Analyse dieser Systemklasse.

Wir stellen die Einflußkoeffizienten α^x und β^x für das Signal x_1 in folgender Art dar:

$$\alpha^x = \Psi_0^x + \Delta\Psi^x, \qquad \beta^x = \Psi_0^x - \Delta\Psi^x \tag{7.4}$$

mit

$$\Psi_0^x = \frac{\alpha^x + \beta^x}{2}, \qquad \Delta\Psi^x = \frac{\alpha^x - \beta^x}{2}. \tag{7.5}$$

Auf Grund von (7.2) und (7.4) kann man den Ausdruck für den sich sprunghaft ändernden Einflußkoeffizienten Ψ^x folgendermaßen schreiben:

$$\Psi^x = \left\{ \begin{matrix} \alpha^x & \text{für} & x_1 s > 0 \\ \beta^x & \text{für} & x_1 s < 0 \end{matrix} \right\} = \Psi_0^x + \Delta\Psi^x \operatorname{sgn}(x_1 s). \tag{7.6}$$

Die Steuergröße u ist dann durch

$$u = \Psi_0^x x_1 + \Delta\Psi^x \cdot x_1 \cdot \operatorname{sgn}(x_1 s) = \Psi_0^x x_1 + \Delta\Psi^x |x_1| \operatorname{sgn} s \tag{7.7}$$

gegeben, weil $x_1 \operatorname{sgn}(x_1 s) = x_1 \operatorname{sgn} x_1 \operatorname{sgn} s = |x_1| \operatorname{sgn} s$ gilt.

Die Steuergröße enthält daher den linearen Anteil Ψ_0^x und den Anteil $\Delta\Psi^x |x_1| \operatorname{sgn} s$, welcher sein Vorzeichen mit dem Vorzeichen der Schaltfunktion s ändert und "relaisähnlicher" Anteil genannt werden kann. Dieser Anteil ändert sein Vorzeichen wie das Signal eines gewöhnlichen Relais bei Änderung des Vorzeichens des Eingangssignales s. Zum Unterschied vom Signal eines Relais, dessen Amplitude konstant ist, ändert sich die Amplitude des "relaisähnlichen" Anteils nach der Vorschrift $\Delta\Psi^{x}|x_1|$.

Im Steuerglied kann man einen linearen Teil, welcher die lineare Komponente $\Psi_0^x x_1$ bildet, und einen "relaisähnlichen" Teil unterscheiden (Abb. 7.1).

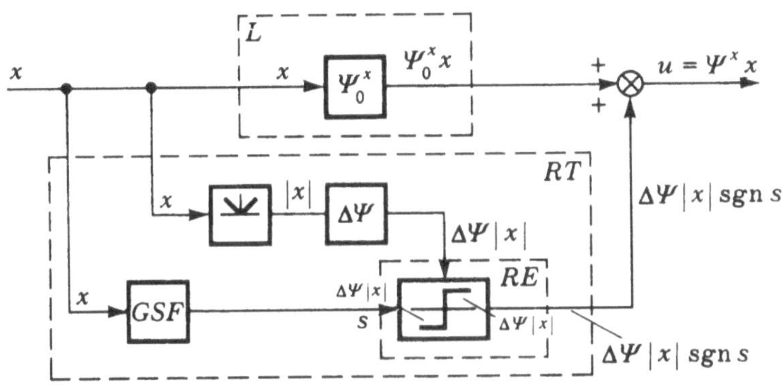

Abb. 7.1

In dieser Abbildung bezeichnen wir mit RE das relaisähnliche Element, mit L den linearen Teil des Steuergliedes, mit RT den relaisähnlichen Teil des Steuergliedes und mit GSF die Vorrichtung, welche die Schaltfunktion bildet.

Wenn die Steuergröße des Systems die Gestalt

$$u = \Psi_1^x x_1 + \Psi_2^x x_2 \tag{7.8}$$

hat, wobei Ψ_1^x und Ψ_2^x sich sprunghaft ändernde Koeffizienten von der Form (7.2) sind, ermöglicht es die relaisähnliche Darstellung, den Ausdruck für die Steuergröße in einfacher und übersichtlicher Form anzuschreiben:

$$u = \Psi_{10}^x x_1 + \Psi_{20}^x x_2 + (\Delta\Psi_1^x|x_1| + \Delta\Psi_2^x|x_2|)\,\mathrm{sgn}\,s. \tag{7.9}$$

Dabei werden Ψ_{10}^x, Ψ_{20}^x, $\Delta\Psi_1^x$, $\Delta\Psi_2^x$ ähnlich wie in (7.4) und (7.5) definiert. Die Steuergröße enthält in diesem Fall einen gewöhnlichen linearen und einen relaisähnlichen Anteil, welcher sein Vorzeichen nur bei Änderung des Vorzeichens von s ändert. Die relaisähnliche Darstellung ermöglicht es, die Bewegungsgleichung eines Systems mit veränderlicher Struktur im Gleitzustand sehr einfach zu erhalten.

Die Größe s im Eingang des relaisähnlichen Elementes ändert im Gleitzustand ihr Vorzeichen mit unendlich großer Frequenz, wobei sie den Wert Null durchläuft und um diesen Wert Schwingungen von unendlich kleiner Amplitude vollführt. Im Gleitzustand kann man daher $s=0$ annehmen. Dabei ist die Ausgangsgröße des relaisähnlichen Elementes für $x_1 \neq 0$ oder $x_2 \neq 0$, d.h. wenn sich der Bildpunkt nicht im Koordinatenursprung befindet, von Null verschieden. Man kann daher das relaisähnliche Element im Gleitzustand ebenso wie ein gewöhnliches Relais als Verstärker mit unendlich großem Verstärkungskoeffizienten ansehen [89].

Der Ersatz des relaisähnlichen Elementes im Gleitzustand durch einen Verstärker mit unendlich großem Verstärkungskoeffizienten hat im allgemeinen rein formalen Ckarakter. Jedoch gestattet es dies, mit Hilfe von strukturellen Umformungen im linearen System die Bewegungsgleichung für den Gleitzustand recht einfach zu gewinnen. Wir verwenden diesen Zugang, um ein Verfahren für die Konstruktion von Filtern mit veränderlicher Struktur zu erklären, welches es mit Hilfe des Gleitzustandes ermöglicht, die Differentiation von Eingangsgrößen durchzuführen. In Abb. 7.2 ist das Blockschaltbild eines Filters angegeben, welcher ein Verstärker mit sprunghaftem Verstärkungskoeffizienten und ein trägheitsbehaftetes Glied ist. Die Koordinaten x, y, z und s sind durch folgende Beziehungen verbunden:

$$(7.10)\qquad \begin{cases} T\dot{y} + y = kz, \\ z = \Psi^x(x, s)\,x, \\ \Psi^x = \begin{cases} \alpha^x & \text{für } xs > 0, \\ -\alpha^x & \text{für } xs < 0, \end{cases} \\ s = cx - y. \end{cases}$$

T, k, c, α^x sind konstante, positive Koeffizienten.

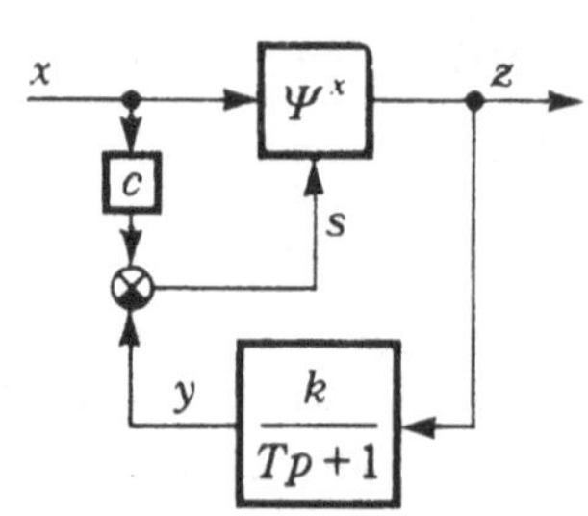

Abb. 7.2

Wir geben dem Schaltbild des Filters die Gestalt eines relaisähnlichen Schemas (Abb. 7.3).

Auf Grund der vorhergehenden Überlegungen kann man die Ausgangsgröße z des Verstärkers mit sich sprunghaft änderndem Verstärkungskoeffizienten schreiben:

$$(7.11)\qquad z = \alpha^x |x| \operatorname{sgn} s.$$

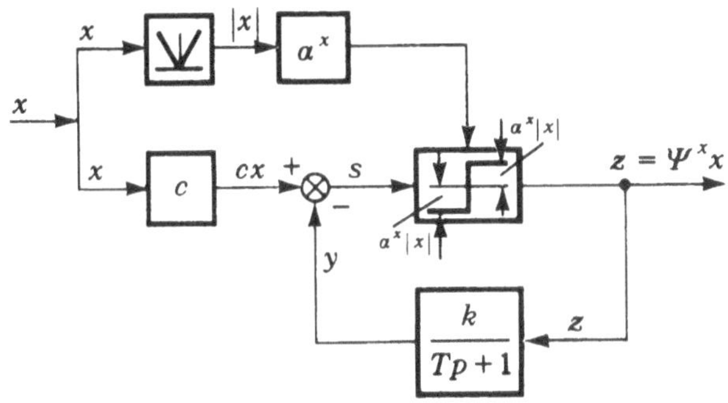

Abb. 7.3

Für die Ausgangsgröße y des trägheitsbehafteten Gliedes besteht dann die Beziehung

(7.12) $T\dot{y} + y = ka^x |x| \operatorname{sgn} s.$

Wenn im System der Gleitzustand existiert, kann man die Größe s Null setzen, und das relaisähnliche Element kann im Gleitzustand durch einen Verstärker mit unendlich großem Verstärkungskoeffizienten ersetzt werden (Abb. 7.4). Die Übertragungsfunktion des gesamten Filters (in Abb. 7.4 durch eine strichlierte Linie umschlossen) ist für $k_\infty \to \infty$ gleich

(7.13) $W_F(p) = c\frac{Tp}{k} + \frac{c}{k}.$

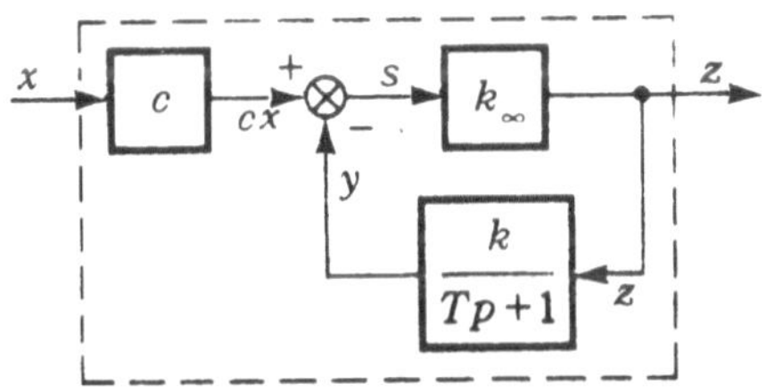

Abb. 7.4

Die Ausgangsgröße des Filters mit veränderlicher Struktur enthält daher im Gleitzustand Information über die Ableitung des Eingangssignales. Dabei ist der Vergrößerungskoeffizient für die Ableitung proportional der Zeitkonstanten T des trägheitsbehafteten Gliedes in der Rückführung und umgekehrt proportional dem Verstärkungskoeffizienten k dieses Gliedes. Wesentlich ist, daß das beschriebene Verfahren zur Bildung von Ableitungen der Eingangsgrößen Elemente mit endlichem Verstärkungskoeffizienten verwendet.

§ 2. Filter mit veränderlicher Struktur als Verstärker

Im vorhergehenden Paragraphen wurde die prinzipielle Möglichkeit aufgezeigt, durch Filter mit veränderlicher Struktur mit Hilfe des Gleitzustandes Ableitungen zu bilden. In realen Vorrichtungen ist jedoch die Amplitude des Gleitzustandes immer endlich. Es ist daher nicht mehr erlaubt, das relaisähnliche Element als Glied mit unendlich großem Verstärkungskoeffizienten anzusehen. Wir bemerken außerdem, daß sogar bei idealem Gleitzustand die Ausgangsgröße des Filters eine Funktion mit unendlich vielen Sprungstellen in jedem beliebigen Zeitintervall ist. Im Zusammenhang damit muß man zeigen, daß diese Ausgangsgröße eine Linearkombination aus Eingangsgröße und deren Ableitung ist, abgesehen von einem hochfrequenten Anteil, welcher mit Hilfe eines linearen Filters weggefiltert werden kann. Als Beispiel für einen solchen Filter kann man ein trägheitsbehaftetes Glied mit hinreichend kleiner Zeitkonstanten verwenden. Als Ergebnis erhalten wir einen Filter mit veränderlicher Struktur, welcher in Abb. 7.5 dargestellt ist und durch das Gleichungssystem

$$\begin{cases} T\dot{y} + y = kz, \\ \tau\dot{v} + v = z, \\ z = \Psi^x(x, s)\, x, \\ s = cx - y \end{cases} \tag{7.14}$$

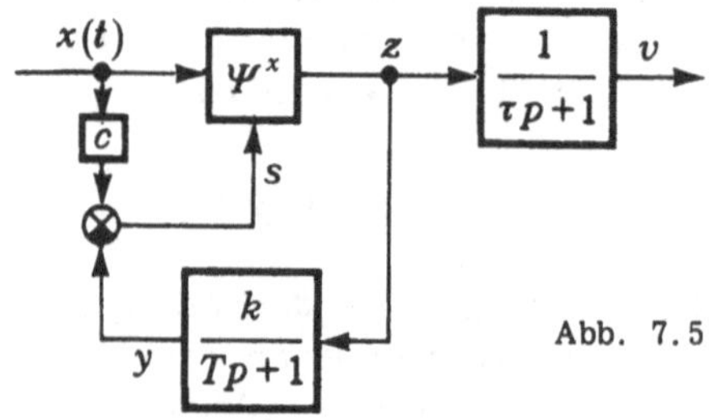

Abb. 7.5

beschrieben wird. Dabei sind T, k, τ, c positive Konstante; $\Psi^x(x, s)$ ist eine unstetige Funktion der Systemkoordinaten, welche für $xs = 0$ Unstetigkeitsstellen erster Art besitzt. In einem solchen System ist $\dot{s}$ für $s = 0$ unstetig. Wenn die Bedingung (2.27) erfüllt ist, kann daher im System der Gleitzustand entstehen, für welchen

$$s = \varepsilon(t) \tag{7.15}$$

gilt. $\varepsilon(t)$ ist eine hinreichend kleine Größe, welche durch die Abweichungen der Schaltvorrichtung vom Idealzustand bestimmt ist (bei idealem Gleitzustand gilt $\varepsilon(t) \equiv 0$).

Wir werden zeigen, daß bei nichtidealem Gleitzustand die Ausgangsgröße des Systems in der Form

$$v = \frac{c}{k} T\dot{x} + \frac{c}{k} x + \delta(t) \tag{7.16}$$

dargestellt werden kann, wobei die Größe $\delta(t)$ durch die Abweichung des Gleitverhaltens vom Idealzustand und auch durch die Zeitkonstante τ des glättenden Filters charakterisiert wird. Wir werden auch abschätzen, wie δ von ε und τ abhängt. Mit anderen Worten, wir werden die Genauigkeit im Differenzieren des vorliegenden Filters mit veränderlicher Struktur angeben.

Das Ausgangssignal des glättenden Filters wird in Übereinstimmung mit (7.14) durch die Beziehung

$$v(t)=\frac{1}{\tau}e^{-t/\tau}\int_0^t e^{\xi/\tau}\Psi^x(x,\,s)\,x(\xi)\,d\xi+v_0e^{-t/\tau} \tag{7.17}$$

bestimmt. Hier ist $v_0=v(0)$. Als Beginn der Zeitmessung wird der Zeitpunkt gewählt, zu dem der Gleitzustand entsteht. ξ ist die Integrationsvariable. Da im Gleitzustand (7.15) gilt, kann man wegen (7.14) an Stelle von (7.17)

$$\begin{aligned} v(t)=&\frac{c}{k\tau}e^{-t/\tau}\int_0^t e^{\xi/\tau}[T\dot{x}(\xi)+x(\xi)]\,d\xi-\\ &-\frac{c}{k\tau}e^{-t/\tau}\int_0^t e^{\xi/\tau}[T\dot{\varepsilon}(\xi)+\varepsilon(\xi)]\,d\xi+v_0e^{-t/\tau}\end{aligned} \tag{7.18}$$

schreiben. Wir integrieren den ersten Summanden partiell und bezeichnen ihn mit I_1:

$$\begin{aligned} I_1=&\frac{cT}{k}\dot{x}(t)-\frac{c}{k}x(t)-\left[\frac{cT}{k}\dot{x}(0)+\frac{c}{k}x(0)\right]e^{-t/\tau}-\\ &-\frac{c}{k}\int_0^t[T\ddot{x}(\xi)+\dot{x}(\xi)]\,e^{\frac{\xi-t}{\tau}}\,d\xi.\end{aligned} \tag{7.19}$$

Für den zweiten Summanden I_2 in (7.18) gilt

$$\begin{aligned} I_2=&\frac{c}{k\tau}e^{-t/\tau}\int_0^t e^{\xi/\tau}[T\dot{\varepsilon}(\xi)+\varepsilon(\xi)]\,d\xi=\\ =&\frac{c}{k\tau}e^{-t/\tau}\left(1-\frac{T}{\tau}\right)\int_0^t e^{\xi/\tau}\varepsilon(\xi)\,d\xi+\frac{cT}{k\tau}\varepsilon(t)-\frac{cT}{k\tau}\varepsilon(0)e^{-t/\tau}.\end{aligned}$$

Mit $\Delta=\max\limits_{\xi\in[0,\,t]}|\varepsilon(\xi)|$ erhält man:

$$|I_2|\leqslant\frac{c\Delta}{k}\left|1-\frac{T}{\tau}\right|(1-e^{-t/\tau})+\frac{cT}{k\tau}\Delta+\frac{cT}{k\tau}e^{-t/\tau}.$$

Setzen wir $T>\tau$ voraus (d.h. $\left|1-\frac{T}{\tau}\right|<\frac{T}{\tau}$), erhalten wir schließlich

(7.20) $|I_2| < \frac{2cT\Delta}{k\tau}.$

Nach dem Abklingen der Eigenbewegung des glättenden Filters erhält man wegen (7.19) und (7.20)

(7.21) $|\delta(t)| = \left| v(t) - \left[\frac{cT}{k} \dot{x}(t) + \frac{c}{k} x(t) \right] \right| < M\tau + \frac{2cT\Delta}{k\tau}$

mit

(7.22) $M = \frac{c}{k} \max_{\xi \in [0, t]} |T\ddot{x}(\xi) + \dot{x}(\xi)|.$

Die Ausgangsgröße des vorliegenden dynamischen Systems ist mit einer Genauigkeit von $\delta(t)$ eine Linearkombination aus der Eingangsgröße und deren Ableitung (7.16). Der Absolutbetrag der Funktion $\delta(t)$ kann die rechte Seite von Ungleichung (7.21) nicht übersteigen.

In realen Systemen existiert in den meisten Fällen eine beschränkte Zahl M. Durch Verkleinerung der Zeitkonstanten τ des glättenden Filters und des Quotienten $\frac{\Delta}{\tau}$ kann man mit dem Ausgangssignal des vorliegenden Systems das Ausgangssignal eines idealen Verstärkers approximieren, wobei der Fehler durch (7.21) abgeschätzt wird. Um die Genauigkeit beim Differenzieren zu erhöhen, muß man daher in erster Linie den Charakter des realen Gleitzustandes dem des idealen annähern (d.h. $\Delta(t)$ klein machen) und dann in Übereinstimmung damit die Zeitkonstante des glättenden Filters derart verkleinern, daß der Quotient $\frac{\Delta}{\tau}$ hinreichend klein bleibt.

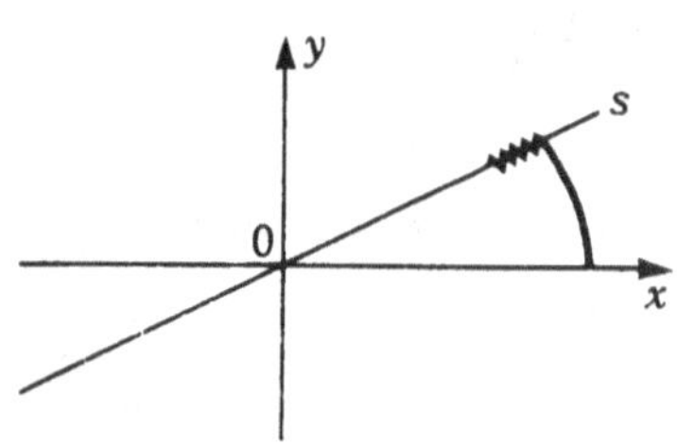

Abb. 7.6

Wir werden jetzt die Frage klären, für welche Eingangsgrößen in dem vorliegenden Filter mit veränderlicher Struktur eine Bewegung im Gleitzustand entstehen kann, so daß der Filter analog einem Verstärker ist. Bekanntlich muß dazu der Bildpunkt in der (x, y)-Phasenebene (Abb. 7.6) auf die durch die Gleichung

(7.23) $s = cx - y = 0$

gegebene Gerade S auftreffen. Auf dieser Geraden muß außerdem die Bedingung (2.27) erfüllt sein. Dann entsteht im System der Gleitzustand, während dessen sich der Bildpunkt längs der Geraden (7.23) bewegt. Die Größe $\dot{s}$ wird aus (7.14) und (7.23) bestimmt:

$$\dot{s} = \frac{1}{T}(c - k\Psi^x)x + c\dot{x}. \tag{7.24}$$

Das logische Gesetz für die Änderung von $\Psi^x(x, s)$ habe die Gestalt

$$\Psi^x(x, s) = \begin{cases} \alpha^x & \text{für} \quad xs > 0, \\ -\alpha^x & \text{für} \quad xs < 0 \end{cases} \tag{7.25}$$

mit einer positiven Konstanten α^x.

Aus (2.27), (7.24), (7.25) folgt, daß beim Auftreffen des Bildpunktes auf die Gerade S in der (x, y)-Ebene der Gleitzustand nur dann entstehen kann, wenn sich in der $(x, \dot{x})$-Ebene, welche den äußeren Einfluß charakterisiert, der Bildpunkt in einem der Gebiete D_1 und D_2 (Abb. 7.7) befindet. Diese Gebiete sind durch die Ungleichungen

$$\begin{cases} \left[\frac{1}{T}(c - k\alpha^x)x + c\dot{x}\right]x < 0, \\ \left[\frac{1}{T}(c - k\alpha^x)x + cx\right]x > 0 \end{cases} \tag{7.26}$$

gegeben.

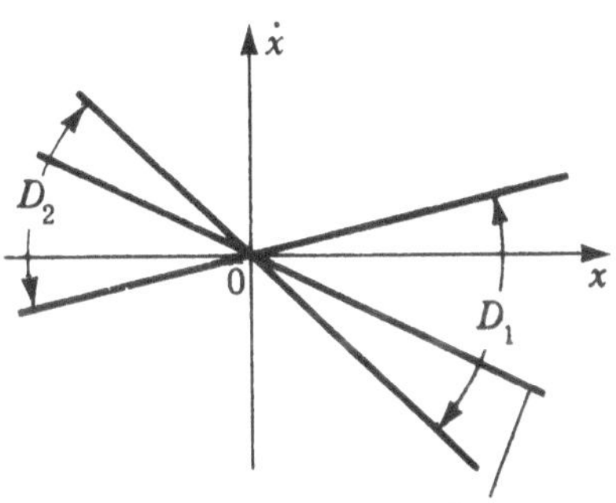

Abb. 7.7

Mit Hilfe des in Abb. 7.5 dargestellten Filters mit veränderlicher Struktur kann man nur für solche Eingangssignale Information über den Wert der Ableitung erhalten, welche den Schranken (7.26) genügen. In vielen Fällen kann man diese Möglichkeit für die Konstruktion verschiedener automatischer Regelsysteme verwenden. Einem stabilen System sei z. B. eine Steuerung zugeordnet, zu deren Bildung die erste Ableitung des Fehlersignals verwendet wird. Dabei sollen die Phasentrajektorien des Systems, welche in den Gebieten D_1 oder D_2 beginnen, diese Gebiete nicht mehr verlassen. Wenn dann der beschriebene Filter mit veränderlicher Struktur verwendet wird, um die Ableitung zu gewinnen, kann man die Stabilität des automatischen Regelsystems garantieren. Dabei muß man voraussetzen, daß im Filter immer eine Bewegung im Gleitzustand entsteht. Man kann sich leicht davon überzeugen, daß dies gerade dann der Fall ist, wenn im System mit veränderlicher Struktur (2.6), (2.8), (2.9) die Information über den Wert der Ableitung des Fehlersignales mit

Hilfe eines Filters mit veränderlicher Struktur gewonnen wird und die Schaltgerade *I* und die Hyperbelasymptote *II* für das System (2.6), (2.8), (2.9) bezüglich der Gebiete D_1 und D_2 die in Abb. 7.8 angegebenen Lagen einnehmen. Die Realisierung dieses Gedankens bei der Synthese setzt voraus, daß folgende Bedingung erfüllt ist: Zum Zeitpunkt des Auftreffens des Bildpunktes auf die Gerade S in der (x, y)-Ebene muß sich der Bildpunkt in der $(x, \dot{x})$-Ebene im Gebiet D_1 bzw. D_2 befinden. Falls dies nicht erfüllt ist, entsteht kein Gleitzustand, und es gelingt nicht, Information über den Wert der Ableitung des Eingangssignales zu erhalten. Im Hinblick darauf ist es zweckmäßig, die Gebiete D_1 und D_2 zu vergrößern. Jedoch kann dies wieder zu beträchtlichen Verzerrungen des Ausgangssignales führen, wenn im Eingangssignal hochfrequente Störungen vorhanden sind, weil bei genügend großen Gebieten D_1 und D_2 der Filter nicht nur das Hauptsignal differenziert, sondern auch das Störsignal, dessen Ableitung beträchtliche Werte annehmen kann. Wir sehen auch, daß eine Erweiterung der Gebiete D_1 und D_2 durch Vergrößerung des Koeffizienten k und durch Verkleinerung der Zeitkonstanten T durchgeführt werden kann (7.26). Jedoch führt dies wegen (7.16) im ersten Fall zu einer Verkleinerung des Ausgangssignales und im zweiten Fall zu einer Verkleinerung des Anteiles der Ableitung im Ausgangssignal. Daraus folgt, daß es zweckmäßig ist, einen Filter mit veränderlicher Struktur zu konstruieren, für welchen beim Auftreffen des Bildpunktes in der $(x, \dot{x})$-Ebene auf das Gebiet D_1 bzw. D_2 der Bildpunkt in der (x, y)-Ebene unabhängig von der Ausdehnung dieser Gebiete immer auf die Gerade S trifft. Im Filter entsteht dann der Gleitzustand. Wir werden zeigen, daß der in

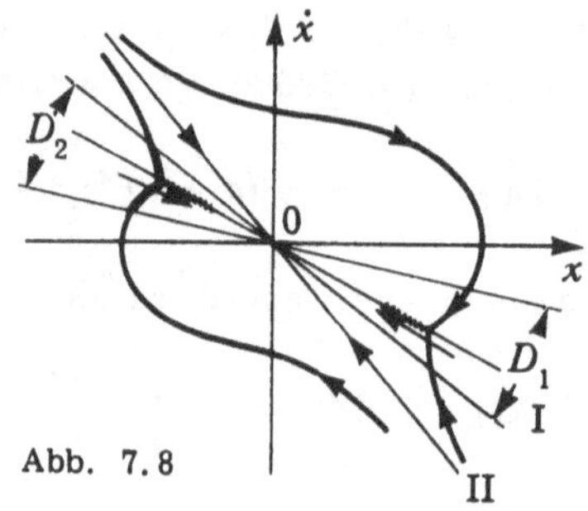

Abb. 7.8

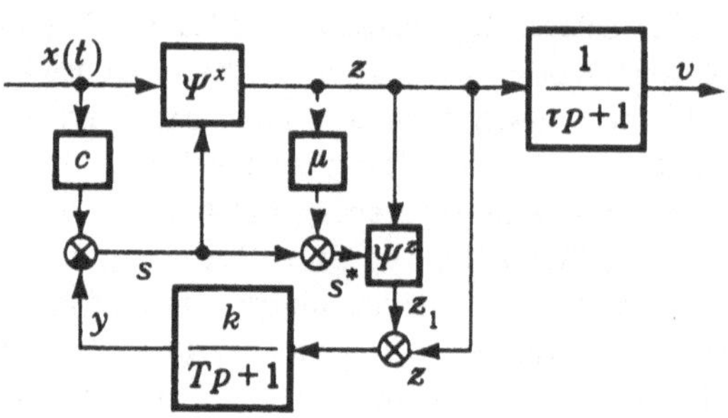

Abb. 7.9

Abb. 7.5 dargestellte Filter die genannten Eigenschaften besitzt, wenn man in den Eingang des trägheitsbehafteten Gliedes im Kreis der Rückführung gleichzeitig mit dem Signal z das sich sprunghaft ändernde Signal z_1 eingibt, wie dies in Abb. 7.9 gezeigt ist. Die Größe z_1 wird durch die Gleichungen

$$(7.27)\quad \begin{cases} z_1 = \Psi^z z, \\ \Psi^z = \begin{cases} \alpha^z & \text{für} \quad zs^* > 0, \\ 0 & \text{für} \quad zs^* < 0, \end{cases} \\ s^* = s + \mu z \end{cases}$$

bestimmt. α^z, μ sind positive Konstante. Die Gleichung des trägheitsbehafteten Gliedes in (7.14) hat dann die Gestalt

$$(7.28)\qquad T\dot{y} + y = k(z + z_1).$$

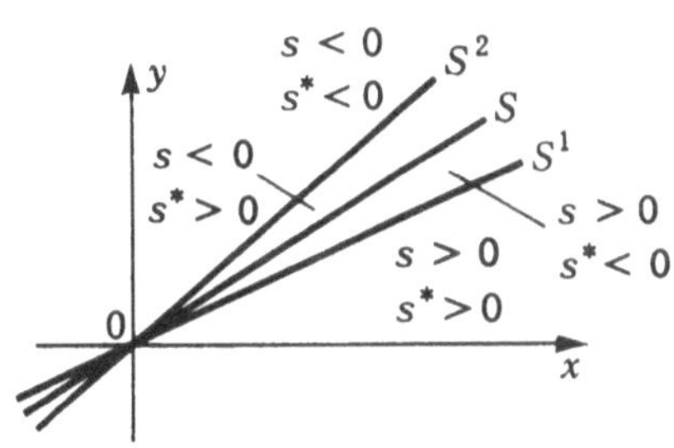

Abb. 7.10

Wegen (7.14) kann die Gerade $s^*=0$ zwei Lagen einnehmen: S^1 (für $sx>0$ und $z=\alpha^x x$) oder S^2 (für $sx<0$ und $z=-\alpha^x x$) (Abb. 7.10). Wesentlich ist, daß wegen (7.14) und (7.25) die Vorzeichen von z und s übereinstimmen und daher in dem Gebiet, welches von den Geraden S^1 und S^2 eingeschlossen wird und in welchem die Gerade S liegt, die Ungleichung $ss^*<0$ gilt. Für diesen Bereich ist daher $\Psi^z=0$ (siehe (7.27)) und $z_1=0$. Dies bedeutet, daß im vorliegenden Filter wie im vorhergehenden Fall der Gleitzustand auf der Geraden S nur für Eingangsgrößen entsteht, welche den Ungleichungen (7.26) genügen, d.h. der Bildpunkt in der $(x, \dot{x})$-Ebene muß dem Gebiet D_1 bzw. D_2 angehören (Abb. 7.11). Dabei ist die Ausgangsgröße im Gleitzustand wie früher in Übereinstimmung mit (7.16) eine Linearkombination der Eingangsgröße und ihrer Ableitung. Um die Bedeutung der zusätzlichen Größe z_1, welche in den Eingang des trägheitsbehafteten Gliedes eingegeben wird, aufzuklären, schreiben wir die Bedingungen für die Existenz des Gleitzustandes auf den Geraden S^1 und S^2 an und zeigen, für welche Eingangsgrößen auf diesen Geraden der Gleitzustand entstehen kann. Wegen (2.27), (7.23), (7.25), (7.27), (7.28) haben diese Bedingungen für die Gerade S^1 die Form

$$(7.29)\quad \begin{cases} \left[(c+\mu\alpha^x)\dot{x}+\frac{1}{T}(-k\alpha^x+c)x\right]x>0, \\ \left[(c+\mu\alpha^x)\dot{x}+\frac{1}{T}(-k\alpha^x-k\alpha^x\alpha^z+c)x\right]x<0, \end{cases}$$

wobei zu berücksichtigen ist, daß auf dieser Geraden $y = (c+\mu\alpha^x)x$ gilt.

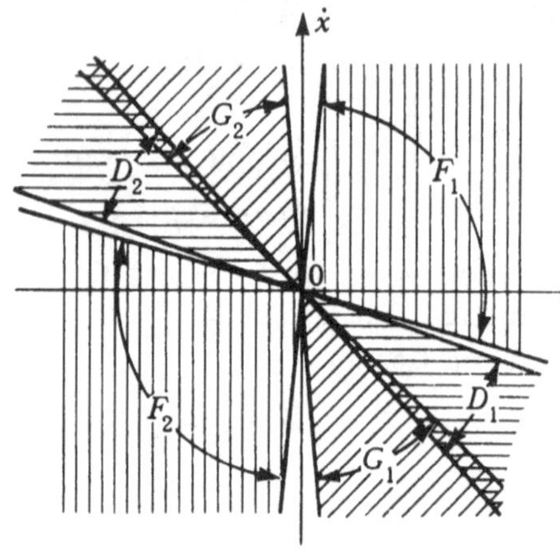

Abb. 7.11

Wie aus (7.29) folgt, kann auf der Geraden S^1 der Gleitzustand nur für Werte von x und $\dot{x}$ existieren, welche in den Gebieten F_1 und F_2 liegen (Abb. 7.11). Ähnlich kann man zeigen, daß auf S^2 der Gleitzustand nur für Werte von x und $\dot{x}$ aus den Gebieten G_1 und G_2 existieren kann. G_1 und G_2 werden durch die Ungleichungen

$$(7.30)\quad \begin{cases} \left[(c-\mu\alpha^x)\dot{x}+\frac{1}{T}(k\alpha^x+k\alpha^x\alpha^z+c)x\right]x>0, \\ \left[(c-\mu\alpha^x)\dot{x}+\frac{1}{T}(c\alpha^x+c)x\right]x<0 \end{cases}$$

bestimmt.

Wir setzen nun voraus, daß μ hinreichend klein und α^z hinreichend groß ist. Unter dieser Voraussetzung fallen die Grenzen der Gebiete D_1, D_2 praktisch mit den Grenzen der Gebiete F_1, F_2 und G_1, G_2 zusammen, und die Gebiete F_1, F_2, G_1, G_2 umfassen die gesamte $(x, \dot{x})$-Ebene mit Ausnahme der Gebiete D_1 und D_2. Der Bildpunkt sei auf eine der Geraden S, S^1 bzw. S^2 gelangt. In Abhängigkeit davon, in welchem Gebiet der $(x, \dot{x})$-Eben sich der Bildpunkt befindet, beginnt auf der diesem Gebiet entsprechenden Geraden der Gleitzustand. Die Lage des Bildpunktes in einem der Gebiete der $(x, \dot{x})$-Ebene besagt, daß in der Umgebung der entsprechenden Geraden in der (x, y)-Ebene die Phasentrajektorien gegeneinander gerichtet sind. Da μ genügend klein ist, ist auch der Abstand zwischen den Geraden klein. Der Bildpunkt gelangt daher praktisch sofort auf jene Gerade, auf welcher die Bedingungen für das Entstehen des Gleitzustandes erfüllt sind.

Man kann daher den Schluß ziehen, daß nach dem Eintreffen des Bildpunktes in der Umgebung der Geraden S, S^1 und S^2 immer auf einer dieser Geraden der Gleitzustand entsteht und danach, sobald sich der Bildpunkt in der $(x, \dot{x})$-Ebene im Gebiet D_1 oder D_2 befindet, sofort der Gleitzustand auf der Geraden S beginnt. Dies bedeutet, daß es infolge der Eingabe der zusätzlichen umschaltbaren Größe z_1 in den Eingang des trägheitsbehafteten Gliedes möglich ist, die oben gestellte Aufgabe zu lösen.

Es wurde daher die prinzipielle Möglichkeit aufgezeigt, Information über den zustand des Regelvorganges mit Hilfe von Filtern mit veränderlicher Struktur auf Grund der Tatsache zu erhalten, daß diese Filter im Gleitzustand analog einem Verstärker sind. Außerdem wurde der Fehler des Filters abgeschätzt. Eine Analyse dieser Abschätzung führte zu dem Ergebnis, daß es zur Erhöhung der Genauigkeit, mit der die Ableitung einer Größe gewonnen wird, notwendig ist, die Eigenschaften des Gleitzustandes zu verbessern, indem man ihn dem idealen Zustand annähert, und die Zeitkonstante des glättenden Filters zu verkleinern. Wir weisen noch darauf hin, daß man den glättenden Filter nicht unbedingt verwenden muß, wenn dessen Funktion von Gliedern des Systems übernommen werden kann, welche hinter den Filter mit veränderlicher Struktur geschaltet sind (Strecke, Stellglied usw.).

§ 3. Vergrößerung des Existenzgebietes für den Gleitzustand

Wie im vorhergehenden Paragraphen gezeigt wurde, ist der Filter mit veränderlicher Struktur (7.14), (7.25) einem Verstärker analog, wenn er im Gleitzustand arbeitet. Diese Eigenschaft kann man jedoch nur für die Eingangsgrößen verwerten, welche die Beschränkung (7.26) erfüllen. Für die Darstellung im Phasenraum bedeutet dies, daß sich der Bildpunkt in der $(x, \dot{x})$-Ebene, welche die äußeren Einflüsse charakterisiert, im Gebiet D_1 bzw. D_2 befinden muß (Abb. 7.12). Diese Gebiete werden durch die Geraden Γ_1 und Γ_2 mit den Gleichungen

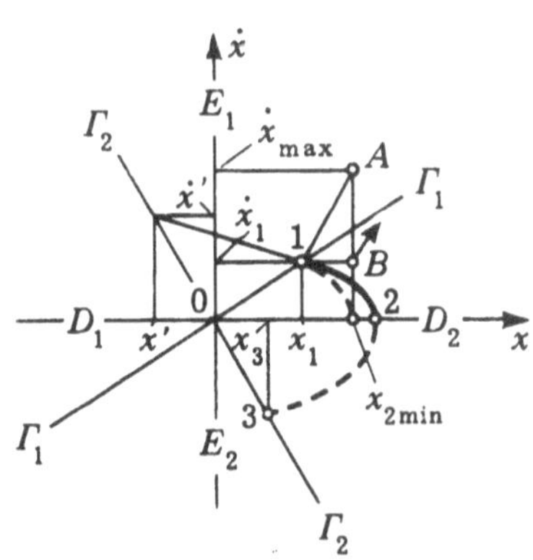

Abb. 7.12

$$(7.31)\quad \begin{cases} \frac{1}{T}(c - ka^x)\,x + c\dot{x} = 0, \\ \frac{1}{T}(c + ka^x)\,x + c\dot{x} = 0 \end{cases}$$

begrenzt. Die erwähnte Bedingung (7.26) kann in vielen Fällen verletzt sein (z.B., wenn die Eingangsgröße x des Filters einen Schwingungsvorgang charakterisiert). Eine weitaus größere Anzahl von Prozessen (darunter auch Schwingungsvorgänge) werden durch Funktionen erfaßt, welche einer Abschätzung der Form

$$|\ddot{x}| \leqslant a|\dot{x}| + b|x| \tag{7.32}$$

genügen mit positiven Konstanten a und b.

Wir sehen, daß die Trajektorien für den Bildpunkt, welche den Funktionen der Klasse (7.32) entsprechen, in einem beliebigen Teil der $(x, \dot{x})$-Ebene verlaufen können. Es sei daher folgende Aufgabe gestellt: Es ist ein Filter mit veränderlicher Struktur zu konstruieren, für welchen auf der in der (x, y)-Ebene gelegenen Schaltgeraden S immer der Gleitzustand entsteht, wenn die Eingangsgröße der Klasse (7.32) angehört. Mit Hilfe eines Filters, welcher diese Eigenschaft besitzt, kann man Information über den Wert der zeitlichen Ableitung einer Eingangsgröße von der Gestalt (7.32) erhalten.

Im vorher betrachteten Fall ist der Gleitzustand in den Gebieten E_1 und E_2 (Abb. 7.12) nicht möglich, weil $z = \Psi^x x$ gegenüber $\dot{x}$ klein wird und die Ungleichungen (7.26) und daher auch (2.27) nicht mehr erfüllt sind. Dies deswegen, weil dann das Vorzeichen von $\dot{s}$ völlig durch das Vorzeichen des Summanden $c\dot{x}$ aus (7.24) bestimmt wird. Wesentlich ist, daß die Ausgangsgröße v im Gleitzustand eine Linearkombination von x und $\dot{x}$ ist. Daher ist zu erwarten, daß der Gleitzustand auch für die Gebiete E_1 und E_2 vorhanden ist, wenn man die Funktion z in Form einer Linearkombination aus x und v mit unstetigen Koeffizienten bildet. In diesem Fall wird der Filter mit veränderlicher Struktur, in den eine zusätzliche, umschaltbare Rückführung für v eingeführt wird, durch folgende Gleichungen beschrieben:

$$\begin{cases} T\dot{y} + y = kz, \\ \tau\dot{v} + v = z, \\ z = \Psi^x(x, s)\,x + \Psi^v(v, s)\,\dot{v}, \\ s = cx - y, \end{cases} \tag{7.33}$$

$$\begin{cases} \Psi^x(x, s) = \begin{cases} \alpha^x & \text{für } xs > 0, \\ -\alpha^x & \text{für } xs < 0, \end{cases} \\ \Psi^v(v, s) = \begin{cases} \alpha^v & \text{für } vs > 0, \\ -\alpha^v & \text{für } vs < 0. \end{cases} \end{cases} \tag{7.34}$$

Hier sind T, k, τ, c, α^x und α^v positive Konstante. Das Blockschaltbild eines solchen Systems ist in Abb. 7.13 dargestellt. Man kann sich leicht davon überzeugen, daß der Filter (7.33), (7.34) im Gleitzustand ebenfalls die Eigenschaften eines Verstärkers besitzt.

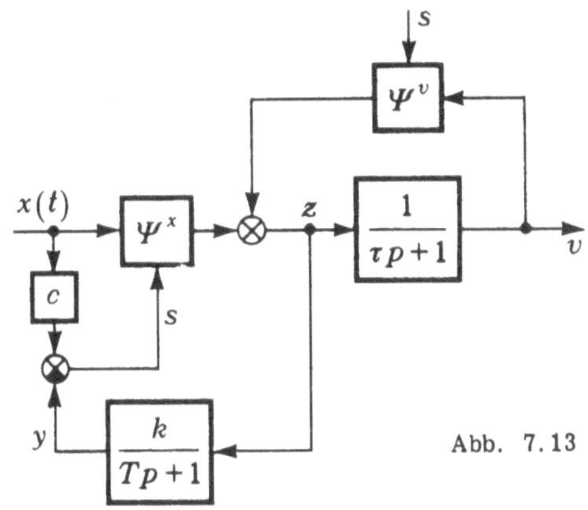

Abb. 7.13

Für daß weitere wird vorausgesetzt, daß im System ein idealer Gleitzustand entsteht, d.h. wir haben in (7.21) $\Delta=0$. Der Fehler $\delta(t)$ in (7.16) wird daher nur durch die Größe $M\tau$ bestimmt, wobei für die Systemklasse (7.32) der Wert von M durch den Absolutbetrag der laufenden Koordinaten $x(t)$ und $\dot{x}(t)$ folgendermaßen abgeschätzt werden kann:

$$(7.35) \qquad M \leqslant \omega_1 |x(t)| + \omega_2 |\dot{x}(t)|.$$

ω_1, ω_2 sind Konstante, welche von den Parametern des Filters und der Gestalt der Eingangsgröße abhängen.

Für den Beweis von (7.35) schätzen wir M durch die laufenden Koordinaten $x(t)$ und $\dot{x}(t)$ ab. Wegen (7.22) wird M durch die maximalen Werte von $\dot{x}$ und $\ddot{x}$ im Intervall $[0, t]$ bestimmt, bzw. man hat wegen (7.32):

$$(7.36) \qquad M \leqslant \frac{c}{k} \max_{\xi \in [0, t]} [(Ta+1)|\dot{x}(\xi)| + Tb|x(\xi)|].$$

Die Fehlerabschätzung (7.21) gilt nur nach Abklingen der Eigenbewegung des glättenden Filters. Wir nehmen an, daß die Eigenbewegung dieses Filters für $t \geqslant n\tau$ bereits abgeklungen ist (n ist eine positive Zahl). Bei der Fehlerabschätzung mittels der Formeln (7.21), (7.22) kann man sich daher auf das Intervall $[t-n\tau, t]$ beschränken *).

Wir wählen als Anfangszeitpunkt für die Zeitmessung einen Zeitpunkt, zu dem $x=x^*$, $\dot{x}=\dot{x}^*$ gilt. Man kann sich davon überzeugen, daß für die Schranke (7.32) und für die gegebenen Werte $|x^*|$, $|\dot{x}^*|$ die Größen $|x|$ und $|\dot{x}|$ ihre maximalen Werte im Intervall $[-n\tau, 0]$ für $x^*\dot{x}^*<0$ und $t=-n\tau$ annehmen und daß die Bewegung des Systems in diesem Zeitintervall durch die Gleichung

$$(7.37) \qquad \ddot{x} + a\dot{x} - bx = 0, \qquad x(0) = x^*, \qquad \dot{x}(0) = \dot{x}^*,$$

*) Wir setzen $t > n\tau$ voraus.

beschrieben wird. Dies kann man leicht nachweisen, wenn man alle in der $(x, \dot{x})$-Ebene möglichen Phasentrajektorien nach rückwärts verfolgt.

Die Lösung von Gleichung (7.37) hat die Gestalt

$$x(t) = \frac{\dot{x}^* - \lambda_2 x^*}{\lambda_1 - \lambda_2} e^{\lambda_1 t} + \frac{\lambda_1 x^* - \dot{x}^*}{\lambda_1 - \lambda_2} e^{\lambda_2 t}, \tag{7.38}$$

wobei λ_1 und λ_2 die Wurzeln der charakteristischen Gleichung für (7.37) sind. Substituieren wir die Lösung (7.38) für $t = -n\tau$ in (7.36) und ersetzen wir überall den Absolutbetrag der Summe durch die Summe der Absolutbeträge, erhalten wir

$$M \leqslant \omega_1 |x^*| + \omega_2 |\dot{x}^*|. \tag{7.39}$$

ω_1 und ω_2 sind Konstante, welche von a, b und $n\tau$ abhängen.

Die durchgeführten Überlegungen gelten für beliebige Werte x^*, $\dot{x}^*$. (7.39) stimmt daher mit (7.35) überein.

Wir werden beweisen, daß man die Parameter des Filters derart wählen kann, daß für die Funktionsklasse (7.32) ab einem bestimmten Zeitpunkt immer eine Bewegung im Gleitzustand entsteht und dann nicht mehr aufhört.

Zu einem bestimmten Zeitpunkt treffe der Bildpunkt in der (x, y)-Ebene auf die Gerade S auf und im System entstehe der Gleitzustand. Die Größe $\dot{s}$, welche die Bedingung für das Entstehen des Gleitzustandes bestimmt, findet man aus (7.33):

$$\dot{s} = \frac{k}{T}\left(\frac{cT}{k}\dot{x} + \frac{c}{k}x - \Psi^x x - \Psi^v v\right) \tag{7.40}$$

bzw. wegen (7.16), (7.21):

$$\dot{s} = \frac{k}{T}\left[\left(1 - \Psi^v\right)\left(\frac{cT}{k}\dot{x} + \frac{c}{k}x\right) - \Psi^v M\tau - \Psi^x x\right]. \tag{7.41}$$

Wir bestimmen die Parameter α^x, α^v, τ derart, daß nach dem Entstehen des Gleitzustandes die Größe $\dot{s}$ die Bedingung (2.27) in der ganzen $(x, \dot{x})$-Ebene erfüllt, d.h. der Gleitzustand nicht mehr aufhören kann. Zuvor weisen wir darauf hin, daß bei den gewählten Vorschriften für die Änderung von Ψ^x und Ψ^v folgende Beziehungen gelten:

$$\begin{cases} -\Psi^x x > 0 & \text{für} \quad s < 0, \\ -\Psi^x x < 0 & \text{für} \quad s > 0, \end{cases} \tag{7.42}$$

$$\begin{cases} -\Psi^v v > 0 & \text{für} \quad s < 0, \\ -\Psi^v v < 0 & \text{für} \quad s > 0. \end{cases} \tag{7.43}$$

Außerdem gilt für $\left|\frac{cT}{k}\dot{x}+\frac{c}{k}x\right|\geqslant M\tau$ und $\alpha^v>1$

$$(7.44)\quad \begin{cases}(1-\Psi^v)\left(\frac{cT}{k}\dot{x}+\frac{c}{k}x\right)>0 & \text{für}\quad s<0,\\ (1-\Psi^v)\left(\frac{cT}{k}\dot{x}+\frac{c}{k}x\right)<0 & \text{für}\quad s>0.\end{cases}$$

Mit anderen Worten, wegen (7.35) ist die Ungleichung (7.44) überall in der $(x,\dot{x})$-Ebene erfüllt, möglicherweise mit Ausnahme des Gebietes L_1 (Abb. 7.14), welches durch die Ungleichungen

$$(7.45)\quad \frac{\frac{c}{k}-\omega_2\tau}{\frac{cT}{k}+\omega_1\tau}\leqslant\left|\frac{\dot{x}}{x}\right|\leqslant\frac{\frac{c}{k}+\omega_2\tau}{\frac{cT}{k}-\omega_1\tau}$$

gegeben ist mit

$$(7.46)\quad \tau<\frac{cT}{\omega_1 k},\quad \tau<\frac{c}{\omega_2 k}.$$

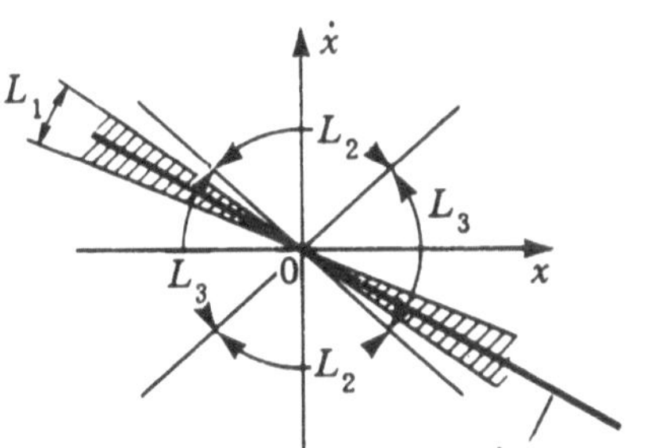

Abb. 7.14

Wir bestimmen ein Gebiet L_2, in welchem für $r=\left|\frac{x}{\dot{x}}\right|<T$ die Bedingung

$$(7.47)\quad \left|(1-\Psi^v)\left(\frac{cT}{k}\dot{x}+\frac{c}{k}x\right)\right|\geqslant|\Psi^v M\tau|$$

erfüllt ist, und verschärfen Ungleichung (7.47) in Übereinstimmung mit (7.35):

$$(7.48)\quad (\alpha^v-1)\left(\frac{cT}{k}+\frac{c}{k}r\right)\geqslant\alpha^v\tau(\omega_1+\omega_2 r).$$

Das Gebiet L_2 ist dann für

$$\tau<\frac{cT}{\omega_1 k}\cdot\frac{\alpha^v-1}{\alpha^v}$$

durch die Ungleichung

$$(7.49)\quad r\leqslant r_1=\frac{\frac{cT}{k}-\frac{\alpha^v}{\alpha^v-1}\omega_1\tau}{\frac{c}{k}+\frac{\alpha^v}{\alpha^v-1}\omega_2\tau}$$

gegeben. Wegen (7.46), (7.49) muß τ der Bedingung

(7.50) $$\tau < \tau_1 = \min\left(\frac{c}{k\omega_2}, \frac{cT}{\omega_1 k}, \frac{\alpha^v - 1}{\alpha^v}\right)$$

genügen.

Aus (7.45) und (7.49) folgt, daß die Gebiete L_1 und L_2 keine gemeinsamen Punkte außer dem Koordinatenursprung besitzen. Wegen (7.41), (7.42), (7.44), (7.47) ist im Gebiet L_2 die Bedingung (2.27) für die Existenz des Gleitzustandes erfüllt.

Man kann sich leicht davon überzeugen, daß im Gebiet L_3, welches das Komplement von L_2 in der $(x, \dot{x})$-Ebene ist, d.h. für $\left|\frac{\dot{x}}{x}\right| < \frac{1}{r_1}$, die Ungleichung

(7.51) $$|\Psi^x x| \geqslant |\Psi^v M\tau|$$

für

(7.52) $$\tau \leqslant \frac{\alpha^x}{\alpha^v\left(\frac{\omega_1}{r_1} + \omega_2\right)} = \tau_2$$

erfüllt ist.

Aus (7.41), (7.42), (7.44), (7.51) folgt, daß für Werte von τ, welche (7.52) genügen, die Bedingungen für die Existenz des Gleitzustandes im ganzen Gebiet L_3 erfüllt sind, mit Ausnahme möglicherweise des Gebietes L_1, welches im Gebiet L_3 liegt und in welchem die Ungleichung (7.44) verletzt sein kann.

Im Gebiet L_1 sind die Bedingungen für die Existenz des Gleitzustandes ebenfalls erfüllt. In L_1 gilt nämlich

(7.53) $$\left|\frac{cT}{k}\dot{x} + \frac{c}{k}x\right| \leqslant M\tau.$$

Weil L_1 in L_3 liegt und $\alpha^v > 1$ gilt, folgt aus (7.51), (7.53):

(7.54) $$|\Psi^x x| > \left|\frac{cT}{k}\dot{x} + \frac{c}{k}x\right|.$$

Aus (7.40), (7.42), (7.43), (7.54) ergibt sich, daß im Gebiet L_1 die Bedingung (2.27) erfüllt ist und daß der Gleitzustand auf der Geraden S existiert.

Für

(7.55) $$\begin{cases} \alpha^v > 1, \\ \tau < \min(\tau_1, \tau_2) \end{cases}$$

bricht daher der Gleitzustand im System nach seiner Entstehung nicht mehr ab, weil die Bedingung (2.27) in der ganzen $(x, \dot{x})$-Ebene für äußere Einflüsse aus der Klasse (7.32) erfüllt ist.

Den durchgeführten Überlegungen lag die Voraussetzung zugrunde, daß im System zu einem bestimmten Zeitpunkt der Gleitzustand entsteht. Wir zeigen jetzt, daß bei der gewählten Struktur des Filters und für Eingangsgrößen der Klasse (7.32) Parameterwerte existieren, welche bei beliebigen Anfangsbedingungen die Entstehung des Gleitzustandes garantieren. Nach § 2 ist der Filter (7.33), (7.34) ab diesem Zeitpunkt analog einem Verstärker.

Wir setzen voraus, daß der Bildpunkt in der (x, y)-Ebene auf die Gerade S $(s=0)$ auftrifft, jedoch im System kein Gleitzustand entsteht. Wir werden beweisen, daß man solche Parameter des Filters auswählen kann, für welche der Bildpunkt ein zweites Mal auf S auftrifft, und daß zu diesem Zeitpunkt im System eine Bewegung im Gleitzustand beginnt. Aus (7.26), (7.34), (7.36) folgt, daß die Gebiete, in denen für den Filter (7.33), (7.34) der Gleitzustand fehlt, im Falle ihrer Existenz den Gebieten E_1 und E_2 angehören (Abb. 7.12), welche für den Filter (7.14), (7.25) erhalten wurden. Wesentlich ist, daß in E_1 der Gleitzustand nur für $\dot{s}>0$ nicht entstehen kann und in E_2 nur für $\dot{s}<0$. Ohne Beschränkung der Allgemeinheit kann man sich auf den Fall beschränken, wo zum Zeitpunkt t_0 des ersten Auftreffens auf S der Bildpunkt in der (x, y)-Ebene aus dem Gebiet $s<0$ in das Gebiet $s>0$ gelangt. Dies bedeutet, daß sich zu diesem Zeitpunkt der Bildpunkt in der $(x, \dot{x})$-Ebene in E_1 befindet. Die gestellte Aufgabe ist gelöst, wenn ein zweites Auftreffen des Bildpunktes auf die Gerade S gesichert ist und sich dabei der Bildpunkt in der $(x, \dot{x})$-Ebene außerhalb des Gebietes E_2 befindet.

Zum Zeitpunkt t_1 $(t_1>t_0)$ verlasse der Bildpunkt das Gebiet E_1. Wir verlangen, daß sich zu diesem Zeitpunkt der Bildpunkt auf der Geraden Γ_1 befindet, d.h. es gilt

(7.56) $$(x(t_1), \ \dot{x}(t_1)) \in \Gamma_1.$$

Dafür ist

(7.57) $$\sigma = \max_{E_1} \left| \frac{d\dot{x}}{dx} \right| < |\gamma_2|$$

mit

$$\gamma_2 = \frac{c+ka^x}{cT}$$

hinreichend. Wegen (7.21) und (7.22) gilt

$$\max_{E_1}\left|\frac{d\dot{x}}{dt}\right| = a + b\frac{1}{\gamma_1} \tag{7.58}$$

mit

$$\gamma_1 = \frac{c - k\alpha^x}{cT}.$$

Wir wählen α^x derart, daß die Ungleichung (7.57) erfüllt ist. Dies kann man immer durch Vergrößerung von α^x erreichen. Eine beliebige Trajektorie, welche in E_1 für $t=t_0$ beginnt, schneidet Γ_1 für $t=t_1$. Wir schätzen die Werte aller Systemkoordinaten für $t=t_0$ und $t=t_1$ ab, wobei wir die Werte $x_1=x(t_1)$ und $\dot{x}_1=\dot{x}(t_1)$ als bekannt annehmen. Wir legen durch den Punkt I (Abb. 7.12) eine Gerade mit dem Anstieg $-\sigma$. Das Trajektorienstück, welches dem Intervall $[t_0, t_1]$ entspricht, liegt offensichtlich nicht oberhalb dieser Geraden. Dies bedeutet, daß

$$\begin{cases} |x(t_0)| < |x'|, & |\dot{x}(t_0)| < |\dot{x}'|, \\ x' = q\dot{x}_1, & \dot{x}' = q\gamma_1\dot{x}_1 \end{cases} \tag{7.59}$$

gilt mit

$$q = \frac{1}{\gamma_1}\cdot\frac{\gamma_1 + a + \sigma b}{\gamma_2 + a + \sigma b}.$$

Weil für $t=t_0$ kein Gleitzustand entstanden ist, gilt $\dot{s}(t_0+0)>0$ und wegen (7.40)

$$|v(t_0)| < \frac{T}{k\alpha^v}\left|-\left(\frac{c}{T}+\frac{k}{T}\alpha^x\right)x(t_0) - c\dot{x}(t_0)\right|. \tag{7.60}$$

Beachtet man (7.59) und $\max_{E_1}\left|\frac{x}{\dot{x}}\right| = \frac{1}{\gamma_2}$, erhält man aus (7.60)

$$|v(t_0)| = 2\frac{Tc}{k\alpha^v}q\gamma_1\dot{x}_1. \tag{7.61}$$

Weil im Intervall $[t_0, t_1]$ $s>0$ gilt, ist in diesem Intervall, wie aus (7.37), (7.38) folgt, $\dot{v}(t)>0$. Daher gilt

$$v(t_1) > v(t_0). \tag{7.62}$$

Wir zeigen weiter, daß s Null wird, bevor der Bildpunkt das Gebiet E_2 erreicht, wenn bei der weiteren Bewegung des Systems die Trajektorie in der $(x, \dot{x})$-Ebene durch dieses Gebiet läuft. (Die Fälle, wo der Bildpunkt das Gebiet E_1 nicht verläßt oder das Gebiet E_2 nicht erreicht, sind ziemlich einfach. Wir werden weiter unten auf sie eingehen.)

Offensichtlich befindet sich der Bildpunkt bei seiner Bewegung aus dem Gebiet E_1 in das Gebiet E_2 zu einem Zeitpunkt t_2 auf der x-Achse. Die

Parameter des Filters werden derart gewählt, daß zu diesem Zeitpunkt die Größe v positiv wird. Die weitere Bewegung des Systems wird dann dadurch bestimmt, daß die lokale Rückführung für v positiv wird. Danach muß man die Geschwindigkeit dieser Bewegung derart wählen, daß die Größe s Null wird, bevor der Bildpunkt die Grenze Γ_2 des Gebietes E_2 erreicht. Als Ergebnis entsteht im System der Gleitzustand.

Wir betrachten daher die Bewegung des Systems im Zeitintervall $[t_1, t_2]$ *). Am Endpunkt dieses Intervalles gilt für die Koordinate x folgende Beziehung:

$$(7.63) \qquad x_2 = x(t_2) \geqslant x_{2\,\min} = \nu \dot{x}_1,$$

wobei ν eine positive Konstante ist, welche von a und b abhängt.

Aus allen möglichen Trajektorien, welche im Punkt I (Abb. 7.12) beginnen, ist jene zu wählen, welche die x-Achse für einen minimalen Wert von x schneidet. Diese Trajektorie (in Abb. 7.12 strichliert eingezeichnet) ist dadurch charakterisiert, daß auf ihr $\frac{d\dot{x}}{dt}$ minimal ist. Wegen (7.32) hat die Differentialgleichung dieser Trajektorie für $x>0$, $\dot{x}>0$ die Gestalt

$$(7.64) \qquad \ddot{x} + a\dot{x} + bx = 0.$$

Lösen wir diese Differentialgleichung für die Anfangsbedingungen $x(0) = x_1$, $\dot{x}(0) = \dot{x}_1 = \gamma_1 x_1$, erhalten wir $x(t)$ und $\dot{x}(t)$. Setzt man in diese Lösung die Wurzel der Gleichung $\dot{x}(t) = 0$ ein, erhält man $x_{2\min}$:

$$x_{2\,\min} = \nu \dot{x}_1.$$

Im Falle reeller Wurzeln λ_1, λ_2 der charakteristischen Gleichung für (7.64) gilt

$$\nu = \frac{\gamma_1 - \lambda_2}{\gamma_1(\lambda_1 - \lambda_2)} \left[\frac{\lambda_1(\gamma_1 - \gamma_2)}{\lambda_2(\gamma_1 - \lambda_1)}\right]^{\frac{\lambda_1}{\lambda_2 - \lambda_1}} + \frac{\lambda_1 - \gamma_1}{\gamma_1(\lambda_1 - \lambda_2)} \left[\frac{\lambda_1(\gamma_1 - \lambda_2)}{\lambda_2(\gamma_1 - \lambda_1)}\right]^{\frac{\lambda_2}{\lambda_2 - \lambda_1}}.$$

Für komplexe Wurzeln findet man $x_{2\min}$ analog.

Für die Dauer der Änderung der Koordinate x von x_1 bis x_2 bekommen wir folgende Abschätzung von unten:

$$(7.65) \qquad t_2 - t_1 > \frac{x_{2\,\min} - x_1}{\dot{x}_{\max}}$$

mit

$$\dot{x}_{\max} > \max_{\substack{x \in [x_1, x_{2\,\min}] \\ t \in [t_1, t_2]}} \dot{x}.$$

*) Wenn im Zeitintervall $[t_0, t_1]$ s sein Vorzeichen ändert, entsteht im System der Gleitzustand, weil zum Zeitpunkt des Vorzeichenwechsels von s der Bildpunkt nicht im Gebiet E_2 liegt.

Die Größe $\dot{x}_{max}$ bestimmen wir folgendermaßen. Wir legen durch den Punkt l einen Strahl mit einem Anstieg, welcher gleich dem Maximalwert von $\frac{d\dot{x}}{dx}$ im Punkt $B(x_{2min}, \dot{x}_1)$ ist. Wir sehen, daß bei Änderung der Koordinate x von x_1 bis x_{2min} die Phasentrajektorie diesen Strahl nicht schneiden kann. Man kann daher die Größe $\dot{x}_{max}$ gleich der Ordinate des Punktes A wählen:

$$(7.66) \qquad \dot{x}_{max} = \left[(a + b\nu)\left(\nu - \frac{1}{\gamma_1}\right) + 1\right]\dot{x}_1.$$

Aus (7.63), (7.65), (7.66) erhalten wir

$$(7.67) \qquad t_2 - t_1 > \theta_1 = \frac{\nu\gamma_1 - 1}{(a + b\nu)(\nu\gamma_1 - 1) + \gamma_1}.$$

Wie schon weiter oben festgestellt wurde, muß $v(t_2)$ positiv sein; weil wegen (7.33), (7.34) die Funktion $v(t)$ für $s>0$ monoton wächst, ist dafür hinreichend, daß

$$(7.68) \qquad v(t_1 + \theta_1) > 0$$

gilt.

Man kann beweisen, daß für $v(t_1)<0$ die Funktion $v(t)$ ihr Vorzeichen zum Zeitpunkt $t_1+\theta_1^*$ ändert. Dabei ist

$$\theta_1^* < \frac{\tau}{1+\alpha^v} \ln\left[1 + \frac{2\gamma_1^2 qTc}{k\alpha^v\alpha^x}(1 + \alpha^v)\right].$$

Für $v(t_1)<0$ erhalten wir wegen (7.33), (7.34)

$$(7.69) \qquad v(t) = \frac{\alpha^x}{\tau} e^{-\frac{1+\alpha^v}{\tau}t} \int_0^t x(\xi) e^{\frac{1+\alpha^v}{\tau}\xi} d\xi + v(t_1) e^{-\frac{1+\alpha^v}{\tau}t}.$$

In (7.69) wird t_1 als Anfangszeitpunkt gewählt. Beachtet man, daß $x(\xi) > x_1 = \frac{\dot{x}_1}{\gamma_1}$ für $\xi_1<\theta_1$ gilt und für $0 \leqslant t \leqslant \theta_1$ (7.59), (7.61), (7.62) erfüllt sind, erhalten wir aus (7.69)

$$(7.70) \qquad v(t) > \frac{\alpha^x}{1+\alpha^v} \cdot \frac{\dot{x}_1}{\gamma_1}\left(1 - e^{-\frac{1+\alpha^v}{\tau}t}\right) - 2q\gamma_1 \frac{Tc}{k\alpha^v} \dot{x}_1 e^{-\frac{1+\alpha^v}{\tau}t}.$$

Weil $v(t)$ eine monoton wachsende Funktion ist, wird die linke Seite von Ungleichung (7.70) früher Null als die rechte. Ist daher $v(\theta_1^*)=0$, so gilt

$$(7.71) \qquad \theta_1^* < \frac{\tau}{1+\alpha^v} \ln\left(1 + 2q\gamma_1^2 \frac{1+\alpha^v}{\alpha^x} \frac{Tc}{k\alpha^v}\right).$$

Die rechte Seite von (7.71) ist die Nullstelle der rechten Seite von (7.70).

Die Ungleichung (7.68) gilt dann, wenn $\theta_1^* < \theta_1$ ist bzw.

$$(7.72) \qquad \tau < \tau_3 = \frac{(\nu\gamma_1 - 1)(1 + \alpha^v)}{[(a + b\nu)(\nu\gamma_1 - 1) + \gamma_1]\ln\left[1 + \frac{2\gamma_1^2 qTc}{ka^x\alpha^v}(1 + \alpha^v)\right]}.$$

Es gilt daher $x(t_2) = x_2$, $\dot{x}(t_2) = 0$, $v(t_2) > 0$, d.h. für $t > t_2$ ist die lokale Rückführung für v positiv.

Wir wählen nun die Zeitkonstante τ des glättenden Filters derart, daß bei der Bewegung mit positiver lokaler Rückführung s Null wird, bevor der Bildpunkt die Grenze Γ_2 des Gebietes E_2 erreicht. Dazu bestimmen wir die minimale Zeit für die Bewegung des Bildpunktes von der x-Achse zur Geraden Γ_2.

Wir untersuchen die vom Punkt $2(x_2, 0)$ ausgehende Trajektorie, längs der $\frac{d\dot{x}}{dt}$ minimal ist. In Abb. 7.12 ist diese Trajektorie strichliert eingezeichnet. Wegen (7.32) hat die Differentialgleichung dieser Trajektorie für $x > 0$, $\dot{x} < 0$ die Gestalt

$$(7.73) \qquad \ddot{x} - a\dot{x} + bx = 0.$$

θ_2 ist offensichtlich die kleinste positive Wurzel der Gleichung

$$\frac{\dot{x}(t)}{x(t)} = \gamma_2,$$

wobei $x(t)$ die Lösung von (7.73) für die Anfangsbedingungen $x(0) = x_2$, $\dot{x}(0) = 0$ ist. Im System entsteht der Gleitzustand, wenn die Wurzel der Gleichung

$$(7.74) \qquad s(t) = cx(t) - y(t) = 0$$

im Zeitintervall $[t_2, t_2 + \theta_2]$ liegt. Um die Wurzel von Gleichung (7.74) von oben abzuschätzen, kann man für $x(t)$ eine obere und für $y(t)$ eine untere Schranke verwenden. Wenn man nämlich in (7.74) statt $x(t)$ eine größere Funktion einsetzt und statt $y(t)$ eine kleinere, ist die Wurzel der auf diese Weise erhaltenen Gleichung größer als jene der Gleichung (7.74).

Wir schätzen $x(t)$ für $t > t_2$ von oben ab. Die Trajektorie mit maximalen Werten von $x(t)$, welche im Punkt $2(x_2, 0)$ beginnt, ist dadurch ausgezeichnet, daß längs dieser die Größe $\frac{d\dot{x}}{dt}$ maximal ist. Lösen wir die Differentialgleichung

$$\ddot{x} - a\dot{x} - bx = 0,$$

welche dieser Trajektorie entspricht, für $x(0)=x_2$, $\dot{x}(0)=0$, finden wir

(7.75) $$x(t) < x_2 e^{\rho t}\ ^{*)}.$$

Hier ist ρ die positive Wurzel der charakteristischen Gleichung für die oben angeführte Differentialgleichung. Um eine untere Schranke für $y(t)$ zu finden, schätzen wir zuvor $v(t)$ ab. Bei positiver Rückführung für v erhalten wir aus (7.33), (7.34)

(7.76) $$v(t) = \frac{\alpha^{\varkappa}}{\tau} e^{\frac{\alpha^{v}-1}{\tau} t} \int_0^t x(\xi) e^{\frac{1-\alpha^{v} v}{\tau} \xi} d\xi + v(t_2) e^{\frac{\alpha^{v}-1}{\tau} t}.$$

Im Intervall $[0, \theta_2]$ wird $v(t)$ folgendermaßen abgeschätzt:

(7.77) $$v(t) \geqslant \frac{x_3 \alpha^{\varkappa}}{\alpha^{v}-1}\left(e^{\frac{\alpha^{v}-1}{\tau} t}-1\right).$$

Die Ungleichung (7.77) erhält man auf Grund der Tatsache, daß $v(t_2)>0$ und $x(t)>x_3$ gilt, wobei x_3 der Wert der Lösung von (7.73) für $t=\theta_2$ ist.

Wir betrachten die erste Ungleichung aus (7.33). Auf Grund der Ungleichungen $\Psi^{x}(x, s)x>0$ und (7.77) kann man beweisen, daß die Lösung dieser Gleichung kleiner als jene der Gleichung

(7.78) $$T\dot{y}^{*} + y^{*} = k\alpha^{v} \frac{x_3 \alpha^{\varkappa}}{\alpha^{v}-1}\left(e^{\frac{\alpha^{v}-1}{\tau} t}-1\right)$$

für

$$y^{*}(0) = y(t_2)$$

ist. Wir lösen (7.78) und erhalten

(7.79) $$y(t) > y^{*}(t) = \frac{k x_3 \alpha^{v} \alpha^{\varkappa}}{\left(T \frac{\alpha^{v}-1}{\tau}+1\right)(\alpha^{v}-1)} e^{\frac{\alpha^{v}-1}{\tau}} - \frac{k x_3 \alpha^{v} \alpha^{\varkappa}}{\alpha^{v}-1} + \left[y(t_2) + \frac{T k x_3 \alpha^{v} \alpha^{\varkappa}}{T(\alpha^{v}-1)+\tau}\right] e^{-\frac{t}{T}}.$$

Wir schätzen jetzt $y(t_2)$ von unten ab. Zum Zeitpunkt t_0, zu dem der Bildpunkt erstmals auf die Gerade S auftrifft, ist $y(t_0)=cx(t_0)$. Aus (7.60) und (7.64) folgt $x(t_0) > \frac{q}{\nu} x_2$. Weil $\frac{q}{\nu} x_2 < 0$ gilt und die Funktion $y(t)$ für $y<0$ monoton wächst (siehe die erste Gleichung aus (7.33)), gilt

(7.80) $$y(t_2) > c \frac{q}{\nu} x_2.$$

Wir sehen auch, daß wegen der Linearität von (7.73)

(7.81) $$x_3 = \varkappa x_2$$

---

*) Hier und im folgenden beginnt die Zeitmessung zum Zeitpunkt t_2.

gilt, wobei $\varkappa$ eine von a und b abhängige Zahl ist. Beachtet man (7.80) und (7.81), erhält man aus (7.79)

(7.82)
$$y(t) > \frac{k\varkappa x_2 \alpha^v \alpha^x}{\left(T\frac{\alpha^v-1}{\tau}+1\right)(\alpha^v-1)} e^{\frac{\alpha^v-1}{\tau}t} - \frac{k\varkappa x_2\alpha^v\alpha^x}{\alpha^v-1} + \left[c\frac{q}{\nu}x_2 + \frac{Tk\varkappa x_2\alpha^v\alpha^x}{T(\alpha^v-1)+\tau}\right]e^{-\frac{t}{T}}.$$

Die Beziehungen (7.75) und (7.82) werden für die Abschätzung der Wurzel von (7.74) von unten verwendet.

Auf Grund der oberen Schranke (7.75) für $x(t)$ und der unteren Schranke (7.82) für $y(t)$ wird die Wurzel der Gleichung (7.74) durch die Wurzel der Gleichung

(7.83)
$$ce^{\rho t} = \frac{k\alpha^v\alpha^x\varkappa}{\left(T\frac{\alpha^v-1}{\tau}+1\right)(\alpha^v-1)} e^{\frac{\alpha^v-1}{\tau}t} - \frac{k\alpha^v\alpha^x\varkappa}{\alpha^v-1} + \left[c\frac{q}{\nu} + \frac{Tk\alpha^v\alpha^x\varkappa}{T(\alpha^v-1)+\tau}\right]e^{-\frac{t}{T}}$$

von unten abgeschätzt. Dabei sind ρ, $\varkappa$ von a und b abhängige Größen.

Man kann sich davon überzeugen, daß für die Wurzel der Gleichung (7.83) und daher auch für die Wurzel θ_2^* von Gleichung (7.74) die folgende Ungleichung gilt:

$$\theta_2^* < \eta = \frac{\tau}{\alpha^v-1-\tau\rho}\ln\left\{\frac{\alpha^v-1}{\tau}[T(\alpha^v-1)+\tau]\times \times\left[c+\frac{k\alpha^v\alpha^x\varkappa}{\alpha^v-1}+\left|\frac{cq}{\nu}+\frac{T\alpha^v\alpha^x\varkappa}{T(\alpha^v-1)+\tau}\right|\right]\right\}.$$

Wegen $\lim\limits_{\tau\to 0}\eta = 0$ kann ein τ_4 derart bestimmt werden, daß für

(7.84) $$\tau < \tau_4$$

$\theta_2^* < \theta_2$ gilt.

Wenn die Zeitkonstante des glättenden Filters, welche das Tempo der Bewegung mit positiver Rückführung charakterisiert, die Ungleichung (7.84) erfüllt, wird s Null, bevor der Bildpunkt die Grenze Γ_2 von E_2 erreicht, d.h. im System entsteht der Gleitzustand.

Falls der Bildpunkt das Gebiet E_1 nicht verläßt oder E_2 nicht erreicht, entsteht im System ebenfalls der Gleitzustand. Für den Beweis kann man die oben durchgeführten Überlegungen verwenden, wobei der Beweis wesentlich einfacher wird, weil es nicht notwendig ist, die Bewegungsdauer mit negativer lokaler Rückführung für v und das Zeitintervall abzuschätzen, während dessen die positive lokale Rückführung das zweite Auftreffen des Bildpunktes in der (x, y)-Ebene auf die Gerade S sicherstellt. Eben dieselben Überlegungen kann man auch verwenden, um das erste Auftreffen auf S bei beliebigen Anfangsbedingungen zu beweisen.

Wenn daher

$$\tau < \min(\tau_3, \tau_4) \tag{7.85}$$

gilt und die Bedingung (7.57) erfüllt ist, entsteht ab einem bestimmten Zeitpunkt im System immer der Gleitzustand, in welchem die Ausgangsgröße des Filters (7.33), (7.34) in Übereinstimmung mit (7.16), (7.21) und (7.35) bestimmt wird. Wie schon gezeigt wurde, bricht der Gleitzustand im System (7.33), (7.34) nicht mehr ab, wenn die Bedingungen (7.55) erfüllt sind. Dies bedeutet, daß der Filter (7.33), (7.34) mit veränderlicher Struktur und lokaler, umschaltbarer Rückführung für Eingangsgrößen der Klasse (7.32) als Verstärker verwendet werden kann.

Wir bringen noch eine Variante des Filters mit veränderlicher Struktur mit einer zusätzlichen Rückführung, wobei wir uns auf eine qualitative Untersuchung seiner Eigenschaften beschränken. Das Blockschaltbild des Filters ist in Abb. 7.15 dargestellt. Wie man aus Abb. 7.15 sehen kann, unterscheidet sich dieser Filter von dem zu Beginn dieses Kapitels betrachteten (Abb. 7.5) nur durch eine zusätzliche Rückführung, welche ein trägheitsbehaftetes Glied enthält.

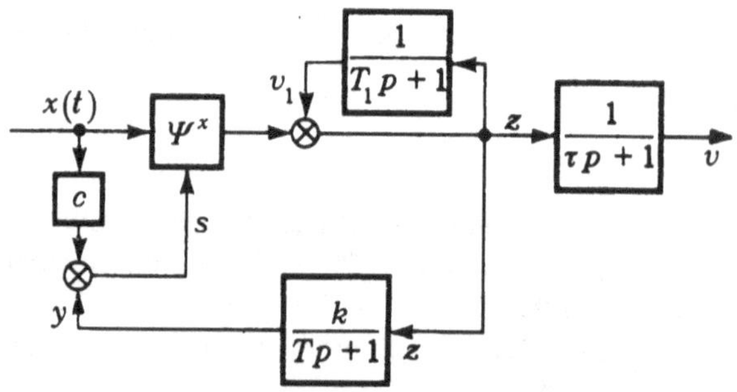

Abb. 7.15

Die Bewegungsgleichungen des Filters haben die Gestalt

$$
(7.86)\quad \begin{cases} T\dot{y} + y = kz, \\ \tau \dot{v} + v = z, \\ z = \Psi^x (x, s) x + v_1, \\ \Psi^x = \begin{cases} \alpha^x & \text{für} \quad xs > 0, \\ -\alpha^x & \text{für} \quad xs < 0, \end{cases} \\ s = cx - y, \\ T_1 \dot{v}_1 + v_1 = z, \end{cases}
$$

wobei v_1 bzw. T_1 die Ausgangsgröße bzw. die Zeitkonstante des trägheitsbehafteten Gliedes in der zusätzlichen Rückführung ist. Es ist klar, daß der Filter im vorliegenden Fall bei Entstehung des Gleitzustandes als Verstärker arbeitet und daß dessen Ausgangsgröße v in Übereinstimmung mit (7.16) bestimmt wird. Wir wollen die Bedeutung der trägheitsbehafteten Rückführung klarstellen und gehen dazu von den Bedingungen für den Gleitzustand aus, welche wegen (2.27), (7.86) in der Form

$$
(7.87)\quad \begin{cases} \left[\frac{c}{T}(T\dot{x} + x) - \frac{k}{T} v_1 - k\alpha^x x\right] x \leqslant 0, \\ \left[\frac{c}{T}(T\dot{x} + x) - \frac{k}{T} v_1 + k\alpha^x x\right] x \geqslant 0 \end{cases}
$$

geschrieben werden können. Im Gleitzustand wird die Größe v_1 wegen (7.16), (7.21), (7.22) durch die Beziehungen

$$
(7.88)\quad v_1 = \frac{c}{k}(T\dot{x} + x) + \delta_1(t),
$$

$$
(7.89)\quad |\delta_1(t)| < MT_1 + \frac{2cT\Delta}{kT_1}
$$

bestimmt (M erhält man aus (7.22)).

Die Bedingungen für die Existenz des Gleitzustandes erhalten wegen (7.88) die Gestalt

$$
(7.90)\quad \begin{cases} [-\delta_1(t) - k\alpha^x x]\, x \leqslant 0, \\ [-\delta_1(t) + k\alpha^x x]\, x \geqslant 0. \end{cases}
$$

Bei hinreichend kleinen Werten von T_1 (wir nehmen wie zuvor $\Delta \ll T_1$ an) wird auch $\delta_1(t)$ genügend klein. Aus einem Vergleich von (7.26) und (7.90) folgt, daß im Filter (7.86) der Gleitzustand für wesentlich kleinere Werte des Koeffizienten α^x gesichert ist als im Filter (7.14). Die Größe α^x kann so verkleinert werden, daß der Wert von

z in (7.86) hauptsächlich durch den zweiten Summanden v_1 bestimmt wird. Diese Besonderheit wird dann sehr wesentlich, wenn im Hauptsignal x hochfrequente Störungen enthalten sind. In jenen Zeitintervallen, in welchen auf Grund des hochfrequenten Anteiles die Änderungsgeschwindigkeit des gesamten Eingangssignales zu groß wird, hört der Gleitzustand im Filter mit veränderlicher Struktur auf. Zu diesen Zeitpunkten ist offensichtlich die Ausgangsgröße des Filters (7.14) der Eingangsgröße proportional, d.h. die Information über die Ableitung des Signales x fehlt völlig. Wir werden zeigen, daß es durch Einführung der zusätzlichen trägheitsbehafteten Rückführung gelingt, diese Information teilweise zu bewahren.

Wir untersuchen, wie sich eine hochfrequente Störung im Eingang der Schaltung auswirkt. Wie schon erwähnt wurde, hört der Gleitzustand dann auf, wenn die Ableitung der Störung zu groß wird. Falls die Änderungsgeschwindigkeit des Fehlers klein ist, d.h. die Ableitung des Hauptsignales ist nahe der Ableitung des gesamten Signales, arbeitet die Schaltung im Gleitzustand. Dies gestattet es auch, die verlangte Information zu gewinnen. Weil die aufeinanderfolgenden Intervalle, in welchen der Gleitzustand vorhanden ist bzw. fehlt, klein sind - ihre Länge wird durch die Frequenz der Störung bestimmt -, kann man sich davon überzeugen, daß sich die Werte der Ausgangsgröße v_1 des trägheitsbehafteten Gliedes und der Ableitungen des Hauptsignales in zwei benachbarten Intervallen unwesentlich unterscheiden. Wir erinnern nun daran, daß die Ausgangsgröße der Schaltung hauptsächlich durch v_1 bestimmt wird. Die Ausgangsgröße liefert daher entweder in Übereinstimmung mit (7.16) die erforderliche Information (in den Intervallen, wo der Gleitzustand existiert) oder approximiert diese Information, weil sich in Intervallen, wo der Gleitzustand fehlt, das trägheitsbehaftete Glied in der zusätzlichen Rückführung an die vorausgehende Information "erinnert". Es ist daher zu erwarten, daß der beschriebene Filter mit veränderlicher Struktur (7.86) ein in ausreichendem Maße gegen Störungen unempfindlicher Differentiator ist, weil man mit dessen Hilfe die Ableitungen von Eingangssignalen erhalten kann, ohne die hochfrequenten Anteile zu betonen.

Die in diesem Kapitel durchgeführte Untersuchung der Möglichkeiten dreier Typen von differenzierenden Vorrichtungen kann als Grundlage dienen für *die Benützung des Prinzipes der veränderlichen Struktur nicht nur für Aufgaben zur Steuerung verschiedener Systemklassen, sondern auch um Information über den Zustand des Regelvorganges zu erhalten*. Bei der technischen Realisierung von Filtern mit veränderlicher Struktur muß man seine Aufmerksamkeit in erster Linie auf die Charakteristiken des Summators und der Schaltvorrichtung (Abb. 7.5) richten, weil es von deren Charakteristiken abhängt, wie der ideale Gleitzustand durch den realen approximiert wird. Davon hängt es wegen (7.16), (7.21), (7.22) auch ab, wie genau letzten Endes das System arbeitet.

Kapitel 8

Zur technischen Realisierung von Steuerungsgesetzen

§ 1. Konstruktionsprinzipien für Steuerglieder

In den vorhergehenden Kapiteln wurden Methoden für die Synthese von Systemen mit veränderlicher Struktur ausgearbeitet, mit welchen man einen weiten Kreis von Problemen lösen kann, wie sie bei der Automatisierung von Produktionsprozessen entstehen. Es wurden für jeden konkreten Fall Steuerungsgesetze in analytischer Form gefunden, welche gewährleisten, daß bestimmte Forderungen an das automatische Regelsystem erfüllt wurden.

Der Erfolg einer Entwicklung der Theorie der automatischen Regelung in diese oder jene Richtung hängt zu einem großen Teil davon ab, wie kompliziert die apparative Realisierung der Prinzipien ist, die dabei herangezogen werden. Man muß deshalb auf Fragen der technischen Realisierung der Steuerungsgesetze für die Klasse der Systeme mit veränderlicher Struktur eingehen.

Eine Analyse der erhaltenen Steuerungsgesetze ermöglicht es, eine begrenzte Anzahl von algebraischen und logischen Operationen auszusondern, welche für die Konstruktion von Steuergliedern von Systemen mit veränderlicher Struktur benötigt werden.

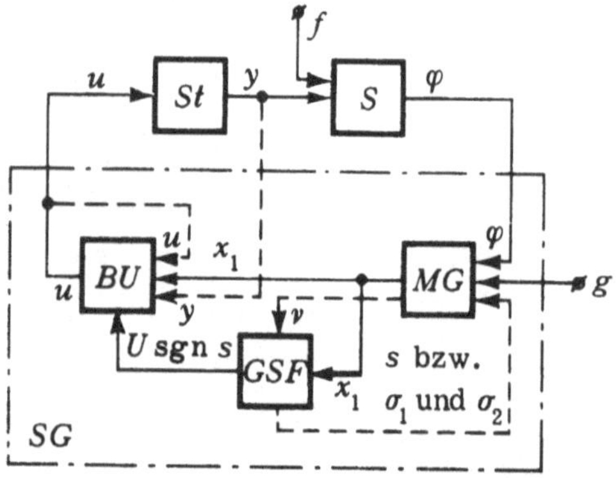

Abb. 8.1

Das Steuerglied eines SVS (Abb. 8.1) besteht in funktioneller Hinsicht aus drei Baugruppen: dem Meßglied (MG), dem Geber für die Schaltfunktion (GSF) und dem Block für die Umschaltung der Koeffizienten (BU).

Im Blockschema von Abb. 8.1 bestehen zwischen den funktionellen Gruppen und verschiedenen der Messung zugänglichen Punkten der Strecke und des Stellgliedes wesentliche und zusätzlich mögliche Verbindungen. Die wesentlichen Verbindungen, durch volle Linien gekennzeichnet, sind in jedem der oben betrachteten SVS vorhanden. Die Struktur der funktionellen Gruppen und die zusätzlichen Verbindungen (strichliert eingezeichnet) wechseln in Abhängigkeit von der zu lösenden Aufgabe. Die Führungsgröße g gelangt in einen der Eingänge des Meßgliedes und kann als elektrisches Signal oder auch als mechanische Größe gegeben sein. Die Aufgabe des Meßgliedes besteht darin, das Signal g umzuformen und es mit dem durch Meßfühler gemessenen und umgeformten Wert der Regelgröße φ der Strecke zu vergleichen. Der Fehler $x_1 = g - \varphi$, meist in Form eines elektrischen Signales, gelangt vom Ausgang des Meßgliedes in die Blöcke BU und GSF.

Die Regelgröße φ wird in Abhängigkeit von der gestellten Aufgabe durch zweckentsprechende Geräte gemessen. Als Meßwertgeber, welche die Ausgangsgröße messen und deren Wert in elektrische Größen umwandeln, können potentiometrische, induktive, kapazitive Meßwertgeber, Thermoelemente usw. verwendet werden. Der Vergleich der Größe φ mit der Führungsgröße g und die Bildung des Fehlersignales x_1 erfolgt meist in summierenden Verstärkern für Gleichstrom (in einer Reihe von Fällen für Wechselstrom) in Magnet-, Röhren- oder Halbleiterausführung.

Bei der Konstruktion eines adaptiven SVS bildet der Block MG das Fehlersignal x_1 und mißt gleichzeitig die Parameter der Strecke indirekt (siehe Kapitel 5). Die gemessene Größe wird in einen Code transformiert, welcher im weiteren für die Veränderung der Koeffizienten der Schaltfunktion s benützt wird. In Abb. 8.1 ist der Meßkreis für die Parameter der Strecke durch die strichlierten Linien s (oder σ_1, σ_2) und ν bezeichnet.

Die Forderungen an die Stabilität und Genauigkeit der Elemente des MG werden durch konkrete Bedingungen der zu lösenden Regelaufgabe diktiert und unterscheiden sich nicht von den Forderungen, welche an Elemente solchen Typs in beliebigen automatischen Regelsystemen gestellt werden.

Wir betrachten nun den Block zur Bildung der Schaltfunktion (GSF) und erinnern daran, daß die Systemstruktur umgeschaltet wird, wenn die durch

(8.1) $s = c_1x_1 + c_2x_2$

gegebene Funktion s Null wird. Im Block GSF wird das Fehlersignal x_1 in Vorrichtungen, welche in Kapitel 7 beschrieben wurden, differenziert. Die Größe $x_2 = \frac{dx_1}{dt}$ gelangt in einen summierenden Ausgangsverstärker mit der Charakteristik eines Relais bzw. nahezu eines Relais. Das erforderliche Verhältnis zwischen den Größen c_1 und c_2 wird erreicht, indem man in einen zweiten Eingang des Verstärkers das zusätzliche Signal x_1 mit einem entsprechenden Koeffizienten eingibt. Falls es gelingt, im Differentiator ein Signal der Form

(8.2) $v = \rho x_2 + x_1$

mit

$$\rho = \frac{c_2}{c_1}$$

zu bilden, ist kein zusätzliches Signal x_1 notwendig. Die Summe der Signale x_1 und x_2 (Funktion s) wird im Ausgangsverstärker in das Relais-Signal $U \operatorname{sgn} s$, das Ausgangssignal des Blockes GSF, transformiert.

Bei der Projektierung adaptiver SVS genügt es, einen der Koeffizienten von s zu ändern, um den Anstieg der Schaltlinie $s_i = 0$ zu verändern. Dies erfolgt am einfachsten durch Änderung der Größe c_1 im zusätzlichen Kanal des Ausgangsverstärkers des GSF für x_1. In einer Reihe von Fällen kann man den Anstieg von s auch durch Umschaltung des Koeffizienten ρ der Differentiatoren des GSF ändern. Um die Änderung der Koeffizienten der Funktion s im Block GSF zu realisieren, können Schaltvorrichtungen vorgesehen werden, welche die logische Abhängigkeit (5.11) realisieren.

Die Funktionen σ_1 und σ_2 können in Elementen gebildet werden, welche bereits im GSF vorhanden sind. Z.B. kann man beim Messen des Zeitintervalles Δt (siehe Kapitel 5) die Funktionen σ_1 und σ_2 mit Hilfe des Gebers für die Funktion s gewinnen, wobei man für diese Zeit das Ausgangssignal $U \operatorname{sgn} s$ des Blockes GSF für das Signal $U \operatorname{sgn} x_1$ nimmt, weil zum Zeitpunkt des Messens die Vorzeichen der Funktionen s und x_1 immer zusammenfallen. Das letztere folgt aus der Wahl der Funktionen σ_1 und σ_2 in Übereinstimmung mit (5.12).

Die letzte funktionelle Baugruppe, welche im Steuerglied eines SVS aufscheint, ist der Block für die Umschaltung der Koeffizienten. Dieser Block bildet die Steuergröße u und führt die sprunghafte Änderung der Systemstruktur in Übereinstimmung mit einem logischen Gesetz aus, welches in der Form

$$\Psi^z = \begin{cases} \alpha^z & \text{für} \quad sz > 0, \\ \beta^z & \text{für} \quad sz < 0 \end{cases} \tag{8.3}$$

geschrieben wird, wobei α^z, β^z Koeffizienten für die Kanäle des Steuergliedes (SG) sind; z ist irgendeine der umschaltbaren Systemkoordinaten x_1, y bzw. u (siehe z.B. Kapitel 2).

Der Block BU besteht aus logischen Schaltvorrichtungen (LSV), welche (8.3) realisieren, und einem Ausgangssummator für Gleich- oder Wechselstrom, in welchem die Steuergröße u gebildet wird. Je nach der Art der zu lösenden Aufgabe können im BU ein bis drei LSV verwendet werden. Daher besteht die Steuergröße u aus einer Kombination eines, zweier oder dreier Signale der Form

$$u = \Psi^z z. \tag{8.4}$$

Sind Strecken zu steuern, in deren Bewegungsgleichung Ableitungen der Eingangsgrößen aufscheinen, wird in der Schaltung des BU als summierender Ausgangsverstärker ein trägheitsbehafteter Verstärker mit der Zeitkonstanten T verwendet.

Wir sehen, daß bei vielen Aufgaben der Regelungstechnik die Fehlergröße x_1 gemessen werden muß und eine Funktion des Fehlers x_1 und dessen Ableitung zu bilden ist. Daher enthalten die Steuerglieder vieler automatischer Systeme Blöcke, welche dem MG und GSF analog sind.

Charakteristisch für Systeme mit veränderlicher Struktur ist das Vorhandensein des Blockes BU, welcher gewährleistet, daß die Existenzbedingungen für den Gleitzustand in den erforderlichen Gebieten der (x_1, x_2) -Phasenebene erfüllt sind.

Wir werden deshalb einige mögliche Varianten für die Konstruktion des Blockes BU genauer betrachten.

In den Abb. 8.2 - 8.4 sind Blockschaltbilder von BU dargestellt, welche die Steuergröße u in Übereinstimmung mit gewählten logischen Gesetzen bilden. Oben wurde festgestellt, daß der BU ein bis drei LSV enthalten kann. Der Einfachheit halber werden unten nur Block-

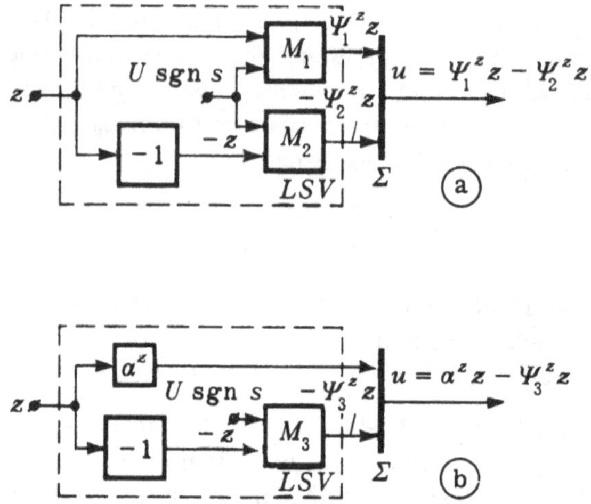

Abb. 8.2

schaltbilder mit einer LSV betrachtet. Weitere LSV werden nach analogen Schaltungen aufgebaut und können direkt an den Eingang des Summators Σ angeschlossen werden.

In Abb. 8.2, *a* ist das Blockschaltbild eines BU dargestellt, welcher das logische Gesetz (8.3) realisiert. Die umzuschaltende Koordinate gelangt in den Eingang des Multiplikators M_1, dann in den Invertor (-1) und in den Eingang von M_2. In den zweiten Eingang der Multiplikatoren gelangt die Größe $U \operatorname{sgn} s$, welche durch das Ausgangsrelais des Blockes GSF gebildet wird. Von den Ausgängen der Glieder M_1 und M_2 gehen die Signale zum Summationsverstärker, in dessen Ausgang die Steuergröße in folgender Form gebildet wird:

(8.5) $$u = \Psi^z z = \Psi_1^z z - \Psi_2^z z$$

mit

(8.6) $$\Psi_1^z = \begin{cases} \alpha^z & \text{für } z \operatorname{sgn} s > 0, \\ 0 & \text{für } z \operatorname{sgn} s < 0, \end{cases}$$

(8.7) $$\Psi_2^z = \begin{cases} 0 & \text{für } z \operatorname{sgn} s > 0, \\ \beta^z & \text{für } z \operatorname{sgn} s < 0. \end{cases}$$

Das Blockschaltbild aus Abb. 8.2, *a* kann vereinfacht werden, wenn in (8.7) an Stelle von β^z der Koeffizient $(\beta^z - \alpha^z)$ gebildet wird. In Abb. 8.2, *b* ist die vereinfachte Variante zur Schaltung aus Abb. 8.2, *a* angegeben. Die Koordinate z gelangt in diesem Fall in den Invertor (-1) und mit dem Koeffizienten α^z direkt in den Summator Σ.

Vom Ausgang des Invertors gelangt die Größe $-z$ mit dem Koeffizienten Ψ_3^z in den Eingang des Summators Σ. Die Steuergröße u wird daher für die in Abb. 8.2, *b* dargestellte Schaltung in folgender Form gebildet:

$$u = \Psi^z z = \alpha^z z - \Psi_3^z z \tag{8.8}$$

mit

$$\Psi_3^z = \begin{cases} 0 & \text{für} \quad z \operatorname{sgn} s > 0, \\ (\beta^z - \alpha^z) & \text{für} \quad z \operatorname{sgn} s < 0. \end{cases} \tag{8.9}$$

In einer Reihe von Fällen, z. B. bei Aufgaben zur Steuerung der erzwungenen Bewegung von Strecken (Kapitel 2, § 7), muß der Einflußkoeffizient für die Ausgangsgröße y des Stellgliedes in Abhängigkeit vom Vorzeichen des Produktes der Funktionen s und F umgeschaltet werden. Das Blockschaltbild aus Abb. 8.3 realisiert ein Schaltgesetz von der Form (2.128). Zum Unterschied von den vorhergehenden Schaltungen hat die Schaltung in Abb. 8.3 zwei Aufgaben: Multiplikation der Signale s und F und Umschaltung der Koeffizienten für das Eingangssignal y. Die Funktion y gelangt direkt in den Eingang des Schaltelementes K_1 und über den Invertor (-1) in den Eingang von K_2. Die Schalter K_1 und K_2 werden durch die Signale $U \operatorname{sgn} sF$ bzw. $-U \operatorname{sgn} sF$ gesteuert. Die zuletzt erwähnten Signale werden in den verschieden gepolten Ausgängen des Multiplikators M_1 gebildet, in dessen einen Eingang die Größe F gelangt, während in den anderen die Funktion s aus dem Block GSF kommt.

Wenn im System das Signal $|z|$ vorhanden ist oder einfach erhalten werden kann (z. B. falls das Steuerglied auf Magnetverstärkern aufgebaut ist), ist die Schaltung des BU interessant, welche in Abb. 8.4

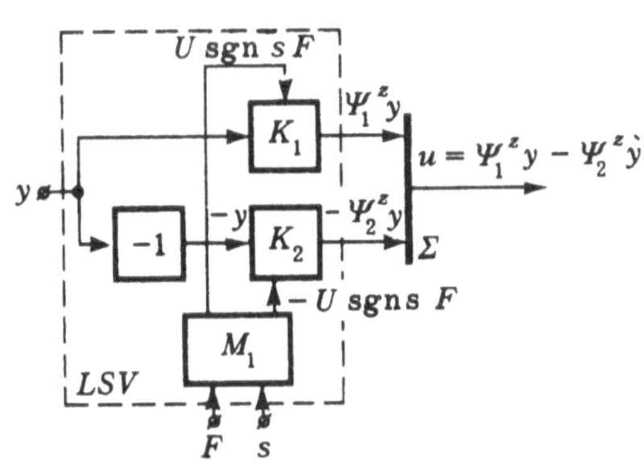

Abb. 8.3

dargestellt ist. In diesem Fall bildet man die Steuergröße u zweckmäßig in der Form (siehe Kapitel 7)

(8.10) $$u = \Psi_0^z z + \Delta\Psi^z |z| \operatorname{sgn} s$$

mit

$$\Psi_0^z = \frac{\alpha^z + \beta^z}{2}, \quad \Delta\Psi^z = \frac{\alpha^z - \beta^z}{2}.$$

Aus der Beziehung (8.10) folgt, daß jede LSV in Gestalt zweier paralleler Kanäle dargestellt werden kann, wovon einer in Abhängigkeit vom Vorzeichen der Funktion s umgeschaltet wird.

Im Blockschaltbild der Abb. 8.4 wird die Koordinate z mit dem Koeffizienten Ψ_0^z in den Eingang des Summators Σ eingegeben. In den zweiten Eingang von Σ gelangt das Signal $\Delta\Psi^z|z| \operatorname{sgn} s$, das Ausgangssignal des Multiplikators M_1. In den Eingang von M_1 gelangt die Größe $U \operatorname{sgn} s$ vom Ausgang des GSF und $|z|$ von einem Element, welches den Absolutbetrag des umzuschaltenden Signales bildet.

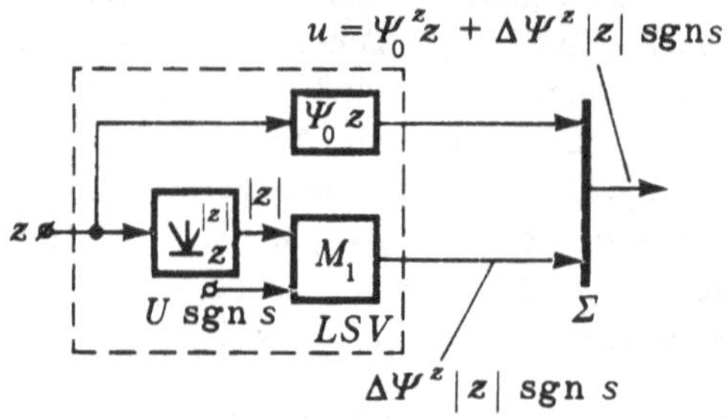

Abb. 8.4

Wir betrachteten einige der möglichen Varianten für Blockschaltbilder von Steuergliedern, welche Steuerungsgesetze in Systemen mit veränderlicher Struktur realisieren.

Es ist festzustellen, daß sich die qualitativen Merkmale der dynamischen und statischen Charakteristiken des Systems verschlechtern, wenn im Steuerglied nichtideale Schaltvorrichtungen und Signalgeber vorhanden sind, weil entweder in einigen Gebieten des Phasenraumes die Existenzbedingungen für den Gleitzustand verletzt sind oder die Schaltlinie ihre Lage bezüglich des Koordinatenursprunges ändert. Abweichungen der Charakteristiken des BU vom Idealzustand, wie Totzone, Hysteresis, Totzeit, können zur Entstehung von stabilen Grenzzyklen im System führen oder zum Auftreten von größenmäßig unzulässigen Übersteuerungen. Eine Nullageverschiebung des Verstärkers, welcher die Funktion s bildet, führt zu einem statischen Fehler im System. Beim Entwurf von Systemen mit veränderlicher Struktur muß man daher die realen Charakteristiken des Steuergliedes in Rechnung stellen. Die Größe der Übersteuerung, die Amplitude des Grenzzyklus oder die Größe des statischen Fehlers kann man durch entsprechende Wahl der Koeffizienten c_1 und c_2 für die Schaltfunktion s auf Werte verkleinern, welche den technischen Forderungen entsprechen. Kennt man die Charakteristiken des Steuergliedes und die Systemparameter, ist es nicht schwer, mit Hilfe bekannter graphoanalytischer Methoden (z.B. Methode der Phasenebene oder Methode der Punkttransformation) die zulässigen Werte für die Koeffizienten der Funktion s zu bestimmen. Der Einfluß einer nichtidealen Schaltvorrichtung auf die Dynamik eines Systems mit veränderlicher Struktur wurde in § 4 von Kapitel 6 betrachtet.

Die erforderliche Güte von Übergangsprozessen kann in einer Reihe von Fällen erreicht werden, wenn man im Steuerglied Schaltelemente verwendet, deren Ansprechempfindlichkeit und Wirkgeschwindigkeit beim Entwurf des Steuergliedes vernachlässigt werden können. Muß man sich aus irgendwelchen Gründen in der Wahl der Elemente mit zufriedenstellenden Eigenschaften beschränken, ist es möglich, verschiedene Kompensations- und Linearisierungsmethoden zu verwenden, welche die Charakteristiken der Elemente des Steuergliedes verbessern.

Im folgenden werden wir einige Beispiele für die Konstruktion von Steuergliedern betrachten, welche zur Lösung verschiedener regelungstechnischer Aufgaben innerhalb der Klasse der Systeme mit veränderlicher Struktur bestimmt sind.

§ 2. Beispiele für Steuerglieder

1. Ein Steuerglied mit umschaltbarem Filter. Wir betrachten das Steuerglied eines Systems, in dessen Steuerungsgesetz nur das Fehlersignal verwendet wird, welches durch ein trägheitsbehaftetes Glied umgeformt wird.

In Kapitel 6 wurde gezeigt, daß für eine Steuerung der Gestalt

$$u = \Psi^x x_1 \tag{8.11}$$

auf der Geraden $s = c_1 x_1 + c_2' z$ (in (6.77) gilt $c_2' = -1$) der Gleitzustand existiert. Dabei wird Ψ^x in Übereinstimmung mit (6.76),(6.77) geändert. Das Signal u, welches in den Eingang des Stellgliedes gelangt, ist äquivalent einer Steuerung der Form

$$(8.12) \qquad u = k(T_F x_2 + x_1), \quad k = \frac{c_1}{c_1' k_F},$$

mit $x_2 = \frac{dx_1}{dt}$. T_F bzw. k_F ist die Zeitkonstante bzw. der Verstärkungskoeffizient des umschaltbaren Filters.

Aus den Beziehungen (8.11) und (8.12) folgt, daß das Steuerglied folgende Blöcke enthalten muß: den Block MG, welcher das Fehlersignal x_1 ermittelt, den Block GSF, welcher die Schaltfunktion s bildet, und den Block BU, welcher die Steuergröße (8.11) realisiert.

In Abb. 8.5 ist die prinzipielle Schaltung des Steuergliedes dargestellt. In der Schaltung werden die üblichen Operationsverstärker verwendet, welche in den Geräten der Analogrechentechnik zur Anwendung kommen. Z.B. können Verstärker der Modellregelkreise LMU, EMU-8, EMU-10 usw. verwendet werden.

Die Regelgröße φ gelangt in den Meßverstärker 1, wo sie von der Führungsgröße g subtrahiert wird, welche über den Widerstand R_{12} in den zweiten Eingang des Verstärkers gegeben wird. Der Fehler x_1 gelangt vom Ausgang des Blockes MG in die Blöcke BU und

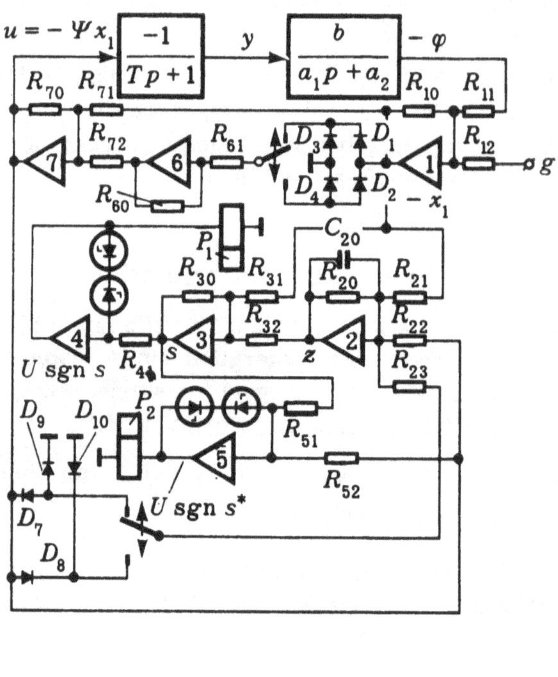

Abb. 8.5

GSF. Der Block GSF ist ein umschaltbarer Filter mit Phasenverschiebung, welcher nach dem in Kapitel 6 beschriebenen Prinzip konstruiert ist. Die Größe x_1 wird über R_{31} in den Verstärker 3 eingegeben, welcher s bildet. Dorthin gelangt auch über R_{32} das phasenverschobene Signal z vom trägheitsbehafteten Verstärker 2. Die Zeitkonstante des Verstärkers 2 ($T_F = R_{20}C_{20}$) wird so gewählt, daß man die erforderlichen Koeffizienten c_1 und c_2' für die Schaltfunktion s erhält. Um die Existenzbedingung für den Gleitzustand auf der Geraden $s=0$ zu erfüllen, wird in den Eingang des Verstärkers 2 (R_{22}) das umschaltbare Signal u vom Ausgang des Verstärkers 7 gegeben. Die Entstehung des Gleitzustandes auf der Geraden $s=0$ wird durch den zusätzlichen Kreis für die Umschaltung des Verstärkungskoeffizienten des trägheitsbehafteten Verstärkers 2 gewährleistet (Kapitel 7, § 2). Dazu wird dem Widerstand R_{22} der Widerstand R_{23} parallel geschaltet, dessen Größe viel kleiner ist als jene von R_{22}. R_{23} wird mit Hilfe der Kontakte des polarisierten Relais P_2 eingeschaltet, das durch den Relaisverstärker 5 gesteuert wird. Die relaisartige Form der Kennlinie des Verstärkers 5 wird durch Parallelschaltung von Zehnerdioden des Typs D 813 erreicht. Im Verstärker wird das Signal $U \operatorname{sgn} s^*$ gebildet, wobei U durch die Größe der Bezugsspannung der Dioden in der Rückführung bestimmt wird und

$$s^* = s + \mu\Psi x_1 \qquad (8.13)$$

gilt. μ ist durch den Quotienten $\frac{R_{50}}{R_{52}}$ gegeben und muß nach Kapitel 7, § 2 genügend klein sein. Über den Widerstand R_{51} gelangt das Signal s vom Ausgang von 3 in den Eingang von 5. Fallen die Vorzeichen der Signale u (gebildet im Verstärker 7) und s zusammen, d.h. gilt $|s| > |\mu\Psi x_1|$, verbindet der Trennschalter, bestehend aus zwei getrennten Diodenketten und den Kontakten des Relais P_2, den Widerstand R_{23} mit der Leitung für u. Damit wird sprunghaft der Verstärkungskoeffizient des Verstärkers 2 für die Eingangsgröße vergrößert und die Kapazität C_{20} im Rückkoppelungskreis des Verstärkers umgeladen. Für $|s| < |\mu\Psi x_1|$ wird der Kreis R_{23} abgeschaltet und dadurch der ursprüngliche Verstärkungskoeffizient für u wieder hergestellt.

Die Steuergröße u wird im Ausgang des Summationsverstärkers 7 im Block BU gebildet. Der Block BU wird entsprechend der Schaltung aus Abb. 8.2, b gebildet. Durch den Widerstand R_{71} des Verstärkers 7 im Kanal von $(-x_1)$ wird der Verstärkungskoeffizient α bestimmt. Der Koeffizient $(\beta - \alpha)$ wird mit Hilfe der Widerstände R_{61} und R_{72} gebildet. Der Kanal $(\beta - \alpha)$ wird durch einen Trennschalter umgeschaltet,

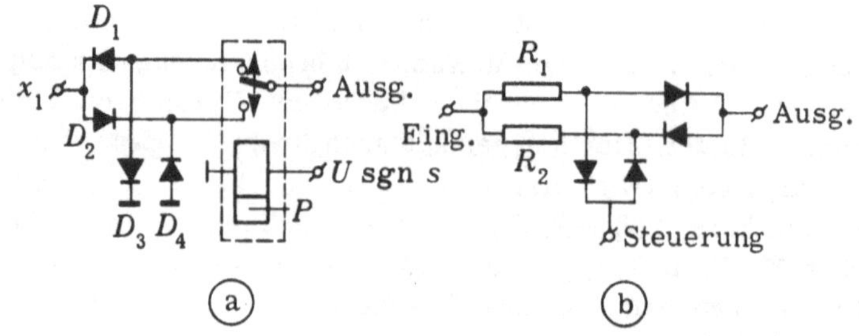

Abb. 8.6

dessen Schaltung in Abb. 8.6, *a* dargestellt ist. Der Schalter besteht aus den zwei getrennten Diodenketten D_1, D_3 und D_2, D_4, in deren Eingang das Signal x_1 gelangt, und aus einem polarisierten Relais RP4 oder RP5, welches durch das Signal $U \operatorname{sgn} s$ gesteuert wird. Das Ausgangssignal des Schalters wird vom Relaisanker abgenommen und gelangt in den Eingang des Verstärkers 7. Fallen die Vorzeichen von x_1 und des Signales $U \operatorname{sgn} s$, welches im Relaisverstärker 4 gebildet wird, zusammen, schließt sich der Schalter und sichert das erforderliche Vorzeichen der Steuergröße u.

Die Verwendung von Schaltelementen im Steuerglied, die aus polarisierten Relais mit Kontakten bestehen, verringert wegen deren relativ kleinen Lebensdauer wesentlich die Zuverlässigkeit der Schaltung und führt wegen der bedeutenden Schaltverzögerung der Relaiskontakte zu einer Verschlechterung der qualitativen Merkmale des Übergangsprozesses. Jedoch sichert die Verwendung von Relaiselementen, deren Kontaktwiderstand von einigen Bruchteilen eines Ohms im geschlossenen Zustand zu Hunderten von Megaohm im offenen wechselt, eine Umschaltung der Leitungen des Steuergliedes von hoher Qualität. Dies ist bekanntlich schwierig, wenn kontaktlose Schaltelemente verwendet werden. Die Zuverlässigkeit des Steuergliedes kann erhöht werden, wenn als Schaltelemente luftdicht abgeschlossene, magnetgesteuerte Kontakte verwendet werden (Herkon).

Bei der Konstruktion eines kontaktlosen Steuergliedes kann als Trennschalter in der Schaltung von Abb. 8.5 das in Abb. 8.6, *b* dargestellte Schaltelement mit Dioden verwendet werden. Der Ausgang des Elementes wird direkt an die Summationsstelle des Operationsverstärkers angeschlossen. Als Eingangswiderstände des Verstärkers dienen die Widerstände R_1 und R_2 des Elementes, welche ihrer Größe nach gleich sind. Wie in der Schaltung mit Kontakten wird der Schaltkreis geschlossen, wenn die Vorzeichen der Funktion x_1 bzw. u und der Signale $U \operatorname{sgn} s$ bzw. $U \operatorname{sgn} s^*$ zusammenfallen. Dadurch ist gesichert, daß die oben betrachtete Schaltbedingung erfüllt ist. Sind die Vorzeichen der zu vergleichenden Signale verschieden, ist der Kreis offen.

Es ist noch darauf hinzuweisen, daß die oben betrachteten Blöcke BU und GSF als selbstständige Differentiatoren verwendet werden können, wenn an den Ausgang des Blockes BU ein Filter mit einer kleinen Zeitkonstanten τ dazugeschaltet wird (Kapitel 7, § 2). In diesem Fall entsteht im Kreis, der durch den Schalter mit dem Relais P_1 und den Verstärkern 6, 7, 2, 3 und 4 gebildet wird, ein Gleitzustand, dessen Frequenz, gleichzeitig mit anderen Parametern des Kreises, die Größe der Zeitkonstanten τ des Filters bestimmt. Es ist daher zweckmäßig, im differenzierenden Kreis die maximal mögliche Frequenz des Gleitzustandes sicherzustellen. Dazu kann in den Eingang des Verstärkers 3 eine sinusförmige Spannung eingegeben werden, deren Amplitude unbeträchtlich über der Totzone des Operationsverstärkers liegt und deren Frequenz nahe an die Grenze des Durchlaßbereiches des Verstärkers herankommt. Die auf diese Weise erhaltene Höchstfrequenz des Gleitzustandes erlaubt es, τ derart zu wählen, daß der Einfluß der Zeitkonstanten dieses Filters in der Regel vernachlässigt werden kann, wenn am Ausgang des Filters die erforderliche Pulsation erreicht wird. Man kann dann das Signal am Ausgang des Differentiators gleich

$$u = k_F(T_F x_2 + x_1) \tag{8.14}$$

setzen, wobei

$$T_F = R_{20}C_{20}, \qquad k_F = \frac{R_{21} \cdot R_{31}}{R_{20} \cdot R_{30}}$$

gilt.

2. Ein Steuerglied eines Reglers mit umschaltbarer starrer Rückführung für das Stellglied. Bei der Lösung einer Reihe von technischen Aufgaben muß man sich eingehend mit den Fragen einer Erhöhung der Zuverlässigkeit, höchster Ökonomie, Lebensdauer und Handlichkeit beim Betrieb der Regler auseinandersetzen. Die beschränkte Lebensdauer und die ungenügende Erschütterungssicherheit von Röhrenverstärkern für Gleichstrom, die zeitliche Temperaturinstabilität von Halbleiterverstärkern führen manchmal zur Notwendigkeit, die Steuerglieder von Systemen mit veränderlicher Struktur auf kontaktlosen Magnetvorrichtungen, einschließlich Magnetverstärker (MV), aufzubauen. Die großen Möglichkeiten für die Durchführung von Summationen in Magnetverstärkern (im Hinblick

auf die Zahl der Eingänge und das Fehlen elektrischer Verbindungen zwischen diesen) gestatten es, das Fehlersignal direkt am Eingang des GSF zu erhalten und auch eine kontaktlose Steuerung des Stellgliedes sowohl für Gleich- als auch für Wechselstrom sicherzustellen.

Wir betrachten die Schaltung eines Steuergliedes mit umschaltbarer, starrer Rückführung für das Stellglied, welche mit Hilfe von Magnetelementen verwirklicht wird. Nach (8.10) bilden wir die Steuergröße u in der Form

$$(8.15) \qquad u = -\Psi_0^x x_1 - \Psi_0^y y - (\Delta\Psi^x \; x_1 + \Delta\Psi^y \; y \;) \operatorname{sgn} s.$$

Eine Steuergröße der Form (8.15) wird recht einfach mit Hilfe von Magnetverstärkern realisiert. Die Möglichkeit, die Absolutbeträge der umschaltbaren Signale leicht bilden zu können, vermindert die Anzahl der Geräte, die für die Konstruktion der Schaltung benötigt werden.

Die prinzipielle Schaltung eines Steuergliedes, für die Magnetverstärker verwendet werden, ist in Abb. 8.7 dargestellt. Die Schaltung besteht aus zwei Magnetverstärkern (MV_1 und MV_2), einem Magnetrelais (MR) und zwei Schaltelementen mit Dioden ($K_1(D_1, D_2)$ und $K_2(D_3, D_4)$). Im MV_1 wird das Signal $\Delta\Psi^x \; x_1 \; + \Delta\Psi^y \; y$ gebildet. Dazu gelangen die umschaltbaren Signale x und y über entsprechende Begrenzerdioden in die Steuerwicklungen des MV_1, welche derart geschaltet sind, daß die Trennung der Absolutbeträge der Signale gesichert ist. Vom Ausgang des MV_1 gelangt die Spannung über die Schalter K_1 bzw. K_2 in die Steuerwicklung des Summationsverstärkers MV_2. In den Steuerwicklungen W_{y1}, W_{y2} von MV_2 werden die Signale x und y mit Koeffizienten Ψ_0^x und Ψ_0^y eingegeben.

Die Diodenschalter werden in Grätzschaltung ausgeführt. An die eine Diagonale der Brücke wird die Speisespannung $u_1 - u_2$ von zwei Quellen verschiedener Polarität angelegt, welche sicherstellt, daß die Dioden im linearen Teil ihrer Stromspannungs-Kennlinie arbeiten. Jedes Diodenpaar ist somit ein Schalter; einer ist "normal geschlossen", der andere "normal geöffnet". Der Zustand des "normal geschlossenen" Schalters entspricht der Polarität der Speisespannung, wenn in dem Kreis der vom Diodenpaar und den Spannungsquellen gebildet wird, der Strom im Sinne der Durchlaßrichtung der Dioden fließt; dabei ist die Belastung des Schalters, d.h. die Steuerwicklung von MV_2 reduziert. Der Zustand des "normal geöffneten" Schalters entspricht einem Strom im Kreis Dioden - Spannungsquellen in entgegengesetzter Richtung.

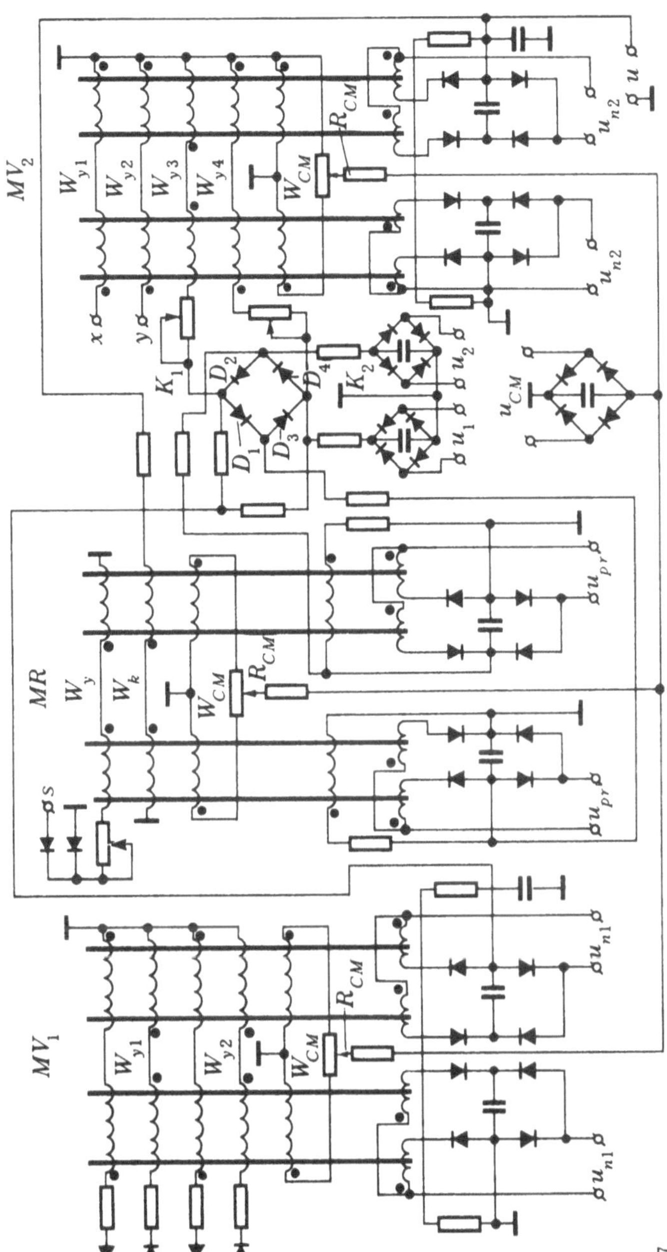
MV₂
W_y1
W_y2
W_y3
W_y4
W_CM
R_CM
x
y
K₁
D₁
D₂
D₃
D₄
K₂
u₁
u₂
u_CM
u_n2
u
MR
W_y
W_k
W_CM
R_CM
s
u_pr
MV₁
W_y1
W_y2
W_CM
R_CM
u_n1
x
y

Abb. 8.7

Die Signale von den getrennten Ausgängen des Magnetrelais MR verändern den Zustand der Schalter. Im MR wird das Signal $U \operatorname{sgn} s$ gebildet, wobei U die Amplitude der Spannung am Ausgang des MR ist. Für $s \leqslant 0$ ist der Strom in der Steuerwicklung des MV_2 gleich Null, und in den Ausgängen des Relais sind gleichzeitig verschiedenpolige Spannungsniveaus von großer Höhe vorhanden, die ungefähr zweimal die Spannungsniveaus der Spannungsquellen übertreffen (die betragsmäßige Gleichheit der Amplituden wird durch entsprechende Wahl der Vorspannung gesichert). Für $s>0$ ist die Diode im Steuerkreis des Relais geöffnet. Dies entspricht dem anderen Zustand des Relais - an den Ausgängen niedrige Spannungsniveaus mit entgegengesetzten Vorzeichen. In Abhängigkeit vom Vorzeichen der Funktion s werden die Schalter K_1 und K_2 derart umgeschaltet, daß am Ausgang des MV_2 das Signal nach (8.15) gebildet wird.

3. Ein statischer Regler mit veränderlicher Struktur. In diesem Abschnitt wird ein Regler mit veränderlicher Struktur betrachtet, welcher zur Steuerung von Strecken vorgesehen ist, die mindestens zwei Gleichgewichtslagen besitzen, von denen eine immer instabil ist. Auf solche Strecken wird z.B. die weite Klasse von thermochemischen Prozessen zurückgeführt, bei welchen verschiedene technologische Parameter von den inneren Koordinaten des Prozesses abhängen.

Wie in Kapitel 4 gezeigt wurde, ist es mit linearen Reglern zur Steuerung von Strecken dieser Klasse nicht möglich, einen hinreichend weiten Bereich für die Veränderung der Regelgröße des Systems und deren Ableitung zu sichern. Das Stabilitätsgebiet für das System wird kleiner, wenn die Genauigkeit, mit der die Regelgröße aufrecht erhalten wird, erhöht wird, weil der statische Verstärkungskoeffizient des Reglers größer wird. Z.B. verliert ein lineares Regelsystem für die Temperatur beim Abrösten von molybdänhaltigen Konzentraten bereits seine Stabilität bei geringer Geschwindigkeit der Temperaturänderung oder bei geringen Abweichungen der Temperatur vom Sollwert.

In Abb. 8.8 ist das Blockschaltbild eines automatischen Regelsystems mit einem statischen Regler mit veränderlicher Struktur angegeben. Dieses System gestattet es, das Stabilitätsgebiet für die Anfangswerte (Größe der Abweichung vom Sollwert und Änderungsgeschwindigkeit der Temperatur) bei hinreichend großen Werten des Verstärkungskoeffizienten für den statischen Teil beträchtlich zu erweitern. Ein gro-

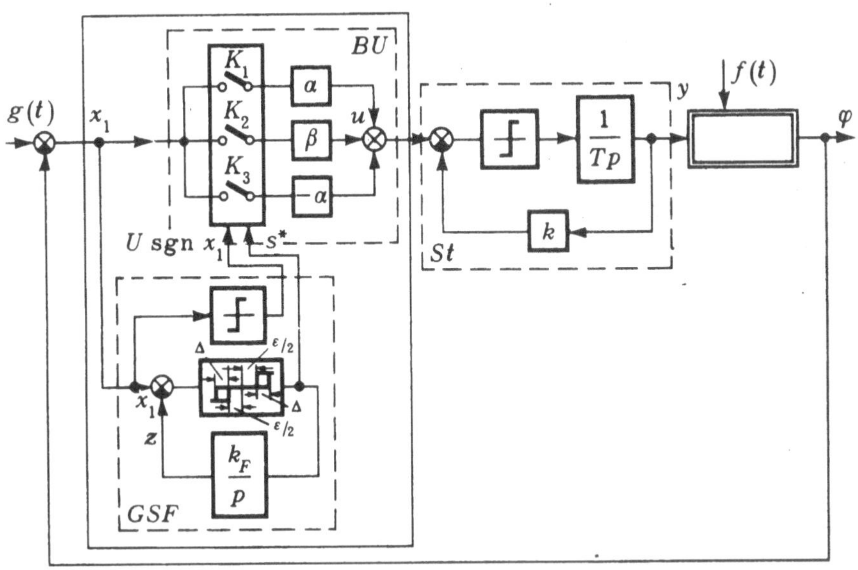

Abb. 8.8

ßer Verstärkungskoeffizient sichert höchste Genauigkeit im Aufrechterhalten der Regelgröße.

Das Steuerglied des Reglers besteht aus dem Block MG, welcher den Fehler x_1 ermittelt, dem Block GSF, der eine bestimmte Schaltfunktion s^* bildet, und dem Block BU.

Im Block BU wird das logische Gesetz für die Umschaltung des Verstärkungskoeffizienten Ψ^* realisiert:

(8.16) $$\Psi^* = \begin{cases} \alpha & \text{für} \quad s^* x_1 > 0, \\ \beta & \text{für} \quad s^* x_1 = 0, \\ -\alpha & \text{für} \quad s^* x_1 < 0. \end{cases}$$

Dabei wird die Steuergröße am Ausgang des Steuergliedes in der Form

(8.17) $$u = \Psi^* x_1$$

gebildet.

Die Schaltfunktion s^* wird mittels eines Relais-Signalgebers nach folgendem logischen Gesetz gebildet:

$$
(8.18)\qquad s^* = \begin{cases} 1 \begin{cases} x_1 - k_F \int s^* dt > \frac{\varepsilon}{2} + \Delta, \\ \frac{\varepsilon}{2} + \Delta \geqslant x_1 - k_F \int s^* dt \geqslant \frac{\varepsilon}{2}, \quad \text{wenn} \quad s^* = 1, \end{cases} \\ 0 \begin{cases} -\frac{\varepsilon}{2} < x_1 - k_F \int s^* dt < \frac{\varepsilon}{2}, \\ \frac{\varepsilon}{2} + \Delta \geqslant x_1 - k_F \int s^* dt \geqslant \frac{\varepsilon}{2}, \quad \text{wenn} \quad s^* = 0, \\ -\left(\frac{\varepsilon}{2} + \Delta\right) \leqslant x_1 - k_F \int s^* dt \leqslant -\frac{\varepsilon}{2}, \end{cases} \\ -1 \begin{cases} x_1 - k_F \int s^* dt < -\left(\frac{\varepsilon}{2} + \Delta\right), \\ -\left(\frac{\varepsilon}{2} + \Delta\right) \leqslant x_1 - k_F \int s^* dt \leqslant -\frac{\varepsilon}{2}, \\ \qquad \text{wenn} \quad s^* = -1. \end{cases} \end{cases}
$$

In (8.16), (8.18) sind α, β, ε und k_F Konstante.

Wir nehmen die Gleichung des Stellmechanismus in der Form

$$(8.19)\qquad y = k_{äqu}\, u$$

mit dem Übertragungskoeffizienten $k_{äqu}$ an.

Wir erläutern, wie der Regler arbeitet. In Abb. 8.9 ist die Änderung der Hauptkoordinaten während des Übergangsprozesses angegeben. Nach dem Einwirken der Störung f entsteht das Fehlersignal x_1, welches auf die Stellvorrichtung mit dem Verstärkungskoeffizienten β einwirkt.

Abb. 8.9

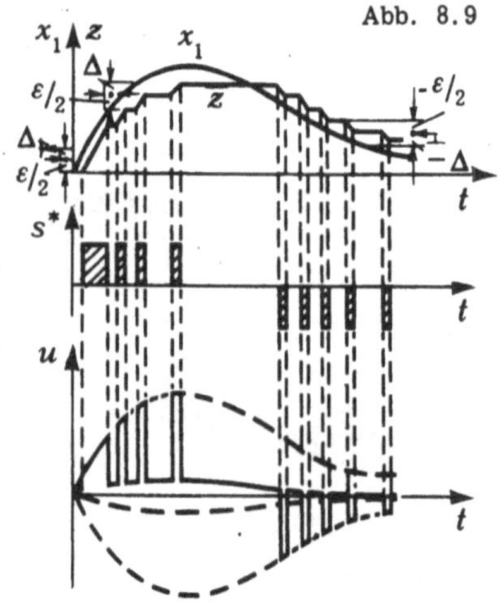

Übersteigt das Fehlersignal x_1 den Wert $\left(\frac{\varepsilon}{2} + \Delta\right)$, wird das Relais im nachführenden Kreis eingeschaltet. Die Koordinate s^* nimmt den Wert 1 an und wird in das logische Element eingegeben. Gleichzeitig gelangt in dieses Element das Signal $U \operatorname{sgn} x_1$. Dabei ändert das logische Element den Verstärkungskoeffizienten des Reglers von β nach α. Der Verstärkungskoeffizient α wird so lange aufrecht erhalten, bis die Differenz $x_1 - z$ (siehe Abb. 8.8), welche in den Eingang des Relais des nachführenden Kreises eingegeben wird, nicht kleiner als $\frac{\varepsilon}{2}$ wird. Nach dem Abschalten des Relais nimmt der Verstärkungskoeffizient des Reglers wieder den Wert β an.

Die nächste Änderung des Verstärkungskoeffizienten von β nach α erfolgt, wenn die Differenz zwischen x_1 und z wieder den Wert $\left(\frac{\varepsilon}{2} + \Delta\right)$ übersteigt.

Die Änderung des Verstärkungskoeffizienten von β nach α erfolgt, solange des Fehlersignal noch nicht seinen maximalen Wert erreicht hat. Danach wird infolge der Änderung des Vorzeichens der Koordinate s^* des nachführenden Kreises im logischen Element der Verstärkungskoeffizient des Reglers von β und nach $-\alpha$ geändert.

Die Abstimmung des Reglers erfolgt mit Hilfe entsprechend gewählter Werte für die Verstärkungskoeffizienten β und α des Reglers und des Koeffizienten k_F für den nachführenden Kreis.

Eine prinzipielle Schaltung für das Steuer- und Stellglied wird in Abb. 8.10 angegeben. Das Fehlersignal x_1 gelangt vom Rheostaten $R_{1\,EPP}$ des Meßgerätes in den Block BU. Dieser Block enthält die Relais P_3 und P_4, welche durch die Kontakte P'_x und P''_x eingeschaltet werden, Rheostaten für die Einstellung der Koeffizienten β und α und eine Reihe von Kontakten der Relais P_1 und P_2.

Der Block GSF besteht aus dem umsteuerbaren Kondensatormotor D, dem phasenempfindlichen elektronischen Relais L_1, dem Rheostaten v zur Regelung der Geschwindigkeit des Motors D, dem Rheostaten θ, welcher den statischen Verstärkungskoeffizienten verändert, und dem elektronischen Relais L_2.

Vom Meßwertgeber $R_{1\,EPP}$ gelangt das Fehlersignal x_1 in den Eingang des Transformators Tr_3 und steuert mit dem Verstärkungskoeffizienten β die Stellvorrichtung. Gleichzeitig gelangt das Fehlersignal vom zweiten Meßwertgeber $R_{2\,EPP}$ in den Eingang des Transformators Tr_2 des elektronischen phasenempfindlichen Relais L_2, welches die Funktion $U \operatorname{sgn} x_1$ erzeugt. Das elektronische Relais schaltet den Kondensatormotor D ein, der den Rheostaten in der Rückführung verstellt. Gleichzeitig mit dem Einschalten des Motors D schaltet das Relais P_x die Zwischenrelais P_1 und P_2 ein, die in Verbindung mit dem Relais P_x die Änderung des Verstärkungskoeffizienten im logischen Element durchführen.

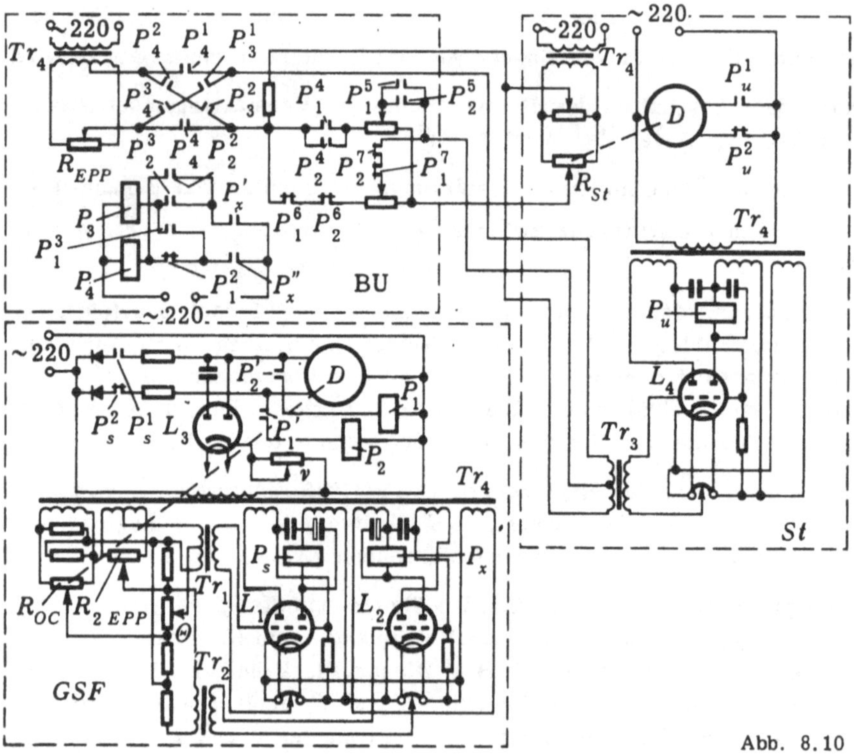

Abb. 8.10

Der statische Regler mit veränderlicher Struktur sichert höchste Genauigkeit in der Aufrechterhaltung der Regelgröße φ. So war es z.B. bei der Regelung der Temperatur der Wirbelschicht beim Abrösten von molybdänhaltigen Konzentraten möglich, diese Temperatur mit einer Genauigkeit von $\pm 1{,}5°$ C bei einer nominalen Temperatur von 555° C aufrecht zu halten.

4. Ein Steuerglied für ein adaptives System mit veränderlicher Struktur. In Kapitel 5 wurden Beispiele für die Konstruktion von Systemen mit veränderlicher Struktur betrachtet, welche sich von den vorhergehenden dadurch unterschieden, daß in ihnen mit Hilfe einer Neufestsetzung der Koeffizienten für die Schaltfunktion s Übergangsprozesse erreicht wurden, die optimal bzw. nahezu optimal im Sinne eines gewählten Gütekriteriums waren. Das Steuerglied des Systems mit veränderlicher Struktur muß in diesem Falle einen zusätzlichen Adapterkreis enthalten, welcher die Parameter des Systems mißt und in Über-

einstimmung damit die Neigung der Schaltgeraden verändert. In Abb. 8.1 ist der Adapterkreis durch die strichlierten Linien v und s (bzw. σ_1 und σ_2) bezeichnet.

Trotz der wesentlichen Unterschiede in den Methoden zur Messung der Parameter der Strecke (§§ 1, 2, 3, Kapitel 5) haben die Schaltungen von Steuergliedern bei diskreten Verfahren für die Umschaltung der Koeffizienten viel gemeinsam. Daher beschränken wir uns auf Schaltungen für adaptive Systeme mit veränderlicher Struktur, welche nach dem im zweiten und dritten Paragraphen von Kapitel 5 beschriebenen Prinzip konstruiert werden. In diesen Paragraphen wurde gezeigt, daß der Anstieg der Schaltgeraden entsprechend gewählt wird, um das Auftreffen des Bildpunktes auf diese Gerade aus dem vorgegebenen Gebiet für die Anfangswerte innerhalb des Existenzgebietes für den Gleitzustand zu sichern. Die Entstehung des Gleitzustandes auf der Linie $s_i=0$ $(i=0,1, \ldots, m)$ wird als Information für die Änderung des Anstieges der Schaltlinie verwendet. Dabei erfolgt die Bewegung des Bildpunktes in der (x_1, x_2)-Phasenebene längs Trajektorien, die der Struktur $\Psi^x=\alpha^x$ entsprechen, und längs Trajektorien, welche jeweils auf der i-ten Gleitgeraden liegen. Wir erinnern uns, daß die Bewegung längs der Gleitgeraden nur während jenes Zeitintervalles erfolgt, das zur Anzeige des Gleitzustandes benötigt wird. Um den besten Übergangsprozeß zu erhalten, muß die Bewegungsdauer des Systems im Gleitzustand minimal sein. In diesem Bewegungszustand ist in realen Regelsystemen die Frequenz für das Umschalten der Steuerung endlich. Die Tatsache des Entstehens des Gleitzustandes kann man daher nach dem zweiten Wechsel des Vorzeichens der Schaltfunktion s feststellen. Früher wurde gezeigt, daß bei einer Bewegung in der ε-Umgebung der Grenze Γ_2 des Existenzbereiches für den Gleitzustand (was durch Wahl der Größe Δ für die Veränderung des Anstieges der Schaltgeraden erreicht wird) der Bildpunkt nach dem Auftreffen auf die Gerade $s_i=0$ in einem Punkt, welcher nicht dem Existenzbereich für den Gleitzustand angehört, bereits innerhalb dieses Gebietes auf die Schaltgerade zurückkehrt. Daher bewegt sich der Bildpunkt nach dem zweiten Auftreffen auf die Schaltgerade längs dieser im Gleitzustand. Es ist klar, daß keine Notwendigkeit zu einer weiteren Anzeige des Gleitzustandes besteht, sondern daß es genügt, die Tatsache des zweiten Auftreffens des Bildpunktes auf diese Schaltlinie festzuhalten.

Daher fallen die Funktionen des Adapterkreises bei der Bewegung des Bildpunktes innerhalb des Existenzgebietes für den Gleitzustand und bei Bewegung in der ε-Umgebung der Grenze Γ_2 zusammen.

In Abb. 8.11 ist eine prinzipielle Schaltung für den Adapterkreis eines adaptiven Systems mit veränderlicher Struktur angegeben. Der Kreis besteht aus der Schaltung zur Anzeige des Gleitzustandes (AGZ), die zum Block MG gehört, und dem Geber für die Schaltfunktion (GSF), welcher eine Speichervorrichtung (Zählvorrichtung auf binärer oder dezimaler Basis) und ein System von Schaltern enthält, die die Umschaltung des Verstärkungskoeffizienten für jenen Verstärker durchführen, der die Größe s_i bildet.

Eingangselement des Kreises ist der Block AGZ, dessen Aufgabe darin besteht, die Vorzeichen der Funktionen x_1 und s_i zu vergleichen. Dazu gelangen die Funktionen x_1 und s_i von den Ausgängen der Blöcke MG und GSF in signalgebende Elemente des Blockes AGZ. Jedes dieser Elemente besteht aus Begrenzerdioden am Eingang, einer Verstärkerstufe (T_1 bzw. T_5), einer spannungsabhängigen Kippstufe (T_2—T_3 bzw. T_6—T_7) und einer Umkehrröhre (T_4 bzw. T_8).

Die im Block AGZ gebildeten Signale

$$(8.20)\qquad \begin{cases} u_1 = \begin{cases} -U & \text{für } x_1 \geqslant 0, \\ 0 & \text{für } x_1 < 0, \end{cases} \\ u_2 = \begin{cases} -U & \text{für } s_i \geqslant 0, \\ 0 & \text{für } s_i < 0 \end{cases} \end{cases}$$

gelangen in das logische Element (T_9, T_{10}, T_{11} und T_{12}), welches die Vorzeichen der Funktionen x_1 und s_i (u_1 und u_2) vergleicht. Fallen die Vorzeichen von x_1 und s_i am Ausgang des AGZ (T_{12}) zusammen, ist das Potential Null; bei ungleichen Vorzeichen von x_1 und s_i ist das Potential am Ausgang des Elementes negativ. Zum Zeitpunkt des zweiten Auftreffens des Bildpunktes auf die Gerade $s_i = 0$ wechselt daher das Potential von Minus auf Null, was einem positiven Sprung der Spannung entspricht. Dieser Sprung wird zur Bildung eines positiven Impulses verwendet, der das statische Kipprelais (TC_1) im binären Zählwerk des GSF umlegt. Jeder folgende Impuls vom Block AGZ, welcher den Zeitpunkt des Entstehens des Gleitzustandes auf der Geraden $s_i = 0$ festhält, ändert den Zustand des binären Zählwerkes. Die Kapazität m des Zählers wird durch die Zahl der Schaltgeraden $s_i = 0$ bestimmt, welche die Bewegung längs der Grenze des Existenzgebietes für den Gleitzustand in dem ganzen Bereich für die Veränderung der Parameter der Strecke sicherstellt. Diese Zahl wird durch die Bedingung

$$(8.21)\qquad m = \frac{c(b) - c_0}{\Delta}$$

bestimmt. $c(b)$, c_0 und Δ sind in Kapitel 5, § 2 definiert.

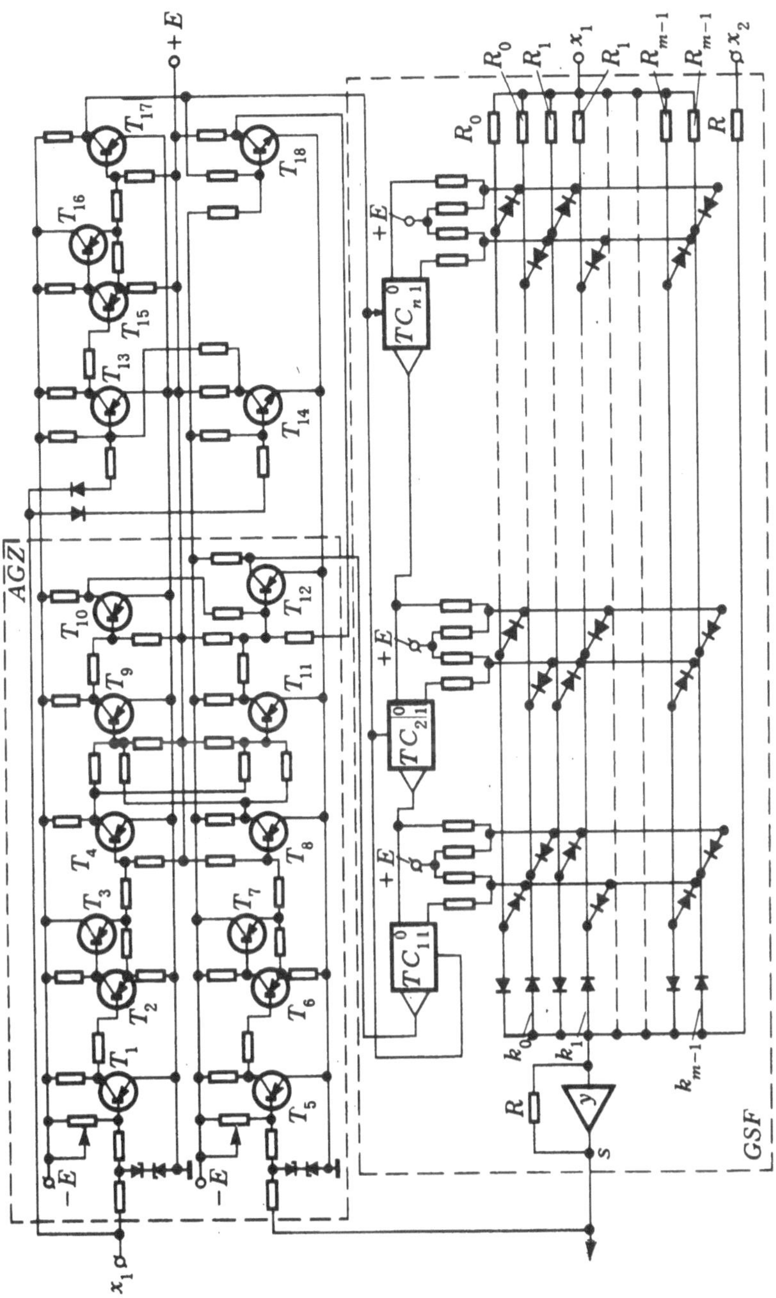

+E
AGZ
GSF
x_1
x_2
$-E$
T_1 T_2 T_3 T_4 T_5 T_6 T_7 T_8 T_9 T_{10} T_{11} T_{12} T_{13} T_{14} T_{15} T_{16} T_{17} T_{18}
TC_{11} TC_{21} TC_{n1}
R_0 R_1 R_{m-1} R
k_0 k_1 k_{m-1}
y
s

Abb. 8.11

Der binäre Zähler steuert mit Hilfe einer dezimalen Dechiffriereinrichtung ein System von Schalterdioden, welche in den Eingang des Operationsverstärkers geschaltet sind. Der Verstärker bildet die Schaltfunktion $s_i = c_i x_1 + x_2$, wobei die Koeffizienten c_i durch die entsprechenden Schalter $k_0, k_1, \ldots, k_{m-1}$ gegeben werden. Das Umschalten der k_i und daher auch der Koeffizienten c_i erfolgt, solange auf der Geraden $s_i = 0$ die Existenzbedingung für den Gleitzustand nicht verletzt ist. In diesem Falle wird im System der Wert eines bestimmten Koeffizienten c_i festgehalten, und die weitere Bewegung des Bildpunktes erfolgt längs der Geraden $s_i = 0$ in einer genügend kleinen Umgebung.

Wir werden annehmen, daß der Übergangsprozeß im System dann beendet ist, wenn der Fehler x_1 kleiner als die Größe η wird (Kapitel 5, § 2) und diese bei der weiteren Bewegung nicht übertrifft, d.h.

$$(8.22) \qquad |x_1| \leqslant |\eta|$$

gilt. Ist die Bedingung (8.22) verletzt, wird der binäre Zähler des GSF in den ursprünglichen Zustand gebracht und der ganze Kreislauf des Adaptierens wiederholt sich von neuem. Der ursprüngliche (Null-) Zustand des Zählers entspricht einem geschlossenen Schalter k_0. Dies wird erreicht, indem man alle Speicherplätze des Zählers auf Null stellt mit Ausnahme des ersten, welcher auf Eins gestellt wird. Diese Operation wird durch eine spezielle Vorrichtung zur Einhaltung der Ansprechschwelle durchgeführt, die aus Verstärkerelementen T_{13}, T_{14}, der spannungsabhängigen Kippstufe T_{15}—T_{16} und der Umkehrröhre T_{17} besteht. Zu dem Moment, wo $|x_1|$ größer als die Ansprechschwelle $|\eta|$ wird, entsteht am Ausgang T_{17} der Vorrichtung ein positiver Spannungssprung, der für die Einstellung der Schaltung auf den ursprünglichen Zustand benötigt wird.

Um die Möglichkeit falscher Umschaltungen der Koeffizienten c_i nach Beendigung des Übergangsprozesses auszuschließen, ist in der Schaltung eine Sperre vorgesehen, welche die Ausgangstriode T_{12} des AGZ sperrt und damit zugleich verhindert, daß weitere Information über das Auftreffen auf die Schaltgerade $s_i = 0$ vom Ausgang des AGZ eingeht. Die Sperre erfolgt mit Hilfe des positiven Potentials, welches von der Umkehrröhre T_{18} in den Eingang von T_{12} gelangt. T_{18} wird durch das Signal vom Ausgang der Vorrichtung zur Einhaltung der Ansprechschwelle gesteuert. Wenn die Spannung am Ausgang dieses Elementes negativ ist (dies entspricht dem Systemzustand $|x_1| \leqslant |\eta|$),

Literaturverzeichnis

[1] AISERMANN M.A., GANTMACHER F.R.: Über einige Besonderheiten bei Umschaltungen in nichtlinearen automatischen Regelsysteme mit stückweise glatter Charakteristik des nichtlinearen Elementes, AiT **18**, 11 (1957).

[2] BADKOV V.M., BARBAŠIN E.A.: Über eine Methode zur Stabilisierung eines Regelsystemes mit Schranken für die zulässigen Parameterwerte des Reglers, Izv. AN SSSR 1964, Technische Kybernetik Nr. 2 (1964).

[3] BAKAKIN A.V.: Zur Synthese einer Klasse automatischer Regelsysteme mit veränderlicher Struktur, Sb. "Kybernetik und Steuerung", Verlag "Nauka" (1966).

[4] BAKAKIN A.V., BERMANT M.A., EZEROV V.B.: Die Anwendung von Systemen mit veränderlicher Struktur für die Stabilisierung von Strecken mit variablen Parametern bei Schranken für die Stellgröße, AiT **25**, 7 (1964).

[5] BARBAŠIN E.A., GERAŠČENKO E.I.: Über die Stabilisierung von Regelsystemen, PMM **28**, Ausg. 4 (1964).

[6] BARBAŠIN E.A., GERAŠČENKO E.I.: Über die Beschleunigung von Gleitzuständen in automatischen Regelsystemen, Differencial'nye uravnenija **1**, 1 (1965).

[7] BARBAŠIN E.A., GERAŠČENKO E.I.: Über ein Prinzip zur Konstruktion stabilisierender Systeme, AiT **26**, 6 (1965).

[8] BARBAŠIN E.A., PEČORINA I.N., EJDINOV R.M.: Die Anwendung automatischer Regelsysteme mit veränderlicher Struktur bei einer Klasse linearer statischer Strecken, AiT **24**, 1 (1963).

[9] BARBAŠIN E.A., TABUEVA V.A.: Über ein Verfahren zur Stabilisierung von Regelsystemen dritter Ordnung mit großen Verstärkungskoeffizienten I, AiT **23**, 10 (1962).

ist das Potential auf der Sammelelektrode von T_{12} positiv und T_{18} ist geschlossen. Der sperrende Einfluß hört auf, wenn das Potential an der Sammelelektrode von T_{18} Null wird. Dies ist für $|x_1| > |\eta|$ der Fall.

[10] BARBAŠIN E.A., TABUEVA V.A.: Über ein Verfahren zur Stabilisierung von Regelsystemen dritter Ordnung mit großen Verstärkungskoeffizienten II, AiT **24**, 5 (1963).

[11] BARBAŠIN E.A., TABUEVA V.A.: Ein Satz über die Stabilität der Lösung einer Differentialgleichung mit unstetiger Charakteristik, PMM **27**, Ausg. 4 (1963).

[12] BARBAŠIN E.A., TABUEVA V.A., EJDINOV R.M.: Über die Stabilität eines Regelsystemes mit veränderlicher Struktur bei Verletzung der Bedingungen für den Gleitzustand, AiT **24**, 7 (1963).

[13] BAŠKIROW A.A.: Grapho-analytische Methoden zur Konstruktion der Übergangsprozesse in selbsttätigen Regelungssystemen, Aus "Grundlagen der selbsttätigen Regelung" unter Redaktion von V.V. Solodovnikov, Mašgiz (1954); deutsche Ausgabe: R. Oldenbourg, München; VEB Verlag Technik, Berlin (1959).

[14] BERMANT M.A., VIKTOROVA V.S.: Eine mehrkanalige kontaktlose Steuervorrichtung für automatische Regelsysteme mit veränderlicher Struktur, Avtorskoe svidetel'stvo Nr. 174688.

[15] BERMANT M.A., EMELJANOV S.V.: Über ein Verfahren zur Steuerung einer Klasse von Strecken mit variablen Parametern, AiT **24**, 5 (1963).

[16] BERMANT M.A., EMELJANOV S.V.: Über die Stabilität einer Klasse von automatischen Regelsystemen mit veränderlichen Parametern, Izv. AN SSSR 1964, Technische Kybernetik Nr. 6 (1964).

[17] BERMANT M.A., EMELJANOV S.V., TARAN V.A.: Die Bewegung von Systemen mit veränderlicher Struktur im Gleitzustand, AiT **26**, 8 (1965).

[18] BUROVOJ I.A., EMELJANOV S.V.: Über die Steuerung einiger Produktionsprozesse mittels minimaler Änderung der Stellgröße, AiT **21**, 8 (1960).

[19] VIKTOROVA V.S.: Die Verwendung einer umschaltbaren starren Rückführung zur Erzeugung eines Astatismus in automatischen Regelsystemen mit veränderlicher Struktur, Izv. AN SSSR 1965, Technische Kybernetik Nr. 2 (1965).

[20] VIKTOROVA V.S.: Konstruktionsprinzipien für kontaktlose Regler, Sb. "Technische Kybernetik", Verlag "Nauka" (1965).

[21] VIKTOROVA V.S., ANCYPOVIČ I.S.: Ein kontaktloser Regler mit umschaltbarer starrer Rückführung, Peredovoj naučno-techničeskij i proizvodstvennyj opyt Nr. 4-64-888/27.

[22] VIKTOROVA V.S., ANCYPOVIČ I.S.: Ein Ziffernregler mit umschaltbarer starrer Rückführung, Peredovoj naučno-techničeskij i proizvodstvennyj opyt Nr. 4-65-1929/61.

[23] GERAŠČENKO E.I.: Über die Stabilität der Bewegung in der Gleithyperebene für einige automatische Regelsysteme mit veränderlicher Struktur, Izv. AN SSSR 1963, Technische Kybernetik Nr. 4 (1963).

[24] GERAŠČENKO E.I.: Über den Stabilitätsgrad nichtlinearer Systeme im Gleitzustand, Izv. AN SSSR 1964, Technische Kybernetik Nr. 2 (1964).

[25] GERAŠČENKO E.I., KISELEV L.V.: Über die Stabilität eines Regelsystemes mit beschleunigtem Gleitzustand, Differencial'nye uravnenija **1**, 12 (1965).

[26] GERAŠČENKO E.I., KLEJMENOV A.F.: Die Analyse eines nichtlinearen Systemes mit der Methode der Unterteilung der Bewegung, Differencial'nye uravnenija **1**, 10 (1965).

[27] DUBROVSKIJ E.N., KOSTYLEVA N.E.: Über einige Besonderheiten der freien Bewegung einer Klasse von Systemen mit veränderlicher Struktur, Sb. "Technische Kybernetik", Verlag "Nauka" (1965).

[28] DUDIN E.B.: Schaltbedingungen in kombinierten Folgesystemen mit veränderlicher Struktur, Izv. AN SSSR 1964, Technische Kybernetik Nr. 2 (1964).

[29] DUDIN E.B.: Die Analyse von kombinierten Folgesystemen mit veränderlicher Struktur, Sb. "Technische Kybernetik", Verlag "Nauka" (1965).

[30] DUDIN E.B., ULANOV G.M.: Kombinierte automatische Regelsysteme mit veränderlicher Struktur, Arbeiten der internationalen Konferenz für mehrdimensionale und diskrete automatische Regelsysteme, Abteilung B (1965).

[31] EMELJANOV S.V.: Ein Verfahren, um zusammengesetzte Regelgesetze zu gewinnen, wobei nur das Fehlersignal (bzw. die Regelgröße) und dessen erste Ableitung verwendet werden, AiT **18**, 10 (1957).

[32] EMELJANOV S.V.: Die Anwendung nichtlinearer Korrekturvorrichtungen vom Typ eines "Schalters" für die Verbesserung der Güte eines automatischen Regelsystemes zweiter Ordnung, AiT **20**, 7 (1959).

[33] EMELJANOV S.V.: Die Regelung von Strecken erster Ordnung mit Totzeit durch einen astatischen Regler mit nichtlinearer Korrektur, AiT **20**, 8 (1959).

[34] EMELJANOV S.V.: Die Regelung neutraler Strecken durch einen astatischen Regler mit nichtlinearer Korrektur, Sb. "Einige Verfahren zur Berechnung von automatischen Regelsystemen und ihrer Elemente", Ausg. 112, Sudpromgiz (1959).

[35] EMELJANOV S.V.: Ein nichtlineares Korrekturglied für automatische Regel- und Steuersysteme, Avtorskoe svidetel'stvo Nr. 124548.

[36] EMELJANOV S.V.: Über eine Steuerung von höchster Güte einiger nichtlinearer Strecken mit veränderlichen Parametern, Izv. AN SSSR 1962, Energetik und Automatik Nr. 4 (1962).

[37] EMELJANOV S.V., BERMANT M.A.: Zur Konstruktion von Systemen höchster Güte für die Steuerung von Strecken mit veränderlichen Parametern, DAN SSSR **145**, 4 (1962).

[38] EMELJANOV S.V., BERMANT M.A., UTKIN V.I.: Die Konstruktion von automatischen Regelsystemen mit veränderlicher Struktur, welche wenig empfindlich sind gegen schnelle Änderungen der Parameter der Regelstrecke in einem weiten Bereich. Sb. "Selbstanpassende Systeme", Verlag "Nauka" (1965).

[39] EMELJANOV S.V., BUROVOJ I.A., MOROZOVA M.A., GRIGOREVA O.A., LODYSEVA M.S., LUNKIN B.V., RASSMOTROV A.A., RAPOPORT I.A.: "Mathematische Modelle technologischer Prozesse und der Bau automatischer Regelsysteme mit veränderlicher Struktur", Sbornik naučnych trudov Gincvetmeta Nr. 21, Verlag "Metallurgija" (1964).

[40] EMELJANOV S.V., GRICENKO M.B.: Konstruktionsprinzipien für autonome automatische Regelsysteme mit veränderlicher Struktur zur Steuerung mehrfach zusammenhängender Strecken, Arbeiten der Internationalen Konferenz für mehrdimensionale und diskrete automatische Regelsysteme, Abteilung B (1965).

[41] EMELJANOV S.V., KOSTYLEVA N.E.: Über einige Besonderheiten der Bewegungen in automatischen Regelsystemen mit veränderlicher Struktur bei unstetiger Schaltfunktion, DAN SSSR **153**, 4 (1963).

[42] EMELJANOV S.V., KOSTYLEVA N.E.: Die Synthese automatischer Regelsysteme mit veränderlicher Struktur bei unstetiger Schaltfunktion, Izv. AN SSSR 1964, Technische Kybernetik Nr. 1 (1964).

[43] EMELJANOV S.V., TARAN V.A.: Über eine Klasse automatischer Regelsysteme mit veränderlicher Struktur, Izv. AN SSSR 1962, Energetik und Automatik Nr. 3 (1962).

[44] EMELJANOV S.V., TARAN V.A.: Zur Frage der Verwendung trägheitsbehafteter Glieder für die Konstruktion einer Klasse von automatischen Regelsystemen mit veränderlicher Struktur I, AiT **24**, 1 (1963).

[45] EMELJANOV S.V., TARAN V.A.: Zur Frage der Verwendung trägheitsbehafteter Glieder für die Konstruktion einer Klasse von automatischen Regelsystemen mit veränderlicher Struktur II, AiT **24**, 2 (1963).

[46] EMELJANOV S.V., TARAN V.A.: Über ein Verfahren zur Stabilisierung automatischer Regelsysteme mit veränderlicher Struktur, ohne Einflüsse für die Ableitungen zu verwenden, Izv. AN SSSR 1963, Technische Kybernetik Nr. 1 (1963).

[47] EMELJANOV S.V., TARAN V.A.: Zur Konstruktion automatischer Regelsysteme mit veränderlicher Struktur für lineare Strecken, Izv. AN SSSR 1963, Technische Kybernetik Nr. 2 (1963).

[48] EMELJANOV S.V., TARAN V.A.: Zusatz zu einer Arbeit von E.I. Geraščenko, Izv. AN SSSR 1963, Technische Kybernetik Nr. 4 (1963).

[49] EMELJANOV S.V., TARAN V.A.: Die Anwendung umschaltbarer Filter mit Phasenverschiebung in einem automatischen Regelsystem mit veränderlicher Struktur, Izv. AN SSSR 1963, Technische Kybernetik Nr. 5 (1963).

[50] EMELJANOV S.V., TARAN V.A.: Stabilisierung von automatischen Regelsystemen mit veränderlicher Struktur mit Hilfe trägheitsbehafteter Glieder mit veränderlichen Zeitkonstanten, AiT **25**, 6 (1964).

[51] EMELJANOV S.V., UTKIN V.I.: Die Anwendung automatischer Regelsysteme mit veränderlicher Struktur für die Steuerung von Strecken, deren Parameter innerhalb weiter Grenzen variieren, DAN SSSR **152**, 2 (1963).

[52] EMELJANOV S.V., UTKIN V.I.: Über die Stabilität der Bewegung einer Klasse von automatischen Regelsystemen mit veränderlicher Struktur, Izv. AN SSSR 1964, Technische Kybernetik Nr. 2 (1964).

[53] EMELJANOV S.V., UTKIN V.I., TARAN V.A.: Über das Auftreffen des Bildpunktes auf die Gleitebene in Systemen mit veränderlicher Struktur dritter Ordnung, Izv. AN SSSR 1965, Technische Kybernetik Nr. 3 (1965).

[54] EMELJANOV S.V., FEDOTOVA A.I.: Die Konstruktion optimaler automatischer Regelsysteme zweiter Ordnung bei beschränkten Verstärkungskoeffizienten im Regelkreis, AiT **21**, 1 (1960).

[55] EMELJANOV S.V., FEDOTOVA A.I.: Die Erzeugung von Astatismen in Folgesystemen mit veränderlicher Struktur, AiT **23**, 10 (1962).

[56] EMELJANOV S.V., FEDOTOVA A.I.: Die Reproduktion der Führungsgröße $g(t) = \alpha^n t^n$ durch astatische Folgesysteme mit veränderlicher Struktur, AiT **26**, 1 (1965).

[57] EMELJANOV S.V., FEDOTOVA A.I.: Über astatische Reproduktion von transzendenten Funktionen durch Folgesysteme mit veränderlicher Struktur, AiT **26**, 3 (1965).

[58] ŽILCOV K.K.: Über die harmonische Linearisation von Systemen mit logischem Steuerungsgesetz, AiT **26**, 2 (1966).

[59] ITKIS F.F.: Einige Stabilitätsprobleme bei Systemen mit veränderlicher Struktur, welche unter Einwirkung von Störungen arbeiten, Sb. "Kybernetik und Steuerung", Verlag "Nauka" (1966).

[60] KORTNEV A.V., KOSTYLEVA N.E.: Über die Kompensation von Störungen in einer Klasse von Systemen mit veränderlicher Struktur, Sb. "Technische Kybernetik", Verlag "Nauka" (1965).

[61] KOSTYLEVA N.E.: Die Anwendung automatischer Regelsysteme mit veränderlicher Struktur zur Steuerung von Regelstrecken mit Nullstellen in der Übertragungsfunktion, Sb. "Theorie und Anwendung automatischer Systeme", Verlag "Nauka" (1964).

[62] KOSTYLEVA N.E.: Systeme zur Steuerung von Minimalphasensystemen mit veränderlichen Parametern und Nullstellen in der Übertragungsfunktion, Avtorskoe svidetel'stvo Nr. 165492.

[63] KUDRJAVCEV JU. A.: Die Anwendung einer Klasse von automatischen Regelsystemen mit veränderlicher Struktur, Sb. "Technische Kybernetik", Verlag "Nauka" (1965).

[64] KUDRJAVCEV JU. A.: Die Synthese von Systemen mit veränderlicher Struktur mit umschaltbaren Filtern mit Phasenverschiebung, Sb. "Kybernetik und Steuerung", Verlag "Nauka" (1966).

[65] KULEBAKIN V.S.: Invariante Regelsysteme von höchster Güte, Arbeiten der I. Konferenz über die Theorie der Invarianz, Verlag der AN SSSR (1959).

[66] LETOV A.M.: Bedingt-stabile Regelsysteme (über eine Klasse optimaler Regelsysteme), AiT **18**, 7 (1957).

[67] MASLENNIKOV V.A.: Die qualitative Regelung neutraler Strecken durch astatische Regler, AiT **17**, 2 (1956).

[68] MATSUMAKI T.: Modifizierte optimale Regelsysteme, Arbeiten des I. internationalen Kongresses der IFAC für automatische Regelung, Bd. 2, Moskau (1961); London und München (1961).

[69] MEEROV M.V.: "Die Synthese der Struktur von automatischen Regelsystemen höchster Genauigkeit", Fizmatgiz (1959).

[70] OSTROVSKIJ G.M.: Die Verwendung nichtlinearer Vorrichtungen in automatischen Regelsystemen dritter Ordnung, Vestnik MGU, Reihe "Mathematik und Mechanik" Nr. 1 (1956).

[71] OSTROVSKIJ G.M.: Die Anwendung nichtlinearer Korrekturvorrichtungen in automatischen Regelsystemen zweiter Ordnung, AiT **17**, 11 (1956).

[72] OSTROVSKIJ G.M.: Die Vergrößerung der Wirkgeschwindigkeit in automatischen Regelsystemen mit Hilfe nichtlinearer und rechnender Vorrichtungen, AiT **19**, 3 (1958).

[73] OSTROVSKIJ G.M.: Automatische Regelsysteme mit sprunghaft veränderlichen Parametern, Arbeiten des I. internationalen Kongresses der IFAC für automatische Regelung, Bd. 1, Verlag der AN SSSR (1960); London und München (1961).

[74] PETROV B.N., EMELJANOV S.V.: Konstruktionsprinzipien für automatische Regelsysteme mit veränderlicher Struktur, DAN SSSR **153**, 5 (1963).

[75] PETROV B.N., EMELJANOV S.V., GRICENKO M.B.: Autonomie in automatischen Mehrfachregelsystemen mit veränderlicher Struktur, DAN SSSR **169**, 1 (1966).

[76] PETROV B.N., EMELJANOV S.V., DUDIN E.B.: Über die Wahl der Kriterien bei der Synthese kombinierter Folgesysteme mit veränderlicher Struktur, DAN SSSR **153**, 6 (1963).

[77] PETROV B.N., EMELJANOV S.V., KOSTYLEVA N.E.: Über die Steuerung linearer Strecken mit veränderlichen Parametern, DAN SSSR **155**, 1 (1964).

[78] PETROV B.N., EMELJANOV S.V., UTKIN V.I.: Konstruktionsprinzipien für invariante automatische Regelsysteme mit veränderlicher Struktur, DAN SSSR **154**, 6 (1964).

[79] PETROV B.N., ULANOV G.M., EMELJANOV S.V.: Optimierung und Invarianz in automatischen Regelsystemen mit starrer und veränderlicher Struktur, Arbeiten des II. internationalen Kongresses der IFAC für automatische Regelung, Verlag der AN SSSR (1963).

[80] PETROV V.V., ULANOV G.M.: Die Theorie zweier sehr einfacher Relais-Systeme der automatischen Regelung, AiT **11**, 5 (1950).

[81] SOLODOVNIKOV V.V.: Über ein Näherungsverfahren zur Untersuchung dynamischer Regelsysteme und Folgesysteme, Izv. AN SSSR 1945, OTN Nr. 2 (1945).

[82] TARAN V.A.: Die Regelung linearer Strecken durch astatische Regler mit veränderlicher Struktur, ohne reine Ableitungen im Steuerungsgesetz zu verwenden I, II, AiT **25**, 11 (1964).

[83] TARAN V.A.: Die Konstruktion automatischer Regelsysteme unter Verwendung umschaltbarer Filter mit Phasenverschiebung, Izv. AN SSSR 1965, Technische Kybernetik Nr. 4 (1965).

[84] UTKIN V.I.: Die Anwendung automatischer Regelsysteme mit veränderlicher Struktur zur Kompensation von Störungen, welche an verschiedenen Punkten der Strecke angreifen, Sb. "Theorie und Anwendung automatischer Systeme", Verlag "Nauka" (1964).

[85] UTKIN V.I.: Über die Kompensation des erzwungenen Anteiles der Bewegung in automatischen Regelsystemen mit veränderlicher Struktur, Izv. AN SSSR 1965, Technische Kybernetik Nr. 4 (1965).

[86] UTKIN V.I.: Eine quasi-invariante Steuerung der erzwungenen Bewegung linearer Strecken mit veränderlichen Parametern, Izv. AN SSSR 1966, Technische Kybernetik Nr. 5 (1966).

[87] CHABAROV V.S.: Zur Frage der Konstruktion des Frequenzganges einer Klasse automatischer Regelsysteme mit veränderlicher Struktur, AiT **26**, 8 (1965).

[88] HOCHRAINER G.: Die Korrektur dynamischer Charakteristiken von Regelsystemen, deren Trägheit vom Vorzeichen der Fehlerabweichung abhängt, Arbeiten des I. internationalen Kongresses der IFAC für automatische Regelung, Bd. 1, Verlag der AN SSSR (1960).

[89] CYPKIN JA. Z.: "Theorie der Relaissysteme der automatischen Regelung", Gostechizdat (1955), deutsche Übersetzung: Oldenbourg (1958).

[90] ŠIGIN E.K.: Über die Verbesserung von Übergangsprozessen durch Korrekturglieder mit veränderlichen Parametern, AiT **19**, 4 (1958).

[91] ŠIGIN E.K.: Die Steuerung eines automatischen Regelsystemes durch Blöcke von logischen und operativen Elementen, Naučnye doklady vyšej školy, Mašinostroenie i priborostroenie Nr. 1 (1959).

[92] ŠIGIN E.K.: Ein Block logischer Elemente mit Halbleitergeräten, Naučnye doklady vyšej školy, Mašinostroenie i priborostroenie Nr. 2 (1959).

[93] ŠIGIN E.K.: Ein logischer Block aus Halbleitern, Avtorskoe svidetel'stvo Nr. 123593.

[94] ŠIGIN E.K.: Nichtlineare automatische Regelsysteme mit Gliedern, deren Charakteristik vom Typ Δ ist, Sb. "Mechanik", MVTU, Oborongiz (1959).

[95] ŠIGIN E.K.: Ein Folgesystem mit logischer Steuerung, AiT **22**, 3 (1961).

[96] ŠIGIN E.K.: Die automatische Regelung einer Strecke mit reiner Totzeit durch einen Regler mit umschaltbaren Parametern I, AiT **26**, 10 (1965).

[97] ŠIGIN E.K.: Die automatische Regelung einer Strecke mit reiner Totzeit durch einen Regler mit umschaltbaren Parametern II, AiT **27**, 6 (1966).

[98] EJDINOV R.M.: Zur Abschätzung der Dauer des Übergangsprozesses in automatischen Regelsystemen mit veränderlicher Struktur, Izv. AN SSSR 1965, Technische Kybernetik Nr. 5 (1965).

[99] CLEGG J.: A Time-Dependent Nonlinear Compensating Network, Electr. Eng. Nr. 10 (1956).

[100] CLEGG J.: A Time-Dependent Nonlinear Compensating Network, Applic. and Ind. Nr. 27 (1956).

[101] FERNER V.: Der halbproportional wirkende Regler - ein neuer, erfolgversprechender Reglertyp, Die Technik Nr. 11 (1956).

[102] FLÜGGE-LOTZ I.: Synthesis of a Nonlinear Control System, Trans. IRE, PGAC, 11 (1956).

[103] FLÜGGE-LOTZ I., TAYLOR C.F., LINDBERG H.E.: Investigation of a Nonlinear Control System, NACA Report 1391 1958).

[104] FLÜGGE-LOTZ I., WUNCH W.S.: Mechanical Reproduction of an Arbitrary Function of Time, TR-N19 (p-1), Office of Nav. Res. and Div. Eng. Mech., Stanford Univ. (1952).

[105] FLÜGGE-LOTZ I., WUNCH W.S.: The Reproduction of an Arbitrary Function of Time (Reducing Transfer Function Dynamic Errors by Nonlinear Components), TR-N19 (p-2), Office of Nav. Res. and Div. Eng. Mech., Stanford Univ. (1952).

[106] FLÜGGE-LOTZ I., WUNCH W.S.: On a Nonlinear Transfer System, J. Appl. Phys. **26**, 4 (1955).

[107] GARRET S.J.: A Linear Switching Condition for Third Order Positive-Negative Feedback Control Systems, Applic. and Ind. Nr. 54 (1961).

[108] SCHULER M.: "Einführung in die Theorie der selbsttätigen Regler", Akad. Verlagsgesellschaft "Gest & Portig" K.G. Leipzig (1956).

[109] SMITH C.L., LEONDES C.T.: On a Compromise Approach to Servomechanism Dynamic Response Optimization, Proc. Nat. Electron. Conf. Chicago Vol. 19 (1958).

[110] STOUT G.M.: Nonlinearity in Control Systems, Control Eng. (1956).

[111] WOHMAN W.H.: Optimal Bang-Bang Control with Quadratic Performance Index, 4th Joint Aut. Control Conf., Mineapolis (1963).

[112] WUNCH W.S.: The Reproduction of an Arbitrary Function of Time by Discontinuous Control, Ph.D. Thesis, Stanford Univ. (1953).

Abkürzungen:

AiT - Avtomatika i Telemechanika,
DAN - Doklady Akademii Nauk (Berichte der Akademie der Wissenschaften),
Izv. AN - Izvestija Akademii Nauk (Nachrichten der Akademie der Wissenschaften),
PMM - Prikladnaja matematika i mechanika (Angewandte Mathematik und Mechanik),
Sb. - Sbornik (Sammelband).

Sachwortverzeichnis

FSC
www.fsc.org
MIX
Papier | Fördert gute Waldnutzung
FSC® C083411

Zeitfracht Medien GmbH
Ferdinand-Jühlke-Straße 7
99095 Erfurt, Deutschland
produktsicherheit@kolibri360.de